工程数学基础

邱启荣　黄晔辉　甄亚欣　马德香　卢占会　编著

本书获华北电力大学 2021 年“双一流”研究生培养建设项目支持

科学出版社

北　京

内 容 简 介

本书针对工程硕士研究生的特点和创新型人才培养的要求，将矩阵论、数值分析和规划数学中应用非常广泛的最优化问题按学生容易接受的内容体系进行编写. 全书共 12 章，其内容依次为初等变换与线性方程组的直接解法、线性空间、赋范线性空间与内积空间、线性映射、矩阵的若尔当标准形与矩阵函数、线性方程组的求解方法、非线性方程(组)的解法、最优化问题、无约束优化问题的求解算法、约束优化问题的求解算法、数值微分与微分方程的数值解法、应用案例. 本书内容尽可能做到深入浅出，通俗易懂，使研究生在学习数学知识的同时，提高应用数学的能力.

本书可作为工程硕士研究生的基础课教材，也可作为科研工作者和大学高年级学生的参考用书.

图书在版编目(CIP)数据

工程数学基础/邱启荣等编著. —北京：科学出版社, 2024.3

ISBN 978-7-03-077237-4

Ⅰ. ①工…　Ⅱ. ①邱…　Ⅲ. ①工程数学　Ⅳ. ①TB11

中国国家版本馆 CIP 数据核字(2023) 第 244256 号

责任编辑：张中兴　梁　清　贾晓瑞／责任校对：杨聪敏

责任印制：赵　博／封面设计：无极书装

科学出版社 出版

北京东黄城根北街 16 号

邮政编码：100717

http://www.sciencep.com

北京华宇信诺印刷有限公司印刷

科学出版社发行　各地新华书店经销

*

2024 年 3 月第　一　版　开本：720×1000　1/16

2025 年 1 月第二次印刷　印张：23

字数：464 000

定价：89.00 元

(如有印装质量问题，我社负责调换)

前言

PREFACE

矩阵论和数值分析是工程专业硕士重要的数学基础, 规划数学在工程计算、管理科学等领域中有广泛的应用. 这三部分内容在众多高校中都单独作为一门课程. 由于应用型人才的需求增大, 各高校都增加了专业型硕士研究生的招生数量. 由于这类研究生需要有实践环节, 因此在校理论课学习的时间减少. 为了在有限的时间内, 让研究生在掌握必需的数学基本理论与方法的同时, 具备应用数学和计算机解决实际问题的能力, 需要将这三部分内容合并成一门课程——工程数学基础, 作为专业型研究生的基础课、必修课.

为适应新的需要, 我们针对专业型硕士研究生的特点和创新型人才培养的要求, 将矩阵论、数值分析和规划数学中应用非常广泛的最优化问题按学生容易接受的内容体系重新编写. 在编写本书时, 我们遵循理论与实践相结合, 注重学生的能力培养和价值引领, 落实立德树人根本任务, 坚持全员、全过程、全方位育人, 为“一流人才”培养提供有力支撑. 全书着重讲清基本概念、基本理论和基本方法, 对部分定理, 不过分强调严格抽象的理论推导, 在结构体系上尽量做到由浅入深, 循序渐进. 考虑到研究生今后的科学研究和工程实践的需要, 对一些重要的方法按照 MATLAB 编程的格式给出算法步骤. 本书的很多例题采用一题多解开阔读者的解题思路, 有利于读者在众多的算法中根据问题的实际情况选择合适的算法. 本书内容尽可能做到深入浅出, 通俗易懂. 在最后一章给出了若干具体案例, 研究生可在学习数学知识的同时, 逐步提高应用数学的能力.

本书共 12 章, 其内容依次为初等变换与线性方程组的直接解法、线性空间、赋范线性空间与内积空间、线性映射、矩阵的若尔当标准形与矩阵函数、线性方程组的求解方法、非线性方程 (组) 的解法、最优化问题、无约束优化问题的求解算法、约束优化问题的求解算法、数值微分与微分方程的数值解法、应用案例.

本书是华北电力大学 2021 年“双一流”研究生培养建设项目的一部分, 得到了学校、研究生院和数理学院的大力支持. 本书在编写过程中, 参考或引用了同行的工作成果, 他们的工作不仅为本书的编写提供了丰富的素材, 也提供了有益的借鉴; 科学出版社的有关工作人员付出了辛勤劳动, 我们的学生秦悦、张茜茜对本书稿进行了精心编校. 在此, 作者对他们表示衷心的感谢.

由于作者水平所限, 在编写中难免有疏漏和不妥之处, 恳切希望读者批评指正.

作　者
2023 年 9 月

目录

CONTENTS

第 1 章 初等变换与线性方程组的直接解法

CHAPTER

在自然科学与社会科学的研究以及工程应用中，常常需要求解线性方程组，例如：非线性方程组的迭代解法，曲线、曲面的拟合，用差分法或有限元法解偏微分方程等都要用到线性方程组的求解. 线性方程组求解也是矩阵理论和数值分析的重要内容.

由于从不同的问题导出的线性方程组的系数矩阵有不同的特征，比如，矩阵阶数的大小、矩阵中的非零元稠密情况等，系数矩阵可以粗略地分为低阶稠密矩阵和大型稀疏矩阵. 关于线性方程组的求解，主要分为两大类：直接法和迭代法. 在理论上，用直接法可以通过有限步的计算得到精确解，而迭代法是通过逐次迭代逼近来求得近似解. 实践中，由于舍入误差的影响，由直接法得到的解也不精确. 因此，在某些需要高精度解的问题中，常常把由直接法得到的解再运用迭代法迭代若干步，以提高解的精度. 一般地，对于低阶稠密的线性方程组以及大型带形方程组的求解，采用直接法比较有效，而对于大型稀疏 (非带形) 方程组，则用迭代法求解比较有利. 当然，是采用直接法，还是采用迭代法，或是直接法与迭代法交替使用，要根据具体情况确定.

本章主要讨论一些最基本的直接法，并在此基础上讨论它的变形情况，对于求解线性方程组的迭代法，我们将在后面的章节中介绍.

1.1 初等变换

对于低阶的线性方程组，常用的求解方法是高斯 (Gauss) 消元法. 该方法大家在中学阶段就学过. 考虑 n 元线性方程组

$$\begin{cases} a_{11}x_1 + a_{12}x_2 + \cdots + a_{1n}x_n = b_1, \\ a_{21}x_1 + a_{22}x_2 + \cdots + a_{2n}x_n = b_2, \\ \qquad\cdots\cdots \\ a_{m1}x_1 + a_{m2}x_2 + \cdots + a_{mn}x_n = b_m. \end{cases} \tag{1.1.1}$$

采用矩阵和向量记号，我们可以把式 (1.1.1) 改写成

$$Ax = b, \tag{1.1.2}$$

其中

$$A = \begin{pmatrix} a_{11} & a_{12} & \cdots & a_{1n} \\ a_{21} & a_{22} & \cdots & a_{2n} \\ \vdots & \vdots & & \vdots \\ a_{m1} & a_{m2} & \cdots & a_{mn} \end{pmatrix}, \quad x = \begin{pmatrix} x_1 \\ x_2 \\ \vdots \\ x_n \end{pmatrix}, \quad b = \begin{pmatrix} b_1 \\ b_2 \\ \vdots \\ b_m \end{pmatrix}.$$

用 $A_{*k} = \begin{pmatrix} a_{1k} \\ a_{2k} \\ \vdots \\ a_{mk} \end{pmatrix}$ 表示矩阵 A 的第 k 列, 则式 (1.1.1) 改写成

$$\sum_{k=1}^{n} x_k A_{*k} = b. \tag{1.1.3}$$

本书中, 我们用 A_{i*} 表示 A 的第 i 行, 即 $A_{i*} = (a_{i1}, a_{i2}, \cdots, a_{in})$.

对于线性方程组, 理论上, 它的主要问题是: ①方程组是否有解? ②如果有解, 它的解是否唯一? ③如果有解, 如何求出它的解? 由线性代数的知识可知, 有如下三个定理.

定理 1.1.1　下列命题等价:

(1) 方程组 (1.1.1) 有解;

(2) 方程组 (1.1.1) 的增广矩阵 (A, b) 的秩与系数矩阵 A 的秩相等;

(3) b 可以用 A 的列向量组 $A_{*1}, A_{*2}, \cdots, A_{*n}$ 线性表示.

特别地, 当 $m = n$ 时有如下结论.

定理 1.1.2　如果方程组 (1.1.1) 的系数矩阵的行列式 $D = \det(A) \neq 0$, 则方程组 (1.1.1) 有唯一解 $x = (x_1, x_2, \cdots, x_n)^{\mathrm{T}}$, 其中

$$x_1 = \frac{D_1}{D}, x_2 = \frac{D_2}{D}, \cdots, x_n = \frac{D_n}{D}, \tag{1.1.4}$$

D_i 为 D 中的 A_{*i} 用 b 替换后得到的新行列式.

定理 1.1.3　如果方程组 (1.1.1) 的系数矩阵 A 非奇异, 即 $\det(A) \neq 0$, 则方程组 (1.1.1) 有唯一解

$$x = A^{-1}b, \tag{1.1.5}$$

其中 A^{-1} 是 A 的逆矩阵.

在用消元法求解线性方程组的过程中, 常用下列三种变换对方程组进行变换:

(1) 互换方程组中两个方程的位置;

(2) 用不为 0 的数 k 乘某个方程;

(3) 某个方程乘 k 后加到另一个方程.

由于三种变换都是可逆的, 所以变换前的方程组与变换后的方程组是同解的. 故这三种变换是同解变换.

对方程组进行上述变换, 实际上只对方程组的系数和常数进行运算, 未知数并没有参与运算. 因此, 上述对方程组的变换可转换为对方程组的增广矩阵 (A, b) 进行变换, 就得到矩阵的三种初等变换.

定义 1.1.1 初等行变换

(1) **换行变换** 对换两行 (对换 i, j 两行, 记为 $r_i \leftrightarrow r_j$);

(2) **行乘变换** 用不为 0 的数 k 乘以矩阵的某一行的所有元素 (第 i 行乘 k 记为 $r_i \times k$);

(3) **倍加变换** 把某一行的 k 倍加到另一行对应的元素上 (第 j 行的 k 倍加到第 i 行, 记为 $r_i + k \times r_j$).

把定义中的 "行" 换成 "列", 即得矩阵的**初等列变换**的定义 (所用记号是把 "r" 换成 "c"). 矩阵的初等行变换与初等列变换, 统称为**初等变换**.

如果 A 经过初等行变换能得到 B, 则称 B 与 A **行等价**. 如果 A 经过初等列变换能得到 B, 则称 B 与 A **列等价**. 如果 A 经过初等变换能得到 B, 则称 B 与 A **等价**.

定义 1.1.2 行阶梯阵 设 A 是 $m \times n$ 矩阵. 如果 A 满足下列条件, 则称 A 是行阶梯阵:

(1) 如果 A_{i*} 的元素都是 0, 则对 $j = i+1, \cdots, m$, A_{j*} 的元素也都是 0, 即如果 A 有零行, 这些零行在矩阵的底部;

(2) 如果 A 有 r 个非零行, 其中第 i 行中第一个非 0 元素的位置在 j_i, 则有

$$j_1 < j_2 < \cdots < j_r.$$

行阶梯阵有如下特点: 可画出一条阶梯线, 线的下方全为 0 ; 每个台阶只有一行, 台阶数即是非零行的行数, 阶梯线的竖线 (每段竖线的长度为一行) 后面的第一个元素为非零元, 也就是非零行的第一个非零元.

定义 1.1.3 行最简形 设 A 是有 r 个非零行的 $m \times n$ 行阶梯阵. 如果选取 A 的第 $j_1, j_2, \cdots, j_r$ 列得到的矩阵是 m 阶单位矩阵 E_m 的前 r 列, 则称 A 是行最简形矩阵.

本书中, 我们用 E 表示单位阵, 需要指明它是 n 阶单位阵时, 表示成 E_n.

如在下列四个矩阵中:

$$A_1 = \begin{pmatrix} 2 & 1 & 0 & 1 & -4 & 3 \\ 0 & 0 & -2 & -4 & 4 & 3 \\ 0 & 0 & 0 & 1 & 0 & 4 \\ 0 & 0 & 0 & 0 & 0 & 0 \end{pmatrix}, \quad A_2 = \begin{pmatrix} 1 & 1 & 0 & 0 & -4 & -3 \\ 0 & 0 & 1 & 0 & 3 & 5 \\ 0 & 0 & 0 & 1 & 0 & 4 \\ 0 & 0 & 0 & 0 & 0 & 0 \end{pmatrix},$$

$$A_3 = \begin{pmatrix} 0 & 2 & 1 & 0 & 1 & -4 & 3 \\ 0 & 0 & 0 & -2 & -4 & 4 & 3 \\ 0 & 0 & 0 & 0 & 1 & 0 & 4 \\ 0 & 0 & 0 & 0 & 0 & 0 & 0 \end{pmatrix}, \quad A_4 = \begin{pmatrix} 2 & 1 & 0 & 1 & -4 & 3 \\ 0 & 0 & -2 & -4 & 4 & 3 \\ 1 & 0 & 0 & 1 & 0 & 4 \\ 0 & 0 & 0 & 0 & 0 & 0 \end{pmatrix}.$$

A_1, A_3 是行阶梯阵, 但不是最简形, 而矩阵 A_2 是行最简形, A_4 不是行阶梯阵.

单位阵 E 经过一次初等变换得到的矩阵称为初等矩阵.

定理 1.1.4　设 A 是一个 $m \times n$ 矩阵. 对 A 进行一次初等行变换, 相当于在 A 的左边乘以相应的 m 阶初等矩阵. 对 A 进行一次初等列变换, 相当于在 A 的右边乘以相应的 n 阶初等矩阵.

初等变换在线性代数中的应用十分广泛, 概括起来主要有以下几个方面:

(1) 求逆矩阵;

(2) 解矩阵方程 (求 $A \in \mathbb{R}^{n\times n}$ 的逆矩阵 B, 相当于求解矩阵方程 $AB = E_n$);

(3) 求矩阵的最简形;

(4) 求矩阵和向量组的秩;

(5) 求向量组的极大无关组;

(6) 解线性方程组.

关于初等变换有如下结论.

定理 1.1.5　设 A 是 $m \times m$ 矩阵. 如果 (A, E_m) 经过行的初等变换能变成 (E_m, B), 则 A 可逆, 且 B 是 A 的逆矩阵.

定理 1.1.6　设 A, B 都是 $m \times n$ 矩阵, A 经过行的初等变换能变成行阶梯阵 B, 则

(1) $\text{rank}(A) = \text{rank}(B) = B$ 的非零行数;

(2) A 的行向量组与 B 的行向量组等价;

(3) $Ax = \mathbf{0}$ 与 $Bx = \mathbf{0}$ 是同解方程组.

定理 1.1.7　设 A 是 $m \times n$ 矩阵. 与 A 行等价的最简形矩阵是 $\begin{pmatrix} C \\ \mathbf{0} \end{pmatrix}$, 其中 C 的每个行向量都是非零向量, C 中台阶出现在第 $j_1 < j_2 < \cdots < j_r$ 列, 则 $A_{*j_1}, A_{*j_2}, \cdots, A_{*j_r}$ 是 A 的列向量组的极大线性无关组, 且 A 的第 k 列可以用

它们表示为

$$A_{*k}=c_{1k}A_{*j_1}+c_{2k}A_{*j_2}+\cdots+c_{rk}A_{*j_r}.$$

例题 1.1.1 已知 $A=LB$, 其中

$$A=\begin{pmatrix}1&-2&0&0&-4&2&0&1\\1&-2&2&0&-2&-4&0&9\\-4&8&1&-1&12&-12&0&-3\\2&-4&-5&2&-3&21&4&-20\\1&-2&3&-4&-21&-11&3&-5\end{pmatrix},$$

$$B=\begin{pmatrix}1&-2&0&0&-4&2&0&1\\0&0&1&0&1&-3&0&4\\0&0&0&1&5&1&0&3\\0&0&0&0&0&0&1&-2\\0&0&0&0&0&0&0&0\end{pmatrix},\quad L=\begin{pmatrix}1&0&0&0&0\\1&2&0&0&0\\-4&1&-1&0&0\\2&-5&2&4&0\\1&3&-4&3&3\end{pmatrix}.$$

由于 L 是下三角阵, 且 $\det(L)=-24$, 因此 L 非奇异, 它可以分解成一系列初等矩阵的乘积, 从而 A 与 B 行等价. 阶梯阵 B 中, 台阶出现在第 $1,3,4,7$ 列中, 由定理 1.1.6, 可知

$$\mathrm{rank}(A)=\mathrm{rank}(B)=4.$$

(1) $A_{*1},A_{*3},A_{*4},A_{*7}$ 是 A 的列向量组的极大线性无关组.

由定理 1.1.7 可知

(2) $A_{*6}=2A_{*1}-3A_{*3}+A_{*4}+0A_{*7}, A_{*8}=A_{*1}+4A_{*3}+3A_{*4}-2A_{*7}$.

例题 1.1.2 设 $A=(A_{*1},A_{*2},\cdots,A_{*m})$ 是 $m\times m$ 可逆矩阵, A 的逆矩阵是 P. $B=(B_{*1},A_{*2},\cdots,A_{*m})$.

(1) 给出 B 可逆的充分必要条件;

(2) 如果 B 可逆, 求 B 的逆矩阵.

解 (1) 由于 P 是 A 的逆矩阵, 因此

$$PA=P(A_{*1},A_{*2},\cdots,A_{*m})=(PA_{*1},PA_{*2},\cdots,PA_{*m})=E_m=(e_1,e_2,\cdots,e_m),$$

$$PB=P(B_{*1},A_{*2},\cdots,A_{*m})=(PB_{*1},PA_{*2},\cdots,PA_{*m})=(PB_{*1},e_2,\cdots,e_m).$$

B 可逆 $\Leftrightarrow$ PB 可逆 $\Leftrightarrow$ PB_{*1} 的第一个分量不为 0.

(2) 设

$$PB = \begin{pmatrix} b_{11} & 0 & 0 & \cdots & 0 \\ b_{21} & 1 & 0 & \cdots & 0 \\ b_{31} & 0 & 1 & \cdots & 0 \\ \vdots & \vdots & \vdots & & \vdots \\ b_{m1} & 0 & 0 & \cdots & 1 \end{pmatrix}$$

(特别提示: 这里, b_{k1} 是 PB 的 $(k,1)$ 位置的元素, 而不是 B 的 $(k,1)$ 位置的元素). 因为 B 可逆, 由 (1) 可知, $b_{11} \neq 0$, PB 的逆矩阵

$$Q = \begin{pmatrix} \dfrac{1}{b_{11}} & 0 & 0 & \cdots & 0 \\ -\dfrac{b_{21}}{b_{11}} & 1 & 0 & \cdots & 0 \\ -\dfrac{b_{31}}{b_{11}} & 0 & 1 & \cdots & 0 \\ \vdots & \vdots & \vdots & & \vdots \\ -\dfrac{b_{m1}}{b_{11}} & 0 & 0 & \cdots & 1 \end{pmatrix}.$$

由于 $QPB = E_m$, 因此 QP 是 B 的逆矩阵. ■

注 1　如果矩阵 A 与矩阵 B 除一列外, 其他列都相等, 例题 1.1.2 和习题 1.3 讨论了在已知 A 的逆矩阵情况下, 如何求矩阵 B 的逆矩阵的方法. 它是求解线性规划问题的单纯形法中旋转迭代的理论依据.

如下问题称为线性规划问题:

$$\begin{aligned} \max \quad & z = cx \\ \text{s.t.} \quad & \begin{cases} Ax = b, \\ x \geqslant 0, \end{cases} \end{aligned} \tag{1.1.6}$$

其中 $A \in \mathbb{R}^{m\times n}, b \in \mathbb{R}^{m\times 1}, c \in \mathbb{R}^{1\times n}$, $x \in \mathbb{R}^{n\times 1}$ 且 $m < n$.

定义 1.1.4　假设 A 是秩为 m 且没有零列的矩阵, $A_{*j_1}, A_{*j_2}, \cdots, A_{*j_m}$ 是 A 的列向量组的极大线性无关组. 令

$$B = (A_{*j_1}, A_{*j_2}, \cdots, A_{*j_m}).$$

(1) 称 B 是线性规划问题 (1.1.6) 的**基**.

(2) $x_{j_1}, x_{j_2}, \cdots, x_{j_r}$ 为对应于基 B 的**基变量**, 记为 x_B, 其他变量称为**非基变量**.

(3) 如果非基变量的值全取 0, 并将它们代入 $Ax = b$ 后可得 $Bx_B = b$, 进而可求得 $x_B = B^{-1}b$, 从而得到方程 $Ax = b$ 的一个特解 x^*. 称 x^* 为线性规划问题 (1.1.6) 对应于基 B 的**基解**.

注 2 线性规划问题 (1.1.6) 基的个数最多有 C_n^m 个.

例题 1.1.3 线性规划问题:

$$\begin{aligned} &\max \quad z = cx \\ &\text{s.t.} \quad \begin{cases} Ax = b, \\ x \geqslant 0, \end{cases} \end{aligned} \tag{1.1.7}$$

其中

$$A = \begin{pmatrix} 1 & 0 & 1 & 0 & 2 & 4 \\ 0 & 1 & 2 & 0 & -1 & 2 \\ 0 & 0 & 0 & 1 & -3 & -1 \end{pmatrix}, \quad b = \begin{pmatrix} 3 \\ 4 \\ 24 \end{pmatrix}.$$

易见 $\mathrm{rank}(A) = 3$, A_{*1}, A_{*2}, A_{*4} 是 A 的列向量组的极大线性无关组. 取基 $B_1 = (A_{*1}, A_{*2}, A_{*4})$, 对应于基 B_1, x_1, x_2, x_4 是基变量, x_3, x_5, x_6 是非基变量. 令 $x_3 = x_5 = x_6 = 0$, 将它们代入方程 $Ax = b$ 后, 可得新的线性方程组

$$\begin{pmatrix} 1 & 0 & 0 \\ 0 & 1 & 0 \\ 0 & 0 & 1 \end{pmatrix} \begin{pmatrix} x_1 \\ x_2 \\ x_4 \end{pmatrix} = \begin{pmatrix} 3 \\ 4 \\ 24 \end{pmatrix}.$$

求解得 $x_1 = 3, x_2 = 4, x_4 = 24$. 从而得到线性规划问题 (1.1.7) 对应于基 B_1 的基解 $x^* = (3, 4, 0, 24, 0, 0)^{\mathrm{T}}$.

A_{*1}, A_{*3}, A_{*5} 也是 A 的列向量组的极大线性无关组. 取基 $B_2 = (A_{*1}, A_{*3}, A_{*5})$, 对应于基 B_2, x_1, x_3, x_5 是基变量, x_2, x_4, x_6 是非基变量. 令 $x_2 = x_4 = x_6 = 0$, 将它们代入方程 $Ax = b$ 后, 可得新的线性方程组

$$\begin{pmatrix} 1 & 1 & 2 \\ 0 & 2 & -1 \\ 0 & 0 & -3 \end{pmatrix} \begin{pmatrix} x_1 \\ x_3 \\ x_5 \end{pmatrix} = \begin{pmatrix} 3 \\ 4 \\ 24 \end{pmatrix}.$$

求解得 $x_1 = 17, x_3 = -2, x_5 = -8$, 从而得到线性规划问题 (1.1.7) 对应于基 B_2 的基解 $x^* = (3, 0, -2, 0, -8, 0)^{\mathrm{T}}$.

由于向量组 A_{*1}, A_{*2}, A_{*3} 线性相关, 因此 $B_3 = (A_{*1}, A_{*2}, A_{*3})$ 不是线性规划问题 (1.1.7) 的基.

1.2 高斯消元法

用高斯消元法求解线性方程组 $Ax = b$, 首先是消元过程, 利用初等行变换, 将方程组的增广矩阵 B 变成阶梯矩阵 $\tilde{B}$. 然后是回代过程, 利用初等行变换将矩阵 $\tilde{B}$ 变成最简形矩阵 $\bar{B}$.

以阶梯矩阵 $\tilde{B}$ 为增广矩阵的线性方程组是否有解, 可方便地判断. 如果方程组有解, 它的解也能很容易地求出. 当然, 我们可以直接将方程组的增广矩阵 B 变成最简形矩阵 $\bar{B}$. 看下例.

例题 1.2.1 用高斯消元法求非齐次方程组

$$\begin{cases} x_1 - 2x_2 + x_3 + x_4 = 1, \\ x_1 - 2x_2 + x_3 - x_4 = -1, \\ x_1 - 2x_2 + x_3 + 5x_4 = 5 \end{cases}$$

的通解.

解 因为

$$(A, b) = \begin{pmatrix} 1 & -2 & 1 & 1 & 1 \\ 1 & -2 & 1 & -1 & -1 \\ 1 & -2 & 1 & 5 & 5 \end{pmatrix} \sim \begin{pmatrix} 1 & -2 & 1 & 1 & 1 \\ 0 & 0 & 0 & -2 & -2 \\ 0 & 0 & 0 & 4 & 4 \end{pmatrix}$$

$$\sim \begin{pmatrix} 1 & -2 & 1 & 0 & 0 \\ 0 & 0 & 0 & 1 & 1 \\ 0 & 0 & 0 & 0 & 0 \end{pmatrix},$$

可得原方程组的同解方程组

$$\begin{cases} x_1 - 2x_2 + x_3 = 0, \\ x_4 = 1. \end{cases}$$

因此, 原方程组的通解为

$$\begin{pmatrix} x_1 \\ x_2 \\ x_3 \\ x_4 \end{pmatrix} = \begin{pmatrix} 0 \\ 0 \\ 0 \\ 1 \end{pmatrix} + k_1 \begin{pmatrix} 2 \\ 1 \\ 0 \\ 0 \end{pmatrix} + k_2 \begin{pmatrix} -1 \\ 0 \\ 1 \\ 0 \end{pmatrix}, \quad \text{其中 } k_1, k_2 \text{ 为任意常数.}$$ ■

特别地, 当 A 是可逆矩阵时 (此时 $m = n$), 用高斯消元法求解线性方程组的算法如下.

算法 1.2.1 用高斯消元法求解线性方程组

我们先分别记矩阵 $A^{(1)}=A$, 向量 $b^{(1)}=b$, 它们的元素分别为

$$a_{ij}^{(1)}=a_{ij}\quad (i,j=1,2,\cdots,n),$$
$$b_i^{(1)}=b_i\quad (i=1,2,\cdots,n).$$

(1) 消元过程.

第一步: 若 $a_{11}^{(1)}\neq 0$, 可对 $i=2,3,\cdots,n$ 进行如下计算, 用 $m_{i1}=-a_{i1}^{(1)}/a_{11}^{(1)}$ 乘方程组 (1.1.1) 两边的第一行加到第 i 行上, 得到

$$\begin{pmatrix} a_{11}^{(1)} & a_{12}^{(1)} & a_{13}^{(1)} & \cdots & a_{1n}^{(1)} \\ 0 & a_{22}^{(2)} & a_{23}^{(2)} & \cdots & a_{2n}^{(2)} \\ 0 & a_{32}^{(2)} & a_{33}^{(2)} & \cdots & a_{3n}^{(2)} \\ \vdots & \vdots & \vdots & & \vdots \\ 0 & a_{n2}^{(2)} & a_{n3}^{(2)} & \cdots & a_{nn}^{(2)} \end{pmatrix}\begin{pmatrix} x_1 \\ x_2 \\ x_3 \\ \vdots \\ x_n \end{pmatrix}=\begin{pmatrix} b_1^{(1)} \\ b_2^{(2)} \\ b_3^{(2)} \\ \vdots \\ b_n^{(2)} \end{pmatrix}, \tag{1.2.1}$$

这里

$$\begin{aligned} &a_{ij}^{(2)}=a_{ij}^{(1)}+m_{i1}\cdot a_{1j}^{(1)}\quad (i,j=2,3,\cdots,n), \\ &b_i^{(2)}=b_i^{(1)}+m_{i1}\cdot b_1^{(1)}\quad (i=2,3,\cdots,n). \end{aligned} \tag{1.2.2}$$

第二步: 若 $a_{22}^{(2)}\neq 0$, 可对 $i=3,\cdots,n$ 进行如下计算, 用 $m_{i2}=-a_{i2}^{(2)}/a_{22}^{(2)}$ 乘方程组 (1.2.1) 两边的第二行加到第 i 行上, 得到

$$\begin{pmatrix} a_{11}^{(1)} & a_{12}^{(1)} & a_{13}^{(1)} & \cdots & a_{1n}^{(1)} \\ 0 & a_{22}^{(2)} & a_{23}^{(2)} & \cdots & a_{2n}^{(2)} \\ 0 & 0 & a_{33}^{(3)} & \cdots & a_{3n}^{(3)} \\ \vdots & \vdots & \vdots & & \vdots \\ 0 & 0 & a_{n3}^{(3)} & \cdots & a_{nn}^{(3)} \end{pmatrix}\begin{pmatrix} x_1 \\ x_2 \\ x_3 \\ \vdots \\ x_n \end{pmatrix}=\begin{pmatrix} b_1^{(1)} \\ b_2^{(2)} \\ b_3^{(3)} \\ \vdots \\ b_n^{(3)} \end{pmatrix}, \tag{1.2.3}$$

$$\begin{aligned} &a_{ij}^{(3)}=a_{ij}^{(2)}+m_{i2}\cdot a_{2j}^{(2)}\quad (i,j=3,\cdots,n), \\ &b_i^{(3)}=b_i^{(2)}+m_{i2}\cdot b_2^{(2)}\quad (i=3,\cdots,n). \end{aligned} \tag{1.2.4}$$

继续进行下去, $\cdots$, 一直做到第 $n-1$ 行, 即

$$\begin{pmatrix} a_{11}^{(1)} & a_{12}^{(1)} & \cdots & a_{1,n-1}^{(1)} & a_{1n}^{(1)} \\ 0 & a_{22}^{(2)} & \cdots & a_{2,n-1}^{(2)} & a_{2n}^{(2)} \\ \vdots & \ddots & \ddots & \vdots & \vdots \\ \vdots & & \ddots & a_{n-1,n-1}^{(n-1)} & a_{n-1,n}^{(n-1)} \\ 0 & \cdots & \cdots & 0 & a_{nn}^{(n)} \end{pmatrix} \begin{pmatrix} x_1 \\ x_2 \\ \vdots \\ x_{n-1} \\ x_n \end{pmatrix} = \begin{pmatrix} b_1^{(1)} \\ b_2^{(2)} \\ \vdots \\ b_{n-1}^{(n-1)} \\ b_n^{(n)} \end{pmatrix}. \tag{1.2.5}$$

(2) 回代过程.

由于 A 是可逆矩阵, 因此 $a_{nn}^{(n)} \neq 0$, 我们可以从式 (1.2.5) 逐次回代计算出方程组 (1.1.1) 的解:

$$\begin{cases} x_n = b_n^{(n)}/a_{nn}^{(n)}, \\ x_k = \left(b_k^{(k)} - \displaystyle\sum_{s=k+1}^{n} a_{ks}^{(k)} x_s\right) \Big/ a_{kk}^{(k)} \quad (k = n-1, \cdots, 2, 1). \end{cases} \tag{1.2.6}$$

■

定理 1.2.1　如果方程组 (1.1.1) 的系数矩阵 A 的各阶顺序主子式 (k **阶顺序主子式**指的是 A 的左上角的 k 阶子矩阵的行列式) 都不为 0, 则它可以通过高斯消元法 (即算法 1.2.1) 进行求解.

注 3　(1) 如果在消元过程的第一步中, $a_{11}^{(1)} = 0$, 由于矩阵 A 非奇异, 所以在 $A^{(1)}$ 的第一列中至少有一个元素 $a_{i_1 1}^{(1)} \neq 0$, 通过互换 $A^{(1)}$ 的第 1 行和第 i_1 行, 同时互换 $b^{(1)}$ 的第 1 行和第 i_1 行, 然后再进行消元计算. 同理, 对以后各步都可以进行这样的行互换, 以使 $a_{22}^{(2)}, a_{33}^{(3)}, \cdots, a_{n-1,n-1}^{(n-1)}$ 均不为零. 最后, 由于 A 非奇异, 因此 $a_{nn}^{(n)}$ 也不为零.

(2) 为了计算过程数值更稳定, 在算法 1.2.1 消元过程的第 k 步中, 先求出

$$|a_{i_0 k}^{(k)}| = \max_{k \leqslant i \leqslant n} \left|a_{ik}^{(k)}\right|.$$

然后将 i_0 行与第 k 行进行互换, 得到新的第 k 行, 使得 $|m_{ik}| \leqslant 1 (i = k+1, \cdots, n)$. 经这种修改后的算法 1.2.1 为**列选主元高斯消元法**.

例题 1.2.2　设 $A = \begin{pmatrix} 0.001 & 2 & 3 \\ 1 & 3.321 & 4.063 \\ -2.1 & 1.072 & 0.423 \end{pmatrix}$, $b = \begin{pmatrix} -6.996 \\ -4.868 \\ -8.597 \end{pmatrix}$. 计算过程中采用小数点后保留三位有效数字进行计算, 分别用不选主元高斯消元法和列选主元高斯消元法求方程组 $Ax = b$ 的解 (此方程组的精确解为 $x_1 = 4, x_2 = 1, x_3 = -3$).

解　不选主元高斯消元法的消元过程如表 1.1 所示.

表 1.1　不选主元高斯消元法的消元过程

	x_1	x_2	x_3	b
	0.001	2	3	−6.996
	1	3.321	4.063	−4.868
	−2.1	1.072	0.423	−8.597
第一次消元				
	0.001	2	3	−6.996
$m_{21}=-1000$	0	−1997	−2996	6991
$m_{31}=21001$	0	4201	6300	−14700
第二次消元				
	0.001	2	3	−6.996
	0	−1997	−2996	6991
$m_{32}=2.104$			−3.028	9.148

不选主元高斯消元法的回代过程如下:

$$x_3=\frac{9.148}{-3.028}=-3.021,$$

$$x_2=\frac{6991+2996\times(-3.021)}{-1997}=1.032,$$

$$x_1=\frac{-6.996-2\times1.032-3\times(-3.021)}{0.001}=3.000.$$

列选主元高斯消元法的消元过程如表 1.2 所示.

表 1.2　列选主元高斯消元法的消元过程

	x_1	x_2	x_3	b
第一列的主元位置在	−2.1	1.072	0.423	−8.597
(3,1)	1	3.321	4.063	−4.868
	0.001	2	3	−6.996
第一次消元				
	−2.1	1.072	0.423	−8.597
$m_{21}=0.4762$	0	3.831	4.264	−8.962
$m_{31}=4.762\times10^{-5}$	0	2.001	3.000	−7.000
第二次消元				
	−2.1	1.072	0.423	−8.597
	0	3.831	4.264	−8.962
$m_{32}=-0.5223$	0	0	0.773	−2.319

列选主元高斯消元法的回代过程如下:

$$x_3=\frac{-2.319}{0.773}=-3.000,$$

$$x_2=\frac{-8.962+4.264\cdot(-3.000)}{3.831}=0.999,$$

$$x_1 = \frac{-8.597 - 1.072 \cdot 0.999 - 0.423 \times (-3.000)}{-2.100} = 4.000.$$

与方程组的精确解 $x_1 = 4, x_2 = 1, x_3 = -3$ 比较, 显然有: 列选主元高斯消元法得到的解 $\bar{x} = (4.000, 0.999, -3.000)^{\mathrm{T}}$ 比不选主元高斯消元法得到的解 $\hat{x} = (3.000, 1.032, -3.021)^{\mathrm{T}}$ 准确性高得多. ■

1.3 求线性方程组解的 LU 分解算法

本节中, 我们仅讨论 A 是方阵的情形.

利用消元法求解线性方程组, 实际上是将原方程组的系数矩阵化为上三角阵, 所得的同解方程组是一容易求解的线性方程组.

对于线性方程组 $Ax = b$ 而言, 如果它的系数矩阵 A 可以分解成一个下三角阵 L 和一个上三角阵 U 的乘积, 即 $A = LU$, 这时, $Ax = b$ 就与方程组 $\begin{cases} Ly = b, \\ Ux = y \end{cases}$ 等价, 而方程组 $\begin{cases} Ly = b, \\ Ux = y \end{cases}$ 中的两个方程组 $Ly = b, Ux = y$ 很容易求解, 这就是解线性方程组的 **LU 分解法**.

定义 1.3.1 主对角线上的元素都是 1 的下三角矩阵, 称为**单位下三角矩阵**, 主对角线上的元素都是 1 的上三角矩阵, 称为**单位上三角矩阵**.

定义 1.3.2 (1) 如果 n 阶矩阵 A 能够分解为一个下三角矩阵 L 和一个上三角矩阵 U 的乘积, 即 $A = LU$, 则称它为**三角分解**或 **LU 分解**.

(2) 如果 n 阶矩阵 A 能够分解为 LDU, 其中 L 为单位下三角矩阵, D 为对角矩阵, U 为单位上三角矩阵, 则称之为 **LDU 分解**.

设 $A = LU$ 是 A 的三角分解:

(1) 如果 L 是一个单位下三角矩阵, 则称它为**杜利特尔** (Doolittle) **分解**;

(2) 如果 U 是一个单位上三角矩阵, 则称它为**克劳特** (Crout) **分解**.

定理 1.3.1 矩阵 $A = (a_{ij})_{n\times n}$ 有杜利特尔分解的充分必要条件为 A 的顺序主子式

$$D_k = \begin{vmatrix} a_{11} & a_{12} & \cdots & a_{1k} \\ a_{21} & a_{22} & \cdots & a_{2k} \\ \vdots & \vdots & & \vdots \\ a_{k1} & a_{k2} & \cdots & a_{kk} \end{vmatrix} \neq 0 \quad (k = 1, 2, \cdots, n-1).$$

如果 $A = (a_{ij})_{n\times n}$ 存在杜利特尔分解, 则它的杜利特尔分解唯一, 从而 A 的 LDU 分解、克劳特分解也唯一.

证明 对矩阵的 A 的阶数作归纳证明.

当 $n=1$ 时, $a_{11}=1\cdot a_{11}$, 这就是 A 的唯一杜利特尔分解.

假设定理对 $n-1$ 阶矩阵成立.

对 n 阶矩阵 A, 它可以分块为

$$A=\begin{pmatrix} A_{n-1} & a_1 \\ a_2^{\mathrm{T}} & a_{nn} \end{pmatrix},$$

其中 $a_1,a_2\in\mathbb{C}^{n-1}$. 设

$$A_{n-1}=L_{n-1}U_{n-1}$$

是 A_{n-1} 的杜利特尔分解, 其中 L_{n-1} 是对角线元素都是 1 的单位下三角矩阵. 考虑如下 $n\times n$ 三角阵:

$$L=\begin{pmatrix} L_{n-1} & \mathbf{0} \\ d^{\mathrm{T}} & 1 \end{pmatrix} \quad 和 \quad U=\begin{pmatrix} U_{n-1} & c \\ \mathbf{0}^{\mathrm{T}} & a_{nn}-d^{\mathrm{T}}c \end{pmatrix},$$

其中 c 和 d 是 $\mathbb{C}^{n-1}$ 中的向量, 则 L 是单位下三角阵,

$$LU=\begin{pmatrix} L_{n-1}U_{n-1} & L_{n-1}c \\ d^{\mathrm{T}}U_{n-1} & a_{nn} \end{pmatrix}.$$

由 $LU=A$, 并利用分块矩阵相等的条件, 可得 c 和 d 满足

$$L_{n-1}c=a_1, \quad d^{\mathrm{T}}U_{n-1}=a_2^{\mathrm{T}},$$

由此可求出唯一的 c,d.

$$c=L_{n-1}^{-1}a_1 \quad 和 \quad d^{\mathrm{T}}=a_2^{\mathrm{T}}U_{n-1}^{-1},$$

从而 A 有唯一的杜利特尔分解. ■

注 4 如果 LU 是 A 的杜利特尔分解, 则有

$$D_k=u_{11}u_{22}\cdots u_{kk}, \quad k=1,2,\cdots,n, \tag{1.3.1}$$

其中 u_{kk} 是 U 中 (k,k) 位置上的元素.

如果已知 A 的杜利特尔分解、LDU 分解和克劳特分解中的一个, 那么我们可以方便地得出另外两个. 如已知 LDU 分解, 则

(1) 令 $L_1=L, U_1=DU$, 则 L_1U_1 是 A 的杜利特尔分解.

(2) 令 $L_2=LD, U_2=U$, 则 L_2U_2 是 A 的克劳特分解.

下面我们介绍如何求矩阵 A 的杜利特尔分解. 清晰起见, 以 $n=4$ 为例来说明.

如果

$$D_1 = a_{11}^{(1)} = a_{11} \neq 0,$$

令 $c_{i1} = \dfrac{a_{i1}^{(1)}}{a_{11}^{(1)}}, i=2,3,4$, 构造矩阵

$$L_1 = \begin{pmatrix} 1 & 0 & 0 & 0 \\ c_{21} & 1 & 0 & 0 \\ c_{31} & 0 & 1 & 0 \\ c_{41} & 0 & 0 & 1 \end{pmatrix},$$

则

$$L_1^{-1}A^{(1)} = \begin{pmatrix} a_{11}^{(1)} & a_{12}^{(1)} & a_{13}^{(1)} & a_{14}^{(1)} \\ 0 & a_{22}^{(2)} & a_{23}^{(2)} & a_{24}^{(2)} \\ 0 & a_{32}^{(2)} & a_{33}^{(2)} & a_{34}^{(2)} \\ 0 & a_{42}^{(2)} & a_{43}^{(2)} & a_{44}^{(2)} \end{pmatrix} = A^{(2)}.$$

在 $A^{(2)}$ 的第一列中除主元素 $a_{11}^{(1)}$ 外, 其余元素均被化为零, 由于倍加变换不改变矩阵行列式的值, 所以由 $A^{(2)}$ 得到 A 的二阶顺序主子式为 $D_2 = a_{11}^{(1)}a_{22}^{(2)}$. 如果 $D_2 = a_{11}^{(1)}a_{22}^{(2)} \neq 0$, 则 $a_{22}^{(2)} \neq 0$, 令 $c_{i2} = \dfrac{a_{i2}^{(2)}}{a_{22}^{(2)}}, i=3,4$, 构造矩阵

$$L_2 = \begin{pmatrix} 1 & 0 & 0 & 0 \\ 0 & 1 & 0 & 0 \\ 0 & c_{32} & 1 & 0 \\ 0 & c_{42} & 0 & 1 \end{pmatrix},$$

则

$$L_2^{-1}A^{(2)} = \begin{pmatrix} a_{11}^{(1)} & a_{12}^{(1)} & a_{13}^{(1)} & a_{14}^{(1)} \\ 0 & a_{22}^{(2)} & a_{23}^{(2)} & a_{24}^{(2)} \\ 0 & 0 & a_{33}^{(3)} & a_{34}^{(3)} \\ 0 & 0 & a_{43}^{(3)} & a_{44}^{(3)} \end{pmatrix} = A^{(3)}.$$

在 $A^{(3)}$ 的前两列中, 主元素以下的元素均已化为零, 由于倍加变换不改变矩阵行列式的值, 所以由 $A^{(3)}$ 得到 A 的三阶顺序主子式为 $D_3 = a_{11}^{(1)}a_{22}^{(2)}a_{33}^{(3)}$.

令 $c_{43} = \dfrac{a_{43}^{(3)}}{a_{33}^{(3)}}$, 构造矩阵

$$L_3 = \begin{pmatrix} 1 & 0 & 0 & 0 \\ 0 & 1 & 0 & 0 \\ 0 & 0 & 1 & 0 \\ 0 & 0 & c_{43} & 1 \end{pmatrix},$$

则

$$L_3^{-1}A^{(3)} = \begin{pmatrix} a_{11}^{(1)} & a_{12}^{(1)} & a_{13}^{(1)} & a_{14}^{(1)} \\ 0 & a_{22}^{(2)} & a_{23}^{(2)} & a_{24}^{(2)} \\ 0 & 0 & a_{33}^{(3)} & a_{34}^{(3)} \\ 0 & 0 & 0 & a_{44}^{(4)} \end{pmatrix} = A^{(4)}.$$

因此

$$A = A^{(1)} = L_1A^{(2)} = L_1L_2A^{(3)} = L_1L_2L_3A^{(4)}.$$

而

$$L = L_1L_2L_3 = \begin{pmatrix} 1 & 0 & 0 & 0 \\ c_{21} & 1 & 0 & 0 \\ c_{31} & c_{32} & 1 & 0 \\ c_{41} & c_{42} & c_{43} & 1 \end{pmatrix},$$

$A^{(4)}$ 是一个上三角矩阵, 令 $U = A^{(4)}$, 则 LU 是 A 的杜利特尔分解.

为节省存储, 可将每次得到的 L 的元素 $c_{jk}(j > k)$ 存放在矩阵 $A^{(k+1)}$ 的 (j,k) 位置上, 从而得到**紧凑格式**的杜利特尔分解的求解方法:

$$A \sim \begin{pmatrix} a_{11}^{(1)} & a_{12}^{(1)} & a_{13}^{(1)} & a_{14}^{(1)} \\ c_{21} & a_{22}^{(2)} & a_{23}^{(2)} & a_{24}^{(2)} \\ c_{31} & a_{32}^{(2)} & a_{33}^{(2)} & a_{34}^{(2)} \\ c_{41} & a_{42}^{(2)} & a_{43}^{(2)} & a_{44}^{(2)} \end{pmatrix} \sim \begin{pmatrix} a_{11}^{(1)} & a_{12}^{(1)} & a_{13}^{(1)} & a_{14}^{(1)} \\ c_{21} & a_{22}^{(2)} & a_{23}^{(2)} & a_{24}^{(2)} \\ c_{31} & c_{32} & a_{33}^{(3)} & a_{34}^{(3)} \\ c_{41} & c_{42} & a_{43}^{(3)} & a_{44}^{(3)} \end{pmatrix}$$

$$
\sim \begin{pmatrix} a_{11}^{(1)} & a_{12}^{(1)} & a_{13}^{(1)} & a_{14}^{(1)} \\ c_{21} & a_{22}^{(2)} & a_{23}^{(2)} & a_{24}^{(2)} \\ c_{31} & c_{32} & a_{33}^{(3)} & a_{34}^{(3)} \\ c_{41} & c_{42} & c_{43} & a_{44}^{(4)} \end{pmatrix}.
$$

它的 LDU 分解为

$$
\begin{pmatrix} 1 & 0 & 0 & 0 \\ c_{21} & 1 & 0 & 0 \\ c_{31} & c_{32} & 1 & 0 \\ c_{41} & c_{42} & c_{43} & 1 \end{pmatrix} \cdot \begin{pmatrix} a_{11}^{(1)} & 0 & 0 & 0 \\ 0 & a_{22}^{(2)} & 0 & 0 \\ 0 & 0 & a_{33}^{(3)} & 0 \\ 0 & 0 & 0 & a_{44}^{(4)} \end{pmatrix}
$$

$$
\cdot \begin{pmatrix} 1 & a_{12}^{(1)}/a_{11}^{(1)} & a_{13}^{(1)}/a_{11}^{(1)} & a_{14}^{(1)}/a_{11}^{(1)} \\ 0 & 1 & a_{23}^{(2)}/a_{22}^{(2)} & a_{24}^{(2)}/a_{22}^{(2)} \\ 0 & 0 & 1 & a_{34}^{(3)}/a_{33}^{(3)} \\ 0 & 0 & 0 & 1 \end{pmatrix}.
$$

例题 1.3.1　用紧凑格式求矩阵 $A = \begin{pmatrix} 3 & -1 & 2 & 5 \\ -6 & 6 & -2 & -13 \\ 15 & 11 & 16 & 15 \\ 9 & 5 & 14 & 12 \end{pmatrix}$ 的杜利特尔分解、LDU 分解和克劳特分解.

解　因为

$$
A \sim \begin{pmatrix} 3 & -1 & 2 & 5 \\ -2 & 4 & 2 & -3 \\ 5 & 16 & 6 & -10 \\ 3 & 8 & 8 & -3 \end{pmatrix} \sim \begin{pmatrix} 3 & -1 & 2 & 5 \\ -2 & 4 & 2 & -3 \\ 5 & 4 & -2 & 2 \\ 3 & 2 & 4 & 3 \end{pmatrix}
$$

$$
\sim \begin{pmatrix} 3 & -1 & 2 & 5 \\ -2 & 4 & 2 & -3 \\ 5 & 4 & -2 & 2 \\ 3 & 2 & -2 & 7 \end{pmatrix},
$$

所以 A 的杜利特尔分解为

$$\begin{pmatrix} 1 & 0 & 0 & 0 \\ -2 & 1 & 0 & 0 \\ 5 & 4 & 1 & 0 \\ 3 & 2 & -2 & 1 \end{pmatrix} \begin{pmatrix} 3 & -1 & 2 & 5 \\ 0 & 4 & 2 & -3 \\ 0 & 0 & -2 & 2 \\ 0 & 0 & 0 & 7 \end{pmatrix},$$

从而 A 的 LDU 分解为

$$\begin{pmatrix} 1 & 0 & 0 & 0 \\ -2 & 1 & 0 & 0 \\ 5 & 4 & 1 & 0 \\ 3 & 2 & -2 & 1 \end{pmatrix} \begin{pmatrix} 3 & 0 & 0 & 0 \\ 0 & 4 & 0 & 0 \\ 0 & 0 & -2 & 0 \\ 0 & 0 & 0 & 7 \end{pmatrix} \begin{pmatrix} 1 & -\frac{1}{3} & \frac{2}{3} & \frac{5}{3} \\ 0 & 1 & \frac{1}{2} & -\frac{3}{4} \\ 0 & 0 & 1 & -1 \\ 0 & 0 & 0 & 1 \end{pmatrix},$$

克劳特分解为

$$\begin{pmatrix} 3 & 0 & 0 & 0 \\ -6 & 4 & 0 & 0 \\ 15 & 16 & -2 & 0 \\ 9 & 8 & 4 & 7 \end{pmatrix} \begin{pmatrix} 1 & -\frac{1}{3} & \frac{2}{3} & \frac{5}{3} \\ 0 & 1 & \frac{1}{2} & -\frac{3}{4} \\ 0 & 0 & 1 & -1 \\ 0 & 0 & 0 & 1 \end{pmatrix}.$$

■

求 LU 分解的算法步骤如下所示.

算法 1.3.1 LU 分解算法

1: set $U = A, L = E$ %E 是 n 阶单位矩阵
2: **for** $j = 1 : n-1$ **do**
3:   **for** $i = j+1 : n$ **do**
4:     $\ell_{ij} = u_{ij}/u_{jj}$;
5:     **for** $k = j : n$ **do**
6:       $u_{ik} = u_{ik} - \ell_{ij}u_{jk}$
7:     **end for**
8:   **end for**
9: **end for**

■

如果 A 不满足定理 1.3.1 的条件, 但交换 A 的行后, 得到的矩阵满足定理 1.3.1 的条件, 从而可得带换行的 LU 分解, 称它为 **PLU 分解** .

这里我们仅举一例说明如何求 PLU 分解.

例题 1.3.2 求矩阵 A 的 PLU 分解, 其中

$$A = \begin{pmatrix} 0 & 6 & -3 & 18 \\ 0 & 2 & -1 & 5 \\ 1 & 1 & -1 & -7 \\ 5 & 23 & -13 & 27 \end{pmatrix}.$$

解 在矩阵 A 的后面添加一列, 用来记录行交换的过程, 也就是在进行第二类、第三类的初等行变换时, 最后一列不参与运算:

$$\left(\begin{array}{cccc} 0 & 6 & -3 & 18 \\ 0 & 2 & -1 & 5 \\ 1 & 1 & -1 & -7 \\ 5 & 23 & -13 & 27 \end{array}\right) \begin{array}{c} 1 \\ 2 \\ 3 \\ 4 \end{array} \xrightarrow{r_1 \leftrightarrow r_3} \left(\begin{array}{cccc} 1 & 1 & -1 & -7 \\ 0 & 2 & -1 & 5 \\ 0 & 6 & -3 & 18 \\ 5 & 23 & -13 & 27 \end{array}\right) \begin{array}{c} 3 \\ 2 \\ 1 \\ 4 \end{array}$$

$$\sim \left(\begin{array}{cccc} 1 & 1 & -1 & -7 \\ 0 & 2 & -1 & 5 \\ 0 & 6 & -3 & 18 \\ 5 & 18 & -8 & 62 \end{array}\right) \begin{array}{c} 3 \\ 2 \\ 1 \\ 4 \end{array} \sim \left(\begin{array}{cccc} 1 & 1 & -1 & -7 \\ 0 & 2 & -1 & 5 \\ 0 & 3 & 0 & 3 \\ 5 & 9 & 1 & 17 \end{array}\right) \begin{array}{c} 3 \\ 2 \\ 1 \\ 4 \end{array}$$

$$\xrightarrow{r_3 \leftrightarrow r_4} \left(\begin{array}{cccc} 1 & 1 & -1 & -7 \\ 0 & 2 & -1 & 5 \\ 5 & 9 & 1 & 17 \\ 0 & 3 & 0 & 3 \end{array}\right) \begin{array}{c} 3 \\ 2 \\ 4 \\ 1 \end{array},$$

上式中的最后一列是 $3, 2, 4, 1$, 对应于这全排列的置换矩阵

$$P = \begin{pmatrix} 0 & 0 & 1 & 0 \\ 0 & 1 & 0 & 0 \\ 0 & 0 & 0 & 1 \\ 1 & 0 & 0 & 0 \end{pmatrix}.$$

记

$$L=\begin{pmatrix}1&0&0&0\\0&1&0&0\\5&9&1&0\\0&3&0&1\end{pmatrix},\quad U=\begin{pmatrix}1&1&-1&-7\\0&2&-1&5\\0&0&1&17\\0&0&0&3\end{pmatrix},$$

则有 $PA=LU$. ■

MATLAB 的函数 lu 可用于对矩阵 A 进行三角分解, 其调用格式为:

(1) [L,U] = lu(A), 产生一个上三角矩阵 U, 使之满足 $A=LU$. 当 A 满足定理 1.3.1 的条件时, L 是单位下三角阵.

(2) [L,U,P] = lu(A), 产生上三角阵 U、单位下三角阵 L、置换矩阵 P, 使得 $LU=PA$.

如果

$$L=\begin{pmatrix}c_{11}&0&0&\cdots&0&0\\c_{21}&c_{22}&0&\cdots&0&0\\c_{31}&c_{32}&c_{33}&\cdots&0&0\\\vdots&\vdots&\vdots&&\vdots&\vdots\\c_{n-1,1}&c_{n-1,2}&c_{n-1,3}&\cdots&c_{n-1,n-1}&0\\c_{n1}&c_{n2}&c_{n3}&\cdots&c_{n,n-1}&c_{nn}\end{pmatrix},$$

则方程 $Ly=b$ 的解 $y=(y_1,y_2,\cdots,y_n)^{\mathrm{T}}$ 可由以下公式得到

$$\begin{cases}y_1=\dfrac{b_1}{c_{11}},\\ y_k=\dfrac{1}{c_{k,k}}\left(b_k-\displaystyle\sum_{i=1}^{k-1}c_{ki}y_i\right),\quad k=2,3,\cdots,n.\end{cases}\tag{1.3.2}$$

如果

$$U=\begin{pmatrix}u_{11}&u_{12}&u_{13}&\cdots&u_{1,n-1}&u_{1n}\\0&u_{22}&u_{23}&\cdots&u_{2,n-1}&u_{2n}\\0&0&u_{33}&\cdots&u_{3,n-1}&u_{3n}\\\vdots&\vdots&\vdots&&\vdots&\vdots\\0&0&0&\cdots&u_{n-1,n-1}&u_{n-1,n}\\0&0&0&\cdots&0&u_{nn}\end{pmatrix},$$

则方程 $Ux=y$ 的解 $x=(x_1,x_2,\cdots,x_n)^{\mathrm{T}}$ 可由以下公式得到

$$\begin{cases} x_n = & \dfrac{y_n}{u_{nn}}, \\ x_k = & \dfrac{1}{u_{k,k}}\left(y_k - \displaystyle\sum_{i=k+1}^{n} u_{ki}x_i\right), \quad k = n-1, n-2, \cdots, 1. \end{cases} \tag{1.3.3}$$

这就是解线性方程组的三角分解法.

例题 1.3.3 求解线性方程组 $Ax = b$, 其中

$$A = \begin{pmatrix} 3 & -1 & 2 & 5 \\ -6 & 6 & -2 & -13 \\ 15 & 11 & 16 & 15 \\ 9 & 5 & 14 & 12 \end{pmatrix}, \quad b = \begin{pmatrix} 38 \\ -97 \\ 114 \\ 91 \end{pmatrix}.$$

解 由例题 1.3.1 知, A 的三角分解为

$$A = \begin{pmatrix} 1 & 0 & 0 & 0 \\ -2 & 1 & 0 & 0 \\ 5 & 4 & 1 & 0 \\ 3 & 2 & -2 & 1 \end{pmatrix} \begin{pmatrix} 3 & -1 & 2 & 5 \\ 0 & 4 & 2 & -3 \\ 0 & 0 & -2 & 2 \\ 0 & 0 & 0 & 7 \end{pmatrix}.$$

利用公式 (1.3.2) 解方程组

$$\begin{pmatrix} 1 & 0 & 0 & 0 \\ -2 & 1 & 0 & 0 \\ 5 & 4 & 1 & 0 \\ 3 & 2 & -2 & 1 \end{pmatrix} \begin{pmatrix} y_1 \\ y_2 \\ y_3 \\ y_4 \end{pmatrix} = \begin{pmatrix} 38 \\ -97 \\ 114 \\ 91 \end{pmatrix},$$

可得 $y = (38, -21, 8, 35)^{\mathrm{T}}$. 利用公式 (1.3.3) 解方程组

$$\begin{pmatrix} 3 & -1 & 2 & 5 \\ 0 & 4 & 2 & -3 \\ 0 & 0 & -2 & 2 \\ 0 & 0 & 0 & 7 \end{pmatrix} \begin{pmatrix} x_1 \\ x_2 \\ x_3 \\ x_4 \end{pmatrix} = \begin{pmatrix} 38 \\ -21 \\ 8 \\ 35 \end{pmatrix},$$

可得原方程组的解 $x = (3, -2, 1, 5)^{\mathrm{T}}$. ■

在数值计算中, 计算得到的结果往往会有误差. 如例题 1.2.2 中的矩阵

$$A = \begin{pmatrix} 0.001 & 2 & 3 \\ 1 & 3.321 & 4.063 \\ -2.1 & 1.072 & 0.423 \end{pmatrix},$$

如果计算过程中小数点后保留三位有效数字, 计算得到的 LU 分解结果为

$$L_1=\begin{pmatrix}1&0&0\\1000&1&0\\-2100&-2.104&1\end{pmatrix},\quad U_1=\begin{pmatrix}0.001&2&3\\0&-1997&-2996\\0&0&-3.028\end{pmatrix}.$$

由于

$$\widehat{A}=L_1U_1=\begin{pmatrix}0.001&2&3\\1&3&4\\-2.1&1.688&0.556\end{pmatrix}\neq A,$$

因此由 L_1U_1 求得的解 $\widehat{x}$ 一般不是原问题的解. $A\widehat{x}=b$ 一般不成立. 设

$$r_1=b-A\widehat{x}.$$

我们可以把求解

$$Ax=r_1 \tag{1.3.4}$$

得到的解 y 加到数值解 $\widehat{x}$ 中, 得到更准确的近似解 $\widehat{x}+y$.

事实上, 如果 y 是 (1.3.4) 的精确解, 则

$$A\left(\widehat{x}+y\right)=A\widehat{x}+Ay=A\widehat{x}+b-A\widehat{x}=b,$$

因此 $\widehat{x}+y$ 就是原方程的精确解.

由于我们仍然是用数值解法来求解, 求得的解 $\hat{y}_1$ 可能不是方程的解. 当

$$r_2=b-A\left(\widehat{x}+\hat{y}_1\right)$$

不满足精度要求时, 可以用求解

$$Ax=r_2$$

来改进解的准确性. 这样一直进行下去, 直到满足精度要求 $\|r_k\|<\varepsilon$ 为止.

例题 1.3.4 (例题 1.2.2 续) 设 $A=\begin{pmatrix}0.001&2&3\\1&3.321&4.063\\-2.1&1.072&0.423\end{pmatrix}, b=\begin{pmatrix}-6.996\\-4.868\\-8.597\end{pmatrix}.$ 计算过程中采用小数点后保留三位数字进行, 用 LU 分解求方程组 $Ax=b$ 的解 x^*, 使得 $\|b-Ax^*\|_\infty<10^{-3}$.

解 矩阵 A 的 LU 分解中的 L 和 U 分别为

$$L=\begin{pmatrix}1&0&0\\1000&1&0\\-2100&-2.104&1\end{pmatrix},\quad U=\begin{pmatrix}0.001&2&3\\0&-1997&-2996\\0&0&-3.028\end{pmatrix}.$$

$$r_1 = b - Ax^{(1)} = (0, 0.979, -2.125)^{\mathrm{T}}, \quad \|r_1\|_\infty = 2.125.$$

由于 r_1 不满足要求 $\|r_1\|_\infty < 10^{-3}$, 因此, 利用前面的 LU 分解, 求 $LUy = r_1$ 的近似解. 经求解得 $y^{(1)} = (0.991, -0.033, 0.022)^{\mathrm{T}}$, 进而求得 $Ax = b$ 的第二个近似解 $x^{(2)} = (3.991, 0.999, -2.999)^{\mathrm{T}}$.

$$r_2 = b - Ax^{(2)} = (-0.001, 0.008, -0.018)^{\mathrm{T}}, \quad \|r_2\|_\infty = 0.018.$$

由于 r_2 不满足要求 $\|r_2\|_\infty < 10^{-3}$, 因此, 再利用前面的 LU 分解, 求 $LUy = r_2$ 的近似解 $y^{(2)} = (0.009, 0.001, -0.001)^{\mathrm{T}}$, 进而求得 $Ax = b$ 的第三个近似解 $x^{(3)} = (4.000, 1.000, -3.000)^{\mathrm{T}}$.

$$r_3 = b - Ax^{(3)} = (0.000, 0.000, -0.000)^{\mathrm{T}}, \quad \|r_3\|_\infty = 0.000.$$

由于 r_3 满足要求 $\|r_3\|_\infty < 10^{-3}$, 因此, 所得的 $x^{(3)}$ 作为 $Ax = b$ 的解. ■

在不少问题的数值求解和优化问题的求解中, 涉及的线性方程组的系数矩阵常是正定矩阵. 利用正定矩阵的三角分解求解相应的线性方程组是一种有效方法. 此时, 分解过程不选主元也有良好的数值稳定性.

定义 1.3.3　设 A 是实对称正定矩阵. 如果 $A = GG^{\mathrm{T}}$, 其中 G 是下三角矩阵, 则称分解式 $A = GG^{\mathrm{T}}$ 为实对称正定矩阵 A 的**楚列斯基** (Cholesky) **分解** (也称为**平方根分解**, 或**对称三角分解**).

注意: 正定矩阵一定是对称矩阵.

定理 1.3.2　*实对称正定矩阵 A 的楚列斯基分解唯一存在.*

证明　由于 A 是实对称正定矩阵, 因此 A 的各阶顺序主子式都大于 0, 由定理 1.3.1 可知, A 有 LDU 分解, 其中

$$D = \mathrm{diag}\,(d_1, d_2, \cdots, d_n), \quad d_i > 0, \quad i = 1, 2, \cdots, n.$$

因为

$$A = A^{\mathrm{T}} = U^{\mathrm{T}} D^{\mathrm{T}} L^{\mathrm{T}} = U^{\mathrm{T}} D L^{\mathrm{T}},$$

所以 $U^{\mathrm{T}} D L^{\mathrm{T}}$ 也是 A 的 LDU 分解. 再由定理 1.3.1可知, A 的 LDU 分解唯一, 因此 $U = L^{\mathrm{T}}, L = U^{\mathrm{T}}$, 从而有

$$A = LDL^{\mathrm{T}}.$$

令

$$G = L\tilde{D} = L \cdot \mathrm{diag}\left(\sqrt{d_1}, \sqrt{d_2}, \cdots, \sqrt{d_n}\right),$$

则 G 是下三角矩阵, 且

$$A = L\tilde{D}\tilde{D}L^{\mathrm{T}} = GG^{\mathrm{T}}.$$

因为 A 的 LDU 分解唯一, 所以 G 也是唯一的, 从而 A 的楚列斯基分解唯一. ■

系数矩阵是正定矩阵的情况下, A 的 LDU 分解中 $U=L^{\mathrm{T}}$, 此时的 LDU 分解也称为 $\mathrm{LDL^T}$ 分解.

用楚列斯基分解法解线性方程组 $Ax=b$ 等价于求解

$$\begin{cases} Ly=b, \\ L^{\mathrm{T}}x=D^{-1}y=\left(\dfrac{y_1}{d_1},\dfrac{y_2}{d_2},\cdots,\dfrac{y_n}{d_n}\right)^{\mathrm{T}}. \end{cases}$$

例题 1.3.5 设 $A=\begin{pmatrix} 4 & -4 & 8 \\ -4 & 5 & -5 \\ 8 & -5 & 34 \end{pmatrix}$.

(1) 求矩阵 A 的楚列斯基分解;

(2) 求解线性方程组 $Ax=b=(52,-39,188)^{\mathrm{T}}$.

解 (1) 因为

$$A\sim\begin{pmatrix} 4 & -4 & 8 \\ -1 & 1 & 3 \\ 2 & 3 & 18 \end{pmatrix}\sim\begin{pmatrix} 4 & -4 & 8 \\ -1 & 1 & 3 \\ 2 & 3 & 9 \end{pmatrix},$$

所以 A 的 LDU 分解为

$$\begin{pmatrix} 1 & 0 & 0 \\ -1 & 1 & 0 \\ 2 & 3 & 1 \end{pmatrix}\begin{pmatrix} 4 & 0 & 0 \\ 0 & 1 & 0 \\ 0 & 0 & 9 \end{pmatrix}\begin{pmatrix} 1 & -1 & 2 \\ 0 & 1 & 3 \\ 0 & 0 & 1 \end{pmatrix}.$$

令

$$G=\begin{pmatrix} 1 & 0 & 0 \\ -1 & 1 & 0 \\ 2 & 3 & 1 \end{pmatrix}\begin{pmatrix} 2 & 0 & 0 \\ 0 & 1 & 0 \\ 0 & 0 & 3 \end{pmatrix}=\begin{pmatrix} 2 & 0 & 0 \\ -2 & 1 & 0 \\ 4 & 3 & 3 \end{pmatrix},$$

则 GG^{T} 是 A 的楚列斯基分解.

(2) 由 (1) 可得, 矩阵 A 的 $\mathrm{LDL^T}$ 分解中

$$L=\begin{pmatrix} 1 & 0 & 0 \\ -1 & 1 & 0 \\ 2 & 3 & 1 \end{pmatrix},\quad D=\begin{pmatrix} 4 & 0 & 0 \\ 0 & 1 & 0 \\ 0 & 0 & 9 \end{pmatrix}.$$

由 $Ly=b$ 可解得 $y=(52,13,45)^{\mathrm{T}}$, 因此, $D^{-1}y=(13,13,5)^{\mathrm{T}}$. 由 $L^{\mathrm{T}}x=(13,13,5)^{\mathrm{T}}$ 可解得 $x=(1,-2,5)^{\mathrm{T}}$. ■

习　题　1

习题 1.1　设

$$A=\begin{pmatrix}2&1&0&-4&2&-2\\0&0&1&2&-4&5\\-2&-1&0&4&0&2\\-12&-6&-3&18&1&-3\end{pmatrix},\quad b=\begin{pmatrix}-21\\34\\17\\22\end{pmatrix}.$$

(1) 求 A 的列向量组的极大线性无关组, 并将 A 的其他向量用它们线性表示.

(2) 求 $Ax=b$ 的通解.

习题 1.2　可逆矩阵 $A=\begin{pmatrix}1&-2&1&3\\3&-5&4&6\\-2&8&3&-16\\1&0&0&-8\end{pmatrix}$ 的逆矩阵 $A^{-1}=\begin{pmatrix}376&-112&24&9\\218&-65&14&5\\-80&24&-5&-2\\47&-14&3&1\end{pmatrix}$. 如果 $A^{-1}B=\begin{pmatrix}2&2&0&-4\\-2&0&-3&1\\0&-1&3&2\\6&3&6&0\end{pmatrix}$, 用 B 的第 k 列替换 A 的第 k 列得到矩阵 C_k.

(1) C_1,C_2,C_3,C_4 中哪些矩阵是可逆的?

(2) 对其中可逆的矩阵, 求出它们的逆矩阵.

习题 1.3　设 $A=(A_{*1},A_{*2},\cdots,A_{*m})\in\mathbb{R}^{m\times m}$ 是可逆矩阵, A 的逆矩阵是 P. $b\in\mathbb{R}^m$, 用 b 替换 A 的第 k 列后得到矩阵 B. 仿照例题 1.1.2 的方法,

(1) 给出 B 可逆的充分必要条件.

(2) 如果 B 可逆, 求 B 的逆矩阵.

习题 1.4　设某线性规划问题约束条件 $Ax=b$ 中的 A 与 b 分别为

$$A=\begin{pmatrix}1&2&-2&5&1&7\\-1&-2&3&-7&3&0\\2&4&-1&4&15&37\end{pmatrix},\quad b=\begin{pmatrix}2\\32\\113\end{pmatrix}.$$

(1) 利用行的初等变换将 A 变成最简形.

(2) 利用 (1) 的最简形说明 (A_{*1},A_{*3},A_{*5}) 是 $Ax=b$ 的基, 而 (A_{*1},A_{*3},A_{*4}) 不是 $Ax=b$ 的基.

(3) 求 $Ax=b$ 对应于基 $B=(A_{*1},A_{*3},A_{*5})$ 的基解.

(4) 求 $Ax=b$ 对应于基 (A_{*1},A_{*3},A_{*6}) 的基解.

习题 1.5 完成例题 1.3.4 的后续过程, 求出满足要求的解 x^*.

习题1.6 (例题 1.2.2 续) 设 $A = \begin{pmatrix} 0.001 & 2 & 3 \\ 1 & 3.321 & 4.063 \\ -2.1 & 1.072 & 0.423 \end{pmatrix}$, $b = \begin{pmatrix} -6.996 \\ -4.868 \\ -8.597 \end{pmatrix}$. 采用四位有效数字,

(1) 求矩阵 A 的 PLU 分解.

(2) 利用 (1) 中的 PLU 分解求方程组 $Ax = b$ 的解 x^*, 使得 $\|b - Ax^*\|_\infty < 10^{-4}$.

习题 1.7 设 $A = \begin{pmatrix} 1.012 & 2.342 & -3.021 \\ 2.024 & 4.685 & -6.042 \\ 4.12 & 1.428 & -2.034 \end{pmatrix}$, $b = \begin{pmatrix} -4.351 \\ -8.703 \\ 0.658 \end{pmatrix}$. 分别用不选主元高斯消元法和列选主元高斯消元法求方程组 $Ax = b$ 的解.

习题 1.8 设 $A = \begin{pmatrix} 1.012 & 2.342 & -3.021 \\ 2.024 & 4.685 & -6.042 \\ 4.12 & 1.428 & -2.034 \end{pmatrix}$, $b = \begin{pmatrix} -4.351 \\ -8.703 \\ 0.658 \end{pmatrix}$.

(1) 求矩阵 A 的 LU 分解, 并利用所求的 LU 分解求解线性方程组 $Ax = b$, 并使所求得的解 x^* 满足 $\|b - Ax^*\|_\infty < 0.001$.

(2) 求矩阵 A 的列选主元的 PLU 分解, 并利用所求的 PLU 分解求解线性方程组 $Ax = b$, 并使所求得的解 x^* 满足 $\|b - Ax^*\|_\infty < 0.001$.

(3) 用初等变换法求 A^{-1}.

(4) 用 LU 分解法求 A^{-1}, 并验算 AA^{-1} 是否等于 E_3.

(5) 用 PLU 分解法求 A^{-1}, 并验算 AA^{-1} 是否等于 E_3.

(6) 用 (3),(4),(5) 求得的 A^{-1} 与如下精确的 A^{-1} 比较, 你有什么结论?

$$A^{-1} = \begin{pmatrix} -86.7639856 & 43.284092 & 0.29081319 \\ -2000 & 1000 & -5.68\text{e}-14 \\ -1579.87592 & 789.73966 & 0.09741905 \end{pmatrix}.$$

要求: 采用四位有效数字进行计算.

习题 1.9 设 $A = \begin{pmatrix} 1 & -3 & 1 \\ -3 & 12 & 3 \\ 1 & 3 & 17 \end{pmatrix}$, $b = \begin{pmatrix} -6 \\ 75 \\ 136 \end{pmatrix}$. 分别用 LU 分解、PLU 分解和楚列斯基分解求方程组 $Ax = b$ 的解. 要求: 采用四位有效数字进行计算.

第 2 章　线 性 空 间

CHAPTER

2.1　线性空间概述

2.1.1　集合与映射

人们经常使用“一组”“一队”“一批”这样的词汇来描述某类事物, 它们被用来表示一定事物的集体. 在数学上称它们为**集合**或**集**. 组成集合的东西称为集合中的**元素**.

我们用大写字母 $A, B, C, \cdots$ 表示集合, 用小写字母 $a, b, c, \cdots$ 表示集合中的元素.

如果 a 是集合 A 的元素, 就称 a **属于** A, 记作 $a \in A$; 如果 a 不是集合 A 中的元素, 就称 a **不属于**A, 记作 $a \notin A$.

若集合 A 中仅含有有限个元素, 则称其为**有限集合**; 若集合 A 中含有无限个元素, 则称其为**无限集合**.

集合可以用列出其所含有的全部元素, 或者给出集合中元素所具备的特征的方式来表示. 当然前一种表示方式仅对有限集合适用, 而无限集合的表示必须用第二种方式.

例如, 由 $-1,1$ 这两个元素组成的集合可以表示为 $A=\{-1,1\}$, 而由全体实数组成的集合可以表示为 $A=\{x|x\in\mathbb{R}\}$, 当然第一个集合也可以表示为 $A=\{x|x^2-1=0, x\in\mathbb{R}\}$.

不含有任何元素的集合称为**空集合**, 记为 $\varnothing$. 例如, 集合 $A=\{x|x^2+1=0, x\in\mathbb{R}\}$ 就是一个空集合.

为了方便起见, 我们约定:

$\mathbb{N}$ 为全体自然数组成的集合;

$\mathbb{Z}$ 为全体整数组成的集合;

$\mathbb{Q}$ 为全体有理数组成的集合;

$\mathbb{R}$ 为全体实数组成的集合;

$\mathbb{C}$ 为全体复数组成的集合.

设 A, B 是两个集合, 如果 A 的每一个元素都是 B 的元素, 则称 A 是 B 的子集, 记作 $A\subseteq B$, 或记作 $B\supseteq A$.

设 A, B 是两个集合, 如果 $A \subseteq B$, 并且 $B \subseteq A$, 则称这两个集合相等, 记作 $A = B$.

设 A, B 是两个集合, 由 A 的所有元素和 B 的所有元素组成的集合称为 A 与 B 的并, 记作 $A \cup B$. 即 $A \cup B = \{x|x \in A$ 或 $x \in B\}$.

显然 $A \subseteq A \cup B, B \subseteq A \cup B$.

由 A 和 B 的公共元素组成的集合称为 A 与 B 的交, 记作 $A \cap B$, 即

$$A \cap B = \{x|x \in A \text{ 且 } x \in B\}.$$

显然 $A \cap B \subseteq A, A \cap B \subseteq B$.

类似地, 设给定 n 个集合 $A_1, A_2, \cdots, A_n$, 由 $A_1, A_2, \cdots, A_n$ 的所有元素组成的集合称为 $A_1, A_2, \cdots, A_n$ 的并; 而由 $A_1, A_2, \cdots, A_n$ 的公共元素组成的集合称为 $A_1, A_2, \cdots, A_n$ 的交, 分别记为 $A_1 \cup A_2 \cup \cdots \cup A_n$ 和 $A_1 \cap A_2 \cap \cdots \cap A_n$.

设 A, B 是两个集合, 由一切属于 A 但不属于 B 的元素组成的集合称为 B 在 A 中的**余集**, 或称为 A 与 B 的差, 记作 $A \backslash B$, 即

$$A \backslash B = \{x|x \in A \text{ 且 } x \notin B\}.$$

设 A, B 是两个集合, 集合 $A \times B = \{(a,b)|a \in A, b \in B\}$ 称为 A 与 B 的**积**.

数学中, 另一个常用的基本概念是**映射**.

设 A, B 是两个非空集合, A 到 B 的映射是指存在一个对应法则, 通过这一法则, 对于集合 A 中的每一个元素 x, 都有集合 B 中的一个唯一确定的元素 y 与之对应.

如果通过映射 T, 与 A 中元素 x 对应的 B 中元素是 y, 则记作

$$T : x \to y$$

或

$$T(x) = y.$$

y 称为元素 x 在 T 下的**象**, x 称为 y 在 T 下的**原象**.

A 在 T 下的象的集合记作 $T(A)$, 即 $T(A) = \{T(x)|x \in A\}$.

设 T 是 A 到 B 的映射:

(1) 如果 $T(A) = B$, 则称 T 是 A 到 B 的满射;

(2) 如果对于 A 中的任意两个不同的元素 x_1 和 x_2, 都有 $T(x_1) \neq T(x_2)$, 则称 T 是 A 到 B 的单射;

(3) 如果 T 既是满射, 又是单射, 则称 T 是 A 到 B 的双射, 也称为 1-1 映射.

2.1.2　线性空间的概念

在线性代数中, 为研究齐次线性方程组解的结构, 介绍了实向量空间的基本理论. 在工程技术和科学计算以及数学的不同分支, 有许多集合本身所伴随的运算具有与实向量空间中的运算相同的本质特征. 将类似的具有共同运算规律的数学对象进行统一的数学描述就得到抽象的线性空间的定义.

定义 2.1.1　设 $\mathbb{P}$ 是数域, V 是一个非空集合, 如果下列条件被满足, 则称 V 是 $\mathbb{P}$ 上的**线性空间**:

(i) 定义了从 $V\times V$ 到 V 的映射 T_1, 称为"加法", 即对于 V 中任意两个元素 α 与 β, 有 V 中一个唯一确定的元素 $T_1(\alpha,\beta)$ 与它们对应. 这个元素称为 α 与 β 的和.

(ii) 定义了从 $\mathbb{P}\times V$ 到 V 的映射 T_2, 称为"纯量乘法", 即对于 $\mathbb{P}$ 中每一个元素 k 和 V 中每一个元素 α, 有 V 中一个唯一确定的元素与它们对应. 这个元素称为 k 与 α 的积.

(iii) 对任意 $\alpha,\beta,\gamma\in V$, $k,\lambda\in\mathbb{P}$, 映射 T_1, T_2 满足下列运算律:

(1) $T_1(\alpha,\beta)=T_1(\beta,\alpha)$;

(2) $T_1(T_1(\alpha,\beta),\gamma)=T_1(\alpha,T_1(\beta,\gamma))$;

(3) 在 V 中存在元素 θ, 使得 $T_1(\theta,\alpha)=\alpha$, 称 θ 为零元素.

(4) 在 V 中存在元素 α', 使得 $T_1(\alpha,\alpha')=\theta$, 这样的 α' 称为 α 的负元素, 记作 $-\alpha$;

(5) $T_2(k,T_1(\alpha,\beta))=T_2(k,\alpha)+T_2(k,\beta)$;

(6) $T_2(k+\lambda,\alpha)=T_2(k,\alpha)+T_2(\lambda,\alpha)$;

(7) $T_2(k\lambda,\alpha)=T_2(k,T_2(\lambda,\alpha))$;

(8) $T_2(1,\alpha)=\alpha$.

习惯上, $T_1(\alpha,\beta)$ 记为 $\alpha+\beta$, $T_2(k,\alpha)$ 记为 $k\alpha$; 将元素 θ 记为 $\mathbf{0}_V$, 简记为 $\mathbf{0}$. 后面, 我们都采用这记号.

如果 V 是 $\mathbb{P}$ 上的线性空间, 称 V 中的元素为向量, $\mathbb{P}$ 中的元素为纯量.

线性空间 V 中所定义的加法与纯量乘法称为 V 中的线性运算, 在不致发生混淆的情况下, 将数域 $\mathbb{P}$ 上的线性空间 V 简称为线性空间 V. 当 $\mathbb{P}$ 为实数域 $\mathbb{R}$ 时, 称 V 为实线性空间, 当 $\mathbb{P}$ 为复数域 $\mathbb{C}$ 时, 称 V 为复线性空间.

例题 2.1.1　(1) 分量属于数域 $\mathbb{P}$ 的全体 n 元数组 $(x_1,x_2,\cdots,x_n)^{\mathrm{T}}$ 构成 $\mathbb{P}$ 上的一个线性空间, 记作 $\mathbb{P}^n$.

(2) 数域 $\mathbb{P}$ 上一切 $m\times n$ 矩阵所成的集合对于矩阵的加法和矩阵的数乘运算下构成 $\mathbb{P}$ 上的线性空间. 当 $\mathbb{P}=\mathbb{C}$ 时, 此空间记作 $\mathbb{C}^{m\times n}$; 当 $\mathbb{P}=\mathbb{R}$ 时, 此空间记作 $\mathbb{R}^{m\times n}$.

(3) 区间 $[a,b]$ 上的所有 k 阶导数连续的函数全体 $C^k[a,b]$ 在通常的函数加法和数乘运算下构成线性空间.

(4) 所有次数不超过 n 的实系数多项式全体

$$P_n(t)=\{a_0+a_1t+\cdots+a_nt^n|a_k\in\mathbb{R},k=0,1,\cdots,n\}$$

在通常的多项式加法和数乘运算下构成线性空间, 称为实 n 次多项式空间.

(5) 所有 n 次数实系数多项式全体

$$\tilde{P}_n(t)=\{a_0+a_1t+\cdots+a_nt^n|a_k\in\mathbb{R},k=0,1,\cdots,n,a_n\neq 0\}$$

在通常的多项式加法和数乘运算下不构成线性空间.

(6)

$$W_n(t)=\left\{a_0+\sum_{k=1}^{n}(a_k\sin kt+b_k\cos kt)\middle|a_k,b_k\in\mathbb{R},k=0,1,\cdots,n\right\}$$

在通常的函数加法和数乘运算下构成线性空间, 称为三角函数空间.

定理 2.1.1 V 是 $\mathbb{P}$ 上的线性空间, $\lambda\in\mathbb{P}$, 则

(1) 零元素是唯一的;

(2) 负元素是唯一的;

(3) $0\alpha=\mathbf{0},(-1)\alpha=-\alpha,\lambda\mathbf{0}=\mathbf{0}$;

(4) 如果 $\lambda\alpha=\mathbf{0}$, 则 $\lambda=0$ 或 $\alpha=\mathbf{0}$.

定义 2.1.2 设 V 是数域 $\mathbb{P}$ 上的线性空间, $\alpha_1,\ \alpha_2,\ \cdots,\ \alpha_m\in V$, $\lambda_1,\ \lambda_2,\ \cdots,\ \lambda_m\in\mathbb{P}$.

(1) 称 $\lambda_1\alpha_1+\lambda_2\alpha_2+\cdots+\lambda_m\alpha_m$ 为向量组 $\alpha_1,\ \alpha_2,\ \cdots,\ \alpha_m$ 的**线性组合**.

(2) V 中向量 α 可表示为向量组 $\alpha_1,\ \alpha_2,\ \cdots,\ \alpha_m$ 的线性组合时, 则称 α 可由该向量组 $\alpha_1,\ \alpha_2,\ \cdots,\ \alpha_m$ **线性表示**.

如果 $\beta=\lambda_1\alpha_1+\lambda_2\alpha_2+\cdots+\lambda_m\alpha_m$, 则我们可采用如下形式记号:

$$\beta=(\alpha_1,\alpha_2,\cdots,\alpha_m)\begin{pmatrix}\lambda_1\\\lambda_2\\\vdots\\\lambda_m\end{pmatrix}. \tag{2.1.1}$$

定义 2.1.3 设 V 是数域 $\mathbb{P}$ 上的线性空间, 设 (I) $\alpha_1,\alpha_2,\cdots,\alpha_r$ 与 (II) $\beta_1,\beta_2,\cdots,\beta_s$ 是线性空间 V 中两个向量组.

(1) 如果向量组 (I) 中每个向量都可由向量组 (II) 线性表示, 则称向量组 (I) 可由向量组 (II) 线性表示.

(2) 如果向量组 (I) 与 (II) 可以互相线性表示, 则称向量组 (I) 与向量组 (II) 等价.

注 5 向量组 $\alpha_1, \alpha_2, \cdots, \alpha_r$ 可由向量组 $\beta_1, \beta_2, \cdots, \beta_s$ 线性表示的充分必要条件是, 存在 $s \times r$ 矩阵 A, 使得

$$(\alpha_1, \alpha_2, \cdots, \alpha_r) = (\beta_1, \beta_2, \cdots, \beta_s) A.$$

除仅有一个元素的线性空间外, 一般的线性空间都含有无穷多个元素. 描述法不利于进行理论分析和计算, 除描述法外, 如何将线性空间中的所有元素表示出来? 例题 2.1.1 中的 $P_n(t)$, 其元素可以描述成次数不超过 n 的实系数多项式, 也可以表示成 $1, t, \cdots, t^n$ 的线性组合, 即

$$P_n(t) = \{a_0 + a_1 t + \cdots + a_n t^n | a_k \in \mathbb{R}, k = 0, 1, \cdots, n\}.$$

这样 $P_n(t)$ 中的任意一个元素都可以用 $1, t, \cdots, t^n$ 线性表示.

例题 2.1.2 设 V 是数域 $\mathbb{P}$ 上的线性空间, $\alpha_1, \alpha_2, \cdots, \alpha_m \in V$. 由 $\alpha_1, \alpha_2, \cdots, \alpha_m$ 的所有线性组合所构成集合 S, 即

$$S = \{\lambda_1 \alpha_1 + \lambda_2 \alpha_2 + \cdots + \lambda_m \alpha_m | \lambda_1, \lambda_2, \cdots, \lambda_m \in \mathbb{P}\}.$$

在 S 中定义与 V 中同样的加法和数乘运算, 则 S 也是线性空间, 称它为由 α_1, α_2, $\cdots$, α_m **生成的空间**, 称 α_1, α_2, $\cdots$, α_m 为线性空间 S 的**生成元**. 我们将 S 记为 $\mathrm{Span}\{\alpha_1, \alpha_2, \cdots, \alpha_m\}$.

解 容易验证, $\mathrm{Span}\{\alpha_1, \alpha_2, \cdots, \alpha_m\}$ 在 V 中定义的加法和数乘运算下满足线性空间定义中的八条性质. ■

对一般的线性空间, 我们可以利用生成元来表示线性空间的元素. 如:

(1) $P_n(t) = \mathrm{Span}\{1, t, \cdots, t^n\}$;

(2) $W_n(t) = \mathrm{Span}\{1, \sin t, \cos t, \cdots, \sin nt, \cos nt\}$.

2.1.3 线性空间的基、维数与坐标

定义 2.1.4 设 V 是数域 $\mathbb{P}$ 上的线性空间, α_1, α_2, $\cdots$, $\alpha_m \in V$. 如果存在一组不全为零的数 λ_1, λ_2, $\cdots$, $\lambda_m \in \mathbb{P}$, 使得

$$\lambda_1 \alpha_1 + \lambda_2 \alpha_2 + \cdots + \lambda_m \alpha_m = \mathbf{0},$$

则称向量组 α_1, α_2, $\cdots$, α_m **线性相关**; 否则称 α_1, α_2, $\cdots$, α_m **线性无关**.

例题 2.1.3 讨论 $\mathbb{R}^{2\times 2}$ 中向量组

$$\alpha_1=\begin{pmatrix}-1 & 5\\ 1 & 12\end{pmatrix},\quad \alpha_2=\begin{pmatrix}5 & 5\\ -2 & 24\end{pmatrix},\quad \alpha_3=\begin{pmatrix}4 & -2\\ 5 & -12\end{pmatrix},\quad \alpha_4=\begin{pmatrix}5 & -3\\ 2 & -8\end{pmatrix}$$

的线性相关性.

解 设 $x_1, x_2, x_3, x_4\in\mathbb{R}$, 使得 $x_1\alpha_1+x_2\alpha_2+x_3\alpha_3+x_4\alpha_4=\mathbf{0}_{2\times 2}$, 即

$$\begin{pmatrix}-x_1+5x_2+4x_3+5x_4 & 5x_1+5x_2-2x_3-3x_4\\ x_1-2x_2+5x_3+2x_4 & 12x_1+24x_2-12x_3-8x_4\end{pmatrix}=\begin{pmatrix}0 & 0\\ 0 & 0\end{pmatrix},$$

因此

$$\begin{cases}-x_1+5x_2+4x_3+5x_4=0,\\ 5x_1+5x_2-2x_3-3x_4=0,\\ x_1-2x_2+5x_3+2x_4=0,\\ 12x_1+24x_2-12x_3-8x_4=0.\end{cases}$$

由于此方程组的系数行列式的值是 0, 因此它有非零解. 由线性相关的定义可得, α_1, α_2, α_3, α_4 线性相关. ■

前面, 我们提到了线性空间中的所有元素表示问题. 如何将线性空间用最少个数的元素表示出来? 另一方面, 数域 $\mathbb{P}$ 上的线性空间有很多, 不同线性空间中的元素千差万别, 如何将它们用统一的方式来处理? 为此, 我们引入基、维数和坐标的概念.

定义 2.1.5 设 V 是数域 $\mathbb{P}$ 上的线性空间, 称 V 中满足以下两个条件的向量组 $\{\alpha_1,\alpha_2,\cdots,\alpha_n\}$ 为 V 的**基**:

(1) $\alpha_1,\alpha_2,\cdots,\alpha_n$ 线性无关;

(2) V 中的每一个向量都可以由 $\alpha_1,\alpha_2,\cdots,\alpha_n$ 线性表示.

定理 2.1.2 *设 V 是数域 $\mathbb{P}$ 上的线性空间 V. 如果 $\{\alpha_1,\alpha_2,\cdots,\alpha_n\}$ 和 $\{e_1,e_2,\cdots,e_m\}$ 都是 V 的基, 则 $m=n$.*

证明 用反证法: 假设 $m>n$. 由于 $\{\alpha_1,\alpha_2,\cdots,\alpha_n\}$ 是 V 的基, 因此存在数组 c_{ij}, 使得

$$e_i=c_{i1}\alpha_1+c_{i2}\alpha_2+\cdots+c_{in}\alpha_n,\quad i=1,2,\cdots,m. \tag{2.1.2}$$

假设数 $x_1,x_2,\cdots,x_m$, 使得

$$x_1e_1+x_2e_2+\cdots+x_me_m=\mathbf{0}, \tag{2.1.3}$$

将 e_i 的表达式 (2.1.2) 代入 (2.1.3), 并合并同类项, 得

$$\left(\sum_{j=1}^{m} c_{j1}x_j\right)\alpha_1 + \left(\sum_{j=1}^{m} c_{j2}x_j\right)\alpha_2 + \cdots + \left(\sum_{j=1}^{m} c_{jn}x_j\right)\alpha_n = \mathbf{0}. \tag{2.1.4}$$

由于 $\{\alpha_1, \alpha_2, \cdots, \alpha_n\}$ 是线性空间 V 的一组基, 由定义 2.1.5, 它们线性无关, 再由线性无关的定义可得

$$\begin{cases} c_{11}x_1 + c_{21}x_2 + \cdots + c_{m1}x_m = 0, \\ c_{12}x_1 + c_{22}x_2 + \cdots + c_{m2}x_m = 0, \\ \qquad\cdots\cdots \\ c_{1n}x_1 + c_{2n}x_2 + \cdots + c_{mn}x_m = 0. \end{cases}$$

这是一个由 n 个方程 m 个变量组成的齐次线性方程组. 由齐次线性方程组的解的理论知, 该方程组一定存在非零解, 从而 $e_1, e_2, \cdots, e_m$ 线性相关, 这与 $e_1, e_2, \cdots, e_m$ 是 V 的基矛盾. 因此 $m \leqslant n$.

同理可证, $m \geqslant n$. 因此 $m = n$. ■

定理 2.1.2 告诉我们, 线性空间不同基中所含向量个数是一样的. 因此我们可以引入线性空间的维数概念.

定义 2.1.6　设 V 是数域 $\mathbb{P}$ 上的线性空间.

(1) 称 V 的基中所含向量个数 n 为线性空间 V 的**维数**. V 的维数记作 $\dim(V)$.

(2) 维数为 n 的线性空间称为 n 维线性空间. 如需指明线性空间 V 的维数时, 将 V 记为 V^n.

(3) 规定: 仅含零向量的线性空间的维数是零.

当线性空间 V 中存在任意多个线性无关的向量时, 就称 V 是无限维的. 如 $1, t, t^2, \cdots, t^n, \cdots$ 是 $C[a,b]$ 中的元素, 它们线性无关, 因此 $C[a,b]$ 就是一个无限维的线性空间. 在矩阵论中, 只考虑有限维情况, 对于无限维线性空间, 有兴趣的读者可阅读泛函分析或其他书籍的相关内容.

若 $\{\alpha_1, \alpha_2, \cdots, \alpha_n\}$ 是 V^n 的基, 则 V^n 可表示为

$$V^n = \mathrm{Span}\{\alpha_1, \alpha_2, \cdots, \alpha_n\}.$$

这解决了线性空间如何用最少个数的元素表示出来的问题.

例题 2.1.4　考虑数域 $\mathbb{C}$ 上的线性空间 $\mathbb{C}^{m\times n}$. 记 E_{ij} 是第 i 行第 j 列位置上的元素是 1, 其余的元素都是 0 的矩阵. 显然向量组 $\{E_{ij} | i = 1, 2, \cdots, m; j = 1, 2, \cdots, n\}$ 线性无关, 而且 $\mathbb{C}^{m\times n}$ 中任意一个向量都可以用它们线性表示, 由定义 2.1.5 , $\{E_{ij}\}$ 是线性空间 $\mathbb{C}^{m\times n}$ 的一组基, 因此 $\dim(\mathbb{C}^{m\times n}) = mn$.

注 6 (1) 同理可得, 对于数域 $\mathbb{R}$ 上的线性空间 $\mathbb{R}^{m\times n}$, $\dim(\mathbb{R}^{m\times n})=mn$.

(2) 如果将 $\mathbb{C}^{m\times n}$ 看成实数域 $\mathbb{R}$ 上的线性空间, 则 $\{E_{ij},\sqrt{-1}E_{ij},i=1,2,\cdots,m;j=1,2,\cdots,n\}$ 是它的一组基, 从而 $\dim(\mathbb{C}^{m\times n})=2mn$.

由于向量 1, t, t^2, $\cdots$, t^n 线性无关, $P_n(t)$ 中的任意一个向量都可以表示成 $a_0+a_1t+\cdots+a_nt^n\in P_n(t)$, 因此 $\{1, t, t^2, \cdots, t^n\}$ 是 $P_n(t)$ 的基, $\dim(P_n(t))=n+1$.

类似地, $\{1,\sin t,\cos t,\cdots,\sin nt,\cos nt\}$ 是三角函数空间 $W_n(t)$ 的基,

$$\dim(W_n(t))=2n+1.$$

由定理 2.1.2 可得, n 维线性空间 V 中的任意一个含 n 个线性无关向量的向量组 $\{\alpha_1,\alpha_2,\cdots,\alpha_n\}$ 都是 V 的基.

例题 2.1.5 设 $x_0,x_1,\cdots,x_n$ 是 $\mathbb{R}$ 中的两两互异的 $n+1$ 个实数. 证明:

(1) $\{1,x-x_0,(x-x_0)(x-x_1),\cdots,(x-x_0)(x-x_1)\cdots(x-x_{n-1})\}$ 是 $P_n(x)$ 的基.

(2) 令

$$l_i(x)=\frac{(x-x_0)\cdots(x-x_{i-1})(x-x_{i+1})\cdots(x-x_n)}{(x_i-x_0)\cdots(x_i-x_{i-1})(x_i-x_{i+1})\cdots(x_i-x_n)},\quad i=0,1,\cdots,n,$$

则 $\{l_i(x),i=0,1,2,\cdots,n\}$ 是 $P_n(x)$ 的基. 称 $\{l_i(x),i=0,1,2,\cdots,n\}$ 为关于 $x_0,x_1,\cdots,x_n$ 的 n 次**拉格朗日** (Lagrange) **插值基函数**.

解 (1) 设 $k_0,k_1,\cdots,k_n$ 使得

$$k_0+k_1(x-x_0)+k_2(x-x_0)(x-x_1)+\cdots+k_n(x-x_0)(x-x_1)\cdots(x-x_{n-1})=0,$$

上式左端 n 次幂的系数是 k_n, 因此 $k_n=0$. 从而有

$$k_0+k_1(x-x_0)+k_2(x-x_0)(x-x_1)+\cdots+k_{n-1}(x-x_0)(x-x_1)\cdots(x-x_{n-2})=0,$$

上式左端 $n-1$ 次幂的系数是 k_{n-1}, 因此 $k_{n-1}=0$.

依次递推, 可得 $k_0=k_1=\cdots=k_n=0$. 因此

$$1,x-x_0,(x-x_0)(x-x_1),\cdots,(x-x_0)(x-x_1)\cdots(x-x_{n-1})$$

线性无关, 从而它们是 $P_n(x)$ 的基.

(2) 容易验证:

$$l_i(x_j)=\begin{cases}1, & j=i,\\ 0, & j\neq i,\end{cases}\quad i,j=0,1,2,\cdots,n. \tag{2.1.5}$$

设 $k_0,k_1,\cdots,k_n$ 使得

$$\sum_{i=0}^{n}k_il_i(x)=0,$$

并记 $p(x)=\sum\limits_{i=0}^{n}k_il_i(x)$, 则

$$0=p(x_j)=\sum_{i=0}^{n}k_il_i(x_j)=k_jl_j(x_j)=k_j,\quad j=0,1,\cdots,n$$

因此 $\{l_i(x),i=0,1,2,\cdots,n\}$ 线性无关, 从而它们是 $P_n(x)$ 的基. ■

定理 2.1.3　设 $\{\alpha_1,\alpha_2,\cdots,\alpha_n\}$ 是数域 $\mathbb{P}$ 上的线性空间 V 的基, 则 V 中的每一个向量都可以用 α_1, α_2, $\cdots$, α_n 唯一线性表示.

证明　由定义 2.1.5, V 中的每一个向量都可以用 α_1, α_2, $\cdots$, α_n 线性表示.

对任意一个 V 中的向量 α, 设

$$\alpha=x_1\alpha_1+x_2\alpha_2+\cdots+x_n\alpha_n,$$

$$\alpha=y_1\alpha_1+y_2\alpha_2+\cdots+y_n\alpha_n.$$

两式相减有

$$(x_1-y_1)\alpha_1+(x_2-y_2)\alpha_2+\cdots+(x_n-y_n)\alpha_n=\mathbf{0}.$$

由于 $\{\alpha_1,\ \alpha_2,\ \cdots,\ \alpha_n\}$ 是线性空间 V^n 的基, 由定义 2.1.5 可知, 它们线性无关. 再由线性无关的定义知, $x_1=y_1$, $x_2=y_2$, $\cdots$, $x_n=y_n$. 因此 V 中的每一个向量都可以用 α_1, α_2, $\cdots$, α_n 唯一线性表示. ■

由此定理 2.1.3 可知, 如果 $\{\alpha_1,\ \alpha_2,\ \cdots,\ \alpha_n\}$ 是 V^n 的基, 则 V 中的向量 α 与有序数组 x_1, x_2, $\cdots$, x_n 之间构成一一对应关系.

定义 2.1.7　设 $\mathcal{B}=\{\alpha_1,\alpha_2,\cdots,\alpha_n\}$ 是线性空间 V^n 的基, $\alpha\in V^n$. 如果有序数组 x_1, x_2, $\cdots$, x_n, 使得

$$\alpha=x_1\alpha_1+x_2\alpha_2+\cdots+x_n\alpha_n,$$

则称 $(x_1,x_2,\cdots,x_n)^{\mathrm{T}}$ 为向量 α 在基 $\{\alpha_1,\ \alpha_2,\ \cdots,\ \alpha_n\}$ 下的**坐标**, 记作 $[\alpha]_{\mathcal{B}}$, 即

$$[\alpha]_{\mathcal{B}}=(x_1,x_2,\cdots,x_n)^{\mathrm{T}}.$$

例题 2.1.6　(1) 在 $\mathbb{R}^{2\times 3}$ 中, $A=\begin{pmatrix}a_{11}&a_{12}&a_{13}\\a_{21}&a_{22}&a_{33}\end{pmatrix}$ 在基 $\mathcal{B}=\{E_{11},E_{12},E_{13},E_{21},E_{22},E_{23}\}$ 下的坐标为

$$[A]_{\mathcal{B}}=(a_{11},a_{12},a_{13},a_{21},a_{22},a_{33})^{\mathrm{T}}.$$

$[A]_{\mathcal{B}}$ 正好是矩阵 A 按行拉直成一个列向量, 因此称 $\mathcal{B}$ 为 $\mathbb{R}^{2\times 3}$ **的自然基**.

(2) $P_n(t)$ 中的向量 $p(t)=a_0+a_1t+\cdots+a_nt^n$ 在基 $\mathcal{B}=\{1,t,t^2,\cdots,t^n\}$ 下的坐标是

$$[p(t)]_{\mathcal{B}}=(a_0,a_1,\cdots,a_n)^{\mathrm{T}},$$

它正好是多项式 $p(t)$ 按升序排列的各次幂系数构成的向量 $(a_0,a_1,\cdots,a_n)^{\mathrm{T}}$, 因此称$\mathcal{B}=\{1,t,t^2,\cdots,t^n\}$ 是 $P_n(t)$ **的自然基**, $\dim(P_n(t))=n+1$.

(3) 同理可证: $\{1,\sin t,\cos t,\cdots,\sin nt,\cos nt\}$ 是三角函数空间 $W_n(t)$ 的基, 称它们是$W_n(t)$ **的自然基**, $\dim(W_n(t))=2n+1$.

在线性代数中, 我们曾经学习了极大线性无关组的概念. 线性空间的基实际上就是线性空间的极大线性无关组, 而线性空间的维数是线性空间的极大线性无关组所含向量的个数, 它反映了线性空间的一种本质属性.

定理 2.1.4 设

$$U=\mathrm{Span}\{\alpha_1,\alpha_2,\cdots,\alpha_m\}=\{x_1\alpha_1+x_2\alpha_2+\cdots+x_m\alpha_m|x_1,x_2,\cdots,x_m\in\mathbb{P}\},$$

则

(1) 向量组 $\alpha_1,\alpha_2,\cdots,\alpha_m$ 的任意一个极大线性无关组都是 U 的基;

(2) 线性空间 U 的维数等于向量组 $\alpha_1,\alpha_2,\cdots,\alpha_m$ 的秩.

例题 2.1.7 取定 $A=\begin{pmatrix}1&1\\2&-1\end{pmatrix}$, 令

$$V_A=\{X|AX=XA,X\in\mathbb{R}^{2\times 2}\}.$$

(1) 求线性空间 V_A 的基以及 V_A 的维数,

(2) 求 V_A 中的矩阵 $B=\begin{pmatrix}5&3\\6&-1\end{pmatrix}$ 在 (1) 中所选基下的坐标.

解 (1) 设 $X=\begin{pmatrix}x_1&x_2\\x_3&x_4\end{pmatrix}$, 则由 $AX=XA$ 得

$$\begin{cases}2x_2-x_3=0,\\x_1-2x_2-x_4=0,\\x_1-x_3-x_4=0,\end{cases}$$

解得

$$X=\begin{pmatrix}2x_2+x_4&x_2\\2x_2&x_4\end{pmatrix}=x_2\begin{pmatrix}2&1\\2&0\end{pmatrix}+x_4\begin{pmatrix}1&0\\0&1\end{pmatrix},$$

因此 $\begin{pmatrix} 2 & 1 \\ 2 & 0 \end{pmatrix}, \begin{pmatrix} 1 & 0 \\ 0 & 1 \end{pmatrix}$ 是 V_A 的基, $\dim(V_A)=2$.

(2) 记 $A_1=\begin{pmatrix} 2 & 1 \\ 2 & 0 \end{pmatrix}, A_2=\begin{pmatrix} 1 & 0 \\ 0 & 1 \end{pmatrix}$. 设 $[B]_{\{A_1,A_2\}}=(x_1,x_2)^{\mathrm{T}}$, 则有

$$x_1\begin{pmatrix} 2 & 1 \\ 2 & 0 \end{pmatrix}+x_2\begin{pmatrix} 1 & 0 \\ 0 & 1 \end{pmatrix}=\begin{pmatrix} 5 & 3 \\ 6 & -1 \end{pmatrix},$$

解得 $x_1=3, x_2=-1$, 因此 $[B]_{\{A_1,A_2\}}=(3,-1)^{\mathrm{T}}$. ■

例题 2.1.8　设 $\alpha_1=(1,0,0,3)^{\mathrm{T}}$, $\alpha_2=(1,1,-1,2)^{\mathrm{T}}$, $\alpha_3=(1,2,a-3,1)^{\mathrm{T}}$, $\alpha_4=(1,2,-2,a)^{\mathrm{T}}$. 令 $V=\mathrm{Span}\{\alpha_1,\alpha_2,\alpha_3,\alpha_4\}$. 求 V 的基与维数, 并求 $\alpha_1,\alpha_2,\alpha_3,\alpha_4$ 在所选基下的坐标.

解　对如下矩阵 B 作初等行变换, 得

$$B=\begin{pmatrix} 1 & 1 & 1 & 1 \\ 0 & 1 & 2 & 2 \\ 0 & -1 & a-3 & -2 \\ 3 & 2 & 1 & a \end{pmatrix} \sim \begin{pmatrix} 1 & 1 & 1 & 1 \\ 0 & 1 & 2 & 2 \\ 0 & -1 & a-3 & -2 \\ 0 & -1 & -2 & a-3 \end{pmatrix} \sim \begin{pmatrix} 1 & 1 & 1 & 1 \\ 0 & 1 & 2 & 2 \\ 0 & 0 & a-1 & 0 \\ 0 & 0 & 0 & a-1 \end{pmatrix}.$$

(1) 当 $a\neq 1$ 时, $\{\alpha_1,\alpha_2,\alpha_3,\alpha_4\}$ 是 V 的基, $\dim(V)=4$. $\alpha_1,\alpha_2,\alpha_3,\alpha_4$ 在这组基下的坐标依次是

$$(1,0,0,0)^{\mathrm{T}},\quad (0,1,0,0)^{\mathrm{T}},\quad (0,0,1,0)^{\mathrm{T}},\quad (0,0,0,1)^{\mathrm{T}}.$$

(2) 当 $a=1$ 时, $\{\alpha_1,\alpha_2\}$ 是 V 的基, $\dim(V)=2$.

$$B\sim\begin{pmatrix} 1 & 1 & 1 & 1 \\ 0 & 1 & 2 & 2 \\ 0 & 0 & 0 & 0 \\ 0 & 0 & 0 & 0 \end{pmatrix}\sim\begin{pmatrix} 1 & 0 & -1 & -1 \\ 0 & 1 & 2 & 2 \\ 0 & 0 & 0 & 0 \\ 0 & 0 & 0 & 0 \end{pmatrix}.$$

因此

$$\alpha_4=\alpha_3=-1\alpha_1+2\alpha_2,$$

$\alpha_1,\alpha_2,\alpha_3,\alpha_4$ 在这组基下的坐标依次是

$$(1,0)^{\mathrm{T}},\quad (0,1)^{\mathrm{T}},\quad (-1,2)^{\mathrm{T}},\quad (-1,2)^{\mathrm{T}}.$$ ■

注 7 当 $a=1$ 时,

(1) V 中的向量是 4 维向量, 但作为线性空间, V 是 2 维的. 在 V 中任意取基 $\mathcal{B}$, V 中的向量 β 在基 $\mathcal{B}$ 下的坐标是 2 维向量.

(2) 由于 $\alpha_1,\alpha_2,\alpha_3$ 中任意两个向量的对应分量都不成比例, 因此 $\alpha_1,\alpha_2,\alpha_3$ 中任选两个都可以作为 V 的基.

(3) 如选 $\{\alpha_1,\alpha_3\}$ 为 V 的基, 则 $\alpha_1,\alpha_2,\alpha_3,\alpha_4$ 在这组基下的坐标依次是

$$(1,0)^{\mathrm{T}},\quad \left(\frac{1}{2},\frac{1}{2}\right)^{\mathrm{T}},\quad (0,1)^{\mathrm{T}},\quad (0,1)^{\mathrm{T}}.$$

定理 2.1.5 设 V 是数域 $\mathbb{P}$ 上的一个 n 维线性空间, $\mathcal{B}=\{\alpha_1,\alpha_2,\cdots,\alpha_n\}$ 是 V 的基, 则对任意 $\alpha,\beta\in V$, $\lambda\in\mathbb{P}$, 都有

(1) $[\alpha+\beta]_{\mathcal{B}}=[\alpha]_{\mathcal{B}}+[\beta]_{\mathcal{B}}$;

(2) $[\lambda\alpha]_{\mathcal{B}}=\lambda[\alpha]_{\mathcal{B}}$.

一般来说, n 维线性空间及其向量是抽象的对象, 不同空间的向量完全可以具有千差万别的类别及性质. 但坐标表示却把它们统一了起来, 坐标表示把这种差别留给了基, 由坐标所组成的新向量是 n 维列向量. 更进一步, 原本抽象的“加法”及“数乘”经过坐标表示就转化为通常 n 维向量的加法和数乘. 线性代数中, 有关 $\mathbb{R}^n$ 中向量组的结论对线性空间中的向量组也成立. 下面列举一些.

(1) 含有零向量的向量组一定线性相关.

(2) 设线性空间 V 中向量组 $\alpha_1,\alpha_2,\cdots,\alpha_r$ 线性无关, 而向量组 $\alpha_1,\alpha_2,\cdots,\alpha_r,\beta$ 线性相关, 则 β 可由 $\alpha_1,\alpha_2,\cdots,\alpha_r$ 唯一线性表示.

(3) 对一向量组: 如果整体无关, 则部分无关; 如果部分相关, 则整体相关.

(4) 如果向量组 (I) 可以由向量组 (II) 线性表示, 那么向量组 (I) 的秩不大于向量组 (II) 的秩.

(5) 等价的向量组秩相同.

例题 2.1.9 设有 $P_3(t)$ 中的多项式组

$$\begin{aligned} &f_1(t)=1+2t^2+3t^3, &&f_2(t)=1+t+3t^2+5t^3,\\ &f_3(t)=1-t+(a+2)t^2+t^3, &&f_4(t)=1+2t+4t^2+(a+8)t^3 \end{aligned}$$

和多项式 $f(t)=1+t+(b+3)t^2+5t^3$.

(1) a, b 为何值时, f 不能表示成 f_1, f_2, f_3, f_4 的线性组合?

(2) a, b 为何值时, f 可以由 f_1, f_2, f_3, f_4 唯一线性表示? 并写出表示式.

解 f_1, f_2, f_3, f_4, f 在 $P_3(t)$ 自然基 $\{1,t,t^2,t^3\}$ 下的坐标依次为 $\alpha_1=(1,0,2,3)^{\mathrm{T}}$, $\alpha_2=(1,1,3,5)^{\mathrm{T}}$, $\alpha_3=(1,-1,a+2,1)^{\mathrm{T}}$, $\alpha_4=(1,2,4,a+8)^{\mathrm{T}}$ 及 $\beta=(1,1,b+3,5)^{\mathrm{T}}$.

$$A=\begin{pmatrix}1&1&1&1&1\\0&1&-1&2&1\\2&3&a+2&4&b+3\\3&5&1&a+8&5\end{pmatrix}\sim\begin{pmatrix}1&1&1&1&1\\0&1&-1&2&1\\0&1&a&2&b+1\\0&2&-2&a+5&2\end{pmatrix}$$

$$\sim\begin{pmatrix}1&1&1&1&1\\0&1&-1&2&1\\0&0&a+1&0&b\\0&0&0&a+1&0\end{pmatrix}.$$

(1) 当 $a=-1$, $b\neq 0$ 时, β 不能表示成 α_1 , α_2, α_3, α_4 的线性组合, 因此, f 不能表示成 f_1, f_2, f_3, f_4 的线性组合.

(2) 当 $a\neq -1$ 时, β 可以由 α_1, α_2, α_3, α_4 唯一线性表示, 且表示式为

$$\beta=-\frac{2b}{a+1}\alpha_1+\frac{a+b+1}{a+1}\alpha_2+\frac{b}{a+1}\alpha_3+0\alpha_4.$$

因此, 当 $a\neq -1$ 时, f 可以由 f_1, f_2, f_3, f_4 唯一线性表示, 且表示式为

$$f=-\frac{2b}{a+1}f_1+\frac{a+b+1}{a+1}f_2+\frac{b}{a+1}f_3+0f_4.$$

■

向量的坐标依赖于基的选取, 对于线性空间 V 的两个不同的基, 同一个向量的坐标一般是不相同的. 如在例题 2.1.8 中, α_3 在基 $\{\alpha_1,\alpha_2\}$ 下的坐标是 $(-1,2)^{\mathrm{T}}$, 而在基 $\{\alpha_1,\alpha_3\}$ 下的是 $(0,1)^{\mathrm{T}}$. 对于两个基, 基中的向量是相同的, 但排列顺序不同, 则坐标一般也不同. 如

$$\mathcal{B}_1=\{E_{11},E_{12},E_{21},E_{22}\},\quad \mathcal{B}_2=\{E_{11},E_{21},E_{12},E_{22}\}$$

都是 $\mathbb{R}^{2\times 2}$ 的基,

$$\begin{pmatrix}5&-3\\2&-8\end{pmatrix}_{\mathcal{B}_1}=(5,-3,2,-8)^{\mathrm{T}},\quad \begin{pmatrix}5&-3\\2&-8\end{pmatrix}_{\mathcal{B}_2}=(5,2,-3,-8)^{\mathrm{T}}.$$

下面我们来讨论向量在不同基下的坐标之间的关系.

设 $\mathcal{B}_1=\{\alpha_1,\alpha_2,\cdots,\alpha_n\}$ 和 $\mathcal{B}_2=\{\beta_1,\beta_2,\cdots,\beta_n\}$ 是 V 的两个基, 且满足

$$\begin{cases}\beta_1=a_{11}\alpha_1+a_{21}\alpha_2+\cdots+a_{n1}\alpha_n,\\ \beta_2=a_{12}\alpha_1+a_{22}\alpha_2+\cdots+a_{n2}\alpha_n,\\ \qquad\cdots\cdots\\ \beta_n=a_{1n}\alpha_1+a_{2n}\alpha_2+\cdots+a_{nn}\alpha_n,\end{cases}\tag{2.1.6}$$

这里 $(a_{1j},a_{2j},\cdots,a_{nj})^{\mathrm{T}}$ 是 $\beta_j(j=1,2,\cdots,n)$ 在基 $\alpha_1,\alpha_2,\cdots,\alpha_n$ 下的坐标. 记

$$A=\begin{pmatrix} a_{11} & a_{12} & \cdots & a_{1n} \\ a_{21} & a_{22} & \cdots & a_{2n} \\ \vdots & \vdots & & \vdots \\ a_{n1} & a_{n2} & \cdots & a_{nn} \end{pmatrix}. \tag{2.1.7}$$

利用矩阵 A, 借鉴矩阵乘法的计算公式, (2.1.6) 式可以表示成如下形式

$$(\beta_1,\beta_2,\cdots,\beta_n)=(\alpha_1,\alpha_2,\cdots,\alpha_n)A. \tag{2.1.8}$$

定义 2.1.8 设 $\mathcal{B}_1=\{\alpha_1,\alpha_2,\cdots,\alpha_n\}$ 和 $\mathcal{B}_2=\{\beta_1,\beta_2,\cdots,\beta_n\}$ 是 V 的两个基, 且满足公式 (2.1.6), 则

(1) 称由公式 (2.1.7) 定义的矩阵 A 为由基 $\mathcal{B}_1$ 到基 $\mathcal{B}_2$ 的**过渡矩阵**. A 也记成 $T_{(\mathcal{B}_1,\mathcal{B}_2)}$.

(2) 称公式 (2.1.6) 或公式 (2.1.8) 为由基 $\mathcal{B}_1$ 到基 $\mathcal{B}_2$ 的**基变换公式**.

定理 2.1.6 设 $\mathcal{B}_1=\{\alpha_1,\alpha_2,\cdots,\alpha_n\}$ 是线性空间 V 的基, $\mathcal{B}_2=\{\beta_1,\beta_2,\cdots,\beta_n\}\subset V$, 且满足

$$(\beta_1,\beta_2,\cdots,\beta_n)=(\alpha_1,\alpha_2,\cdots,\alpha_n)A, \tag{2.1.9}$$

则有

(1) $\mathcal{B}_2$ 是 V 的基的充分必要条件是 A 为可逆矩阵;

(2) 如果 $\mathcal{B}_2$ 也是 V 的基, 则由基 $\mathcal{B}_2$ 到基 $\mathcal{B}_1$ 的过渡矩阵 $T_{(\mathcal{B}_2,\mathcal{B}_1)}=A^{-1}$;

(3) 如果 $\mathcal{B}_2$ 也是 V 的基, 则 $[\alpha]_{\mathcal{B}_2}=A^{-1}[\alpha]_{\mathcal{B}_1}$.

例题 2.1.10 已知 $\mathcal{B}_1=\{f_1,f_2,f_3\}$ 和 $\mathcal{B}_2=\{g_1,g_2,g_3\}$ 是 $P_2(t)$ 的两个基, 其中

$$f_1=1+2t+t^2,\quad f_2=3-t+4t^2,\quad f_3=1+t+2t^2,$$

$$g_1=-26-11t-43t^2,\quad g_2=-159-79t-260t^2,\quad g_3=55+27t+90t^2.$$

(1) 求从基 $\mathcal{B}_1$ 到基 $\mathcal{B}_2$ 的过渡矩阵 $T_{(\mathcal{B}_1,\mathcal{B}_2)}$;

(2) 求 $P_2(t)$ 中在基 $\mathcal{B}_1$ 和 $\mathcal{B}_2$ 下有相同坐标的多项式.

解 (1) 设

$$\begin{cases} a_{11}f_1+a_{21}f_2+a_{31}f_3=g_1, \\ a_{12}f_1+a_{22}f_2+a_{32}f_3=g_2, \\ a_{13}f_1+a_{23}f_2+a_{33}f_3=g_3. \end{cases} \tag{2.1.10}$$

将 f_1,f_2,f_3,g_1,g_2,g_3 代入上式, 并比较两边各次幂的系数, 可得如下矩阵方程:

$$\begin{pmatrix} 1 & 3 & 1 \\ 2 & -1 & 1 \\ 1 & 4 & 2 \end{pmatrix}\begin{pmatrix} a_{11} & a_{12} & a_{13} \\ a_{21} & a_{22} & a_{23} \\ a_{31} & a_{32} & a_{33} \end{pmatrix}=\begin{pmatrix} -26 & -159 & 55 \\ -11 & -79 & 27 \\ -43 & -260 & 90 \end{pmatrix},$$

因此, 从基 $\mathcal{B}_1$ 到基 $\mathcal{B}_2$ 的过渡矩阵

$$T_{(\mathcal{B}_1,\mathcal{B}_2)}=\begin{pmatrix} 1 & 3 & 1 \\ 2 & -1 & 1 \\ 1 & 4 & 2 \end{pmatrix}^{-1}\begin{pmatrix} -26 & -159 & 55 \\ -11 & -79 & 27 \\ -43 & -260 & 90 \end{pmatrix}=\begin{pmatrix} -1 & -12 & 4 \\ -4 & -23 & 8 \\ -13 & -78 & 27 \end{pmatrix}.$$

(2) 设 $P_2(t)$ 中的多项式 $f(t)$ 在基 $\mathcal{B}_1$ 和 $\mathcal{B}_2$ 下有相同坐标 $x=(x_1,x_2,x_3)^{\mathrm{T}}$, 则

$$f(t)=(f_1,f_2,f_3)x=(g_1,g_2,g_3)x=(f_1,f_2,f_3)\begin{pmatrix} -1 & -12 & 4 \\ -4 & -23 & 8 \\ -13 & -78 & 27 \end{pmatrix}x,$$

因此 x 是如下齐次线性方程组的解:

$$\begin{pmatrix} -2 & -12 & 4 \\ -4 & -24 & 8 \\ -13 & -78 & 26 \end{pmatrix}x=\begin{pmatrix} 0 \\ 0 \\ 0 \end{pmatrix}. \tag{2.1.11}$$

该方程组与 $x_1+6x_2-2x_3=0$ 是同解方程组, 从而得到方程组 (2.1.11) 的通解:

$$x=k_1\begin{pmatrix} -6 \\ 1 \\ 0 \end{pmatrix}+k_2\begin{pmatrix} 2 \\ 0 \\ 1 \end{pmatrix}.$$

因此, $P_2(t)$ 中在基 $\mathcal{B}_1$ 和 $\mathcal{B}_2$ 下有相同坐标的多项式可表示为

$$f(t)=(f_1,f_2,f_3)x=(3k_2-3k_1)+(5k_2-13k_1)t+(4k_2-2k_1)t^2. \qquad \blacksquare$$

例题 2.1.11　已知 $\{\alpha_1,\alpha_2,\alpha_3\}$ 是 3 维线性空间 V 的基, 向量组 $\{\beta_1,\beta_2,\beta_3\}$ 满足

$$\beta_1+\beta_3=\alpha_1+\alpha_2+\alpha_3,\quad \beta_1+\beta_2=\alpha_2+\alpha_3,\quad \beta_2+\beta_3=\alpha_1+\alpha_3.$$

(1) 证明: $\{\beta_1,\beta_2,\beta_3\}$ 也是 V 的基.

(2) 求由基 $\{\beta_1,\beta_2,\beta_3\}$ 到基 $\{\alpha_1,\alpha_2,\alpha_3\}$ 的过渡矩阵 B.

(3) 求向量 $\alpha=\alpha_1+2\alpha_2-\alpha_3$ 在基 $\{\beta_1,\beta_2,\beta_3\}$ 下的坐标.

解 (1) 由于向量组 $\{\beta_1,\beta_2,\beta_3\}$ 满足

$$\beta_1+\beta_3=\alpha_1+\alpha_2+\alpha_3,\quad \beta_1+\beta_2=\alpha_2+\alpha_3,\quad \beta_2+\beta_3=\alpha_1+\alpha_3,$$

因此

$$(\beta_1,\beta_2,\beta_3)\begin{pmatrix}1&1&0\\0&1&1\\1&0&1\end{pmatrix}=(\alpha_1,\alpha_2,\alpha_3)\begin{pmatrix}1&0&1\\1&1&0\\1&1&1\end{pmatrix}.$$

因为

$$\begin{vmatrix}1&1&0\\0&1&1\\1&0&1\end{vmatrix}=\begin{vmatrix}1&1&0\\0&1&1\\0&-1&1\end{vmatrix}=2\neq 0,$$

所以, $\begin{pmatrix}1&1&0\\0&1&1\\1&0&1\end{pmatrix}$ 是可逆矩阵, 且

$$\begin{aligned}(\beta_1,\beta_2,\beta_3)&=(\alpha_1,\alpha_2,\alpha_3)\begin{pmatrix}1&0&1\\1&1&0\\1&1&1\end{pmatrix}\begin{pmatrix}1&1&0\\0&1&1\\1&0&1\end{pmatrix}^{-1}\\&=(\alpha_1,\alpha_2,\alpha_3)\begin{pmatrix}0&0&1\\1&0&0\\0.5&0.5&0.5\end{pmatrix}.\end{aligned}\qquad(2.1.12)$$

又由于 $\begin{vmatrix}0&0&1\\1&0&0\\0.5&0.5&0.5\end{vmatrix}=0.5$, 由定理 2.1.6 (1) 可知, $\{\beta_1,\beta_2,\beta_3\}$ 也是 V 的基.

(2) 由定理 2.1.6 (2) 和 (2.1.12) 可得, 由基 $\{\beta_1,\beta_2,\beta_3\}$ 到基 $\{\alpha_1,\alpha_2,\alpha_3\}$ 的过渡矩阵

$$B=\begin{pmatrix}0&0&1\\1&0&0\\0.5&0.5&0.5\end{pmatrix}^{-1}=\begin{pmatrix}0&1&0\\-1&-1&2\\1&0&0\end{pmatrix}.$$

(3) 因为

$$\alpha=\alpha_1+2\alpha_2-\alpha_3=(\alpha_1,\alpha_2,\alpha_3)\begin{pmatrix}1\\2\\-1\end{pmatrix}$$

$$= (\beta_1, \beta_2, \beta_3) \begin{pmatrix} 0 & 1 & 0 \\ -1 & -1 & 2 \\ 1 & 0 & 0 \end{pmatrix} \begin{pmatrix} 1 \\ 2 \\ -1 \end{pmatrix} = (\beta_1, \beta_2, \beta_3) \begin{pmatrix} 2 \\ -5 \\ 1 \end{pmatrix},$$

所以向量 $\alpha = \alpha_1 + 2\alpha_2 - \alpha_3$ 在基 $\{\beta_1, \beta_2, \beta_3\}$ 下的坐标是 $(2, -5, 1)^{\mathrm{T}}$. ■

2.2 线性子空间

前面我们讨论了线性空间的定义及其基、维数、坐标. 本节将对线性空间的子空间做一些介绍.

2.2.1 线性子空间的概念

定义 2.2.1 设 V 是数域 $\mathbb{P}$ 上的线性空间, U 是 V 中的一个非空子集. 若 U 对于 V 中所定义的加法与数乘也构成线性空间, 则 U 称为 V 的**线性子空间**, 简称为子空间.

定理 2.2.1 线性空间 V 的非空子集 U 构成子空间的充分必要条件是 U 对于 V 中的线性运算封闭, 即: 对任意 $\alpha, \beta \in U$, $\lambda, \mu \in \mathbb{P}$, 都有 $\lambda\alpha + \mu\beta \in U$.

证明 由于 U 是线性空间 V 的子空间, 则由定义知, U 对于 V 中的线性运算封闭.

反之, 如果 U 是线性空间 V 的非空子集, 则 U 中的元素必为 V 中的元素. 又由于 U 对于 V 中的线性运算封闭, 则 U 中的元素的线性运算就是 V 中元素在 V 中的运算, 因此, 八条运算律中 (1), (2), (5), (6), (7), (8) 显然成立, 故只需验证 (3), (4) 两条成立, 即零元素 $\mathbf{0}$ 在 U 中, 且 U 中元素的负元素也在 U 中.

对任意的 $\alpha \in U$, 则 $0 \in \mathbb{P}$, 由运算的封闭性知: $0\alpha \in U$, 而 $0\alpha = \mathbf{0}$, 故 $\mathbf{0} \in U$, 从而 (3) 成立. 再由 $(-1) \in \mathbb{P}$, 则 $(-1)\alpha \in U$, 且 $\alpha + (-1)\alpha = \mathbf{0}$, 所以 α 的负元素就是 $(-1)\alpha$, 从而 (4) 成立, 故 U 是线性空间 V 的子空间. ■

注 8 (1) 由子空间的定义 (定义 2.2.1) 可得: 如果 U 是 V 的线性子空间, 则必有 $\dim(U) \leqslant \dim(V)$.

(2) 由定理 2.2.1 可知, 要判别证明线性空间 V 的非空子集 S 是子空间, 只需验证 S 对于 V 中的线性运算封闭即可, 而不需验证对 S, 线性空间定义中的八条运算律都成立.

(3) 设 S 是 V 的一个非空集合, 则 $\mathrm{Span}\{S\}$ 是 V 的一个线性子空间.

(4) 单独一个零向量构成的子集 $\{\mathbf{0}\}$ 与 V 都是 V 的线性子空间, 称它们为线性空间 V 的**平凡子空间**.

例题 2.2.1 线性空间 $\mathbb{R}^{2\times 2}$ 中的下列子集是否是线性子空间?

(1) $V_1=\left\{\begin{pmatrix} a_{11} & a_{12} \\ a_{21} & a_{22} \end{pmatrix}\middle| a_{11}+a_{12}+a_{21}+a_{22}=0, a_{11},a_{12},a_{21},a_{22}\in\mathbb{R}\right\}$;

(2) $V_2=\{A|\det(A)=0\}$.

解 (1) V_1 是 $\mathbb{R}^{2\times 2}$ 的线性子空间. 事实上, 如果

$$A=\begin{pmatrix} a_{11} & a_{12} \\ a_{21} & a_{22} \end{pmatrix}\in V_1,\quad B=\begin{pmatrix} b_{11} & b_{12} \\ b_{21} & b_{22} \end{pmatrix}\in V_1,$$

则

$$a_{11}+a_{12}+a_{21}+a_{22}=0,\quad b_{11}+b_{12}+b_{21}+b_{22}=0,$$
$$(a_{11}+b_{11})+(a_{12}+b_{12})+(a_{21}+b_{21})+(a_{22}+b_{22})=0,$$

因此 $A+B\in V_1$.

$$ka_{11}+ka_{12}+ka_{21}+ka_{22}=k(a_{11}+a_{12}+a_{21}+a_{22})=0,$$

故 $kA\in V_1$. 这说明 V_1 对于 $\mathbb{R}^{2\times 2}$ 中的线性运算具有封闭性, 从而 V_1 是 $\mathbb{R}^{2\times 2}$ 的线性子空间.

(2) V_2 不是 $\mathbb{R}^{2\times 2}$ 的线性子空间. 取 $A_1=\begin{pmatrix} 1 & 0 \\ 0 & 0 \end{pmatrix}$, $A_2=\begin{pmatrix} 0 & 0 \\ 0 & 1 \end{pmatrix}$, 由于 $\det(A_1)=\det(A_2)=0$, 因此 $A_1\in V_2$, $A_2\in V_2$, 但 $\det(A_1+A_2)=\begin{vmatrix} 1 & 0 \\ 0 & 1 \end{vmatrix}=1\neq 0$, $A_1+A_2\notin V_2$. 故 V_2 对加法运算不封闭, 从而 V_2 不是 $\mathbb{R}^{2\times 2}$ 的线性子空间. ■

例题 2.2.2 (1) 取定 $A\in\mathbb{R}^{n\times n}$, 令

$$V_A=\{X|AX=XA, X\in\mathbb{R}^{n\times n}\},$$

即 V_A 是 $\mathbb{R}^{n\times n}$ 中所有与矩阵 A 可交换的矩阵构成的集合, 则在通常矩阵加法运算和数乘运算下是线性空间. 称 V_A 为 A 的交换子空间.

(2) 设 $A\in\mathbb{R}^{m\times n}$, 线性方程组 $Ax=0$ 的全部解为 n 维线性空间 $\mathbb{R}^n$ 的一个子空间, 称其为齐次线性方程组的解空间. 当齐次线性方程组 $Ax=0$ 有无穷多解时, 其基础解系就是解空间的基; 解空间的维数等于 $Ax=0$ 的基础解系所含向量的个数 $=n-$ 秩 (A).

定理 2.2.2 V 是 $\mathbb{P}$ 上的线性空间, $\alpha_1,\cdots,\alpha_m,w\in V$, $S=\{\alpha_1,\alpha_2,\cdots,\alpha_m\}$, S 中的向量线性无关, $w\notin\operatorname{Span}\{S\}$, 则 $\tilde{S}=S\cup\{w\}$ 也线性无关.

证明 设数 $k_1,k_2,\cdots,k_m,\mu$ 使得

$$k_1\alpha_1+k_2\alpha_2+\cdots+k_m\alpha_m+\mu w=\mathbf{0}. \tag{2.2.1}$$

(1) 由于 $w \notin \operatorname{Span}\{S\}$, 因此 $\mu = 0$. 否则,

$$w = -\frac{k_1}{\mu}\alpha_1 - \frac{k_2}{\mu}\alpha_2 - \cdots - \frac{k_m}{\mu}\alpha_m,$$

这与 $w \notin \operatorname{Span}\{S\}$ 矛盾.

(2) 由 (1), $\mu = 0$, 式 (2.2.1) 变成

$$k_1\alpha_1 + k_2\alpha_2 + \cdots + k_m\alpha_m = \mathbf{0},$$

由于 $\alpha_1, \alpha_2, \cdots, \alpha_m$ 线性无关, 因此 $k_1 = k_2 = \cdots = k_m = 0$. 由线性无关的定义知, $\tilde{S} = S \cup \{w\}$ 也线性无关. ■

定理 2.2.3 (基的扩张定理) 设 W 是 n 维线性空间 V 的一个 r 维子空间 $(r < n)$, $\{\alpha_1, \alpha_2, \cdots, \alpha_r\}$ 是 W 的基, 则 V 中存在 $n-r$ 个向量 $\alpha_{r+1}, \alpha_{r+2}, \cdots, \alpha_n$, 使得 $\{\alpha_1, \alpha_2, \cdots, \alpha_n\}$ 为 V 的基.

证明 对 r 作归纳证明.

(1) 当 $r = 1$ 时, 取 V 的基 $\{\beta_1, \beta_2, \cdots, \beta_n\}$, 则存在 $\lambda_1, \lambda_2, \cdots, \lambda_n$, 使得

$$\alpha_1 = \lambda_1\beta_1 + \lambda_2\beta_2 + \cdots + \lambda_n\beta_n.$$

由于 α_1 线性无关, 因此 $\lambda_1, \lambda_2, \cdots, \lambda_n$ 不全为 0. 不妨假定 $\lambda_1 \neq 0$, 因此

$$\beta_1 = \frac{1}{\lambda_1}\alpha_1 - \frac{\lambda_2}{\lambda_1}\beta_2 - \cdots - \frac{\lambda_n}{\lambda_1}\beta_n,$$

从而有

$$(\beta_1, \beta_2, \cdots, \beta_n) = (\alpha_1, \beta_2, \cdots, \beta_n)\begin{pmatrix} \dfrac{1}{\lambda_1} & 0 & \cdots & 0 \\ -\dfrac{\lambda_2}{\lambda_1} & 1 & \cdots & 0 \\ \vdots & \vdots & & \vdots \\ -\dfrac{\lambda_n}{\lambda_1} & 0 & \cdots & 1 \end{pmatrix},$$

因此 $\{\alpha_1, \beta_2, \cdots, \beta_n\}$ 是 V 的基.

(2) 假设当 $r = k$ 时, 定理结论成立.

(3) 当 $r = k+1$ 时, 由于 $\alpha_1, \alpha_2, \cdots, \alpha_k, \alpha_{k+1}$ 线性无关, 因此 $\alpha_1, \alpha_2, \cdots, \alpha_k$ 线性无关, 由归纳假设, 存在 $\beta_{k+1}, \beta_{k+2}, \cdots, \beta_n$, 使得 $\{\alpha_1, \alpha_2, \cdots, \alpha_k, \beta_{k+1}, \beta_{k+2}, \cdots, \beta_n\}$ 是 V 的基. 因此存在 $x_1, x_2, \cdots, x_k, x_{k+1}, \cdots, x_n$, 使得

$$\alpha_{k+1} = x_1\alpha_1 + x_2\alpha_2 + \cdots + x_k\alpha_k + x_{k+1}\beta_{k+1} + \cdots + x_n\beta_n$$

且 $x_{k+1},\cdots,x_n$ 中至少有一个数不为 0(否则, α_{k+1} 可以由 $\alpha_1,\alpha_2,\cdots,\alpha_k$ 线性表示, 与 $\alpha_1,\alpha_2,\cdots,\alpha_k,\alpha_{k+1}$ 线性无关矛盾). 不妨假设 $x_{k+1}\neq 0$, 因此 $\alpha_1,\alpha_2,\cdots,\alpha_k,\beta_{k+1},\beta_{k+2},\cdots,\beta_n$ 可以由 $\alpha_1,\alpha_2,\cdots,\alpha_k,\alpha_{k+1},\beta_{k+2},\cdots,\beta_n$ 线性表示, 从而 $\{\alpha_1,\alpha_2,\cdots,\alpha_{k+1},\beta_{k+2},\cdots,\beta_n\}$ 是 V 的基. ■

例题 2.2.3 设 $W=\mathrm{Span}\{A_1,A_2,A_3,A_4,A_5\}$, 其中 $A_1=\begin{pmatrix}1&0\\2&3\end{pmatrix}$, $A_2=\begin{pmatrix}1&1\\3&5\end{pmatrix}$, $A_3=\begin{pmatrix}1&-1\\a+2&1\end{pmatrix}$, $A_4=\begin{pmatrix}1&2\\4&a+8\end{pmatrix}$, $A_5=\begin{pmatrix}1&1\\b+3&5\end{pmatrix}$.

(1) 求 $\dim(W)$, 以及 W 的基;

(2) 如果 $\dim(W)<4$, 在 W 中选基, 将所选基扩充成 $\mathbb{R}^{2\times 2}$ 的基.

解 A_1,A_2,A_3,A_4,A_5 在 $\mathbb{R}^{2\times 2}$ 的自然基 $E_{11},E_{12},E_{21},E_{22}$ 下的坐标依次为 $\alpha_1=(1,0,2,3)^{\mathrm{T}}$, $\alpha_2=(1,1,3,5)^{\mathrm{T}}$, $\alpha_3=(1,-1,a+2,1)^{\mathrm{T}}$, $\alpha_4=(1,2,4,a+8)^{\mathrm{T}}$ 及 $\alpha_5=(1,1,b+3,5)^{\mathrm{T}}$.

$$A=\begin{pmatrix}1&1&1&1&1\\0&1&-1&2&1\\2&3&a+2&4&b+3\\3&5&1&a+8&5\end{pmatrix}\sim\begin{pmatrix}1&1&1&1&1\\0&1&-1&2&1\\0&1&a&2&b+1\\0&2&-2&a+5&2\end{pmatrix}$$

$$\sim\begin{pmatrix}1&1&1&1&1\\0&1&-1&2&1\\0&0&a+1&0&b\\0&0&0&a+1&0\end{pmatrix}.$$

(1) 由定理 1.1.7 和基的定义 (定义 2.1.5) 可得

① 当 $a=-1$, $b=0$ 时, $\dim(W)=2$, $\{A_1,A_2\}$ 是 W 的基;

② 当 $a=-1$, $b\neq 0$ 时, $\dim(W)=3$, $\{A_1,A_2,A_5\}$ 是 W 的基;

③ 当 $a\neq -1$ 时, $\dim(W)=4$, $\{A_1,A_2,A_3,A_4\}$ 是 W 的基.

(2) 当 $a=-1$ 时, $\dim(W)<4$. 记 e_i 是 $\mathbb{R}^4$ 中第 i 个分量是 1, 其他分量是 0 的向量 $(i=1,2,3,4)$. 由于

$$B=(\alpha_1,\alpha_2,e_1,e_2,e_3,e_4,\alpha_5)=\begin{pmatrix}1&1&1&0&0&0&1\\0&1&0&1&0&0&1\\2&3&0&0&1&0&b+3\\3&5&0&0&0&1&5\end{pmatrix}$$

$$\sim\begin{pmatrix}1&1&1&0&0&0&1\\0&1&0&1&0&0&1\\0&1&-2&0&1&0&b+1\\0&2&-3&0&0&1&2\end{pmatrix}\sim\begin{pmatrix}1&1&1&0&0&0&1\\0&1&0&1&0&0&1\\0&0&-2&-1&1&0&b\\0&0&-3&-2&0&1&0\end{pmatrix}=C.$$

从 C 可得:

① 当 $b=0$ 时, $\alpha_1,\alpha_2,e_3,e_4$ 是 $\alpha_1,\alpha_2,e_1,e_2,e_3,e_4,\alpha_5$ 的极大线性无关组, $\{A_1,A_2,E_{21},E_{22}\}$ 是由 W 的基 $\{A_1,A_2\}$ 扩充成的 $\mathbb{R}^{2\times 2}$ 的基;

② 当 $b\neq 0$ 时, $\alpha_1,\alpha_2,\alpha_5,e_4$ 是 $\alpha_1,\alpha_2,e_1,e_2,e_3,e_4,\alpha_5$ 的极大线性无关组, $\{A_1,A_2,A_5,E_{22}\}$ 是由 W 的基 $\{A_1,A_2,A_5\}$ 扩充成的 $\mathbb{R}^{2\times 2}$ 的基. ■

2.2.2 子空间的交与和

定理 2.2.4 设 V_1, V_2 是线性空间 V 的子空间, 则 $V_1\cap V_2$ 也是 V 的子空间, 称这个子空间为 V_1 与 V_2 的交.

证明 因为 V_1, V_2 是线性空间 V 的子空间, 所以 $\mathbf{0}\in V_1$, $\mathbf{0}\in V_2$, 因此 $\mathbf{0}\in V_1\cap V_2$, 从而 $V_1\cap V_2$ 不是空集.

对任意的 $k\in\mathbb{P}$, α, $\beta\in V_1\cap V_2$, 则

(1) α, $\beta\in V_1$. 由于 V_1 是 V 的子空间, 因此 $\alpha+\beta\in V_1$, $k\alpha\in V_1$.

(2) α, $\beta\in V_2$. 由于 V_2 是 V 的子空间, 因此 $\alpha+\beta\in V_2, k\alpha\in V_2$.

因此

$$\alpha+\beta\in V_1\cap V_2,\quad k\alpha\in V_1\cap V_2,$$

由定理 2.2.1 可得, $V_1\cap V_2$ 是 V 的子空间. ■

定理 2.2.5 设 V_1, V_2 是线性空间 V 的子空间, 则

$$V_1+V_2=\{\alpha_1+\alpha_2|\alpha_1\in V_1,\alpha_2\in V_2\}$$

也是 V 的子空间, 称这个子空间为 V_1 与 V_2 的和.

证明 显然 V_1+V_2 非空, 对任意的 $\alpha,\beta\in V_1+V_2$, 有

$$\alpha=\alpha_1+\alpha_2,\quad \beta=\beta_1+\beta_2\quad(\alpha_i,\beta_i\in V_i, i=1,2),$$

因此

$$\alpha+\beta=(\alpha_1+\alpha_2)+(\beta_1+\beta_2)=(\alpha_1+\beta_1)+(\alpha_2+\beta_2)\in V_1+V_2.$$

又对任意的 $k\in\mathbb{P}$,

$$k\alpha=k\alpha_1+k\alpha_2\in V_1+V_2.$$

由定理 2.2.1 可得, V_1+V_2 是 V 的子空间. ■

如果线性空间 V_1 与 V_2 分别由 $\alpha_1,\alpha_2,\cdots,\alpha_s$ 与 $\beta_1,\beta_2,\cdots,\beta_t$ 所生成, 则

$$V_1+V_2=\mathrm{Span}\{\alpha_1,\alpha_2,\cdots,\alpha_s,\beta_1,\beta_2,\cdots,\beta_t\}.$$

以上运算可以推广到 n 个子空间 $V_1,V_2,\cdots,V_n$.

注 9 (1) V 的两子空间的并集 $V_1\cup V_2\subset V_1+V_2$. 这是因为

$$\forall\alpha\in V_1\cup V_2\Rightarrow\alpha\in V_1\ \text{或}\alpha\in V_2,$$

$$\alpha\in V_1\Rightarrow\alpha=\alpha+\mathbf{0}\in V_1+V_2\Rightarrow V_1\cup V_2\subset V_1+V_2,$$

$$\alpha\in V_2\Rightarrow\alpha=\mathbf{0}+\alpha\in V_1+V_2\Rightarrow V_1\cup V_2\subset V_1+V_2.$$

(2) $V_1\cup V_2$ 一般不是 V 的线性子空间, 此时 $V_1+V_2\neq V_1\cup V_2$. 例如 $V_1=\{(a,0,0)^{\mathrm{T}}\mid a\in\mathbb{R}\},V_2=\{(0,b,0)^{\mathrm{T}}\mid b\in\mathbb{R}\}$ 都为 $\mathbb{R}^3$ 的子空间, 但是它们的并集

$$\begin{aligned}V_1\cup V_2&=\{(a,0,0)^{\mathrm{T}},(0,b,0)^{\mathrm{T}}\mid a,b\in\mathbb{R}\}\\&=\{(a,b,0)^{\mathrm{T}}\mid a,b\in\mathbb{R}\ \text{且}\ a,b\ \text{中至多有一个是}\ 0\}\end{aligned}$$

并不是 $\mathbb{R}^3$ 的子空间. 因为它对 $\mathbb{R}^3$ 的加法运算不封闭, 如 $(1,0,0)^{\mathrm{T}},(0,1,0)^{\mathrm{T}}\in V_1\cup V_2$, 但是 $(1,0,0)^{\mathrm{T}}+(0,1,0)^{\mathrm{T}}=(1,1,0)^{\mathrm{T}}\notin V_1\cup V_2$.

(3) $V_1\cup V_2$ 是 V 的线性子空间的充分必要条件是 $V_1\subset V_2$, 或 $V_2\subset V_1$. 此作为习题, 读者自己证明.

定理 2.2.6 设 V_1,V_2 是线性空间 V 的任意两个子空间, 则有如下维数公式成立:

$$\dim(V_1+V_2)+\dim(V_1\cap V_2)=\dim(V_1)+\dim(V_2).\tag{2.2.2}$$

证明 设 $\dim(V_1)=n_1,\dim(V_2)=n_2,\dim(V_1\cap V_2)=r$. 取 $V_1\cap V_2$ 的基 $\{\alpha_1,\alpha_2,\cdots,\alpha_r\}$, 由定理 2.2.3, 在 V_1 中存在 n_1-r 个向量 $\beta_1,\beta_2,\cdots,\beta_{n_1-r}$, 使得 $\{\alpha_1,\alpha_2,\cdots,\alpha_r,\beta_1,\beta_2,\cdots,\beta_{n_1-r}\}$ 构成 V_1 的基, 在 V_2 中存在 n_2-r 个向量 $e_1,e_2,\cdots,e_{n_2-r}$, 使得 $\{\alpha_1,\alpha_2,\cdots,\alpha_r,e_1,e_2,\cdots,e_{n_2-r}\}$ 构成 V_2 的基. 因此

$$V_1+V_2=\mathrm{Span}\{\alpha_1,\alpha_2,\cdots,\alpha_r,\beta_1,\beta_2,\cdots,\beta_{n_1-r},e_1,e_2,\cdots,e_{n_2-r}\}.$$

下面证明: $\alpha_1,\alpha_2,\cdots,\alpha_r,\beta_1,\beta_2,\cdots,\beta_{n_1-r},e_1,e_2,\cdots,e_{n_2-r}$ 线性无关.

假设数 $x_1,\cdots,x_r,y_1,\cdots,y_{n_1-r},z_1,\cdots,z_{n_2-r}$ 使得

$$\begin{aligned}x_1\alpha_1+x_2\alpha_2+\cdots+x_r\alpha_r+y_1\beta_1+y_2\beta_2+\cdots+y_{n_1-r}\beta_{n_1-r}\\+z_1e_1+z_2e_2+\cdots+z_{n_2-r}e_{n_2-r}=\mathbf{0},\end{aligned}$$

取 $\alpha = z_1e_1 + z_2e_2 + \cdots + z_{n_2-r}e_{n_2-r}$, 则 $\alpha \in V_2$. 由于

$$\alpha = -(x_1\alpha_1 + x_2\alpha_2 + \cdots + x_r\alpha_r + y_1\beta_1 + y_2\beta_2 + \cdots + y_{n_1-r}\beta_{n_1-r}),$$

因此 $\alpha \in V_1$, 从而有 $\alpha \in V_1 \cap V_2$. 因此存在 $\lambda_1, \lambda_2, \cdots, \lambda_r$, 使得

$$\alpha = \lambda_1\alpha_1 + \lambda_2\alpha_2 + \cdots + \lambda_r\alpha_r,$$

即

$$\lambda_1\alpha_1 + \lambda_2\alpha_2 + \cdots + \lambda_r\alpha_r - z_1e_1 - z_2e_2 - \cdots - z_{n_2-r}e_{n_2-r} = \mathbf{0}.$$

由于 $\{\alpha_1, \alpha_2, \cdots, \alpha_r, e_1, e_2, \cdots, e_{n_2-r}\}$ 是 V_2 的基, 因此它们线性无关, 从而

$$\lambda_1 = \lambda_2 = \cdots = \lambda_r = z_1 = z_2 = \cdots = z_{n_2-r} = 0,$$

故 $\alpha = \mathbf{0}$.

由于 $\{\alpha_1, \alpha_2, \cdots, \alpha_r, \beta_1, \beta_2, \cdots, \beta_{n_1-r}\}$ 是 V_1 的基, 因此它们线性无关, 从而

$$x_1 = x_2 = \cdots = x_r = y_1 = y_2 = \cdots = y_{n_1-r} = 0,$$

这就证明了 $\alpha_1, \alpha_2, \cdots, \alpha_r, \beta_1, \beta_2, \cdots, \beta_{n_1-r}, e_1, e_2, \cdots, e_{n_2-r}$ 线性无关. ■

例题 2.2.4　设 $U = \mathrm{Span}\{A_1, A_2\}$, $V = \mathrm{Span}\{A_3, A_4, A_5\}$, 其中

$$A_1 = \begin{pmatrix} 1 & 0 \\ 2 & 3 \end{pmatrix}, \quad A_2 = \begin{pmatrix} 1 & 1 \\ 3 & 5 \end{pmatrix}, \quad A_3 = \begin{pmatrix} 1 & -1 \\ a+2 & 1 \end{pmatrix},$$

$$A_4 = \begin{pmatrix} 1 & 2 \\ 4 & a+8 \end{pmatrix}, \quad A_5 = \begin{pmatrix} 1 & 1 \\ b+3 & 5 \end{pmatrix}.$$

求 $U+V$ 的基、$U \cap V$ 的基, 以及 $\dim(U+V)$ 和 $\dim(U \cap V)$.

解　因为 $U + V = \mathrm{Span}\{A_1, A_2, A_3, A_4, A_5\}$, 由例题 2.2.3 可知:

(1) 当 $a = -1$, $b = 0$ 时, $\dim(U+V) = 2$, $\{A_1, A_2\}$ 是 $U+V$ 的基, 因此 $U = U + V$. 由于 V 是 $U+V$ 的子空间, 且 $\dim(V) = 2 = \dim(U+V)$, 因此 $V = U + V$. 故 $U \cap V = U + V = U = V$, $\{A_1, A_2\}$ 也是 $U \cap V$ 的基, $\dim(U \cap V) = 2$.

(2) 当 $a = -1$, $b \neq 0$ 时, $\dim(U+V) = 3$, $\{A_1, A_2, A_5\}$ 是 $U+V$ 的基. 由例题 2.2.3 的求解过程, 有

$$A = \begin{pmatrix} 1 & 1 & 1 & 1 & 1 \\ 0 & 1 & -1 & 2 & 1 \\ 2 & 3 & 1 & 4 & b+3 \\ 3 & 5 & 1 & 7 & 5 \end{pmatrix} \sim \begin{pmatrix} 1 & 1 & 1 & 1 & 1 \\ 0 & 1 & -1 & 2 & 1 \\ 0 & 0 & 0 & 0 & b \\ 0 & 0 & 0 & 0 & 0 \end{pmatrix} = C,$$

由于 C 的后三列对应的向量组线性无关, 因此 $\dim(V)=3$. 由维数公式 (2.2.2) 可得

$$\dim(U\cap V)=\dim(U)+\dim(V)-\dim(V_1+V_2)=2+3-3=2.$$

由于 $U\cap V$ 是 U 的子空间, 且 $\dim(U)=2=\dim(U\cap V)$, 因此 $U\cap V=U$, 从而 $\{A_1,A_2\}$ 也是 $U\cap V$ 的基.

(3) 当 $a\neq -1$ 时, $\dim(U+V)=4=\dim(\mathbb{R}^{2\times 2})$, 因此 $U+V=\mathbb{R}^{2\times 2}$, 从而 $\mathbb{R}^{2\times 2}$ 的任意一个基都是 $U+V$ 的基. 由例题 2.2.3 也可知, $\{A_1,A_2,A_3,A_4\}$ 是 $U+V$ 的基. 由维数公式 (2.2.2) 可得

$$\dim(U\cap V)=\dim(U)+\dim(V)-\dim(V_1+V_2)=2+3-4=1.$$

设 $A\in U\cap V$, 则存在 x_1,x_2,x_3,x_4,x_5, 使得

$$A=x_1A_1+x_2A_2=x_3A_3+x_4A_4+x_5A_5,$$

因此 x_1,x_2,x_3,x_4,x_5 是以如下矩阵为系数矩阵的齐次线性方程组的解:

$$\begin{pmatrix} 1 & 1 & -1 & -1 & -1\\ 0 & 1 & 1 & -2 & -1\\ 2 & 3 & -a-2 & -4 & -b-3\\ 3 & 5 & 1 & -a-8 & -5 \end{pmatrix},$$

对它进行初等行变换, 将它化为最简形,

$$\begin{pmatrix} 1 & 1 & -1 & -1 & -1\\ 0 & 1 & 1 & -2 & -1\\ 2 & 3 & -a-2 & -4 & -b-3\\ 3 & 5 & 1 & -a-8 & -5 \end{pmatrix}\sim\begin{pmatrix} 1 & 0 & 0 & 0 & \dfrac{2b}{a+1}\\ 0 & 1 & 0 & 0 & -1-\dfrac{b}{a+1}\\ 0 & 0 & 1 & 0 & \dfrac{b}{a+1}\\ 0 & 0 & 0 & 1 & 0 \end{pmatrix},$$

因此

$$A=k\left[-\frac{2b}{a+1}A_1+\left(1+\frac{b}{a+1}\right)A_2\right],$$

$$U\cap V=\operatorname{Span}\left\{-\frac{2b}{a+1}A_1+\left(1+\frac{b}{a+1}\right)A_2\right\}$$

或

$$U\cap V=\operatorname{Span}\left\{\left(-\frac{b}{a+1}A_3+A_5\right)\right\}.$$ ■

2.2.3　线性空间的直和分解

定义 2.2.2　设 V_1, V_2 是线性空间 V 的两个子空间, 若 V_1+V_2 中每个向量的分解式

$$\alpha=\alpha_1+\alpha_2 \quad (\alpha_1 \in V_1, \alpha_2 \in V_2)$$

是唯一的, 则称 V_1+V_2 为**直和**, 记作 $V_1 \oplus V_2$.

定理 2.2.7　设 V_1, V_2 是线性空间 V 的任意两个子空间, 则下列条件相互等价:

(1) V_1+V_2 是直和;

(2) $V_1 \cap V_2=\{\mathbf{0}\}$;

(3) 零向量的分解式唯一, 即若 $\alpha_1+\alpha_2=\mathbf{0}$, 则必有 $\alpha_1=\alpha_2=\mathbf{0}$;

(4) V_1+V_2 的基由 V_1 的基与 V_2 的基合并而成;

(5) $\dim(V_1+V_2)=\dim(V_1)+\dim(V_2)$.

定义 2.2.3　若 $V=V_1 \oplus V_2$, 则称 V_1 与 V_2 互补, V_2 为 V_1 的补空间, V_1 为 V_2 的补空间, 并且称 $V_1 \oplus V_2$ 为 V 的**直和分解**.

注意: 子空间的补空间不唯一. 例如

$$\alpha_1=(1,0,0)^{\mathrm{T}}, \quad \alpha_2=(0,1,0)^{\mathrm{T}},$$
$$\beta_1=(0,0,1)^{\mathrm{T}}, \quad \beta_2=(0,1,2)^{\mathrm{T}}.$$

显然, $U=\operatorname{Span}\{\alpha_1, \alpha_2\}$ 是 $\mathbb{R}^3$ 的一个子空间, $\operatorname{Span}\{\beta_1\}$ 和 $\operatorname{Span}\{\beta_2\}$ 都是 U 的补空间.

例题 2.2.5　设 $\mathbb{R}^{2\times 2}$ 的两个子空间为

$$V_1=\left\{\left.\begin{pmatrix} x_1 & x_2 \\ x_3 & x_4 \end{pmatrix}\right| 2x_1+3x_2-x_3=0, x_1+2x_2+x_3-x_4=0\right\},$$

$$V_2=\operatorname{Span}\left\{\begin{pmatrix} 2 & -1 \\ a+2 & 1 \end{pmatrix}, \begin{pmatrix} -1 & 2 \\ 4 & a+8 \end{pmatrix}\right\}.$$

(1) 求 V_1 的基与维数;

(2) 当 a 为何值时, V_1+V_2 是直和? 当 V_1+V_2 不是直和时, 求 $V_1 \cap V_2$ 的基与维数.

解　(1) 因为

$$\begin{pmatrix} 2 & 3 & -1 & 0 \\ 1 & 2 & 1 & -1 \end{pmatrix} \sim \begin{pmatrix} -2 & -3 & 1 & 0 \\ -3 & -5 & 0 & 1 \end{pmatrix},$$

所以

$$x_3 = 2x_1 + 3x_2, \quad x_4 = 3x_1 + 5x_2,$$

从而有

$$V_1 = \mathrm{Span}\left\{\begin{pmatrix} 1 & 0 \\ 2 & 3 \end{pmatrix}, \begin{pmatrix} 0 & 1 \\ 3 & 5 \end{pmatrix}\right\},$$

$\begin{pmatrix} 1 & 0 \\ 2 & 3 \end{pmatrix}, \begin{pmatrix} 0 & 1 \\ 3 & 5 \end{pmatrix}$ 是 V_1 的基, $\dim(V_1) = 2$.

(2) 设 $\alpha \in V_1 \cap V_2$, 则存在常数 x_1, x_2, x_3, x_4 使得

$$\alpha = x_1 \begin{pmatrix} 1 & 0 \\ 2 & 3 \end{pmatrix} + x_2 \begin{pmatrix} 0 & 1 \\ 3 & 5 \end{pmatrix} = x_3 \begin{pmatrix} 2 & -1 \\ a+2 & 1 \end{pmatrix} + x_4 \begin{pmatrix} -1 & 2 \\ 4 & a+8 \end{pmatrix},$$

此时 x_1, x_2, x_3, x_4 是方程组 $Ax = 0$ 的解, 其中 $A = \begin{pmatrix} 1 & 0 & -2 & 1 \\ 0 & 1 & 1 & -2 \\ 2 & 3 & -a-2 & -4 \\ 3 & 5 & -1 & -a-8 \end{pmatrix}$.

$$A \sim \begin{pmatrix} 1 & 0 & -2 & 1 \\ 0 & 1 & 1 & -2 \\ 0 & 3 & -a+2 & -6 \\ 0 & 5 & 5 & -a+5 \end{pmatrix} \sim \begin{pmatrix} 1 & 0 & -2 & 1 \\ 0 & 1 & 1 & -2 \\ 0 & 0 & -a-1 & 0 \\ 0 & 0 & 0 & -a-1 \end{pmatrix}.$$

当 $a \neq -1$ 时, $\mathrm{rank}(A) = 4$, 此时方程组 $Ax = \mathbf{0}$ 只有零解, $V_1 \cap V_2 = \{\mathbf{0}\}$, $V_1 + V_2$ 是直和.

当 $a = -1$ 时, $\mathrm{rank}(A) = 2$, 这时 $\begin{pmatrix} 1 & 0 \\ 2 & 3 \end{pmatrix}, \begin{pmatrix} 0 & 1 \\ 3 & 5 \end{pmatrix}$ 与 $\begin{pmatrix} 2 & -1 \\ 1 & 1 \end{pmatrix}$, $\begin{pmatrix} -1 & 2 \\ 4 & 7 \end{pmatrix}$ 等价, 从而 $V_1 = V_2$, 故 $V_1 \cap V_2 = V_1$, 此时, $V_1 + V_2$ 不是直和.

$\begin{pmatrix} 1 & 0 \\ 2 & 3 \end{pmatrix}, \begin{pmatrix} 0 & 1 \\ 3 & 5 \end{pmatrix}$ 是 $V_1 \cap V_2$ 的基, $\dim(V_1 \cap V_2) = 2$. ■

2.3 函数插值

2.3.1 函数插值的有关概念

我们知道, 许多实际问题都可用函数 $y = f(x)$ 来表示变量间的某种内在规律的数量关系. 但是, 在工程技术与科学研究中, 有时用来描述客观现象的函数

$f(x)$ 往往是很复杂的. 通过实验可以得到的一系列离散点 $\{x_i\}$ 及其相应的函数值 $\{y_i\}$, 而 $\{x_i\}$ 和 $\{y_i\}$ 之间有时不能表达成一个适宜的数学关系式. 这种情况下, 可以用表格来反映 $\{x_i\}$ 和 $\{y_i\}$ 之间的关系 (表 2.1).

表 2.1　函数值表

x_i	x_0	x_1	$\cdots$	x_{n-1}	x_n
y_i	y_0	y_1	$\cdots$	y_{n-1}	y_n

但表格法不便于分析其性质和变化规律, 不能连续表达变量之间的关系, 特别是不能直接读取表中数据点之间的数据, 而实际应用中常常需要知道任意给定点处的函数值, 或者利用已知的测试值来推算非测试点上的函数值. 有时虽然函数有明确的解析表达式, 但由于形式复杂, 不便于计算和使用, 可先计算一些点的函数值, 利用它们来构造形式简单、便于计算的函数来近似它们. 这就需要通过函数插值法来解决.

插值法是一种古老的数学方法, 它来自生产实践. 早在大约 6 世纪, 中国的刘焯已将等距二次插值用于天文计算, 但它的基本理论却是在微积分产生以后才逐步完善的. 17 世纪之后, 牛顿 (Newton)、拉格朗日分别讨论了等距和非等距的一般插值公式. 在近代, 插值法仍然是数据处理和编制函数表的常用工具, 特别是由于计算机的使用和航空、精密机械加工等实际问题的需要, 插值法在理论和实践上得到进一步发展, 许多求解计算公式都是以插值为基础导出的.

假设 $x_0 < x_1 < x_2 < \cdots < x_n$ 为区间 $[a,b]$ 上的一组点, $\varphi_0(x), \varphi_1(x), \cdots, \varphi_n(x)$ 是定义在区间 $[a,b]$ 上的线性无关函数组,

$$p(x) \in \Phi = \mathrm{Span}\{\varphi_0(x), \varphi_1(x), \cdots, \varphi_n(x)\},$$

即

$$p(x) = a_0\varphi_0(x) + a_1\varphi_1(x) + \cdots + a_n\varphi_n(x), \tag{2.3.1}$$

且 $p(x)$ 满足

$$p(x_i) = y_i = f(x_i) \quad (i = 0, 1, 2, \cdots, n). \tag{2.3.2}$$

定义 2.3.1 (1) 称 $p(x)$ 为函数 $f(x)$ 的**插值函数**;

(2) 称 $x_0 < x_1 < x_2 < \cdots < x_n$ 为**插值节点**;

(3) 称 $[a,b]$ 为**插值区间**;

(4) 称 $\varphi_0(x), \varphi_1(x), \cdots, \varphi_n(x)$ 为**插值基函数**;

(5) 称 (2.3.2) 为**插值条件**.

当 $\Phi = P_n(x)$ 时, 称 $p(x)$ 为**插值多项式**. 如果 $\varphi_j(x)(j=0,1,\cdots,n)$ 为三角函数, 则称 $p(x)$ 为**三角插值函数**. 同理, 还有分段多项式插值、有理插值等. 本节讨论如何求插值多项式及其误差估计, 其他插值问题不讨论.

对于多项式插值, 我们主要讨论以下几个问题:

(1) 满足插值条件的多项式 $p(x)$ 是否存在且唯一?

(2) 用 $p(x)$ 代替 $f(x)$ 的误差估计, 即截断误差的估计是什么?

(3) 若满足插值条件的 $p(x)$ 存在, 又如何构造出 $p(x)$? 即插值多项式的常用构造方法有哪些?

(4) 当插值节点无限加密时, 插值函数是否收敛于 $f(x)$?

对于问题 (1), 有如下定理.

定理 2.3.1 已知函数 $f(x)$ 在 $n+1$ 个互异的点 $x_0,x_1,\cdots,x_n$ 处的函数值 $f(x_j)=y_j, j=0,1,\cdots,n$, 满足插值条件 (2.3.2) 的多项式 $p_n(x)$ 存在且唯一.

证明 容易证明, $1, x-x_0, (x-x_0)(x-x_1), \cdots, (x-x_0)(x-x_1)\cdots(x-x_{n-1})$ 是 $P_n(x)$ 的基. 满足插值条件 (2.3.2) 的多项式 $p_n(x)$ 可表示为

$$\begin{aligned} p_n(x) = a_0 + a_1(x-x_0) + a_2(x-x_0)(x-x_1) + \cdots \\ + a_n(x-x_0)(x-x_1)\cdots(x-x_{n-1}). \end{aligned} \tag{2.3.3}$$

把插值条件 (2.3.2) 代入 (2.3.3) 式得

$$\begin{cases} a_0 = y_0, \\ a_0 + a_1(x_1-x_0) = y_1, \\ \qquad\qquad\cdots\cdots \\ a_0 + a_1(x_n-x_0) + \cdots + a_n(x_n-x_0)(x_n-x_1)\cdots(x_n-x_{n-1}) = y_n, \end{cases}$$

以 $a_0,a_1,\cdots,a_n$ 的系数组成的行列式为

$$D_n = \begin{vmatrix} 1 & 0 & \cdots & 0 \\ 1 & x_1-x_0 & \cdots & 0 \\ \vdots & \vdots & & \vdots \\ 1 & x_n-x_0 & \cdots & (x_n-x_0)(x_n-x_1)\cdots(x_n-x_{n-1}) \end{vmatrix}$$

$$= (x_1-x_0)(x_2-x_0)(x_2-x_1)\cdots(x_n-x_0)(x_n-x_1)\cdots(x_n-x_{n-1}).$$

因为 $x_0,x_1,\cdots,x_n$ 两两互异, 所以 $D_n \neq 0$, 从而 $a_0,a_1,\cdots,a_n$ 唯一存在, 即 $p_n(x)$ 唯一存在. ■

由插值条件可以看出, 用插值多项式 $p_n(x)$ 近似代替 $f(x)$, 在插值节点 x_i 上, $p_n(x_i)=f(x_i)$, 在其他点 $p_n(x)$ 与 $f(x)$ 一般不相等.

定义 2.3.2　若记

$$R_n(x)=f(x)-p_n(x), \tag{2.3.4}$$

则称 R_n 为用插值多项式 $p_n(x)$ 近似代替 $f(x)$ 的**截断误差**, 并称它为 n 次插值多项式 $p_n(x)$ 的**余项**.

定理 2.3.2 (余项定理)　设 $f(x)\in C^{n+1}[a,b]$, 且节点 $a\leqslant x_0<x_1<\cdots<x_{n-1}<x_n\leqslant b$. $p_n(x)$ 是满足插值条件 (2.3.2) 的插值多项式, 则余项

$$R_n(x)=f(x)-p_n(x)=\frac{f^{(n+1)}(\xi)}{(n+1)!}w_{n+1}(x),\quad a<\xi<b, \tag{2.3.5}$$

其中

$$w_{n+1}(x)=\prod_{k=0}^{n}(x-x_k)=(x-x_0)(x-x_1)\cdots(x-x_n). \tag{2.3.6}$$

证明　令 $g(t)=f(t)-p_n(t)-\dfrac{f(x)-p_n(x)}{w_{n+1}(x)}w_{n+1}(t), a<t<b$, 则 $g(t)$ 在 $a<t<b$ 上有 $x,x_0,x_1,\cdots,x_n\,(x\neq x_i)$ 共 $n+2$ 个不同的零点. 由罗尔 (Rolle) 定理可知, 存在 $\xi\in(a,b)$ 使得 $g^{(n+1)}(\xi)=0$, 即

$$f^{(n+1)}(\xi)-\frac{f(x)-p_n(x)}{w_{n+1}(x)}(n+1)!=0,$$

即 $f(x)-p_n(x)=\dfrac{f^{(n+1)}(\xi)}{(n+1)!}w_{n+1}(x)$. ■

需要注意以下问题.

(1) 定理中 $\xi\in(a,b)$ 依赖于 x 及点 $x_0,x_1,\cdots,x_n$, 此定理只在理论上说明 ξ 存在. 实际上 $f^{(n+1)}(\xi)$ 仍依赖于 x, 即使 x 固定, ξ 也无法确定. 因此, 余项表达式 (2.3.5) 的准确值是算不出的, 只能利用 (2.3.5) 做截断误差估计: 由

$$\left|f^{(n+1)}(\xi)\right|\leqslant\max_{a\leqslant x\leqslant b}\left|f^{(n+1)}(x)\right|=M_{n+1},$$

可得误差估计

$$|R_n(x)|\leqslant\frac{M_{n+1}}{(n+1)!}\left|w_{n+1}(x)\right|. \tag{2.3.7}$$

当 $n=1$ 时, 称为**线性插值**. 线性插值的误差估计是

$$|R_1(x)|\leqslant\frac{M_2}{2}\left|(x-x_0)(x-x_1)\right|. \tag{2.3.8}$$

当 $n=2$ 时, 称为**二次 (抛物) 插值**. 二次插值的误差估计是

$$|R_2(x)| \leqslant \frac{M_3}{6}\left|(x-x_0)(x-x_1)(x-x_2)\right|. \tag{2.3.9}$$

当 $n=3$ 时, 称为**三次 (立方) 插值**. 三次插值的误差估计是

$$|R_3(x)| \leqslant \frac{M_4}{6}\left|(x-x_0)(x-x_1)(x-x_2)(x-x_3)\right|. \tag{2.3.10}$$

(2) 余项公式 (2.3.5) 与泰勒公式余项 $R_n(x)=\dfrac{f^{(n+1)}(\xi)}{(n+1)!}(x-x_0)^{n+1}\ (a<\xi<b)$ 是不同的, 前者涉及 $n+1$ 个节点的乘积 $w_{n+1}(x)$, 而后者仅涉及一个点的 $n+1$ 次幂.

(3) 在误差估计公式 $|R_n(x)| \leqslant \dfrac{M_{n+1}}{(n+1)!}|w_{n+1}(x)|$ 中, 当插值点 x 在节点形成的区间 $[x_0,x_n]$ 内时, 称为**内插**, 此时误差可估计 (可控) . 当 x 在节点形成的区间 $[x_0,x_n]$ 外时, 称为**外插**, 不能保证误差会很小. 多项式插值问题的关键是怎样具体去求插值多项式.

2.3.2 拉格朗日插值多项式

定理 2.3.1 亦提供了一种构造插值多项式的方法, 即通过解线性方程组来确定其系数. 但这样做不能获得简明实用的表达式, 这给理论研究与应用带来不便, 因而利用解方程组的方法去构造插值多项式是不实用的.

定理 2.3.1 说明, 不论用什么方法来构造, 也不论用什么形式来表示插值多项式 $p(x)$, 只要满足同样的插值条件 (2.3.2), 其结果都是恒等的.

定义 2.3.3 设 $x_0,x_1,\cdots,x_n$ 是 $\mathbb{R}$ 中的两两互异的 $n+1$ 个实数, 称 $\{l_i(x), i=0,1,2,\cdots,n\}$ 为关于 $x_0,x_1,\cdots,x_n$ 的 n 次拉格朗日插值基函数, 其中

$$l_i(x)=\frac{(x-x_0)\cdots(x-x_{i-1})(x-x_{i+1})\cdots(x-x_n)}{(x_i-x_0)\cdots(x_i-x_{i-1})(x_i-x_{i+1})\cdots(x_i-x_n)},\quad i=0,1,\cdots,n.$$

$\{l_i(x), i=0,1,2,\cdots,n\}$ 是 $P_n(x)$ 的基, 称它们为拉格朗日插值基.

注意到

$$l_i(x_j)=\begin{cases}1, & j=i,\\ 0, & j\neq i,\end{cases}\quad i,j=0,1,2,\cdots,n.$$

我们有

$$y_j=p(x_j)=\sum_{i=0}^{n}k_i l_i(x_j)=k_j l_j(x_j)=k_j,\quad j=0,1,\cdots,n,$$

因此

$$p_n(x) = \sum_{i=0}^{n} y_i l_i(x) = \sum_{i=0}^{n} f(x_i) l_i(x). \tag{2.3.11}$$

定义 2.3.4　称由式 (2.3.11) 表示的多项式 $p_n(x)$ 为函数 $y = f(x)$ 关于 $x_0, x_1, \cdots, x_n$ 的**拉格朗日插值多项式**. 该多项式 $p_n(x)$ 也记成 $L_n(x)$.

例题 2.3.1　已知函数 $y = f(x) = \mathrm{e}^{\sin x + \cos x^2}$ 的如下函数值表 (表 2.2), 分别用线性插值、二次插值和三次插值计算 $f(0.354)$ 的近似值.

表 2.2　$y = f(x) = \mathrm{e}^{\sin x + \cos x^2}$ **在一些点的函数值**

t_k	0	0.1	0.2	0.3	0.4	0.5
$f(t_k)$	2.718282	3.003515	3.313051	3.638141	3.961591	4.256035

解　用线性插值计算 $f(0.354)$ 的近似值, 构造插值多项式 $p_1(x)$ 需要两个点. 表 2.2 中给出了六个点的函数值. 前面分析了, 由于当插值点 x 在节点形成的区间 $[x_0, x_1]$ 内时误差可能会小, 而且区间 $[x_0, x_1]$ 的长度越小, 插值求得的近似值与准确值的误差也可能小, 因此我们选择 $x_0 = 0.3, x_1 = 0.4$. 线性插值多项式为

$$L_1(x) = \frac{x - x_1}{x_0 - x_1} y_0 + \frac{x - x_0}{x_1 - x_0} y_1 = -36.38141(x - 0.4) + 39.61591(x - 0.3). \tag{2.3.12}$$

当 $x = 0.354$ 时, 利用 $L_1(0.354)$ 求得的 $f(0.354)$ 的近似值是 3.81280.

用二次插值计算 $f(0.354)$ 的近似值, 构造插值多项式 $L_2(x)$ 需要三个点. 同理, 我们选择 $x_0 = 0.3, x_1 = 0.4, x_2 = 0.5$. 二次插值多项式为

$$\begin{aligned} L_2(x) &= y_0 \frac{(x - x_1)(x - x_2)}{(x_0 - x_1)(x_0 - x_2)} + y_1 \frac{(x - x_0)(x - x_2)}{(x_1 - x_0)(x_1 - x_2)} + y_2 \frac{(x - x_0)(x - x_1)}{(x_2 - x_0)(x_2 - x_1)} \\ &= 181.9070687(x - 0.4)(x - 0.5) - 396.1590657(x - 0.3)(x - 0.5) \\ &\quad + 212.80174675(x - 0.3)(x - 0.4). \end{aligned}$$

当 $x = 0.354$ 时, 利用 $L_2(0.354)$ 求得的 $f(0.354)$ 的近似值是 3.81301.

用三次插值计算 $f(0.354)$ 的近似值, 构造插值多项式 $L_3(x)$ 需要四个点. 同理, 我们选择 $x_0 = 0.2, x_1 = 0.3, x_2 = 0.4, x_3 = 0.5$. 三次插值多项式为

$$\begin{aligned} L_3(x) &= y_0 \frac{(x - x_1)(x - x_2)(x - x_3)}{(x_0 - x_1)(x_0 - x_2)(x_0 - x_3)} + y_1 \frac{(x - x_0)(x - x_2)(x - x_3)}{(x_1 - x_0)(x_1 - x_2)(x_1 - x_3)} \\ &\quad + y_2 \frac{(x - x_0)(x - x_1)(x - x_3)}{(x_2 - x_0)(x_2 - x_1)(x_2 - x_3)} + y_3 \frac{(x - x_0)(x - x_1)(x - x_2)}{(x_3 - x_0)(x_3 - x_1)(x_3 - x_2)} \end{aligned}$$

$$
\begin{aligned}
&= -552.1751227\,(x-0.3)\,(x-0.4)\,(x-0.5) \\
&\quad + 1819.0706870\,(x-0.2)\,(x-0.4)\,(x-0.5) \\
&\quad - 1980.7953285\,(x-0.2)\,(x-0.3)\,(x-0.5) \\
&\quad + 709.3391558\,(x-0.2)\,(x-0.3)\,(x-0.4).
\end{aligned}
$$

当 $x = 0.354$ 时, 利用 $L_3(0.354)$ 求得的 $f(0.354)$ 的近似值是 3.81475. ■

表 2.3　用拉格朗日插值计算 $f(0.354)$ 的近似值的信息表

	n	选点				$L_n(0.354)$	$R_n(0.354)$
线性插值	1	0.3	0.4			3.81280	0.00170
二次插值	2	0.3	0.4	0.5		3.81301	0.00150
三次插值	3	0.2	0.3	0.4	0.5	3.81475	−0.00025

利用插值基函数求出拉格朗日插值多项式, 其形式具有对称性, 既便于记忆, 又便于应用与编制程序. 但是如果使用拉格朗日插值法, 由于公式中的插值基函数依赖于全部插值节点, 当精度不够, 需增加插值节点时, 所有的插值基函数必须重新构造, 插值点的值必须全部重新计算, 而增加节点前的计算结果将毫无作用, 这样势必造成计算的浪费. 实际计算中, 往往是根据已知数据, 计算出插值点的值, 当认为误差太大时, 再增加插值节点以期在原计算结果上作修正, 而不希望重新计算.

另外估计误差时, 需要估计高阶导数 $\max\limits_{a\leqslant x\leqslant b}\left|f^{(n+1)}(x)\right|$, 这是困难的. 如例题 2.3.1 中的 $f(x)$, 它的一阶导数和二阶导数分别是

$$
\begin{aligned}
&f'(x) = \mathrm{e}^{\sin x+\cos x^2}(\cos x - 2x\sin x^2), \\
&f''(x) = \mathrm{e}^{\sin x+\cos x^2}[(\cos x - 2x\sin x^2)^2 + (-\sin x - 2\sin x^2 - 4x^2\cos x^2)].
\end{aligned}
$$

更高阶的导数更加复杂, 估计 $\max\limits_{a\leqslant x\leqslant b}\left|f^{(n+1)}(x)\right|$ 更加困难. 因此, 不方便利用 (2.3.7) 式对误差进行估计.

2.3.3　牛顿插值多项式

为克服拉格朗日插值多项式的不足, 我们介绍另一种形式的插值多项式: **牛顿插值多项式** $N_n(x)$.

由定理 2.3.1 的证明过程可知, 满足插值条件 (2.3.2) 的多项式 $p_n(x)$ 可表示为

$$
p_n(x) = a_0 + a_1\,(x-x_0) + a_2\,(x-x_0)\,(x-x_1) + \cdots + a_n\,(x-x_0)\,(x-x_1)\cdots(x-x_n)\,. \tag{2.3.13}
$$

定义 2.3.5　设 $x_0, x_1, \cdots, x_{n-1}$ 是 $\mathbb{R}$ 中的两两互异的 n 个实数, 称

$$\{1, (x-x_0), (x-x_0)(x-x_1), \cdots, (x-x_0)(x-x_1)\cdots(x-x_{n-1})\} \tag{2.3.14}$$

为关于 $x_0, x_1, \cdots, x_{n-1}$ 的 n **次牛顿插值基**.

给定了 $f(x)$ 在插值节点的函数值 $f(x_i)$ $(i=0,1,2,\cdots,n)$, $p_n(x)$ 在牛顿插值基下的坐标如何计算呢？为此, 我们先介绍均差的概念和基本性质.

定义 2.3.6　(1) 称 $f[x_0]=f(x_0)$ 为 f 的**零阶均差**;

(2) 称零阶均差 $f[x_0], f[x_1]$ 的差商

$$f[x_0, x_1] = \frac{f[x_1]-f[x_0]}{x_1-x_0} \tag{2.3.15}$$

为函数 $f(x)$ 关于点 x_0, x_1 的**一阶均差**;

(3) 一般地, 称 $k-1$ 阶均差的差商

$$f[x_0, x_1, \cdots, x_{k-2}, x_{k-1}, x_k] = \frac{f[x_0, x_1, \cdots, x_{k-2}, x_k]-f[x_0, x_1, \cdots, x_{k-2}, x_{k-1}]}{x_k-x_{k-1}} \tag{2.3.16}$$

为 $f(x)$ 关于点 $x_0, x_1, \cdots, x_{k-1}, x_k$ 的k **阶均差**.

均差有以下重要性质:

定理 2.3.3　(1) 关于点 $x_0, x_1, \cdots, x_{k-1}, x_k$ 的 k 阶均差可表示为函数值 $f(x_0), f(x_1), \cdots, f(x_k)$ 的线性组合, 即

$$f[x_0, x_1, \cdots, x_k] = \sum_{i=0}^{k} \frac{f(x_i)}{(x_i-x_0)(x_i-x_{i-1})(x_i-x_{i+1})\cdots(x_i-x_k)}; \tag{2.3.17}$$

(2) 如果 $f[x, x_0, \cdots, x_k]$ 是 x 的 m 次多项式, 则 $f[x, x_0, \cdots, x_k, x_{k+1}]$ 是 x 的 $m+1$ 次多项式;

(3) 若 $f \in C^n[a,b]$, 并且 $x_i \in [a,b] (i=0,1,\cdots,n)$ 互异, 则有

$$f[x_0, x_1, \cdots, x_n] = \frac{f^{(n)}(\xi)}{n!}, \quad 其中\xi \in [a,b]. \tag{2.3.18}$$

公式 (2.3.17) 可用归纳法证明. (2.3.17) 表明均差 $f[x, x_0, \cdots, x_k]$ 与节点排列次序无关.

公式 (2.3.18) 可直接由罗尔定理证明.

由定理 2.3.1 的证明过程可知, 满足插值条件 (2.3.2) 的多项式 $N_n(x)$ 可表示为

$$N_n(x) = a_0 + a_1(x-x_0) + a_2(x-x_0)(x-x_1) + \cdots + a_n(x-x_0)(x-x_1)\cdots(x-x_{n-1}). \tag{2.3.19}$$

利用插值条件 (2.3.2) 可得如下线性方程组:

$$\begin{cases} a_0 = y_0, \\ a_0 + a_1(x_1 - x_0) = y_1, \\ \qquad\qquad\qquad\qquad\cdots\cdots \\ a_0 + a_1(x_n - x_0) + \cdots + a_n(x_n - x_0)(x_n - x_1)\cdots(x_n - x_{n-1}) = y_n. \end{cases}$$

求解上述方程组可得

$$a_k = f[x_0, \cdots, x_k], \quad k = 0, 1, \cdots, n. \tag{2.3.20}$$

因此

$$\begin{aligned} N_n(x) =& f(x_0) + f[x_0, x_1](x - x_0) + f[x_0, x_1, x_2](x - x_0)(x - x_1) \\ & + \cdots + f[x_0, \cdots, x_n](x - x_0)\cdots(x - x_{n-1}). \end{aligned} \tag{2.3.21}$$

$N_n(x)$ 与 $f(x)$ 之间的误差 $R_n(x)$ 可表示为

$$R_n(x) = f(x) - N_n(x) = f[x, x_0, \cdots, x_n]\,\omega_{n+1}(x), \tag{2.3.22}$$

其中

$$\omega_{n+1}(x) = (x - x_0)(x - x_1)\cdots(x - x_n). \tag{2.3.23}$$

定义 2.3.7 称由式 (2.3.21) 表示的多项式 $N_n(x)$ 为**牛顿均差插值多项式**.

为便于计算误差, 用 $f[x_0, \cdots, x_{n+1}]$ 近似代替 $f[x, x_0, \cdots, x_n]$, 可得如下误差估计式:

$$R_n(x) = f(x) - N_n(x) \approx f[x_0, x_1, \cdots, x_n, x_{n+1}](x - x_0)(x - x_1)\cdots(x - x_n). \tag{2.3.24}$$

$N_n(x)$ 是函数 $y = f(x)$ 关于 $x_0, x_1, \cdots, x_n$ 的牛顿插值多项式, 其中的系数 a_k 可由均差表计算, 它比拉格朗日插值的计算量少, 且便于程序设计.

式 (2.3.22) 为插值余项, 由插值多项式的唯一性可知, 它与 (2.3.5) 是等价的. 事实上, 利用均差与导数关系式 (2.3.18), 可由 (2.3.22) 推出 (2.3.5), 但 (2.3.22) 更有一般性, 它对 f 是由离散点给出的情形或 f 的导数不容易求时均适用.

例题 2.3.2 设函数 $y = f(x) = \mathrm{e}^{\sin x + \cos x^2}$. 利用表 2.2, 分别利用线性、二次和三次牛顿插值多项式计算 $f(0.354)$ 的近似值, 并估计相应的误差.

解 由于要计算 $f(0.354)$ 的近似值, 选取离 $x = 0.354$ 最近的四个点 $x_0 = 0.4, x_1 = 0.3, x_2 = 0.5, x_3 = 0.2$, 利用这些点的函数值, 可得到函数 $f(x)$ 的如下均差表 (表 2.4).

表 2.4 $y = f(x) = \mathrm{e}^{\sin x+\cos x^2}$ 的均差表

选点	函数值	一阶均差	二阶均差	三阶均差	四阶均差
0.4	3.961591				
0.3	3.638141	3.234493			
0.5	4.256035	3.089468	−1.450250		
0.2	3.313051	3.143281	−0.538129	−4.56061	
0.6	4.484107	2.927640	−2.156408	−5.39426	−4.16828

各次牛顿插值多项式依次是

$$
\begin{aligned}
&N_1(x) = 3.961591 + 3.234493(x-0.4),\\
&N_2(x) = 3.961591 + 3.234493(x-0.4) - 1.450250(x-0.4)(x-0.3), \quad (2.3.25)\\
&N_3(x) = N_2(x) - 4.56061(x-0.4)(x-0.3)(x-0.5).
\end{aligned}
$$

利用 (2.3.25) 中的相应公式, 可得

$$N_1(0.354) = 3.8128040, \quad N_2(0.354) = 3.81640641, \quad N_3(0.354) = 3.8147524.$$

利用 (2.3.24) 误差估计式, 可得不同次插值多项式相应的误差约为 (其中 $x = 0.354$):

$$
\begin{aligned}
&R_1(x) = f(x) - N_1(x) = -1.450250(x-0.4)(x-0.3) = 0.003602,\\
&R_2(x) = f(x) - N_2(x) = -4.56061(x-0.4)(x-0.3)(x-0.5) = -0.001654,\\
&R_3(x) = f(x) - N_3(x) = -4.16828(x-0.4)(x-0.3)(x-0.5)(x-0.2) = -0.000233.
\end{aligned}
\tag{2.3.26}
$$

经计算得到 $f(0.354) = 3.814504467$. ■

由牛顿插值表达式, 我们可以看出

$$N_n(x) = N_{n-1}(x) + f\left[x_0, x_1, \cdots, x_n\right](x-x_0)\cdots(x-x_{n-1}).$$

牛顿插值法的优点是计算较简单, 尤其是增加一个节点时, 计算只要增加一项. 由于插值点固定时插值多项式是存在唯一的, 因此牛顿插值多项式与拉格朗日插值多项式只是形式不同, 它们都是同一个多项式. 均差是数值分析的基本工具. 二次插值的牛顿公式可用于最优化方法的线搜索.

利用牛顿插值公式还可方便地导出某些带导数的插值公式.

例题 2.3.3 设已知函数 $f(x)$ 满足 $f(-1) = -2, f(0) = -1, f(1) = 0, f'(0) = 0$, 求不超过 3 次的多项式 $p_3(x)$ 满足插值条件: $p_3(-1) = f(-1), p_3(0) = f(0), p_3(1) = f(1), p_3'(0) = f'(0)$.

解 记 $x_0=-1, x_1=0, x_2=1$, 构造

$$\begin{aligned}p_3(x)=&f(x_0)+f[x_0,x_1](x-x_0)+f[x_0,x_1,x_2](x-x_0)(x-x_1)\\&+A(x-x_0)(x-x_1)(x-x_2),\end{aligned}$$

其中, 前三项是通过三个插值节点的二次牛顿插值多项式 $N_2(x)$, 从而 $p_3(x)$ 显然满足插值条件

$$p_3(-1)=f(-1),\quad p_3(0)=f(0),\quad p_3(1)=f(1).$$

由插值条件 $p_3'(0)=f'(0)$ 容易求出待定系数 A. 事实上, $f[x_0,x_1]=f[x_1,x_2]=1$, $f[x_0,x_1,x_2]=0$, 从而

$$p_3(x)=-2+(x+1)+Ax\left(x^2-1\right),$$

由插值条件 $p_3'(0)=f'(0)$ 得 $A=1$, 所以, $p_3(x)=x^3-1$. ■

前面介绍的代数插值多项式, 只要求插值多项式在各节点处满足插值条件, 因而无法保证插值多项式在节点处导数的连续性, 所以, 插值函数曲线的光滑度可能很差, 这种插值多项式往往还不能全面反映被插值函数的性态. 为了得到具有一定光滑程度的函数, 许多实际问题不但要求插值函数与被插值函数在各节点处的函数值相同, 而且还要求插值函数在某些节点或全部节点上与被插值函数的导数值也相等, 甚至要求高阶导数值也相等, 满足这种要求的插值多项式称为埃尔米特 (Hermite) 插值多项式.

由表 2.5 可知, 随着节点增加, 当 n 从 1 变到 3 时, 用 $f(x)$ 的插值多项式 $p_n(x)$ 近似代替 $f(x)$ 时误差越来越小. 在指定的插值区间上, 用 $f(x)$ 的插值多项式 $p_n(x)$ 近似代替 $f(x)$, 其误差是否会随插值节点的加密 (多项式的次数增高) 而减小? 回答是: 对于某些函数, 适当地提高插值多项式的次数, 会提高计算精度. 当函数是连续函数时, 增加插值节点虽然使插值函数与被插值函数在更多节点上的取值相等, 但由于插值多项式函数在某些非节点处的振荡可能加大, 因而可能使在非节点处的误差变得很大. 另外, 节点的增加会提高插值多项式的计算次数, 也不利于控制舍入误差, 因此具有数值不稳定的特点. 也就是说尽管在已知的几个点取到给定的数值, 但在附近却会和“实际上”的值之间有很大的偏差, 这类现象也被称为龙格 (Runge) 现象. 龙格现象说明并非插值多项式的次数愈高, 其精度就愈高. 为了避免高次插值可能出现的大幅度波动现象, 在实际应用中通常采用分段低次插值来提高近似程度, 比如可用分段线性插值或分段三次埃尔米特插值来逼近已知函数, 但它们的总体光滑性较差. 为了克服这一缺点, 一种全局化的分段插值方法——三次样条插值成为比较理想的工具.

表 2.5　不同次插值多项式计算得到的近似值、真实误差和误差估计值

	n	选点					$N_n(0.354)$	真实误差	误差估计值
线性插值	1	0.3	0.4	0.5			3.812804	0.001701	0.003602
二次插值	2	0.2	0.3	0.4	0.5		3.816406	−0.00190	−0.001654
三次插值	3	0.2	0.3	0.4	0.5	0.6	3.814752	−0.000248	−0.000233

20 世纪初, 龙格对函数 $f(x)=\dfrac{1}{1+x^2}, x\in[-5,5]$, 取等距的插值节点 $x_k=-5+kh$, $h=\dfrac{10}{n}, k=0,1,\cdots,n$, 做拉格朗日插值多项式:

$$L_n(x)=\sum_{k=0}^{n}\prod_{\substack{j=0\\j\neq k}}^{n}\left(x-x_j\frac{1}{x_k-x_j}\right)\frac{1}{1+x_k^2}. \tag{2.3.27}$$

在接近区间两端点附近, $f(x)$ 与 $L_n(x)$ 的偏离很大, 次数越高偏离越大. 比如 $L_{10}(\pm4.8)=1.80438$, 而 $f(\pm4.8)=0.4160$. 龙格还进一步证明了, 在节点等距的条件下, 当 $n\to\infty$ 时, 由式 (2.3.27) 表示的插值多项式 $L_n(x)$ 在 $|x|\leqslant3.63$ 外, 有

$$\lim_{n\to\infty}\max_{3.63\leqslant|x|\leqslant5}|f(x)-L_n(x)|=\infty.$$

2.4　数 值 积 分

2.4.1　数值积分的有关概念

由微积分基本定理, 即牛顿-莱布尼茨 (Newton-Leibniz) 公式, 对于积分

$$I=\int_a^b f(x)\mathrm{d}x,$$

只要找到被积函数 $f(x)$ 的原函数 $F(x)$, 就有

$$\int_a^b f(x)\mathrm{d}x=F(b)-F(a).$$

但是在工程技术和科学研究中, 常会见到以下现象.

(1) $f(x)$ 的解析式不存在, 只能通过实验或观测等手段得到它在区间 $[a,b]$ 上的有限个不同点 $\{x_i:i=0,1,2,\cdots,n\}$ 上的函数值 $\{f(x_i)|i=0,1,2,\cdots,n\}$, 以及一些点的导数值, 但又要求出函数的积分.

(2) 被积函数 $f(x)$, 诸如 $\dfrac{x\mathrm{e}^x}{1+x^2}, \mathrm{e}^{-x^2}$ 等, 找不到用初等函数表示的原函数, 或者即使能求得原函数但原函数的表达式非常复杂, 计算困难.

因此有必要研究积分的数值计算问题. 将 $f(x)$ 用简单函数近似代替, 把积分表示成离散点上的函数值的线性组合, 使得计算的近似值具有一定的精度, 这就是数值积分算法的基本思想.

定义 2.4.1 设 $x_0,x_1,\cdots,x_n\in[a,b]$, 函数 $f(x)$ 在 $[a,b]$ 上可积, 对给定的权函数 $\rho(x)>0(x\in[a,b])$, 记 $I(f)=\int_a^b\rho(x)f(x)\mathrm{d}x$.

(1) 称

$$I_n(f)\approx\sum_{i=0}^{n}A_if\left(x_i\right) \tag{2.4.1}$$

为**数值求积公式**, 简称**求积公式**.

(2) 称 $x_0,x_1,\cdots,x_n$ 为求积公式 (2.4.1) 的**求积节点**.

(3) 称 A_i 为求积公式 (2.4.1) 在求积节点 x_i 上的**求积系数** (**权系数**), 它与积分区间和求积节点有关, 而与 $f(x)$ 无关.

(4) 称 $R_n(f)=I(f)-I_n(f)$ 是求积公式 (2.4.1) 的**误差**.

数值求积公式是用积分区间 $[a,b]$ 上的一些离散节点的函数值 $f(x)$ 的线性组合计算定积分的近似值, 从而将定积分的计算归结为函数值的计算, 这类数值积分方法通常称为**机械求积**. 它避开了牛顿-莱布尼茨公式中需要寻求原函数的困难, 并为用计算机求积分提供了可行性. 但这需要找到衡量求积公式“好”与“坏”的标准. 另外还需要给出求积公式和对应的误差估计式.

由于闭区间 $[a,b]$ 上的连续函数可用多项式逼近, 所以一个求积公式能对多高次数的多项式 $f(x)$ 等式成立, 是衡量该公式的精确程度的重要指标.

为此引入如下代数精度的定义.

定义 2.4.2 如果当 $f(x)=x^k\ (k=0,1\cdots,m)$ 时, 求积公式 (2.4.1) 精确成立; 而当 $f(x)=x^{m+1}$ 时, 求积公式 (2.4.1) 不精确成立, 那么称该求积公式具有 m **次代数精度**.

因为 k 次多项式的一般形式是 $a_0+a_1x+a_2x^2+\cdots+a_kx^k$, 所以由定积分的线性性质知, 定义 2.4.2 中的“$f(x)=x^k(k=0,1,\cdots,m)$ ”与“$f(x)$ 是次数不超过 m 的多项式”是等价的.

给定一个求积公式, 要求它的代数精度, 只要依次对 $f(x)=1,x,x^2,\cdots$ 验算 $I_n(f)=I(f)$ 是否成立, 直至不成立的整数为止.

例题 2.4.1 试确定求积公式

$$I(f)=\int_{-1}^{1}f(x)\mathrm{d}x\approx[f(-1)+4f(0)+f(1)]/3=\tilde{I}(f) \tag{2.4.2}$$

的代数精度.

解

$$I_k = \int_{-1}^{1} x^k \mathrm{d}x = \frac{1-(-1)^{k+1}}{k+1} = \begin{cases} 0, & k \text{ 为奇数}, \\ \dfrac{2}{k+1}, & k \text{ 为偶数}. \end{cases}$$

当 $f(x)=1$ 时

$$\tilde{I}(1) = \frac{1}{3}[f(-1)+4f(0)+f(1)] = \frac{1}{3}(1+4\times 1+1) = 2 = I_0;$$

当 $f(x)=x$ 时

$$\tilde{I}(x) = \frac{1}{3}[f(-1)+4f(0)+f(1)] = \frac{1}{3}(-1+4\times 0+1) = 0 = I_1;$$

当 $f(x)=x^2$ 时

$$\tilde{I}(x^2) = \frac{1}{3}[f(-1)+4f(0)+f(1)] = \frac{1}{3}(1+0+1) = \frac{2}{3} = I_2;$$

当 $f(x)=x^3$ 时

$$\tilde{I}(x^3) = \frac{1}{3}[f(-1)+4f(0)+f(1)] = \frac{1}{3}(-1+0+1) = 0 = I_3;$$

当 $f(x)=x^4$ 时

$$\tilde{I}(x^4) = \frac{1}{3}[f(-1)+4f(0)+f(1)] = \frac{1}{3}(1+0+1) = \frac{2}{3} \neq \frac{2}{5} = I_4.$$

计算至此, 发现 (2.4.2) 对 $f(x)=x^4$ 不精确成立. 因此求积公式 (2.4.2) 具有 3 次代数精度. ■

例题 2.4.2　给定形如 $\int_0^1 f(x)\mathrm{d}x \approx A_0 f(0) + A_1 f(1) + B_0 f'(0)$ 的求积公式, 试确定系数 A_0, A_1, B_0 , 使公式具有尽可能高的代数精度.

解　由于给定的求积公式中有三个参数, 确定它们需要有三个独立的方程. 可先令 $f(x)=1,x,x^2$, 分别代入求积公式使它精确成立.

当 $f(x)=1$ 时, 得

$$A_0 + A_1 = \int_0^1 1\mathrm{d}x = 1;$$

当 $f(x)=x$ 时, 得

$$A_1 + B_0 = \int_0^1 x\mathrm{d}x = \frac{1}{2};$$

当 $f(x) = x^2$ 时, 得

$$A_1 = \int_0^1 x^2\mathrm{d}x = \frac{1}{3}.$$

联立上面的三个方程, 求解得 $A_0 = \frac{1}{3}, A_0 = \frac{2}{3}, B_0 = \frac{1}{6}$, 于是得

$$\int_0^1 f(x)\mathrm{d}x \approx \frac{2}{3}f(0) + \frac{1}{3}f(1) + \frac{1}{6}f'(0). \tag{2.4.3}$$

当 $f(x) = x^3$ 时, $\int_0^1 x^3\mathrm{d}x = \frac{1}{4}$. 而 (2.4.3) 式右端为 $\frac{1}{3}$, 故求积公式 (2.4.3) 对 $f(x) = x^3$ 不精确成立, 因此该求积公式的代数精度为 2. ■

注意: (1) 求积公式的误差是计算精度的度量标志, 而代数精度是求积公式优良性能的标志;

(2) 求积公式的误差小, 不代表代数精度高, 代数精度高, 也不代表求积公式的误差小, 它们没有必然联系.

2.4.2 插值型求积公式

1. 任意节点的插值型求积公式

从函数逼近的观点看, 只要能找到一个足够好的逼近被积函数的简单函数 $p(x)$, 用它近似代替 $f(x)$, 就有比较好的求积公式

$$\int_a^b f(x)\rho(x)\mathrm{d}x \approx \int_a^b p(x)\rho(x)\mathrm{d}x,$$

因此, 构造数值求积公式的常用方法之一是利用插值多项式.

设 $f(x)$ 定义在 $[a,b]$ 上, $x_0, x_1, \cdots, x_n$ 是 $[a,b]$ 中的 $n+1$ 个节点, 记 $p_n(x)$ 是 $f(x)$ 关于节点 $x_0, x_1, \cdots, x_n$ 的 n 次拉格朗日插值多项式, 即

$$p_n(x) = \sum_{i=0}^{n} l_i(x) f\left(x_i\right),$$

其中, $l_i(x) = \prod_{\substack{j=0\\j\neq i}}^{n} \frac{x - x_j}{x_i - x_j} (i = 0, 1, \cdots, n)$ 是拉格朗日插值基函数, 则有

$$\int_a^b f(x)\rho(x)\mathrm{d}x \approx I_n(f) = \int_a^b p_n(x)\rho(x)\mathrm{d}x = \sum_{i=0}^{n} \int_a^b \rho(x) l_i(x)\mathrm{d}x f\left(x_i\right) = \sum_{i=0}^{n} A_i f\left(x_i\right),$$

其中

$$A_i=\int_a^b l_i(x)\rho(x)\mathrm{d}x,\quad i=0,1,\cdots,n. \tag{2.4.4}$$

定义 2.4.3 设 $f(x)$ 的定义域为 $[a,b]$, $x_0,x_1,\cdots,x_n$ 是 $[a,b]$ 中的 $n+1$ 个互异节点. 若 $A_i, i=0,1,\cdots,n$ 由式 (2.4.4) 所确定, 则称

$$\int_a^b f(x)\rho(x)\mathrm{d}x\approx\sum_{i=0}^n A_i f\left(x_i\right) \tag{2.4.5}$$

为**插值型求积公式**.

定理 2.4.1 形如 (2.4.5) 的求积公式至少具有 n 次代数精度的充分必要条件是它为插值型求积公式.

利用插值余项可得插值型求积公式的余项

$$\begin{aligned}R(f)=I(f)-I_n(f)&=\int_a^b f(x)\rho(x)\mathrm{d}x-\int_a^b p_n(x)\rho(x)\mathrm{d}x\\&=\int_a^b\{f(x)-p_n(x)\}\rho(x)\mathrm{d}x=\int_a^b\frac{f^{(n+1)}(\xi)}{(n+1)!}\prod_{k=0}^n(x-x_k)\rho(x)\mathrm{d}x.\end{aligned}$$

利用积分中值定理, 记

$$R(f)=f^{(n+1)}(\eta)\int_a^b\frac{1}{(n+1)!}\prod_{k=0}^n\left(x-x_k\right)\rho(x)\mathrm{d}x=Kf^{(n+1)}(\eta),$$

其中 K 是与 $f(x)$ 无关的常数.

若 $\rho(x)=1$, 考虑到插值型求积公式至少具有 n 次代数精度, 取 $f(x)=x^{n+1}$ 时, 有

$$K(n+1)!=\int_a^b x^{n+1}\mathrm{d}x-\sum_{i=0}^n A_i x_i^{n+1}=\frac{b^{n+2}-a^{n+2}}{n+2}-\sum_{i=0}^n A_i x_i^{n+1},$$

因此

$$K=\frac{1}{(n+1)!}\left[\frac{1}{n+2}\left(b^{n+2}-a^{n+2}\right)-\sum_{i=0}^n A_i x_i^{n+1}\right].$$

2. 等距节点的插值型求积公式

定义 2.4.4 设 $[a,b]$ 是有限区间, $x_i=x_0+kh\ (k=0,1,2,\cdots,n)$, 其中 $h=\dfrac{b-a}{n}$. 称等距节点的插值型求积公式

$$\int_a^b f(x)\mathrm{d}x \approx (b-a)\sum_{k=0}^{n} C_k^{(n)} f(x_k) \tag{2.4.6}$$

为 n **阶牛顿-科茨** (Newton-Cotes) **公式**, 其中

$$C_k^{(n)} = \frac{(-1)^n}{k!(n-k)!n}\int_0^n \prod_{\substack{j=0\\ j\neq k}}^{n}(t-j)\mathrm{d}t, \quad k=0,1,\cdots,n \tag{2.4.7}$$

为科茨系数.

表 2.6 给出了 $n=1,2,\cdots,8$ 的科茨系数.

表 2.6 科茨系数表

n	$C_k^{(n)}$								
1	$\frac{1}{2}$	$\frac{1}{2}$							
2	$\frac{1}{6}$	$\frac{2}{3}$	$\frac{1}{6}$						
3	$\frac{1}{8}$	$\frac{3}{8}$	$\frac{3}{8}$	$\frac{1}{8}$					
4	$\frac{7}{90}$	$\frac{16}{4}$	$\frac{2}{15}$	$\frac{16}{45}$	$\frac{7}{90}$				
5	$\frac{19}{288}$	$\frac{25}{96}$	$\frac{25}{144}$	$\frac{25}{144}$	$\frac{25}{96}$	$\frac{19}{288}$			
6	$\frac{41}{840}$	$\frac{9}{35}$	$\frac{9}{288}$	$\frac{34}{105}$	$\frac{9}{288}$	$\frac{9}{35}$	$\frac{41}{840}$		
7	$\frac{751}{17280}$	$\frac{3577}{17280}$	$\frac{1323}{17280}$	$\frac{2989}{17280}$	$\frac{2989}{17280}$	$\frac{1323}{17280}$	$\frac{3577}{17280}$	$\frac{751}{17280}$	
8	$\frac{989}{28350}$	$\frac{5888}{28350}$	$-\frac{928}{28350}$	$\frac{10496}{28350}$	$-\frac{4540}{28350}$	$\frac{10496}{28350}$	$-\frac{928}{28350}$	$\frac{5888}{28350}$	$\frac{989}{28350}$

称 $n=1$ 时的牛顿-科茨公式为梯形公式; 称 $n=2$ 时的牛顿-科茨公式为**辛普森** (Simpson) **公式**.

辛普森求积公式为

$$I_2(f) = \frac{b-a}{6}\left[f(a) + 4f\left(\frac{a+b}{2}\right) + f(b)\right].$$

辛普森求积公式有 3 次代数精度, 余项

$$R(f) = \frac{f^{(n+1)}(\eta)}{(n+1)!}\left[\frac{1}{n+2}\left(b^{n+2} - a^{n+2}\right) - \sum_{i=0}^{n} A_i x_i^{n+1}\right]$$

$$
\begin{aligned}
&= \frac{f^{(4)}(\eta)}{4!}\left[\frac{1}{3+2}\left(b^5-a^5\right)-\frac{b-a}{6}\left(a^4+4\left(\frac{a+b}{2}\right)^4+b^4\right)\right] \\
&= -\frac{f^{(4)}(\eta)}{2880}(b-a)^5.
\end{aligned}
$$

定理 2.4.2 当 n 为偶数时, n 阶牛顿-科茨公式至少有 $n+1$ 次代数精度.

初步看来似乎 n 值越大, 代数精度越高. 是不是 n 越大越好呢? 答案是否定的. 考察牛顿-科茨公式的数值稳定性, 即讨论舍入误差对计算结果的影响.

由于科茨系数只与积分区间 $[a,b]$ 的节点 x_j 的划分有关, 与函数 $f(x)$ 无关, 其值可以精确给定, 因此用牛顿-科茨公式计算积分的舍入误差主要由函数值 $f(x_k)$ 的计算引起.

假设 $f(x_k)$ 为精确值, 而以 $\bar{f}(x_k)$ 作为 $f(x_k)$ 的近似值. $\varepsilon_k = f(x_k) - \bar{f}(x_k)$ 为误差.

$$
\bar{I}_n(f) = (b-a)\sum_{k=0}^{n} C_k^{(n)} \bar{f}(x_k)
$$

为 I_n 的近似值 (计算值), 而理论值为

$$
I_n(f) = (b-a)\sum_{k=0}^{n} C_k^{(n)} f(x_k).
$$

I_n 与 $\bar{I}_n$ 的误差为

$$
I_n(f) - \bar{I}_n(f) = (b-a)\sum_{k=0}^{n} C_k^{(n)}\left[f(x_k) - \bar{f}(x_k)\right] = (b-a)\sum_{k=0}^{n} C_k^{(n)}\varepsilon_k,
$$

$$
\left|I_n - \bar{I}_n\right| \leqslant (b-a)\sum_{k=0}^{n}\left|C_k^{(n)}\right|\left|\varepsilon_k\right| \leqslant (b-a)\varepsilon\sum_{k=0}^{n}\left|C_k^{(n)}\right|, \quad \varepsilon = \max\left\{\left|\varepsilon_k\right|\right\}.
$$

(1) 若 $\forall k \leqslant n, C_k^{(n)} > 0$, 有

$$
\left|I_n - \bar{I}_n\right| \leqslant (b-a)\varepsilon\sum_{k=0}^{n} C_k^{(n)} = (b-a)\varepsilon,
$$

即牛顿-科茨公式的舍入误差只是函数值误差的 $(b-a)$ 倍, 从而牛顿-科茨公式是稳定的.

(2) 若 $C_k^{(n)}$ 有正有负, 有

$$(b-a)\varepsilon\sum_{k=0}^{n}\left|C_k^{(n)}\right| \geqslant (b-a)\varepsilon\sum_{k=0}^{n}C_k^{(n)}=(b-a)\varepsilon,$$

此时, 公式的稳定性将无法保证.

从表 2.6 可知, 牛顿-科茨公式的系数在当 $n\geqslant 8$ 时出现负数, 说明当 $n\geqslant 8$ 时, 稳定性将得不到保证. 另一方面, 误差估计中有高阶导数, 因此一般难以进行误差估计. 因此, 在实际计算中, 不用高阶的牛顿-科茨求积公式进行计算.

应用高阶的牛顿-科茨求积公式计算积分 $\int_a^b f(x)\mathrm{d}x$ 会出现数值不稳定的情况, 低阶公式又往往因积分区间步长过大使得离散误差增大.

3. 复化求积公式

为了提高公式的精度, 又使算法简单易行, 往往使用复化方法:

(1) 将积分区间 $[a,b]$ 分成若干个子区间;

(2) 在每个小区间上使用低阶牛顿-科茨公式;

(3) 将每个小区间上的积分的近似值相加.

几个常见的复化求积公式.

(1) 复化梯形公式: 用梯形公式计算小区间上的积分

$$I_i=\int_{x_i}^{x_{+1}}f(x)\mathrm{d}x=\frac{h}{2}\left[f\left(x_i\right)+f\left(x_{i+1}\right)\right].$$

从而,

$$T_n=\sum_{i=0}^{n-1}\frac{h}{2}\left[f\left(x_i\right)+f\left(x_{i+1}\right)\right]=\frac{h}{2}\left[f(a)+2\sum_{i=1}^{n-1}f\left(x_i\right)+f(b)\right]. \tag{2.4.8}$$

复化梯形公式 (2.4.8) 的误差

$$R\left(f,T_n\right)=I-T_n=-\frac{b-a}{12}h^2f''(\eta),\quad \eta\in(a,b). \tag{2.4.9}$$

(2) 复化辛普森公式: 用辛普森公式计算小区间上的积分值

$$I_i=\int_{x_i}^{x_{i+1}}f(x)\mathrm{d}x=\frac{h}{6}\left[f\left(x_i\right)+4f\left(x_{i+\frac{1}{2}}\right)+f\left(x_{i+1}\right)\right],$$

其中 $x_{i+\frac{1}{2}}=\dfrac{1}{2}\left(x_i+x_{i+1}\right),i=0,1,\cdots,n-1$. 从而,

$$
\begin{aligned}
S_n&=\sum_{i=0}^{n-1}\frac{h}{6}\left[f\left(x_i\right)+4f\left(x_{i+\frac{1}{2}}\right)+f\left(x_{i+1}\right)\right]\\
&=\frac{h}{6}\left[f(a)+4\sum_{i=0}^{n-1}f\left(x_{i+\frac{1}{2}}\right)+2\sum_{i=1}^{n-1}f\left(x_i\right)+f(b)\right].
\end{aligned}
\tag{2.4.10}
$$

复化辛普森公式 (2.4.10) 的误差

$$
R\left(f,S_n\right)=I-S_n=-\frac{b-a}{2880}h^4f^{(4)}(\eta),\quad \eta\in(a,b).
\tag{2.4.11}
$$

例题 2.4.3 计算积分 $I=\displaystyle\int_0^1\frac{x\mathrm{e}^x}{1+x^2}\mathrm{d}x$, 如果用复化梯形公式 (2.4.8), 问区间 $[0,1]$ 应分多少等份才能使误差不超过 $\dfrac{1}{2}\times10^{-3}$?

解

$$
\begin{aligned}
f'(x)&=\frac{1}{1+x^2}\left[1+x-\frac{2x^2}{1+x^2}\right]\mathrm{e}^x,\\
f''(x)&=\frac{2+x}{1+x^2}\mathrm{e}^x-\frac{1}{\left(1+x^2\right)^2}\left[6x+4x^2-\frac{8x^3}{1+x^2}\right]\mathrm{e}^x.
\end{aligned}
$$

经计算, 在区间 $[0,1]$ 上, $1.03481\leqslant f''(x)\leqslant 2$. 用复化梯形公式, 要求误差不超过 $\dfrac{1}{2}\times10^{-3}$, 只要 n 满足

$$
\left|R_n(f)\right|=\left|-\frac{1}{12n^2}f''(\eta)\right|\leqslant\frac{1}{6n^2}\leqslant\frac{1}{2}\times10^{-3},\quad \eta\in(0,1),
$$

即 $n\geqslant 18.26$ 即可. 取 $n=19$, 将区间 $[0,1]$ 分为 19 等份, 在每个小区间上利用复化梯形公式计算, 所求得的积分值的误差不超过 $\dfrac{1}{2}\times10^{-3}$. ■

例题 2.4.4 计算积分 $I=\displaystyle\int_0^{\pi/2}\sin x\mathrm{d}x$, 若用复化梯形公式, 问区间 $\left[0,\dfrac{\pi}{2}\right]$ 应分多少等份才能使误差不超过 $\dfrac{1}{2}\times10^{-3}$? 若取同样的求积节点, 改用复化辛普森公式 (2.4.10), 截断误差是多少?

解 由于 $f'(x)=\cos x,f''(x)=-\sin x,f^{(4)}(x)=\sin x,b-a=\dfrac{\pi}{2}$, 用复化梯形公式, 要求

$$|R_n(f)| = \left|-\frac{b-a}{12}h^2 f''(\eta)\right| \leqslant \frac{1}{12}\cdot\frac{\pi}{2}\cdot\left(\frac{\pi}{2n}\right)^2 \leqslant \frac{1}{2}\times 10^{-3}, \quad \eta\in(0,\pi/2),$$

即 $n \geqslant 25.416$. 取 $n=26$, 即将区间 $\left[0,\frac{\pi}{2}\right]$ 分为 26 等份时, 用复化梯形公式计算, 误差不超过 $\frac{1}{2}\times 10^{-3}$.

用复化辛普森公式, 取同样的求积节点时 $n=13$, 误差

$$|R_S(f)| = \left|-\frac{b-a}{2880}h^4 f^{(4)}(\eta)\right| \leqslant \frac{\pi}{2880\times 2}\left(\frac{\pi}{2\times 13}\right)^4 \leqslant 0.7266303\times 10^{-9}. \qquad ■$$

一般地, 判定一种算法的优劣, 计算量是一个重要的衡量因素. 由于在求 $f(x)$ 的函数值时, 通常要做很多次四则运算, 因此在统计求积公式 $\sum\limits_{i=0}^{n} A_i f(x_i)$ 的计算量时, 只需统计函数值 $f(x_i)$ 的次数 n 即可. 按照这个标准, 在例题 2.4.3 中, 使用复化梯形公式和使用复化辛普森公式计算积分, 函数值 $f(x_i)$ 的次数相同, 但从二者的误差估计来看, 复化辛普森公式比复化梯形公式的精度高很多, 因此在实际应用中, 复化辛普森公式是一种常用的数值积分方法.

2.4.3 高斯型求积公式

当给定求积节点时, 代数精度最高的求积公式是插值型求积公式.

插值型求积公式的代数精度完全由求积节点的分布所决定. 节点数目固定后, 节点分布不同, 所达到的代数精度也不同.

对于任意的求积节点 $a \leqslant x_0 < x_1 < \cdots < x_n \leqslant b$ 及求积系数, 求积公式 $\int_a^b f(x)\mathrm{d}x \approx \sum\limits_{k=0}^{n} A_k f(x_k)$ 的代数精度必小于 $2n+2$！这是因为对于 $2n+2$ 次代数多项式

$$f(x) = [(x-x_0)(x-x_1)\cdots(x-x_n)]^2 = \omega_{n+1}^2(x),$$

有 $I = \int_a^b f(x)\mathrm{d}x > 0$, 而数值积分

$$I_n = \sum_{k=0}^{n} A_k f(x_k) = \sum_{k=0}^{n} A_k \omega_{n+1}^2(x_k) = 0,$$

故最高可能代数精度为 $2n+1$.

定义 2.4.5 若插值求积公式

$$\int_a^b f(x)\rho(x)\mathrm{d}x \approx \sum_{k=0}^{n} A_k f\left(x_k\right) \tag{2.4.12}$$

具有 $2n+1$ 次代数精度, 则称插值求积公式 (2.4.12) 为**高斯型求积公式**, 其中节点 $\{x_k, k=0,1,\cdots,n\}$ 称为**高斯点**; 求积系数 $\{A_k, k=0,1,\cdots,n\}$ 称为**高斯求积系数**.

定理 2.4.3　插值型求积公式 (2.4.12) 的节点 $x_0, x_1, \cdots, x_n$ 为高斯点的充要条件是以 $x_0, x_1, \cdots, x_n$ 为零点的多项式

$$\omega_{n+1}(x)=\left(x-x_0\right)\left(x-x_1\right)\cdots\left(x-x_n\right)$$

与任何次数不超过 n 的多项式 $p_n(x)$ 在积分区间上均正交, 即

$$\int_a^b p_n(x)\omega_{n+1}(x)\rho(x)\mathrm{d}x=0. \tag{2.4.13}$$

定理 2.4.4　若插值型求积公式 (2.4.12) 是高斯型求积公式, 则

$$A_k=\int_a^b\left[l_k(x)\right]^2\rho(x)\mathrm{d}x, \quad k=0,1,2,\cdots,n. \tag{2.4.14}$$

高斯型求积公式的构造方法:

(1) 求出区间 $[a,b]$ 上与任何次数不超过 n 的多项式带权函数 $\rho(x)$ 正交的多项式 $p_{n+1}(x)$. 即设多项式 $p_{n+1}(x)=x^{n+1}+a_n x^n+a_{n-1}x^{n-1}+\cdots+a_1 x+a_0$, 由

$$\int_a^b x^k p_{n+1}(x)\rho(x)\mathrm{d}x=0, \quad k=0,1,2,\cdots,n$$

得到 $n+1$ 个方程, 解此方程组, 求出 $a_n, a_{n-1}, \cdots, a_1, a_0$.

(2) 求出 $p_{n+1}(x)$ 的 $n+1$ 个零点 $x_0, x_1, \cdots, x_n$, 它们就是高斯点.

(3) 利用公式 (2.4.14) 计算求积系数 $A_k, k=0,1,\cdots,n$.

特别地, 计算 $\int_{-1}^1 f(x)\mathrm{d}x$ 的高斯求积公式中的节点 $x_k, k=0,1,\cdots,n$ 是 $n+1$ 阶勒让德 (Legendre) 多项式 $P_{n+1}(x)$ 的零点.

定理 2.4.5　设 $f(x)\in C^{2n+2}[a,b]$, 高斯型求积公式的余项

$$\begin{aligned} R(f)=I(f)-I_n(f)&=\int_a^b \rho(x)f(x)\mathrm{d}x-\sum_{i=0}^{n}A_i f\left(x_i\right)\\ &=\frac{f^{(2n+2)}(\xi)}{(2n+2)!}\int_u^b \rho(x)[\omega(x)]^2\mathrm{d}x, \quad \xi\in(a,b), \end{aligned}$$

其中 $\omega(x)=(x-x_0)(x-x_1)(x-x_2)\cdots(x-x_n)$, $x_0,x_1,x_2,\cdots,x_n$ 为高斯节点.

习　题　2

习题 2.1　n 次多项式全体

$$Q_n(x)=\{a_nx^n+a_{n-1}x^{n-1}+\cdots+a_1x+a_0|a_n\neq 0\}$$

在通常多项式的加法和数乘运算下是否构成线性空间? 为什么?

习题 2.2　在下列集合中定义通常函数的加法和数乘运算, 哪个能成为线性空间? 为什么?

(1) $V_1=\{f(x)|f(x)\text{是连续函数, 且满足}f(3)=0\}$.

(2) $V_2=\{f(x)|f(x)\text{是连续函数, 且满足}f(0)=3\}$.

(3) $V_3=\{f(x)|f(x)\text{是多项式, 且含有因式}(x+2)\}$.

习题 2.3　在下列 $\mathbb{R}^{n\times n}$ 的子集合中定义通常的矩阵加法和数乘运算, 哪个能成为线性空间? 为什么?

(1) $V_1=\{X|X\text{是非奇异矩阵}\}$.

(2) $V_2=\{X|X\text{是奇异矩阵}\}$.

(3) $V_3=\{X|X\text{是上三角矩阵}\}$.

(4) $V_4=\{X|X\text{是实对称矩阵}\}$.

(5) $V_5=\{X|X\text{是实反对称矩阵}\}$.

习题 2.4　证明 $\begin{pmatrix}-3\\7\\6\\1\end{pmatrix}$ 在由向量 $\begin{pmatrix}1\\-3\\-2\\0\end{pmatrix},\begin{pmatrix}-2\\6\\3\\4\end{pmatrix},\begin{pmatrix}-2\\4\\6\\-7\end{pmatrix}$ 生成的空间中.

习题 2.5　设 V 是由生成集 S 生成的线性空间. 判断向量 b 是否在 V 中? 其中 S 和 b 为

(1) $b=\begin{pmatrix}1\\-1\end{pmatrix}, S=\left\{\begin{pmatrix}2\\-1\end{pmatrix},\begin{pmatrix}3\\-1\end{pmatrix}\right\}$.

(2) $b=\begin{pmatrix}1\\-2\\-3\end{pmatrix}, S=\left\{\begin{pmatrix}1\\1\\0\end{pmatrix},\begin{pmatrix}0\\1\\1\end{pmatrix}\right\}$.

(3) $b=\begin{pmatrix}1\\-2\\-1\end{pmatrix}, S=\left\{\begin{pmatrix}1\\2\\2\end{pmatrix},\begin{pmatrix}1\\-2\\0\end{pmatrix},\begin{pmatrix}0\\3\\4\end{pmatrix}\right\}$.

(4) $b=\begin{pmatrix}3\\0\\-1\\-2\end{pmatrix}$, $S=\left\{\begin{pmatrix}1\\2\\0\\1\end{pmatrix},\begin{pmatrix}0\\-1\\3\\0\end{pmatrix},\begin{pmatrix}2\\0\\1\\-1\end{pmatrix}\right\}$.

习题 2.6　对于习题 2.2 和习题 2.3 中的线性空间, 求出它的基和维数.

习题 2.7　设 V 是由

$$v_1=\begin{pmatrix}1&0\\2&-1\end{pmatrix},\quad v_2=\begin{pmatrix}0&-1\\2&0\end{pmatrix},\quad v_3=\begin{pmatrix}2&-1\\6&-2\end{pmatrix}$$

张成的线性空间.

(1) 求 V 的基 $\mathcal{B}$ 以及 V 的维数.

(2) 设 $u=\begin{pmatrix}5&2\\6&3\end{pmatrix}, v=\begin{pmatrix}3&2\\2&5\end{pmatrix}$, 判断 u,v 是否是 V 中的向量? 如果是, 求它在基 $\mathcal{B}$ 下的坐标.

习题 2.8　(1) 证明: $\mathcal{B}=\{1,(1-t),(1-t)^2,(1-t)^3\}$ 是 $P_3(t)$ 的基.

(2) 求 $p(t)=1+2t^3$ 在基 $\mathcal{B}$ 下的坐标.

习题 2.9　设

$$p_1=1+3x+x^2,\quad p_2=2+3x+x^2,\quad p_3=a+3x+x^2,\quad p=2+bx+3x^2,$$

$V=\mathrm{Span}\{p_1,p_2,p_3\}$.

(1) 求 V 的基 $\mathcal{B}$ 和 V 的维数.

(2) 判断 p 是否是 V 中的向量? 如果是, 求 p 在基 $\mathcal{B}$ 下的坐标; 如果不是, 说明理由.

习题 2.10　验证 $f_1(t)=1-t, f_2(t)=2+t+3t^2, f_3(t)=3+t+2t^2$ 是 $P_2(t)$ 的基, 并求 $g_1(t)=5+7t^2, g_2(t)=-9-8t-13t^2$ 在这组基下的坐标.

习题 2.11　已知如下两个矩阵行等价:

$$A=\begin{pmatrix}2&-1&1&-6&8\\1&-2&-4&3&-2\\-7&8&10&3&-10\\4&-5&-7&0&4\end{pmatrix},\quad B=\begin{pmatrix}1&-2&-4&3&-2\\0&3&9&-12&12\\0&0&0&0&0\\0&0&0&0&0\end{pmatrix}.$$

(1) 求 A 的核空间 $N(A)=\{x\in\mathbb{R}^5|Ax=\mathbf{0}\}$ 的维数.

(2) 求 A 的核空间 $N(A)$ 的基.

(3) 求 A 的行空间 (即 A 的行向量生成的线性空间) 与列空间的基与维数.

习题 2.12 设

$$V_1=\left\{\begin{pmatrix}x_1 & x_2\\ x_3 & x_4\end{pmatrix}\middle|\begin{cases}2x_1+3x_2-x_3=0,\\ x_1+2x_2+x_3-x_4=0\end{cases}\right\},$$

$$V_2=\mathrm{Span}\left\{\begin{pmatrix}2 & -1\\ a+2 & 1\end{pmatrix},\begin{pmatrix}-1 & 2\\ 4 & a+4\end{pmatrix}\right\}.$$

(1) 求 V_1 的基, 以及 $\dim(V_1)$.

(2) 当 a 为何值时, $\dim(V_1\cap V_2)>0$, 并求 $V_1\cap V_2$ 的基.

习题 2.13 $\alpha_1=\begin{pmatrix}1 & 2\\ 3 & 1\end{pmatrix}$, $\alpha_2=\begin{pmatrix}1 & 1\\ 2 & -1\end{pmatrix}$, $\alpha_3=\begin{pmatrix}-2 & -6\\ a & -6\end{pmatrix}$, $\alpha_4=\begin{pmatrix}3 & 4\\ 7 & -1\end{pmatrix}$,

(1) 求 $W=\mathrm{Span}\{\alpha_1,\alpha_2,\alpha_3,\alpha_4\}$ 的基与维数 $\dim(W)$.

(2) 当 b 取何值时, $\beta=\begin{pmatrix}0 & -1\\ -1 & b\end{pmatrix}\in W$.

习题 2.14 设 V_1 中的向量 $(x_1,x_2,x_3,x_4,x_5)^{\mathrm{T}}$ 满足方程

$$\begin{cases}x_1+x_2-2x_4-5x_5=0,\\ 4x_1-x_2-x_3-x_4+x_5=0,\\ 3x_1-x_2-x_3+3x_5=0,\end{cases}$$

V_2 中的向量 $(x_1,x_2,x_3,x_4,x_5)^{\mathrm{T}}$ 满足方程

$$\begin{cases}x_1+mx_2-x_3-x_4-5x_5=0,\\ nx_2-x_3-2x_4-11x_5=0,\\ x_3-2x_4+(-t+1)x_5=0,\end{cases}$$

当 m,n,t 满足什么条件时, $V_1=V_2$.

习题 2.15 设 $P_3(t)$ 中的多项式 $f(t)$ 在基 $\{f_1(t)=4+4t+3t^2+t^3$, $f_2(t)=7+7t+5t^2+2t^3$, $f_3(t)=2-5t-3t^2-3t^3$, $f_4(t)=-3+8t+5t^2+5t^3\}$ 下的坐标是 $x=(x_1,x_2,x_3,x_4)^{\mathrm{T}}$, 在基 $\{g_1(t),g_2(t),g_3(t),g_4(t)\}$ 下的坐标是 $y=(y_1,y_2,y_3,y_4)^{\mathrm{T}}$, 它们满足

$$y_1=3x_1+5x_2,\quad y_2=x_1+2x_2,\quad y_3=2x_3-3x_4,\quad y_4=-5x_3+8x_4$$

试求: (1) 由基 $\{g_1(t), g_2(t), g_3(t), g_4(t)\}$ 到基 $\{f_1(t), f_2(t), f_3(t), f_4(t)\}$ 的过渡矩阵 C;

(2) 求基 $\{g_1(t), g_2(t), g_3(t), g_4(t)\}$.

(3) 求多项式 $g(t) = -1 + t - t^2 + t^3$ 在基 $\{g_1(t), g_2(t), g_3(t), g_4(t)\}$ 下的坐标.

习题 2.16 设

$$v_1 = \begin{pmatrix} 1 \\ 2 \\ -1 \end{pmatrix}, \quad v_2 = \begin{pmatrix} 2 \\ 5 \\ 1 \end{pmatrix}, \quad v_3 = \begin{pmatrix} -1 \\ 1 \\ 11 \end{pmatrix},$$

$$u_1 = \begin{pmatrix} 2 \\ 5 \\ 0 \end{pmatrix}, \quad u_2 = \begin{pmatrix} 4 \\ 6 \\ 1 \end{pmatrix}, \quad u_3 = \begin{pmatrix} 2 \\ 5 \\ 12 \end{pmatrix}.$$

(1) 证明 $\mathcal{B}_1 = \{v_1, v_2, v_3\}$ 和 $\mathcal{B}_2 = \{u_1, u_2, u_3\}$ 都是 $\mathbb{R}^3$ 的基.

(2) 求从自然基到基 $\mathcal{B}_1$ 的过渡矩阵.

(3) 求 $(1, -2, 5)^{\mathrm{T}}$ 在基 $\mathcal{B}_1$ 下的坐标.

(4) 求从基 $\mathcal{B}_1$ 到基 $\mathcal{B}_2$ 的过渡矩阵.

(5) 证明 $V = \{v | v \in \mathbb{R}^3, [v]_{\mathcal{B}_1} = [v]_{\mathcal{B}_2}\}$ 是线性空间, 并求 V 的基.

习题 2.17 设 V_1 中的向量 $A = \begin{pmatrix} x_1 & x_2 \\ x_3 & x_4 \end{pmatrix} \in \mathbb{R}^{2\times 2}$ 在自然基 $\{E_{11}, E_{12}, E_{21}, E_{22}\}$ 下的坐标 $(x_1, x_2, x_3, x_4)^{\mathrm{T}}$ 满足方程

$$\begin{cases} x_1 + x_2 - 2x_4 = 0, \\ 4x_1 - x_2 - x_3 - x_4 = 0, \\ 3x_1 - x_2 - x_3 = 0. \end{cases}$$

设 V_2 中的向量 $B = \begin{pmatrix} x_1 & x_2 \\ x_3 & x_4 \end{pmatrix} \in \mathbb{R}^{2\times 2}$ 在自然基 $\{E_{11}, E_{12}, E_{21}, E_{22}\}$ 下的坐标 $(x_1, x_2, x_3, x_4)^{\mathrm{T}}$ 满足方程

$$\begin{cases} x_1 + x_2 - x_3 - x_4 = 0, \\ x_2 - 3x_3 - 2x_4 = 0, \\ x_3 - 2x_4 = 0. \end{cases}$$

求子空间 $V_1 + V_2, V_1 \cap V_2$ 的基, 以及它们维数.

习题 2.18 已知 $A_1=\begin{pmatrix} 2 & 0 \\ -1 & 3 \end{pmatrix}, A_2=\begin{pmatrix} 3 & -2 \\ 1 & -1 \end{pmatrix}, B_1=\begin{pmatrix} -5 & 6 \\ -5 & 9 \end{pmatrix}$, $B_2=\begin{pmatrix} 4 & -4 \\ 3 & -5 \end{pmatrix}$, 而

$$V_1=\mathrm{Span}\{A_1,A_2\},\quad V_2=\mathrm{Span}\{B_1,B_2\},$$

求子空间 $V_1+V_2, V_1\cap V_2$ 的基, 以及它们维数.

习题 2.19 设

$$V_1=\{(x_1,x_2,\cdots,x_n)|x_1+x_2+\cdots+x_n=0\},$$

$$V_2=\{(x_1,x_2,\cdots,x_n)|x_1=x_2=\cdots=x_n\}.$$

(1) 求 V_1,V_2 的基.

(2) 证明: $V_1\oplus V_2=\mathbb{R}^n$.

习题 2.20 设

$$V_1=\{p(x)|p(x)\text{是奇函数}, p(x)\in P_n(x)\},$$

$$V_2=\{p(x)|p(x)\text{是偶函数}, p(x)\in P_n(x)\}.$$

(1) 证明: V_1,V_2 是 $P_n(x)$ 的子空间, 并求它们的基.

(2) 证明: $V_1\oplus V_2=P_n(x)$.

习题 2.21 设

$$v_1=\begin{pmatrix} 2 \\ 1 \\ 5 \\ -2 \end{pmatrix},\quad v_2=\begin{pmatrix} 1 \\ 2 \\ -1 \\ 3 \end{pmatrix},\quad v_3=\begin{pmatrix} 0 \\ 3 \\ -7 \\ 8 \end{pmatrix};$$

$$u_1=\begin{pmatrix} 3 \\ 3 \\ 4 \\ 1 \end{pmatrix},\quad u_2=\begin{pmatrix} 5 \\ 7 \\ 2 \\ 7 \end{pmatrix},\quad u_3=\begin{pmatrix} 1 \\ 0 \\ -3 \\ 2 \end{pmatrix}$$

是线性无关的向量组, $V_1=\mathrm{Span}\{v_1,v_2,v_3\}$,$V_2=\mathrm{Span}\{u_1,u_2,u_3\}$,

(1) 求 V_1 的基与维数.

(2) 判别 V_1+V_2 是否是直和, 并简要说明理由.

(3) 求 $V_1\cap V_2, V_1+V_2$ 的维数.

(4) 求 $V_1\cap V_2, V_1+V_2$ 的基.

习题 2.22 设 V_1, V_2 是 V 的两个非平凡子空间, 证明: 存在 $\alpha \in V$, 使得 $\alpha \notin V_1 \cup V_2$.

习题 2.23 设 $A \in \mathbb{R}^{n\times n}$, 且 $A^2 = A$, 证明: $\mathbb{R}^n$ 是齐次线性方程组 $Ax = \mathbf{0}$ 的解空间 V_1 与 $(E - A)x = \mathbf{0}$ 的解空间 V_2 的直和.

习题 2.24 找出过点 $(0,1),(2,2),(3,4)$ 的插值多项式.

(1) 用拉格朗日基函数法.

(2) 用牛顿插值法.

习题 2.25 已知离散数据如下:

x_i	-2	-1	0	1	2
f_i	0.25	0.5	1	2	4

(1) 写出关于插值节点 x_0, x_1, x_2, x_3, x_4 的拉格朗日插值基 $\mathcal{B}_L$ 和牛顿插值基 $\mathcal{B}_N$, 并写出从 $\mathcal{B}_L$ 和 $\mathcal{B}_N$ 的过渡矩阵.

(2) 求以 $x_1 = -1, x_2 = 0, x_3 = 1$ 为节点的二次插值多项式, 并预测 $x = 0.3$ 时 f 的近似值.

(3) 求以 x_0, x_1, x_2, x_3, x_4 为节点的插值多项式, 并预测 $x = 0.3$ 时 f 的近似值.

习题 2.26 已知数据表

x_i	1.0	2.7	3.2	4.8	5.6
f_i	14.2	17.8	22.0	38.2	51.7

(1) 求次数不大于 3 的插值多项式 $p_3(x)$ 通过前四个数据点.

(2) 求次数不大于 4 的插值多项式 $p_4(x)$ 通过所给五个数据点, 并计算 $f(4.0)$ 的近似值.

习题 2.27 设能给出 $f(x) = \mathrm{e}^x$ 在 $[0,1]$ 上 $n+1$ 个等距节点 $x_i = \dfrac{i}{n}(i = 0,1,\cdots,n)$ 处的函数值表.

(1) 如果按所给函数值表用线性插值求 $\mathrm{e}^x(0 \leqslant x \leqslant 1)$ 的近似值, 使它们的绝对误差限不大于 $\dfrac{1}{2}\times 10^{-6}$, 问 n 应取多大?

(2) 每个表值 $f(x_i)$ 应取几位有效数字?

习题 2.28 已知数据表

x	0.1	0.2	0.3	0.4	0.5
$y(x)$	0.70010	0.40160	0.10810	-0.17440	-0.43750

用反插值 (即在 $y=y(x)$ 的反函数 $x=x(y)$ 存在的假设下, 构造反函数 $x=x(y)$ 的插值多项式) 求 $y(x)=0$ 在 $(0.3,0.4)$ 内的根的近似值.

习题 2.29 证明求积公式

$$\int_0^1 f(x)\mathrm{d}x \approx \frac{1}{2}[f(0)+f(1)]$$

具有 1 次代数精度.

习题 2.30 设有求积公式

$$\int_{-1}^1 f(x)\mathrm{d}x \approx A_0 f(-1)+A_1 f(0)+A_2 f(1).$$

求 A_0, A_1, A_2, 使其代数精度尽量高, 并求此求积公式所具有的代数精度.

习题 2.31 分别用梯形公式和辛普森公式计算定积分 $\int_1^2 \mathrm{e}^{\frac{1}{x}}\,\mathrm{d}x$ 的近似值, 并估计它们的截断误差.

习题 2.32 利用复化梯形公式计算 $I=\int_0^1 \frac{\sin x}{x}\,\mathrm{d}x$ 的近似值, 使截断误差不大于 $\frac{1}{2}\times 10^{-3}$, 问要把区间 $[0,1]$ 分为多少等份 (即 h 应为多大)? 若取同样的节点, 而利用复化辛普森公式计算 (这时区间 $[0,1]$ 等分个数要减少一半, 也即子区间的长度应为 $2h$), 其截断误差是多少 ?

习题 2.33 确定下列高斯型求积公式中的节点和求积系数:

(1) $\int_{-1}^1 \left(1+x^2\right) f(x)\mathrm{d}x \approx A_0 f\left(x_0\right)+A_1 f\left(x_1\right)$.

(2) $\int_0^1 \ln\left(\frac{1}{x}\right) f(x)\mathrm{d}x \approx A_0 f\left(x_0\right)+A_1 f\left(x_1\right)$.

习题 2.34 证明求积公式

$$\int_{-\infty}^{+\infty} \mathrm{e}^{-x^2} f(x)\mathrm{d}x \approx \frac{\sqrt{\pi}}{6}\left[f\left(-\sqrt{\frac{3}{2}}\right)+4f(0)+f\left(\sqrt{\frac{3}{2}}\right)\right]$$

具有 5 次代数精度.

习题 2.35 用复化辛普森公式计算积分 $\int_0^{10\pi} \sqrt{1+\cos^2 x}\mathrm{d}x$, 使误差不超过 10^{-4} (注意所给积分特点, 做出相应的处理后再计算).

习题 2.36 对函数 $f(x)=\mathrm{e}^{\frac{x^2}{2}}-\cos(x-1)$, 有如下函数值表:

x	1	1.1	1.2	1.3	1.4	1.5
$f(x)$	2.2840	2.3482	2.4134	2.4811	2.5534	2.6326
x	1.6	1.7	1.8	1.9	2	
$f(x)$	2.7218	2.8244	2.9446	3.0874	3.2586	

(1) 利用三次插值求 $f(1.32)$ 的近似值, 并估计它与准确值的误差.

(2) 给出一个求 $I=\int_1^2 f(x)\mathrm{d}x$ 的稳定数值积分公式, 利用它求出 I 的近似值 $\hat{I}$ (要求它至少具有 4 阶代数精度), 并估计 $\hat{I}$ 与 I 的误差.

第 3 章　赋范线性空间与内积空间

CHAPTER

3.1　赋范线性空间

3.1.1　赋范线性空间

在 2.1节, 我们在集合中引入线性运算使之成为线性空间. 为了研究数值算法, 进行误差分析或讨论收敛性, 需要引入距离结构. 点列的极限是微积分中数列极限在抽象空间中的推广. 本节的赋范线性空间和下节将介绍的内积空间就是距离结构和代数结构相结合的产物. 范数是 $\mathbb{R}^n$ 中向量长度概念的直接推广.

定义 3.1.1　设 V 是数域 $\mathbb{P}$ 上的线性空间, 如果存在从 V 到 $\mathbb{R}$ 的映射 N 且满足下列条件:

(1) 正定条件: $N(\alpha) \geqslant 0$, $N(\alpha) = 0$ 当且仅当 $\alpha = \mathbf{0}$;

(2) 非负齐次条件: $N(k\alpha) = |k|N(\alpha)$ $(\forall k \in \mathbb{P}, \alpha \in V)$;

(3) 三角不等式: $N(\alpha + \beta) \leqslant N(\alpha) + N(\beta)$,

则称实函数 $N(\cdot)$ 是 V 上的范数, 而称 $N(\alpha)$ 为 α 的范数, 这时称 $(V, N(\cdot))$ 为**赋范线性空间**.

习惯上, 记 $N(\alpha)$ 为 $\|\alpha\|$.

由向量范数定义, 不难验证向量的范数具有下列性质:

(1) 当 $\|\alpha\| \neq 0$ 时, $\left\|\dfrac{1}{\|\alpha\|}\alpha\right\| = 1$;

(2) $\forall \alpha, \beta \in V$, $|\|\alpha\| - \|\beta\|| \leqslant \|\alpha - \beta\|$.

在赋范线性空间 $(V, \|\cdot\|)$ 中, 可以利用范数定义两向量之间的距离:

$$\rho(\alpha, \beta) = \|\alpha - \beta\|. \tag{3.1.1}$$

定义 3.1.2　设 $(V, \|\cdot\|)$ 是赋范线性空间, $\{\alpha^{(k)}\}$ 是 V 中的向量序列, 如果存在 $\alpha \in V$, 使得 $\lim\limits_{k\to+\infty} \|\alpha^{(k)} - \alpha\| = 0$, 则称序列 $\{\alpha^{(k)}\}$ **依范数** $\|\cdot\|$ **收敛于** α, 记为 $\lim\limits_{k\to+\infty} \alpha^{(k)} = \alpha$ 或 $\alpha^{(k)} \to \alpha(k \to +\infty)$.

定理 3.1.1　设 $(V, \|\cdot\|)$ 是赋范线性空间. 如果 $\alpha^{(k)} \to \alpha$, $\beta^{(k)} \to \beta$, 则

(1) $\lim\limits_{k\to\infty} \|\alpha^{(k)}\| = \|\alpha\|$;

(2) $\lim\limits_{k\to\infty}(\lambda\alpha^{(k)}+\mu\beta^{(k)})=\lambda\alpha+\mu\beta$.

证明 (1) 由 $\left\|\alpha^{(k)}\right\|\leqslant\left\|\alpha^{(k)}-\alpha\right\|+\|\alpha\|$ 和 $\|\alpha\|\leqslant\left\|\alpha^{(k)}-\alpha\right\|+\left\|\alpha^{(k)}\right\|$, 可得 $\lim\limits_{k\to\infty}\|\alpha^{(k)}\|=\|\alpha\|$.

(2) 由 $\left\|\left(\lambda\alpha^{(k)}+\mu\beta^{(k)}\right)-(\lambda\alpha+\mu\beta)\right\|\leqslant|\lambda|\cdot\left\|\alpha^{(k)}-\alpha\right\|+|\mu|\cdot\left\|\beta^{(k)}-\beta\right\|$ 可得

$$\lim_{k\to\infty}(\lambda\alpha^{(k)}+\mu\beta^{(k)})=\lambda\alpha+\mu\beta. \qquad \blacksquare$$

例题 3.1.1 设 $x=(x_1,x_2,\cdots,x_n)^{\mathrm{T}}$ 是 $\mathbb{C}^n$ 中的向量, 规定 $N(x)=\max\limits_{1\leqslant i\leqslant n}|x_i|$, 证明 $N(x)$ 是 $\mathbb{C}^n$ 中的向量范数, 这个范数称为 x 的 **∞-范数**, 记作 $\|x\|_\infty$.

证明 (1) 当 $x\neq\mathbf{0}$ 时, $N(x)=\max\limits_{1\leqslant i\leqslant n}|x_i|>0$; 当 $x=\mathbf{0}$ 时, $N(x)=0$.

(2) $\forall k\in\mathbb{C}$,

$$N(kx)=\max_{1\leqslant i\leqslant n}|kx_i|=|k|\max_{1\leqslant i\leqslant n}|x_i|=|k|N(x).$$

(3) $\forall x=(x_1,x_2,\cdots,x_n)^{\mathrm{T}}$, $y=(y_1,y_2,\cdots,y_n)^{\mathrm{T}}\in\mathbb{C}^n$, 有

$$N(x+y)=\max_{1\leqslant i\leqslant n}|x_i+y_i|\leqslant\max_{1\leqslant i\leqslant n}|x_i|+\max_{1\leqslant i\leqslant n}|y_i|=N(x)+N(y),$$

所以 $N(x)=\max\limits_{1\leqslant i\leqslant n}|x_i|$ 是 $\mathbb{C}^n$ 中的向量范数. $\blacksquare$

类似可证 设 $x=(x_1,x_2,\cdots,x_n)^{\mathrm{T}}\in\mathbb{C}^n$, 下列定义的实值函数是 $\mathbb{C}^n$ 中的向量范数:

(1) 定义 $\|x\|_1=\sum\limits_{i=1}^{n}|x_i|$, 则 $\|x\|_1$ 是 $\mathbb{C}^n$ 中的向量范数, 这个范数称为 x 的 **1-范数**;

(2) 定义 $\|x\|_2=\sqrt{\sum\limits_{i=1}^{n}|x_i|^2}$, 则 $\|x\|_2$ 是 $\mathbb{C}^n$ 中的向量范数, 这个范数称为 x 的 **2-范数**;

(3) 定义 $\|x\|_p=\left(\sum\limits_{i=1}^{n}|x_i|^p\right)^{\frac{1}{p}}$, $1\leqslant p<+\infty$, 则 $\|x\|_p$ 是 $\mathbb{C}^n$ 中的向量范数, 这个范数称为 x 的 **p-范数**.

显然, $p=1$ 时, p-范数就是 1-范数; $p=2$ 时, p-范数就是 2-范数.

在线性空间中, 可以定义不同的向量范数. 同一线性空间中的向量序列在不同的范数下收敛性不一定相同.

定义 3.1.3 设 V 是线性空间. $\|\cdot\|$ 和 $\|\cdot\|_*$ 是 V 上的两个不同范数.

(1) 若对 V 中的任意序列 $\{\alpha^{(k)}\}$, 当 $\left\|\alpha^{(k)}-\alpha\right\|\to 0$ 时, 必有 $\left\|\alpha^{(k)}-\alpha\right\|_*\to 0$, 则称范数 $\|\cdot\|$ 比范数 $\|\cdot\|_*$ 强, 亦称 $\|\cdot\|_*$ 比 $\|\cdot\|$ 弱.

(2) 若对 V 中的任意序列 $\{\alpha^{(k)}\}$, $\left\|\alpha^{(k)}-\alpha\right\|\to 0$ 当且仅当 $\left\|\alpha^{(k)}-\alpha\right\|_*\to 0$, 则称范数 $\|\cdot\|$ 与 $\|\cdot\|_*$ 等价.

定理 3.1.2 设 V 是线性空间. $\|\cdot\|$ 和 $\|\cdot\|_*$ 是 V 上的两个不同范数. 范数 $\|\cdot\|$ 比 $\|\cdot\|_*$ 强当且仅当存在常数 $C>0$, 使得对任意 $\alpha\in V$ 都有 $\|\alpha\|_*\leqslant C\|\alpha\|$.

证明 若存在 $C>0$, 使 $\|\alpha\|_*\leqslant C\|\alpha\|$, 则明显地, 当 $\left\|\alpha^{(k)}-\alpha\right\|\to 0$ 时, 有 $\left\|\alpha^{(k)}-\alpha\right\|_*\leqslant C\left\|\alpha^{(k)}-\alpha\right\|\to 0$, 因此 $\|\cdot\|$ 比 $\|\cdot\|_*$ 强.

反过来, 若范数 $\|\cdot\|$ 比 $\|\cdot\|_*$ 强, 则必有 $C>0$, 使 $\|\alpha\|_*\leqslant C\|\alpha\|$. 若不然, 则对任意自然数 k, 存在 $\alpha^{(k)}\in V$, 使

$$\left\|\alpha^{(k)}\right\|_*>k\left\|\alpha^{(k)}\right\|.$$

令 $\beta^{(k)}=\dfrac{\alpha^{(k)}}{\|\alpha^{(k)}\|_*}$, 则

$$\left\|\beta^{(k)}\right\|=\frac{\left\|\alpha^{(k)}\right\|}{\left\|\alpha^{(k)}\right\|_*}<\frac{1}{k},$$

因此 $\left\|\beta^{(k)}-0\right\|\to 0$, 从而 $\left\|\beta^{(k)}-0\right\|_*\to 0$. 但这与 $\left\|\beta^{(k)}-0\right\|_*=\dfrac{\left\|\alpha^{(k)}\right\|_*}{\left\|\alpha^{(k)}\right\|_*}=1$ 矛盾, 所以必存在 $C>0$, 使得 $\|\alpha\|_*\leqslant C\|\alpha\|$, 对任意 $\alpha\in V$ 成立. ■

推论 3.1.1 设 V 是线性空间, $\|\cdot\|$ 和 $\|\cdot\|_*$ 是 V 上的两个不同范数. 范数 $\|\cdot\|$ 与范数 $\|\cdot\|_*$ 等价当且仅当存在常数 $C_1>0, C_2>0$, 使得对任意 $\alpha\in V$, 有

$$C_1\|\alpha\|\leqslant\|\alpha\|_*\leqslant C_2\|\alpha\|.$$

定理 3.1.3 有限维线性空间 V 中的任意两个向量范数都等价.

注意: 如果是无限维的线性空间, 在它上面定义的两个范数不一定等价.

由于在线性空间 V 中可以定义多种范数, 因此 V 中的向量序列就有多种收敛. 那么, 这些按不同范数收敛之间有什么关系呢? 它与向量序列按坐标收敛的关系又如何? 有如下定理.

定理 3.1.4 设 V 是有限维线性空间, $\{\alpha^{(k)}\}$ 是 V 中的序列, $\alpha\in V$. $\alpha^{(k)}$ 和 α 在基 $\mathcal{B}$ 下的坐标分别是 $x^{(k)}$ 和 x.

(1) 若向量序列 $\{\alpha^{(k)}\}$ 按某种范数收敛于 α, 则 $\{\alpha^{(k)}\}$ 按任何范数都收敛于 α;

(2) $\{\alpha^{(k)}\}$ 按范数收敛于 α 与 $\{x^{(k)}\}$ 按坐标收敛于 x 等价.

3.1.2 矩阵的范数

下面, 我们继续讨论矩阵的范数. 引入矩阵范数的原因与向量范数是相似的, 在许多场合需要 “测量” 矩阵的 “大小”, 比如矩阵序列的收敛、解线性方程组时的误差分析等. 最容易想到的矩阵范数, 是把矩阵 $A \in \mathbb{C}^{m\times n}$ 可以视为一个 mn 维的向量 (采用所谓 “拉直” 的变换), 所以, 直观上可用 $\mathbb{C}^{mn}$ 上的向量范数来作为 $A \in \mathbb{C}^{m\times n}$ 的矩阵范数. 那么是否矩阵范数就这样解决了? 因为数学上的任一定义都要与其对象的运算联系起来, 矩阵之间有乘法运算, 它在定义范数时应予以体现, 也即估计 AB 的 “大小” 相对于 A 与 B 的 “大小” 关系.

定义 3.1.4　如果从 $\mathbb{C}^{n\times n}$ 到 $\mathbb{R}$ 的映射 N 满足下列条件.

(1) 正定条件: $N(A) \geqslant 0$, $N(A) = 0$ 当且仅当 $A = \mathbf{0}_{n\times n}$;

(2) 非负齐次条件: $N(kA) = |k|N(A)$ $(\forall k \in \mathbb{C}, A \in \mathbb{C}^{n\times n})$;

(3) 三角不等式: $N(A+B) \leqslant N(A) + N(B)$ $(\forall A, B \in \mathbb{C}^{n\times n})$,

则称实函数 $N(\cdot)$ 是 $\mathbb{C}^{n\times n}$ 上的**矩阵范数**.

定义 3.1.5　对于 $\mathbb{C}^{n\times n}$ 上的矩阵范数 $N(\cdot)$, 如果满足相容性条件:

$$N(AB) \leqslant N(A)N(B) \quad (\forall A, B \in \mathbb{C}^{n\times n}), \tag{3.1.2}$$

则称 N 为**强矩阵范数**. 习惯上, 将 $N(A)$ 记成 $\|A\|$.

类似地, 可以定义 $\mathbb{R}^{n\times n}$, $\mathbb{C}^{m\times n}$ 上的矩阵范数.

在本书的后续内容中所涉及的矩阵范数都是强矩阵范数.

设 $\|\cdot\|$ 是任意一种矩阵范数, 由于 $AE = A$, 由矩阵范数的相容性条件可得, $\|E\| \geqslant 1$.

例题 3.1.2　设 $A \in \mathbb{C}^{n\times n}$, 规定

$$\|A\|_{\mathrm{F}} = \left(\sum_{i=1}^{n}\sum_{j=1}^{n}|a_{ij}|^2\right)^{\frac{1}{2}} = \sqrt{\mathrm{tr}(A^{\mathrm{H}}A)}.$$

证明 $\|A\|_{\mathrm{F}}$ 是矩阵范数 (这个范数称为矩阵 A 的**弗罗贝尼乌斯** (Frobenius) **范数**).

证明　正定条件和非负齐次条件容易验证. 下面验证三角不等式成立.

将 A, B 按列分块, 记 $A = (a_1, a_2, \cdots, a_n)$, $B = (b_1, b_2, \cdots, b_n)$. 则

$$\begin{aligned}\|A+B\|_{\mathrm{F}}^2 &= \|(a_1+b_1, a_2+b_2, \cdots, a_n+b_n)\|_{\mathrm{F}}^2\\ &= \|a_1+b_1\|_2^2 + \|a_2+b_2\|_2^2 + \cdots + \|a_n+b_n\|_2^2\\ &\leqslant (\|a_1\|_2 + \|b_1\|_2)^2 + \cdots + (\|a_n\|_2 + \|b_n\|_2)^2\end{aligned}$$

$$= \left(\|a_1\|_2^2 + \cdots + \|a_n\|_2^2\right) + 2\left(\|a_1\|_2\|b_1\|_2 + \cdots + \|a_n\|_2\|b_n\|_2\right)$$
$$+ \left(\|b_1\|_2^2 + \cdots + \|b_n\|_2^2\right), \tag{3.1.3}$$

因此

$$\|A+B\|_{\mathrm{F}}^2 \leqslant \|A\|_{\mathrm{F}}^2 + 2\|A\|_{\mathrm{F}}\|B\|_{\mathrm{F}} + \|B\|_{\mathrm{F}}^2 = \left(\|A\|_{\mathrm{F}} + \|B\|_{\mathrm{F}}\right)^2.$$

两边开平方, 即得三角不等式 $\|A+B\|_{\mathrm{F}} \leqslant \|A\|_{\mathrm{F}} + \|B\|_{\mathrm{F}}$.

再验证相容性 (3.1.2).

$$\|AB\|_{\mathrm{F}}^2 = \sum_{i=1}^{n}\sum_{j=1}^{n}\left|\sum_{k=1}^{n} a_{ik}b_{kj}\right|^2 \leqslant \sum_{i=1}^{n}\sum_{j=1}^{n}\left(\sum_{k=1}^{n}|a_{ik}||b_{ki}|\right)^2$$
$$\leqslant \sum_{i=1}^{n}\sum_{j=1}^{n}\left(\sum_{k=1}^{n}|a_{ik}|^2\right)\left(\sum_{s=1}^{n}|b_{sj}|^2\right) \quad \text{(这一步用了柯西 (Cauchy) 不等式)}$$
$$= \left(\sum_{i=1}^{n}\sum_{k=1}^{n}|a_{ik}|^2\right)\left(\sum_{s=1}^{n}\sum_{j=1}^{n}|b_{sj}|^2\right) = \|A\|_{\mathrm{F}}^2\|B\|_{\mathrm{F}}^2.$$

可见, 相容性条件 (3.1.2) 满足. ■

定理 3.1.5 对任意 $A \in \mathbb{R}^{n\times n}$, $\|A\|_{\mathrm{F}} = \sqrt{A^{\mathrm{T}}A\text{的所有特征值的和}}$.

证明 $\|A\|_{\mathrm{F}} = \left(\sum_{i=1}^{n}\sum_{j=1}^{n}|a_{ij}|^2\right)^{\frac{1}{2}} = \sqrt{\mathrm{tr}(A^{\mathrm{T}}A)} = \sqrt{A^{\mathrm{T}}A\text{的所有特征值的和}}$.

■

同理可证: 如果 $A \in \mathbb{C}^{n\times n}$, 则 $\|A\|_{\mathrm{F}} = \sqrt{A^{\mathrm{H}}A\text{的所有特征值的和}}$.

在实际计算时, 往往矩阵与向量出现在同一个计算问题中, 所以在考虑构造矩阵范数时, 应该使它与向量范数相容. 比如要考虑 Ax 的“大小”, Ax 是一个向量, 但它由 A 与 x 相乘而得的, 它与 A 的“大小”和 x 的“大小”的关系如何？这引出了两类范数相容的概念.

定义 3.1.6 对于 $\mathbb{C}^{m\times n}$ 中的矩阵范数 $\|A\|$, $\mathbb{C}^n$ 中的同类向量范数 $\|x\|_*$, 如果对任意 $A \in \mathbb{C}^{m\times n}$, $x \in \mathbb{C}^n$, 都有 $\|Ax\|_* \leqslant \|A\|\|x\|_*$, 则称**矩阵范数 $\|A\|$ 与向量范数 $\|x\|_*$ 相容**.

对 $x \in \mathbb{C}^{n\times 1}$, 取 $B = (x, \mathbf{0}, \mathbf{0}, \cdots, \mathbf{0})$, 由式 (3.1.2) 有

$$\|Ax\|_2 = \|AB\|_{\mathrm{F}} \leqslant \|A\|_{\mathrm{F}}\|B\|_{\mathrm{F}} = \|A\|_{\mathrm{F}}\|x\|_2.$$

这表明, 矩阵 A 的弗罗贝尼乌斯范数与向量的 2-范数 $\|\cdot\|_2$ 相容.

对于 $\mathbb{C}^n$ 中的向量范数, 是否有矩阵范数与之相容? 另一方面, 与向量范数类似, 同一矩阵它的各种范数有一定的差别. 如果 $\|E\| \neq 1$, 将给理论分析与实际应用造成不便, 所以要找出一种矩阵范数 $\|A\|$, 使得 $\|E\| = 1$, 且与所给的向量范数 $\|x\|$ 相容.

下面的定理给出了一种定义矩阵范数的方法, 使得该矩阵范数与已知的向量范数相容.

定理 3.1.6　已知 $\mathbb{C}^n$ 的向量范数 $\|\cdot\|$, 定义

$$N(A) = \max_{x \neq \mathbf{0}} \frac{\|Ax\|}{\|x\|}, \tag{3.1.4}$$

则 $N(A)$ 是 $\mathbb{C}^{n\times n}$ 上的矩阵范数, 此范数与向量范数 $\|x\|$ 相容, 这个矩阵范数称为由向量范数 $\|x\|$ 诱导的**诱导范数**, 或称为**从属范数于向量范数 $\|x\|$ 的矩阵范数**.

求式 (3.1.4) 定义的范数, 实际是求如下最优化问题的最优目标函数值: 求目标函数 $\dfrac{\|Ax\|}{\|x\|}$ 在约束条件 $x \neq \mathbf{0}$ 下的最大值. 如果直接求解这样的优化问题, 由于可行域是无界区域, 求解还是有困难的. 但它有下列等价方式定义. 用它们的等价定义方式求解, 可以使问题的处理更简单.

注意到, $x \neq \mathbf{0}$ 时, $\|x\| > 0$, 利用向量范数的非负齐次性可得

$$\max_{x\neq \mathbf{0}} \frac{\|Ax\|}{\|x\|} = \max_{x\neq \mathbf{0}} \left\| \frac{1}{\|x\|} Ax \right\| = \max_{x\neq \mathbf{0}} \left\| A\left(\frac{x}{\|x\|}\right) \right\| = \max_{\|z\|=1} \|Az\| = \max_{\|x\|=1} \|Ax\|,$$

上面第 3 个等号成立是因为向量 $z = \dfrac{x}{\|x\|}$ 为一个单位向量. 因此

$$N(A) = \max_{x\neq \mathbf{0}} \frac{\|Ax\|}{\|x\|} = \max_{\|x\|=1} \|Ax\|.$$

下面给出定理 3.1.6 的证明.

证明　容易验证 $N(A)$ 满足正定条件和非负齐次条件.

三角不等式的验证: 对于任意 $A, B \in \mathbb{C}^{n\times n}$,

$$\begin{aligned} N(A+B) &= \max_{\|x\|=1} \|(A+B)x\| = \max_{\|x\|=1} \|Ax + Bx\| \leqslant \max_{\|x\|=1} (\|Ax\| + \|Bx\|) \\ &= \max_{\|x\|=1} \|Ax\| + \max_{\|x\|=1} \|Bx\| = \|A\| + \|B\|. \end{aligned}$$

相容性条件 (3.1.2) 的验证: 不难有

$$\|ABx\| \leqslant N(A)\|Bx\| \leqslant N(A)N(B)\|x\|.$$

当 $x \neq \mathbf{0}$ 时, $\dfrac{\|ABx\|}{\|x\|} \leqslant N(A)N(B)$, 所以

$$N(AB)=\max_{x\neq\mathbf{0}}\frac{\|ABx\|}{\|x\|}\leqslant N(A)N(B). \qquad \blacksquare$$

推论 3.1.2 对于 $\mathbb{C}^{n\times n}$ 上的任意向量范数诱导的 $\|\cdot\|$, 都有 $\|E\|=1$.

对应向量的 1-范数、2-范数、∞-范数, 就可以确定三个矩阵范数 $\|A\|_1$, $\|A\|_2$ 和 $\|A\|_\infty$:

(1) $\|A\|_1=\max\limits_{x\neq\mathbf{0}}\dfrac{\|Ax\|_1}{\|x\|_1}$;

(2) $\|A\|_2=\max\limits_{x\neq\mathbf{0}}\dfrac{\|Ax\|_2}{\|x\|_2}$;

(3) $\|A\|_\infty=\max\limits_{x\neq\mathbf{0}}\dfrac{\|Ax\|_\infty}{\|x\|_\infty}$.

定理 3.1.7 设 $A=(a_{ij})\in\mathbb{R}^{n\times n}$, $x=(x_1,x_2,\cdots,x_n)^{\mathrm{T}}\in\mathbb{R}^n$, 向量的 ∞-范数、2-范数和 1-范数的诱导矩阵范数分别记为 $\|A\|_\infty$, $\|A\|_2$ 和 $\|A\|_1$, 则

(1) $\|A\|_\infty=\max\limits_{1\leqslant i\leqslant n}\sum\limits_{j=1}^{n}|a_{ij}|$;

(2) $\|A\|_2=\sqrt{\lambda_1}$ (其中 λ_1 为 $A^{\mathrm{T}}A$ 的最大特征值);

(3) $\|A\|_1=\max\limits_{1\leqslant j\leqslant n}\sum\limits_{i=1}^{n}|a_{ij}|$.

分别称之为矩阵A 的行 (和) 范数、谱范数与列 (和) 范数.

证明 只就 (1), (2) 给出证明, (3) 的证明作为练习.

(1) 设 $x=(x_1,x_2,\cdots,x_n)^{\mathrm{T}}\neq\mathbf{0}$, 不妨设 $A\neq\mathbf{0}_{n\times n}$. 记

$$t=\max_{1\leqslant i\leqslant n}|x_i|,\quad \mu=\max_{1\leqslant i\leqslant n}\sum_{j=1}^{n}|a_{ij}|,$$

则

$$\|Ax\|_\infty=\max_{1\leqslant i\leqslant n}\sum_{j=1}^{n}|a_{ij}x_j|\leqslant t\cdot\max_{1\leqslant i\leqslant n}\sum_{j=1}^{n}|a_{ij}|,$$

这说明对任意非零 $x\in\mathbb{R}^n$, 有

$$\frac{\|Ax\|_\infty}{\|x\|_\infty}\leqslant\mu.$$

另一方面, 设 $\mu = \sum\limits_{j=1}^{n} |a_{i_0 j}|$, 取向量 $x_0 = (x_1, x_2, \cdots, x_n)^{\mathrm{T}}$, 其中 $x_j = \operatorname{sign}(a_{i_0 j}), j = 1, 2, \cdots, n$, 显然 $\|x_0\|_\infty = 1$, 且 Ax_0 的第 i_0 个分量为

$$\sum_{j=1}^{n} |a_{i_0 j} x_j| = \sum_{j=1}^{n} |a_{i_0 j}| = \mu,$$

这说明 $\|Ax_0\| = \mu$, 即 $\|A\|_\infty = \mu = \max\limits_{1 \leqslant i \leqslant n} \sum\limits_{j=1}^{n} |a_{ij}|$.

(2) 由于

$$0 \leqslant \|Ax\|_2^2 = (Ax)^{\mathrm{T}}(Ax) = x^{\mathrm{T}}(A^{\mathrm{T}}A)x,$$

因此 $A^{\mathrm{T}}A$ 是半正定的. 设 $A^{\mathrm{T}}A$ 的特征值为

$$\lambda_1 \geqslant \lambda_2 \geqslant \cdots \geqslant \lambda_n \geqslant 0,$$

再设 $\xi_1, \xi_2, \cdots, \xi_n$ 为 $A^{\mathrm{T}}A$ 的分别对应于 $\lambda_1, \lambda_2, \cdots, \lambda_n$ 的正交规范的特征向量, 则对任一向量 $x \in \mathbb{R}^n$, 有

$$x = \sum_{i=1}^{n} k_i \xi_i, \quad k_i \text{ 为组合系数},$$

$$\frac{\|Ax\|_2^2}{\|x\|_2^2} = \frac{x^{\mathrm{T}}(A^{\mathrm{T}}A)x}{x^{\mathrm{T}}x} = \frac{\sum\limits_{i=1}^{n} {k_i}^2 \lambda_i}{\sum\limits_{i=1}^{n} {k_i}^2} \leqslant \lambda_1.$$

另一方面, 取 $x = \xi_1$, 则

$$\frac{\|Ax\|_2^2}{\|x\|_2^2} = \frac{{\xi_1}^{\mathrm{T}}(A^{\mathrm{T}}A)\xi_1}{{\xi_1}^{\mathrm{T}}\xi_1} = \lambda_1.$$

故

$$\|A\|_2 = \max_{x \neq 0} \frac{\|Ax\|_2}{\|x\|_2} = \sqrt{\lambda_1} = \sqrt{\lambda_{\max}(A^{\mathrm{T}}A)}.$$

■

例题 3.1.3 计算矩阵 $A = \begin{pmatrix} 2 & -2 \\ 3 & 4 \end{pmatrix}$ 的 1-范数、2-范数、∞-范数和弗罗贝尼乌斯范数.

解 由矩阵范数的定义,

$$\|A\|_1=\max\{2+3,2+4\}=6,$$
$$\|A\|_\infty=\max\{2+2,3+4\}=7,$$
$$\|A\|_{\mathrm{F}}=\sqrt{4+4+9+16}=\sqrt{33}.$$

$$A^{\mathrm{T}}A=\begin{pmatrix}13&8\\8&20\end{pmatrix},\quad \det(\lambda E-A^{\mathrm{T}}A)=\begin{vmatrix}\lambda-13&-8\\-8&\lambda-20\end{vmatrix},$$

$A^{\mathrm{T}}A$ 的两个特征值为 $\lambda_1=\dfrac{33+\sqrt{305}}{2},\lambda_2=\dfrac{33-\sqrt{305}}{2}$, 因此

$$\|A\|_2=\sqrt{\lambda_1}=\sqrt{\frac{33+\sqrt{305}}{2}}.$$ ■

由定理 3.1.7 和例题 3.1.3 可以看出, 计算一个矩阵的 $\|A\|_\infty$, $\|A\|_1$ 还是比较容易的, 而矩阵的 2-范数 $\|A\|_2$ 在计算上不方便, 但由于它有许多好的性质, 所以, 它在理论上是有用的. 由定理 3.1.7 的 (2), 可以容易地得到定理 3.1.8.

定理 3.1.8 设 $A\in\mathbb{R}^{n\times n}$, U, V 分别是 n 阶正交矩阵, 则

$$\|UAV\|_{\mathrm{F}}=\|UA\|_{\mathrm{F}}=\|AV\|_{\mathrm{F}}=\|A\|_{\mathrm{F}},\quad \|UAV\|_2=\|UA\|_2=\|AV\|_2=\|A\|_2.$$

定理 3.1.9 设 $A\in\mathbb{C}^{n\times n}$.

(1) $\rho(A)\leqslant\|A\|$, 其中 $\rho(A)$ 是矩阵 A 的**谱半径**, 即

$$\rho(A)=\max\{|\lambda_i|\,|\lambda_i 是 A 的特征值, i=1,2,\cdots,n\}. \tag{3.1.5}$$

(2) 若 A 是可逆矩阵, λ 是 A 的任一特征值, 则有

$$\frac{1}{\|A^{-1}\|}\leqslant|\lambda|.$$

证明 (1) 设 λ 是 A 的任一特征值, x 是相应的特征向量, 则有 $Ax=\lambda x$. 选取一个与矩阵范数 $\|\cdot\|$ 相容的向量范数 $\|\cdot\|$, 则有

$$|\lambda|\cdot\|x\|=\|\lambda x\|=\|Ax\|\leqslant\|A\|\cdot\|x\|,$$

故 $|\lambda|\leqslant\|A\|$, 从而 $\rho(A)\leqslant\|A\|$.

(2) λ^{-1} 是 A^{-1} 的特征值, x 是相应的特征向量, 则有

$$|\lambda|^{-1}\cdot\|x\|=\|\lambda^{-1}x\|=\|A^{-1}x\|\leqslant\|A^{-1}\|\cdot\|x\|,$$

从而 $|\lambda|^{-1} \leqslant \|A^{-1}\|$, 因此

$$\frac{1}{\|A^{-1}\|} \leqslant |\lambda|. \qquad \blacksquare$$

定理 3.1.10　设 $A \in \mathbb{C}^{n\times n}$, 则 $\rho(A)$ 是所有矩阵范数的下确界, 即

$$\rho(A) = \inf_{\alpha} \|A\|_{\alpha}.$$

也就是说, $\forall \varepsilon > 0$, 则一定存在某一矩阵范数 $\|\cdot\|$, 使得

$$\|A\| \leqslant \rho(A) + \varepsilon.$$

定理 3.1.11　设 $A \in \mathbb{R}^{n\times n}$ 是对称矩阵, $\lambda_i (i=1,2\cdots,n)$ 是 A 的特征值, 则

(1) $\|A\|_2 = \rho(A)$;

(2) $\|A\|_{\mathrm{F}} = \sqrt{\lambda_1^2 + \lambda_2^2 + \cdots + \lambda_n^2}$.

证明　$A \in \mathbb{R}^{n\times n}$ 为对称矩阵, 因此存在正交矩阵 P, 使得

$$P^{\mathrm{T}}AP = \Lambda = \mathrm{diag}(\lambda_1, \lambda_2, \cdots, \lambda_n).$$

由定理 3.1.8 可得

(1) $\|A\|_2 = \|\Lambda\|_2 = \rho(A)$;

(2) $\|A\|_{\mathrm{F}} = \|\Lambda\|_{\mathrm{F}} = \sqrt{\lambda_1^2 + \lambda_2^2 + \cdots + \lambda_n^2}$. $\blacksquare$

范数的应用很广泛, 这里只举两个例子.

范数的应用 1: 矩阵奇异性的条件.

对于矩阵 $A \in \mathbb{C}^{n\times n}$, 通过 $E - A$ 的行列式的值是否非零或判断 $E - A$ 的各列 (行) 是否线性无关等方法均不太容易. 但矩阵范数的计算, 如 $\|\cdot\|_1, \|\cdot\|_\infty$, 还是方便的. 能否根据 A 的范数大小, 来判断 $E - A$ 是否可逆?

定理 3.1.12 (巴拿赫 (Banach) 引理)　设矩阵 $A \in \mathbb{C}^{n\times n}$, $\|\cdot\|$ 是 $\mathbb{C}^{n\times n}$ 上与 $\mathbb{C}^n$ 中某种向量范数 $\|\cdot\|_*$ 相容的矩阵范数. 如果 $\|A\| < 1$, 则矩阵 $E - A$ 可逆, 且有

$$\left\|(E - A)^{-1}\right\| \leqslant \frac{\|E\|}{1 - \|A\|}. \tag{3.1.6}$$

定理 3.1.12 在推演分析 $Ax = b$ 的直接法的误差分析时起重要的作用.

大家可以自行证明下面类似的结果.

定理 3.1.13　设矩阵 $A \in \mathbb{C}^{n\times n}$, 且对矩阵 $\mathbb{C}^{n\times n}$ 上的某种矩阵范数 $\|\cdot\|$, 有 $\|A\| < 1$, 则

$$\left\|E - (E - A)^{-1}\right\| \leqslant \frac{\|A\|}{1 - \|A\|}. \tag{3.1.7}$$

范数的应用 2: 近似逆矩阵的误差——逆矩阵的摄动.

在数值计算中, 误差无处不在, 考虑由这些误差存在而带来的后果, 是一项重要的课题. 设矩阵 $A \in \mathbb{C}^{n\times n}$ 的元素 a_{ij} 带有误差 $\delta a_{ij}(i,j=1,2,\cdots,n)$, 则矩阵的真实的值应为 $A+\delta A$, 其中 $\delta A=(\delta a_{ij})$ 称为误差矩阵, 又叫摄动矩阵. 若 A 为非奇异, 其逆阵为 A^{-1} . 问题是: $(A+\delta A)^{-1}$ 与 A^{-1} 的近似程度如何呢? 下面是回答上述问题的摄动定理.

定理 3.1.14 设矩阵 $A \in \mathbb{C}^{n\times n}$ 非奇异, $B \in \mathbb{C}^{n\times n}$, 且对 $\mathbb{C}^{n\times n}$ 上的某种矩阵范数 $\|\cdot\|$, 有 $\|A^{-1}B\|<1$, 则

(1) $A+B$ 非奇异;

(2) 记 $F=E-(E+A^{-1}B)^{-1}$, 则有

$$\|F\| \leqslant \frac{\|A^{-1}B\|}{1-\|A^{-1}B\|}; \tag{3.1.8}$$

(3)

$$\frac{\|A^{-1}-(A+B)^{-1}\|}{\|A^{-1}\|} \leqslant \frac{\|A^{-1}B\|}{1-\|A^{-1}B\|}. \tag{3.1.9}$$

证明 (1) 由于 $\|A^{-1}B\|<1$, 所以 $\|-A^{-1}B\|<1$. 由定理 3.1.12, $(E+A^{-1}B)$ 非奇异, 故 $A+B=A(E+A^{-1}B)$ 非奇异.

(2) 在定理 3.1.13 中, 将 A 换成 $-A^{-1}B$, 即得 (2).

(3) 又因为 $A^{-1}-(A+B)^{-1}=\left(E-(E+A^{-1}B)^{-1}\right)A^{-1}$, 两边取范数, 并利用 (2) 的结论, 可得

$$\|A^{-1}-(A+B)^{-1}\|=\left\|\left(E-\left(E+A^{-1}B\right)^{-1}\right)A^{-1}\right\| \leqslant \frac{\|A^{-1}B\|}{1-\|A^{-1}B\|}\|A^{-1}\|. \qquad \blacksquare$$

范数在方程组解的误差分析与病态方程组中也有重要应用. 我们将在后续内容中介绍.

3.2 内积空间

3.2.1 内积的定义与性质

线性空间是对解析几何中空间概念的推广. 在 3.1 节中, 定义了向量的范数, 使线性空间成为赋范线性空间. 但是, 在赋范线性空间中, 还缺少欧几里得空间中的一些重要概念, 即两向量之间的夹角. 特别是两向量之间的正交概念. 我们知道, 由于有了向量间的夹角和正交概念, 才有向量的投影、勾股定理等一系列概念

和结论, 从而建立起一整套欧几里得空间的几何理论. 我们也知道, 向量的夹角和正交概念可以用 "向量的内积" 这个更本质的概念来描述.

与定义线性空间类似, 我们用公理来引入一般线性空间的内积.

定义 3.2.1 设 V 是实数域 $\mathbb{R}$ 上的线性空间. 如果映射 $T: V\times V\to\mathbb{R}$ 使得对任意 $\alpha,\beta,\gamma\in V$, $k\in\mathbb{R}$, 都有

(1) 对称性: $T(\alpha,\beta)=T(\beta,\alpha)$;

(2) 线性性: $T(\alpha+\beta,\gamma)=T(\alpha,\gamma)+T(\beta,\gamma)$, $T(k\alpha,\beta)=kT(\alpha,\beta)$;

(3) 正定性: $T(\alpha,\alpha)\geqslant 0$, 当且仅当 $\alpha=\mathbf{0}$ 时, $T(\alpha,\alpha)=0$,

则称 T 为线性空间 V 上的**内积**, 称 $T(\alpha,\beta)$ 为 α 与 β 的内积. 称定义了内积的实线性空间 V 为**实内积空间**. 习惯上, 将 $T(\alpha,\beta)$ 记为 (α,β).

定义 3.2.2 设 V 是复数域 $\mathbb{C}$ 上的线性空间. 如果映射 $T: V\times V\to\mathbb{C}$ 使得对任意 $\alpha,\beta,\gamma\in V$, $k\in\mathbb{C}$, 都有

(1) 共轭对称性: $T(\alpha,\beta)=\overline{T(\beta,\alpha)}$;

(2) 线性性: $T(\alpha+\beta,\gamma)=T(\alpha,\gamma)+T(\beta,\gamma)$, $T(k\alpha,\beta)=kT(\alpha,\beta)$;

(3) 正定性: $T(\alpha,\alpha)\geqslant 0$, 当且仅当 $\alpha=\mathbf{0}$ 时, $T(\alpha,\alpha)=0$,

则称 T 为线性空间 V 上的内积, $T(\alpha,\beta)$ 为 α 与 β 的内积. 称定义了内积的复线性空间 V 为**复内积空间**. 习惯上, 将 $T(\alpha,\beta)$ 记为 (α,β).

实线性空间和复线性空间统称为内积空间.

例题 3.2.1 考虑线性空间 $\mathbb{R}^n$, 对任意 $\alpha=(a_1,a_2,\cdots,a_n)^{\mathrm{T}}\in\mathbb{R}^n$, $\beta=(b_1,b_2,\cdots,b_n)^{\mathrm{T}}\in\mathbb{R}^n$.

(1) 定义 $T_1(\alpha,\beta)=a_1b_1+a_2b_2+\cdots+a_nb_n$, 则映射 T_1 满足定义 3.2.1 的条件, 从而 T_1 是线性空间 $\mathbb{R}^n$ 上的内积. 该内积称为 $\mathbb{R}^n$ 上的标准内积.

(2) 定义 $T_2(\alpha,\beta)=a_1b_1+2a_2b_2+\cdots+na_nb_n$, 则映射 T_2 满足定义 3.2.1 的条件, 从而 T_2 是线性空间 $\mathbb{R}^n$ 上的内积.

(3) 定义 $T_3(\alpha,\beta)=\max\{|a_1|,|a_2|,|b_1|,|b_2|\}$, 则映射 T_3 不满足定义 3.2.1 中的条件 (2), 从而 T_3 不是线性空间 $\mathbb{R}^2$ 上的内积.

(4) 定义 $T_4(\alpha,\beta)=a_1+a_2+b_1+b_2$, 则映射 T_4 不满足定义 3.2.1 中的条件 (3), 从而 T_4 不是线性空间 $\mathbb{R}^2$ 上的内积.

由例题 3.2.1 的 (1) 和 (2) 可知, 对于同一个线性空间可以引入不同的内积, 从而构成不同的内积空间.

例题 3.2.2 设 $t_0,t_1,t_2,\cdots,t_m$ 为两两互异的实数. 定义映射 $T: P_n(t)\times P_n(t)\to\mathbb{R}$:

$$T(f(t),g(t))=\sum_{i=0}^{m}f(t_i)g(t_i),\quad \forall f(t),g(t)\in P_n(t).$$

(1) 当 $m \geqslant n$ 时, 证明 $(f(t),g(t))$ 是 $P_n(t)$ 上的内积.

(2) 当 $m < n$ 时, $(f(t),g(t))$ 是 $P_n(t)$ 上的内积吗? 给出你的结论, 并说明理由.

证明 (1) $\forall f(t),g(t),h(t) \in P_n(t), k \in \mathbb{R}$.

① $T(f(t),g(t)) = \sum\limits_{i=0}^{m} f(t_i)g(t_i) = \sum\limits_{i=0}^{m} g(t_i)f(t_i) = T(g(t),f(t))$.

② $T(f(t)+g(t),h(t)) = \sum\limits_{i=0}^{m}(f(t_i)+g(t_i))h(t_i)$

$$= \sum_{i=0}^{m} f(t_i)h(t_i) + \sum_{i=0}^{m} g(t_i)h(t_i) = T(f(t),h(t)) + T(g(t),h(t)).$$

$T(kf(t),g(t)) = \sum\limits_{i=0}^{m} kf(t_i)g(t_i) = k\sum\limits_{i=0}^{m} f(t_i)g(t_i) = kT(f(t),g(t))$.

③ $T(f(t),f(t)) = \sum\limits_{i=0}^{m} f(t_i)f(t_i) \geqslant 0$,

$$T(f(t),f(t)) = \sum_{i=0}^{m} f(t_i)f(t_i) = 0 \Leftrightarrow f(t_i) = 0, i = 0,1,\cdots,n.$$

设 $f(t) = a_0 + a_1 t + a_2 t^2 + \cdots + a_n t^n$, 则

$$f(t_i) = a_0 + a_1 t_i + a_2 t_i^2 + \cdots + a_n t_i^n = 0, \quad i = 0,1,2,\cdots,m. \tag{3.2.1}$$

方程组 (3.2.1) 的系数矩阵是

$$A = \begin{pmatrix} 1 & t_0 & t_0^2 & \cdots & t_0^n \\ 1 & t_1 & t_1^2 & \cdots & t_1^n \\ \vdots & \vdots & \vdots & & \vdots \\ 1 & t_m & t_m^2 & \cdots & t_m^n \end{pmatrix}.$$

当 $m \geqslant n$ 时, $\operatorname{rank}(A) = n+1$, 此时, 方程组 (3.2.1) 只有零解, 即 $f(t) = 0$, 故 $T(f(t),g(t))$ 是 $P_n(t)$ 的内积.

(2) 当 $m < n$ 时, $(f(t),g(t))$ 不是 $P_n(t)$ 上的内积. 如同 (1), 可得方程组 (3.2.1), 当 $m < n$ 时, $\operatorname{rank}(A) = m+1 < n+1$, 此时, 方程组 (3.2.1) 有非零解, 因此存在 $f(t) \in P_n(t)$, 使得 $f(t) \neq 0$, 但 $T(f(t),f(t)) = 0$, 这表明映射 T 不满足定义 3.2.1 中的条件 (3), 从而 $T(f(t),g(t))$ 不是 $P_n(t)$ 的内积. ■

3.2.2 内积的表示

在 n 维实内积空间 V 中, 取基 $\mathcal{B}=\{e_1,e_2,\cdots,e_n\}$, 对于 V 中的任意两个向量 α, β, 有

$$\alpha=\sum_{i=1}^{n}x_ie_i,\quad \beta=\sum_{j=1}^{n}y_je_j.$$

由内积的定义可知

$$(\alpha,\beta)=\left(\sum_{i=1}^{n}x_ie_i,\sum_{j=1}^{n}y_je_j\right)=\sum_{i=1}^{n}\sum_{j=1}^{n}x_iy_j(e_i,e_j)=x^{\mathrm{T}}Ay,$$

其中, $x=(x_1,x_2,\cdots,x_n)^{\mathrm{T}}$, $y=(y_1,y_2,\cdots,y_n)^{\mathrm{T}}$ 分别是 α, β 在基 $\mathcal{B}$ 下的坐标,

$$A=\begin{pmatrix}(e_1,e_1) & (e_1,e_2) & \cdots & (e_1,e_n)\\ (e_2,e_1) & (e_2,e_2) & \cdots & (e_2,e_n)\\ \vdots & \vdots & & \vdots\\ (e_n,e_1) & (e_n,e_2) & \cdots & (e_n,e_n)\end{pmatrix}.$$

由内积的对称性可得 $(e_i,e_j)=(e_j,e_i)$, 因此 A 是对称阵. 再由内积的线性性与正定性可得 A 是一个**正定矩阵**.

定义 3.2.3 设 $\mathcal{B}=\{e_1,e_2,\cdots,e_n\}$ 是 n 维实内积空间 V 的基,

$$A=\begin{pmatrix}(e_1,e_1) & (e_1,e_2) & \cdots & (e_1,e_n)\\ (e_2,e_1) & (e_2,e_2) & \cdots & (e_2,e_n)\\ \vdots & \vdots & & \vdots\\ (e_n,e_1) & (e_n,e_2) & \cdots & (e_n,e_n)\end{pmatrix}.$$

称矩阵 A 是内积空间 V 在基 $\mathcal{B}$ 下的**度量矩阵**.

定理 3.2.1 (内积的表示定理) 设 $\mathcal{B}=\{e_1,e_2,\cdots,e_n\}$ 是数域 $\mathbb{R}$ 上的 n 维线性空间 V 的基, α, β 在基 $\mathcal{B}$ 下的坐标分别为 x, y, 则 $(\alpha,\beta)=x^{\mathrm{T}}Ay$ 是内积的充分必要条件是 A 是正定矩阵.

设 $\mathcal{B}=\{e_1,e_2,\cdots,e_n\}$ 和 $\{\beta_1,\beta_2,\cdots,\beta_n\}$ 是内积空间 V^n 的两组基, 由基 $\mathcal{B}=\{e_1,e_2,\cdots,e_n\}$ 到基 $\beta_1,\beta_2,\cdots,\beta_n$ 的过渡矩阵是 P, 即

$$(\beta_1,\beta_2,\cdots,\beta_n)=(e_1,e_2,\cdots,e_n)P.$$

内积空间 V^n 在基 $\{e_1,e_2,\cdots,e_n\}$ 下的度量矩阵

$$A=\begin{pmatrix}(e_1,e_1) & (e_1,e_2) & \cdots & (e_1,e_n)\\ (e_2,e_1) & (e_2,e_2) & \cdots & (e_2,e_n)\\ \vdots & \vdots & & \vdots\\ (e_n,e_1) & (e_n,e_2) & \cdots & (e_n,e_n)\end{pmatrix} \xlongequal{\text{形式上可记为}} \begin{pmatrix}e_1\\ e_2\\ \vdots\\ e_n\end{pmatrix}(e_1,e_2,\cdots,e_n),$$

因此内积空间 V 在基 $\{\beta_1,\beta_2,\cdots,\beta_n\}$ 下的度量矩阵

$$B=\begin{pmatrix}\beta_1\\ \beta_2\\ \vdots\\ \beta_n\end{pmatrix}(\beta_1,\beta_2,\cdots,\beta_n)=P^{\mathrm{T}}\begin{pmatrix}e_1\\ e_2\\ \vdots\\ e_n\end{pmatrix}(e_1,e_2,\cdots,e_n)P=P^{\mathrm{T}}AP.$$

这表明内积空间在不同基下的度量矩阵是合同的.

定理 3.2.2 内积空间 V 上的非负实函数 $||\alpha||=\sqrt{(\alpha,\alpha)}$ 是 V 中向量 α 的范数, 称它为**由内积导出的范数**, 简称为**导出范数**.

容易验证, 内积空间按导出范数成为赋范线性空间.

设 V 是实内积空间, $||\alpha||$ 为由内积导出的范数, 则 $\forall\alpha,\beta\in V$ 有

$$||\alpha+\beta||^2+||\alpha-\beta||^2=2(||\alpha||^2+||\beta||^2).$$

此式称为**平行四边形公式**. 平行四边形公式是实内积空间中的范数的特征性质. 可以证明: 设 V 是赋范线性空间, 若赋范线性空间的范数 $||\alpha||$ 满足平行四边形公式, 则必可在 V 中定义内积 (α,β), 使 V 成为内积空间, 且使原有范数 $||\alpha||$ 就是由该内积 (α,β) 所导出的范数.

范数为 1 的向量称为单位向量. 如果 $\alpha\neq\mathbf{0}$, 用向量 α 的范数 $||\alpha||$ 的倒数乘以 α, 则得到一个与 α 同方向的单位向量 $\dfrac{1}{||\alpha||}\alpha$, 这一运算我们称之为将向量 α 单位化或规范化.

定理 3.2.3 (柯西-施瓦茨 (Cauchy-Schwarz) 不等式) 设 V 是内积空间, α, $\beta\in V$, 则有

$$|(\alpha,\beta)|\leqslant\|\alpha\|\|\beta\|. \tag{3.2.2}$$

当且仅当 α,β 线性相关时等号成立.

3.2.3 向量的正交与向量组的施密特正交化方法

定义 3.2.4 设 V 是内积空间, $\alpha,\beta\in V$.

(1) 定义 α 与 β 之间的距离 $d(\alpha,\beta)=\|\alpha-\beta\|$.

(2) 如果 V 是实内积空间, 两个非零向量 α,β 之间的夹角由式 (3.2.3) 确定:

$$\cos\theta=\frac{(\alpha,\beta)}{\|\alpha\|\|\beta\|}. \tag{3.2.3}$$

(3) 如果 V 是复内积空间, 两个非零向量 α,β 之间的夹角由式 (3.2.4) 确定:

$$\cos\theta=\frac{|(\alpha,\beta)|}{\|\alpha\|\|\beta\|}. \tag{3.2.4}$$

(4) 当 $(\alpha,\beta)=0$ 时, 称 α 与 β 正交, 记为 $\alpha\perp\beta$.

定理 3.2.4　若 $\alpha\perp\beta$, 则勾股定理成立, 即

$$\|\alpha+\beta\|^2=\|\alpha\|^2+\|\beta\|^2.$$

证明

$$\|\alpha+\beta\|^2=(\alpha+\beta,\alpha+\beta)=(\alpha,\alpha)+2(\alpha,\beta)+(\beta,\beta)=\|\alpha\|^2+\|\beta\|^2. \quad \blacksquare$$

定理 3.2.5　设 W 是内积空间 V 的子空间.

(1) V 中所有与 W 正交的向量构成的集合

$$W^{\perp}=\{\alpha|\alpha\perp\beta,\forall\beta\in W\}$$

也是 V 的子空间. 称子空间 $W^{\perp}$ 为 W 的**正交补**.

(2) $V=W\oplus W^{\perp}$.

证明　(1) 设 $\alpha_1,\alpha_2\in W^{\perp}$, 则 $\forall\beta\in W$,

$$(\alpha_1,\beta)=(\alpha_2,\beta)=0.$$

由内积的线性性质有, $\forall\lambda_1,\lambda_2\in\mathbb{R}$,

$$(\lambda_1\alpha_1+\lambda_2\alpha_2,\beta)=\lambda_1(\alpha_1,\beta)+\lambda_2(\alpha_2,\beta)=0.$$

因此,

$$\alpha_1+\alpha_2\in W^{\perp},\quad \lambda_1\alpha_1\in W^{\perp}.$$

从而 $W^{\perp}$ 是 V 的子空间.

(2) 记 $\dim V=n,\dim W=m$.

若 $m=0$, 则 $W=\{\mathbf{0}\},W^{\perp}=V,V=W+W^{\perp}$.

若 $m=n$, 则 $W=V, W^{\perp}=\{\mathbf{0}\}, V=W+W^{\perp}$.

若 $0<m<n$, 在 W 中取一组正交基 $\{\alpha_1,\cdots,\alpha_m\}$, 并把它扩展成 V 的一组正交基 $\{\alpha_1,\cdots,\alpha_m,\alpha_{m+1},\cdots,\alpha_n\}$.

① 因为 $(\alpha_i,\alpha_{m+1})=0(1\leqslant i\leqslant m), \forall\alpha\in W$, 必有 $\alpha=\sum\limits_{i=1}^{m}k_i\alpha_i$, 由正交性知

$$(\alpha,\alpha_{m+1})=\sum_{i=1}^{m}k_i\left(\alpha_i\cdot\alpha_{m+1}\right)=0,$$

故 $\alpha_{m+1}\perp W, \alpha_{m+1}\in W^{\perp}$. 同理可证 $\alpha_{m+2},\cdots,\alpha_n\in W^{\perp}$.

② $\alpha_{m+1},\cdots,\alpha_n$ 是两两正交的非零向量组, 故线性无关.

③ $\forall\alpha\in W^{\perp}$, 必有 $\alpha\in V$, 因此, 存在 $k_1,k_2,\cdots,k_m,k_{m+1},\cdots,k_n\in\mathbb{R}$, 使得

$$\alpha=k_1\alpha_1+\cdots+k_m\alpha_m+k_{m+1}\alpha_{m+1}+\cdots+k_n\alpha_n. \tag{3.2.5}$$

对 $1\leqslant i\leqslant m$, 有 $\alpha_i\in W$, 故 $(\alpha,\alpha_i)=0$. 把式 (3.2.5) 代入得

$$k_1\left(\alpha_1,\alpha_i\right)+\cdots+k_m\left(\alpha_m,\alpha_i\right)+\cdots+k_n\left(\alpha_n,\alpha_i\right)=0.$$

由正交性知上式左边仅剩一项, 即

$$k_i\left(\alpha_i,\alpha_i\right)=0,\quad 1\leqslant i\leqslant m.$$

但 $(\alpha_i,\alpha_i)\neq 0$, 于是 $k_i=0(1\leqslant i\leqslant m)$, 代入式 (3.2.5), 得

$$\alpha=k_{m+1}\alpha_{m+1}+\cdots+k_n\alpha_n.$$

即 $W^{\perp}$ 中任一元素 α 都可以表示成 $\alpha_{m+1},\cdots,\alpha_n$ 的线性组合. 由基的定义知 $\{\alpha_{m+1},\cdots,\alpha_n\}$ 是 $W^{\perp}$ 的一组基, 从而 $\dim W^{\perp}=n-m$.

对任意 $\alpha\in W\cap W^{\perp}$, 则 $(\alpha,\alpha)=0$, 由内积的正定性可得 $\alpha=\mathbf{0}$, 因此 $W\cap W^{\perp}=\{\mathbf{0}\}$, 从而 $W+W^{\perp}$ 是直和. 又因为

$$\dim\left(W+W^{\perp}\right)=\dim W+\dim W^{\perp}=m+(n-m)=n,$$

所以 $V=W+W^{\perp}$, 于是, $V=W\oplus W^{\perp}$. ■

定义 3.2.5 设 V 是内积空间, W 是 V 的子空间, 由于 $V=W\oplus W^{\perp}$, 于是, 对 $\forall\alpha\in V$, 有 $\alpha=\beta+\gamma$, 其中 $\beta\in W,\gamma\in W^{\perp}$. 称 β 为 α 在 W 上的**投影**, 而 $\|\gamma\|$ 为 α 到 W 的**距离**.

例题 3.2.3　设实内积空间 V 在基 $\mathcal{B}=\{\alpha_1,\alpha_2,\alpha_3\}$ 下的度量矩阵

$$A=\begin{pmatrix}5&2&-4\\2&1&-2\\-4&-2&5\end{pmatrix},$$

$\alpha=\alpha_1+\alpha_2-\alpha_3$, $\beta=2\alpha_1-\alpha_2+3\alpha_3$. 求:

(1) α 与 β 之间的夹角.

(2) $W=\mathrm{Span}\{\alpha,\beta\}$ 的正交补.

解　(1) 由于

$$(\alpha,\beta)=(1,1,-1)\begin{pmatrix}5&2&-4\\2&1&-2\\-4&-2&5\end{pmatrix}\begin{pmatrix}2\\-1\\3\end{pmatrix}=-16,$$

$$(\alpha,\alpha)=(1,1,-1)\begin{pmatrix}5&2&-4\\2&1&-2\\-4&-2&5\end{pmatrix}\begin{pmatrix}1\\1\\-1\end{pmatrix}=27,$$

$$(\beta,\beta)=(2,-1,3)\begin{pmatrix}5&2&-4\\2&1&-2\\-4&-2&5\end{pmatrix}\begin{pmatrix}2\\-1\\3\end{pmatrix}=22,$$

因此, α 与 β 之间的夹角

$$\theta=\arccos\frac{(\alpha,\beta)}{\sqrt{(\alpha,\alpha)}\cdot\sqrt{(\beta,\beta)}}=\arccos\frac{-16}{\sqrt{594}}.$$

(2) 设 $x_1\alpha_1+x_2\alpha_2+x_3\alpha_3\in W^{\perp}$, 则

$$(x_1\alpha_1+x_2\alpha_2+x_3\alpha_3,\alpha)=(x_1\alpha_1+x_2\alpha_2+x_3\alpha_3,\beta)=0.$$

即 (x_1,x_2,x_3) 满足方程

$$\begin{cases}11x_1+5x_2-11x_3=0,\\-4x_1-3x_2+9x_3=0.\end{cases}$$

该方程组的基础解系为 $\left(\dfrac{12}{13},\dfrac{55}{13},1\right)$, 因此 $W=\mathrm{Span}\{\alpha,\beta\}$ 的正交补

$$W^{\perp}=\mathrm{Span}\{12\alpha_1+55\alpha_2+13\alpha_3\}.$$

■

定义 3.2.6 (1) 称内积空间中两两正交的非零向量组为**正交组**.

(2) 称由正交组构成的基为**正交基**.

(3) 如果正交基中每个向量的长度均为 1, 则称该组正交基为**标准** (或**规范**) **正交基**.

定理 3.2.6 设 $\mathcal{B}=\{e_1,e_2,\cdots,e_n\}$ 是内积空间 V 的标准正交基, 对任意的向量 $\alpha\in V$, α 在基 $\mathcal{B}$ 下的坐标为 $(x_1,x_2,\cdots,x_n)$, 则

$$x_i=(\alpha,e_i)\quad(i=1,2,\cdots,n).$$

证明 因为 $\alpha=\sum\limits_{j=1}^{n}x_je_j$, 所以

$$(\alpha,e_i)=\left(\sum_{j=1}^{n}x_je_j,e_i\right)=\sum_{j=1}^{n}x_j(e_j,e_i)=x_i(e_i,e_i)=x_i\quad(i=1,2,\cdots,n).\quad\blacksquare$$

定义 3.2.7 设 $A\in\mathbb{R}^{n\times n}$ 是正定矩阵.

(1) 称由 $(x,y)_A=x^{\mathrm{T}}Ay$ 定义的内积为 x 与 y 的 A 内积.

(2) 若向量 $p,q\in\mathbb{R}^n$ 在 A 内积下正交, 即满足 $(p,q)_A=p^{\mathrm{T}}Aq=0$, 则称 p,q 是 A-共轭.

(3) 若非零向量组 $\{p_1,p_2,\cdots,p_k\}$ 在 A 内积下是两两正交向量组, 即满足 $(p_i,p_j)_A=0\ (i\neq j)$, 则称 $\{p_1,p_2,\cdots,p_k\}$ 是 A-共轭向量组.

线性无关向量组未必是正交向量组, 因此现在就有一个问题: 能否由一个线性无关向量组 $\beta_1,\beta_2,\cdots,\beta_n$, 构造出一个标准正交向量组 $\alpha_1,\alpha_2,\cdots,\alpha_n$, 使得由它们生成的线性空间是相同的? 回答是肯定的, 通过施密特 (Schmidt) 正交化方法就可以实现. 有如下定理.

定理 3.2.7 设 $\beta_1,\beta_2,\cdots,\beta_n$ 是内积空间 V 中的线性无关向量组, $W=\mathrm{Span}\{\beta_1,\beta_2,\cdots,\beta_n\}$, 则 W 中必存在标准正交基 $\{\alpha_1,\alpha_2,\cdots,\alpha_n\}$.

证明 令

$$\begin{cases}e_1=\beta_1,\\ e_k=\beta_k-\sum\limits_{i=1}^{k-1}\dfrac{(\beta_k,e_i)}{(e_i,e_i)}e_i,\quad k=2,3,\cdots,n,\end{cases}\tag{3.2.6}$$

则 $e_1,e_2,\cdots,e_n$ 是两两正交的非零向量组.

由于向量组 $\beta_1,\beta_2,\cdots,\beta_n$ 线性无关, 因此, 它的任意部分组也都线性无关. 由此可得:

(1) $e_1 \neq \mathbf{0}$.

(2) $e_2 = \beta_2 - \dfrac{(\beta_2, e_1)}{(e_1, e_1)} e_1$, 则 e_2 是 β_1, β_2 的线性组合, 因为 β_1, β_2 线性无关, 所以 $e_2 \neq \mathbf{0}$. 又因为

$$(e_2, e_1) = (\beta_2, e_1) - \frac{(\beta_2, e_1)}{(e_1, e_1)}(e_1, e_1) = 0,$$

所以 e_2 与 e_1 正交.

(3) 假设 $1 < k \leqslant n$, e_1, e_2, $\cdots$, e_{k-1} 是两两正交的非零向量组. 由于

$$e_k = \beta_k - \sum_{i=1}^{k-1} \frac{(\beta_k, \gamma_i)}{(\gamma_i, \gamma_i)} \gamma_i,$$

则 e_k 是 β_1, β_2, $\cdots$, β_k 的线性组合. 由 β_1, β_2, $\cdots$, β_{k-1}, β_k 线性无关, 可知 $e_k \neq 0$, 又因为 e_1, e_2, $\cdots$, e_{k-1} 两两正交, 所以

$$(e_k, e_i) = (\beta_k, e_i) - \frac{(\beta_k, e_i)}{(e_i, e_i)}(e_i, e_i) = 0, \quad i = 1, 2, \cdots, k-1,$$

因此 e_1, e_2, $\cdots$, e_n 是两两正交的非零向量组.

称利用公式 (3.2.6) 求得两两正交的非零向量组 $e_1, e_2, \cdots, e_n$ 的过程为施密特正交化过程.

再令

$$\alpha_i = \frac{e_i}{||e_i||}, \quad i = 1, 2, \cdots, n,$$

则 $\{\alpha_1, \alpha_2, \cdots, \alpha_n\}$ 就是 W 的一组标准正交基.

这一方法称为施密特正交化方法. ■

例题 3.2.4　在 $P_3(t)$ 中定义内积 $(f(t), g(t)) = \displaystyle\int_{-1}^{1} f(t)g(t)\mathrm{d}t, f(t), g(t) \in P_3(t)$, 求内积空间 $P_3(t)$ 的一组标准正交基.

解　取 $P_3(t)$ 的基 $1, t, t^2, t^3$, 将其正交化得到

$$g_0(t) = 1,$$

$$g_1(t) = t - \frac{(t, g_0)}{(g_0, g_0)} g_0 = t - \frac{\displaystyle\int_{-1}^{1} t\mathrm{d}t}{\displaystyle\int_{-1}^{1} 1\mathrm{d}t} \times 1 = t,$$

$$
\begin{aligned}
g_2(t) &= t^2 - \frac{(t^2, g_0)}{(g_0, g_0)} g_0 - \frac{(t^2, g_1)}{(g_1, g_1)} g_1 \\
&= t^2 - \frac{\displaystyle\int_{-1}^{1} t^2 \mathrm{d}t}{\displaystyle\int_{-1}^{1} 1 \mathrm{d}t} \times 1 - \frac{\displaystyle\int_{-1}^{1} t^2 \times t \mathrm{d}t}{\displaystyle\int_{-1}^{1} t \times t \mathrm{d}t} \times t = t^2 - \frac{1}{3},
\end{aligned}
$$

$$
g_3(t) = t^3 - \frac{(t^3, g_0)}{(g_0, g_0)} g_0 - \frac{(t^3, g_1)}{(g_1, g_1)} g_1 - \frac{(t^3, g_2)}{(g_2, g_2)} g_2 = t^3 - \frac{3}{5} t.
$$

再单位化即可得到 $P_3(t)$ 的一组标准正交基:

$$
\begin{aligned}
\varphi_0(t) &= \frac{g_0(t)}{\|g_0(t)\|} = \frac{1}{\sqrt{\displaystyle\int_{-1}^{1} 1 \mathrm{d}t}} = \frac{1}{\sqrt{2}}, \\
\varphi_1(t) &= \frac{g_1(t)}{\|g_1(t)\|} = \frac{1}{\sqrt{\displaystyle\int_{-1}^{1} t^2 \mathrm{d}t}} t = \frac{\sqrt{6}}{2} t, \\
\varphi_2(t) &= \frac{g_2(t)}{\|g_2(t)\|} = \frac{1}{\sqrt{\displaystyle\int_{-1}^{1} \left(t^2 - \frac{1}{3}\right)^2 \mathrm{d}t}} \left(t^2 - \frac{1}{3}\right) = \frac{\sqrt{10}}{4} \left(3t^2 - 1\right), \\
\varphi_3(t) &= \frac{g_3(t)}{\|g_3(t)\|} = \frac{1}{\sqrt{\displaystyle\int_{-1}^{1} \left(t^3 - \frac{3}{5} t\right)^2 \mathrm{d}t}} \left(t^3 - \frac{3}{5} t\right) = \frac{\sqrt{14}}{4} \left(5t^3 - 3t\right). \quad \blacksquare
\end{aligned}
$$

对于内积空间 $P_n(t)$(不仅限于例题 3.2.4 定义的内积), 可以利用 $P_n(t)$ 中的自然基 $1, t, t^2, \cdots, t^n$, 利用施密特正交化方法, 即利用公式 (3.2.6), 求得正交基. 但公式 (3.2.6) 比较复杂, 不利于应用. 实际上, 它可以简化.

定理 3.2.8 对于内积空间 $P_n(t)$, 将 $P_n(t)$ 中的自然基 $\{1, t, t^2, \cdots, t^n\}$, 利用公式 (3.2.6) 进行正交化, 等价于如下三项递推公式:

$$
\begin{cases}
\varphi_0(t) = 1, \\
\varphi_1(t) = t - a_0, \\
\varphi_{k+1}(t) = (t - a_k)\, \varphi_k(t) - b_k \varphi_{k-1}(t), \quad k = 1, 2, \cdots, n-1,
\end{cases}
\tag{3.2.7}
$$

其中

$$\begin{cases} a_k = \dfrac{(t\varphi_k, \varphi_k)}{(\varphi_k, \varphi_k)}, & k = 0, 1, \cdots, n-1, \\ b_k = \dfrac{(\varphi_k, \varphi_k)}{(\varphi_{k-1}, \varphi_{k-1})}, & k = 1, 2, \cdots, n-1. \end{cases} \tag{3.2.8}$$

证明 由公式 (3.2.6),

$$\varphi_0(t) = 1, \quad \varphi_1(t) = t - \frac{(t,1)}{(1,1)}, \quad a_0 = \frac{(t,1)}{(1,1)} = \frac{(t\varphi_0(t), \varphi_0(t))}{(\varphi_0(t), \varphi_0(t))},$$

$$\varphi_{k+1}(t) = t^{k+1} - \sum_{i=0}^{k} \frac{\left(t^{k+1}, \varphi_i(t)\right)}{(\varphi_i(t), \varphi_i(t))} \varphi_i(t). \tag{3.2.9}$$

因为 $\{\varphi_i(t)\}_{i=0}^{k}$ 是首 1 多项式, 所以 t^{k+1} 可表示为

$$t^{k+1} = t\varphi_k(t) + \sum_{i=0}^{k} c_i \varphi_i(t). \tag{3.2.10}$$

注意到

$$(t\varphi_k(t), \varphi_i(t)) = (\varphi_k(t), t\varphi_i(t)), \quad t\varphi_i(t) = \varphi_{i+1}(t) + p_i(t),$$

其中 $p_i(t)$ 是次数不超过 i 的多项式. 利用 $\{\varphi_i(t)\}_{i=0}^{k}$ 的正交性, 有

$$\begin{aligned} \left(t^{k+1}, \varphi_j(t)\right) &= \left(t\varphi_k(t) + \sum_{i=0}^{k} c_i \varphi_i(t), \varphi_j(t)\right) \\ &= (t\varphi_k(t), \varphi_j(t)) + \left(\sum_{i=0}^{k} c_i \varphi_i(t), \varphi_j(t)\right) \\ &= (t\varphi_k(t), \varphi_j(t)) + (c_j \varphi_j(t), \varphi_j(t)) \\ &= (\varphi_k(t), t\varphi_j(t)) + c_j\left(\varphi_j(t), \varphi_j(t)\right), \end{aligned}$$

因此

$$\left(t^{k+1}, \varphi_j(t)\right) = \begin{cases} c_j\left(\varphi_j(t), \varphi_j(t)\right), & j = 0, 1, \cdots, k-2, \\ (\varphi_k(t), \varphi_k(t)) + c_{k-1}\left(\varphi_{k-1}(t), \varphi_{k-1}(t)\right), & j = k-1, \\ (x\varphi_k(t), \varphi_k(t)) + c_k\left(\varphi_k(t), \varphi_k(t)\right), & j = k. \end{cases} \tag{3.2.11}$$

将 (3.2.10), (3.2.11) 代入 (3.2.9) 得到

$$\begin{aligned}\varphi_{k+1}(t) &= \left(t - \frac{(x\varphi_k, \varphi_k)}{(\varphi_k, \varphi_k)}\right)\varphi_k(t) - \frac{(\varphi_k, \varphi_k)}{(\varphi_{k-1}, \varphi_{k-1})}\varphi_{k-1}(t)\\ &= (t - a_k)\,\varphi_k(t) - b_k\varphi_{k-1}(t),\end{aligned}$$

其中 $a_k, b_k, k = 1, 2, \cdots, n-1$ 由式 (3.2.8) 确定. ■

下面的几类正交多项式在多项式拟合和数值积分中有重要用途. 利用 (3.2.7), (3.2.8),

(1) 如果内积定义为

$$(f(t), g(t)) = \int_{-1}^{1} f(t)g(t)\frac{1}{\sqrt{1-t^2}}\mathrm{d}t,$$

可得到如下第一类切比雪夫 (Chebyshev) 多项式

$$T_k(t) = \cos(k \arccos t), \quad k = 0, 1, 2, \cdots, n. \tag{3.2.12}$$

(2) 如果内积定义为

$$(f(t), g(t)) = \int_{-1}^{1} f(t)g(t)\mathrm{d}t,$$

可得到如下勒让德多项式. 它可以从公式 (3.2.13) 递推得到

$$\begin{cases} p_0(t) = 1, \\ p_k(x) = \dfrac{1}{2^k k!}\dfrac{\mathrm{d}^k}{\mathrm{d}x^k}\left[(x^2-1)^n\right], \quad k = 1, 2, \cdots. \end{cases} \tag{3.2.13}$$

(3) 如果内积定义为

$$(f(t), g(t)) = \int_{-\infty}^{\infty} f(t)g(t)\mathrm{e}^{-t^2}\mathrm{d}t,$$

可得到如下埃尔米特多项式:

$$\begin{cases} H_0(t) = 1, \\ H_k(x) = (-1)^n\mathrm{e}^{x^2}\dfrac{\mathrm{d}^k\left(\mathrm{e}^{-x^2}\right)}{\mathrm{d}x^k}, \quad k = 1, 2, \cdots, n. \end{cases} \tag{3.2.14}$$

定理 3.2.9 设 $B \in \mathbb{R}^{m\times r}$, $\mathrm{rank}(B) = r$, 则存在 $m \times r$ 矩阵 Q、上三角阵 R, 它们满足 $Q^{\mathrm{T}}Q = E_r$, $B = QR$. 称 QR 为矩阵 B 的**正交三角分解**, 也称为 **QR 分解**.

证明　将矩阵 B 按列分块为 $B=(b_1,b_2,\cdots,b_r)$，因为矩阵 B 列满秩, 所以 $b_1,b_2,\cdots,b_r$ 线性无关, 利用施密特正交化方法将其正交化:

$$\begin{cases} p_1=b_1, \\ p_2=b_2-\lambda_{21}p_1, \\ \qquad\qquad \cdots\cdots \\ p_r=b_r-\lambda_{r1}p_1-\cdots-\lambda_{r,r-1}p_{r-1}, \end{cases} \tag{3.2.15}$$

其中 $\lambda_{ij}=\dfrac{(b_i,p_j)}{(p_j,p_j)}$.

再将 $p_k(k=1,2,\cdots,r)$ 单位化, 得到

$$q_k=\frac{p_k}{\|p_k\|_2}\quad(k=1,2,\cdots,r). \tag{3.2.16}$$

由式 (3.2.15) 和 (3.2.16) 可得

$$\begin{aligned} b_1&=p_1=\|p_1\|_2\,q_1, \\ b_2&=\lambda_{21}p_1+p_2=\lambda_{21}\|p_1\|_2q_1+\|p_2\|_2q_2, \\ &\qquad\cdots\cdots \\ b_r&=\lambda_{r1}p_1+\cdots+\lambda_{r,r-1}p_{r-1}+p_r \\ &=\lambda_{r1}\|p_1\|_2q_1+\cdots+\lambda_{r,r-1}\|p_{r-1}\|_2q_{r-1}+\|p_r\|_2q_r. \end{aligned} \tag{3.2.17}$$

因此

$$B=(q_1,q_2,\cdots,q_r)\begin{pmatrix} \|p_1\|_2 & \lambda_{21}\|p_1\|_2 & \cdots & \lambda_{r1}\|p_1\|_2 \\ & \|p_2\|_2 & \cdots & \lambda_{r2}\|p_2\|_2 \\ & & \ddots & \vdots \\ & & & \|p_r\|_2 \end{pmatrix}\triangleq QR, \tag{3.2.18}$$

其中 Q 满足 $Q^{\mathrm{T}}Q=E_r$, R 是有对角元素为正数的上三角可逆矩阵. ■

3.3　矩阵分析初步

在线性代数中, 主要讨论了矩阵的代数运算, 没有涉及本节将要介绍的矩阵分析理论. 矩阵分析理论的建立, 同高等数学 (数学分析) 一样, 也是以极限理论为基础的. 它也是研究数值方法和其他数学分支以及许多工程问题的重要工具. 本节的剩余部分, 首先讨论矩阵序列的极限, 然后介绍矩阵级数的收敛定理、函数矩阵的微分和积分.

3.3.1 矩阵序列的极限

定义 3.3.1 设有矩阵序列 $\{A^{(k)}\}$ 和矩阵 $A=(a_{ij})$, 其中 $A^{(k)}=(a_{ij}^{(k)})\in\mathbb{C}^{n\times n}$. 如果 $\lim\limits_{k\to\infty}\|A^{(k)}-A\|=0$, 则称 $\{A^{(k)}\}$ 的极限存在, 并称 A 为 $\{A^{(k)}\}$ 的**极限**, 或称 $\{A^{(k)}\}$ **收敛于**A, 记为

$$\lim_{k\to\infty}A^{(k)}=A,\quad 或\quad A^{(k)}\to A\ (k\to\infty).$$

不收敛的矩阵序列 $\{A^{(k)}\}$ 称为**发散的**.

由定理 3.1.4 知, 矩阵序列 $\sum\limits_{k=1}^{\infty}A^{(k)}$ 收敛的充分必要条件是 n^2 个数项数列 $\sum\limits_{k=1}^{\infty}a_{ij}^{(k)}$ 收敛.

例题 3.3.1 设 $A^{(n)}=\begin{pmatrix}\dfrac{\sin n}{n} & \mathrm{e}^{-n}\\ 1 & \cos(n^{-1})\end{pmatrix}$, 求 $\lim\limits_{n\to+\infty}A^{(n)}$.

解 $\lim\limits_{n\to+\infty}A^{(n)}=\begin{pmatrix}\lim\limits_{n\to+\infty}\dfrac{\sin n}{n} & \lim\limits_{n\to+\infty}\mathrm{e}^{-n}\\ \lim\limits_{n\to+\infty}1 & \lim\limits_{n\to+\infty}\cos(n^{-1})\end{pmatrix}=\begin{pmatrix}0&0\\1&1\end{pmatrix}$. ■

定义 3.3.2 设有矩阵序列 $\{A^{(k)}\}$, 其中 $A^{(k)}=(a_{ij}^{(k)})\in\mathbb{C}^{n\times n}$. 若存在 $M>0$, 使得对一切 k, 都有

$$|a_{ij}^{(k)}|<M\quad (i,j=1,2,\cdots,n),$$

则称矩阵序列 $\{A^{(k)}\}$ 是**有界的**.

矩阵序列收敛的性质, 与数列收敛的性质类似.

定理 3.3.1 收敛的矩阵序列 $\{A^{(k)}\}$ 一定有界.

证明 设矩阵序列 $\{A^{(k)}\}$ 是收敛的序列, 不妨设 $\lim\limits_{n\to\infty}A^{(k)}=A$, 对 $\varepsilon=1$, 存在 $K>0$, 使得对一切 $k>K$ 都有

$$|a_{ij}^{(k)}-a_{ij}|<1,\quad 对所有\ i,j=1,2,\cdots,n.$$

因此

$$|a_{ij}^{(k)}|<\max\{|a_{ij}|+1,i,j=1,2,\cdots,n\}$$

对所有 $i,j=1,2,\cdots,n$ 成立. 从而矩阵序列 $\{A^{(k)}\}$ 有界. ■

定理 3.3.2 设 $\lim\limits_{k\to\infty}A^{(k)}=A$, $\lim\limits_{k\to\infty}B^{(k)}=B$, 则

(1) $\lim\limits_{k\to\infty}(\lambda A^{(k)}+\mu B^{(k)})=\lambda A+\mu B$;

(2) $\lim_{k\to\infty}(A^{(k)}B^{(k)}) = AB$;

(3) 如果 $A^{(k)}$, A 都是可逆矩阵, 则 $\lim_{k\to\infty}(A^{(k)})^{-1} = A^{-1}$.

定理 3.3.3　设 $A \in \mathbb{C}^{n\times n}$. $\lim_{k\to\infty} A^k = \mathbf{0}_{n\times n}$ 的充分必要条件是 $\rho(A) < 1$.

证明　必要性. 设 $\rho(A) < 1$, 由定理 3.1.10 可知, 对 $\varepsilon = \dfrac{1-\rho(A)}{2}$, 存在某一矩阵范数, 使得

$$\|A\| < \rho(A) + \frac{1-\rho(A)}{2} = \frac{1+\rho(A)}{2}.$$

$$\lim_{k\to\infty}\|A^k\| \leqslant \lim_{k\to\infty}\|A\|^k = \lim_{k\to\infty}\left(\frac{1+\rho(A)}{2}\right)^k = 0,$$

因此 $\lim_{k\to\infty} A^k = \mathbf{0}$.

充分性的证明需要利用矩阵的若尔当 (Jordan) 标准形 (见定义 5.2.2), 这里从略. ■

推论 3.3.1　设 $A \in \mathbb{C}^{n\times n}$. 若存在某一矩阵范数 $\|\cdot\| < 1$, 使得 $\|A\| < 1$, 则 $\lim_{k\to\infty} A^k = \mathbf{0}_{n\times n}$.

如 $A = \begin{pmatrix} 0.25 & 0.4 & 0.5 \\ -0.35 & 0.1 & -0.2 \\ 0.15 & 0.1 & -0.1 \end{pmatrix}$. 由于 $\|A\|_1 = 0.8 < 1$, 因此 $\lim_{k\to\infty} A^k = \mathbf{0}_{3\times 3}$.

必须注意的是, 如果我们计算了 A 的某一具体范数, 其值不小于 1, 这时, 我们不能推断出 $\lim_{k\to\infty} A^k \neq \mathbf{0}_{n\times n}$. 如本例题中, $\|A\|_\infty = 1.15 > 1$.

定义 3.3.3　设有矩阵序列 $\{A^{(k)}\}$, 其中 $A^{(k)} = (a_{ij}^{(k)}) \in \mathbb{C}^{n\times n}$. 称

$$A^{(1)} + A^{(2)} + \cdots + A^{(k)} + \cdots$$

为矩阵级数, 记为 $\sum_{k=1}^{\infty} A^{(k)}$.

定义 3.3.4　设有矩阵序列 $\{A^{(k)}\}$.

(1) 称 $S^{(N)} = \sum_{k=1}^{N} A^{(k)}$ 为矩阵级数 $\sum_{k=1}^{\infty} A^{(k)}$ 的**前 N 项部分和**.

(2) 若 $\lim_{N\to\infty} S^{(N)}$ 存在, 且 $\lim_{N\to\infty} S^{(N)} = S$, 则称矩阵级数 $\sum_{k=1}^{\infty} A^{(k)}$ **收敛**, 并称矩阵级数 $\sum_{k=1}^{\infty} A^{(k)}$ 的和为 S, 记为 $\sum_{k=1}^{\infty} A^{(k)} = S$.

(3) 若 $\lim\limits_{N\to\infty} S^{(N)}$ 不存在, 则称矩阵级数 $\sum\limits_{k=1}^{\infty} A^{(k)}$ **发散**.

设 $A^{(k)} = (a_{ij}^{(k)})_{n\times n}$, 由定义 3.3.4 知, 矩阵级数 $\sum\limits_{k=1}^{\infty} A^{(k)}$ 收敛的充分必要条件是 n^2 个数项级数 $\sum\limits_{k=1}^{\infty} a_{ij}^{(k)}$ 收敛.

定义 3.3.5 设 $A^{(k)} = (a_{ij}^{(k)})_{n\times n}$. 对矩阵级数 $\sum\limits_{k=1}^{\infty} A^{(k)}$, 若 n^2 个数项级数 $\sum\limits_{k=1}^{\infty} a_{ij}^{(k)}$ 都绝对收敛, 则称矩阵级数 $\sum\limits_{k=1}^{\infty} A^{(k)}$ **绝对收敛**.

由数项级数的性质、矩阵级数绝对收敛的定义, 我们有:

定理 3.3.4 若矩阵级数 $\sum\limits_{k=1}^{\infty} A^{(k)}$ 绝对收敛, 则它一定收敛, 并且任意调换各项的次序所得的新级数仍收敛, 其和不变.

定理 3.3.5 矩阵级数 $\sum\limits_{k=1}^{\infty} A^{(k)}$ 绝对收敛的充分必要条件是对于任意一种矩阵范数 $||\cdot||$, $\sum\limits_{k=1}^{\infty} ||A^{(k)}||$ 收敛.

证明 设 $A^{(k)} = (a_{ij}^{(k)})_{n\times n}$.

(1) 必要性. 由于矩阵级数 $\sum\limits_{k=1}^{\infty} A^{(k)}$ 绝对收敛, 因此 n^2 个数项级数 $\sum\limits_{k=1}^{\infty} a_{ij}^{(k)}$ 绝对收敛. 因此存在 $M > 0$, 使得对一切 K, 都有

$$\sum_{k=1}^{K} |a_{ij}^{(k)}| < M, \quad i, j = 1, 2, \cdots, n,$$

故

$$\sum_{k=1}^{K} ||A^{(k)}||_{\mathrm{F}} = \sum_{k=1}^{K} \left(\sum_{j=1}^{n} \sum_{i=1}^{n} |a_{ij}^{(k)}|^2 \right)^{\frac{1}{2}} \leqslant n^2 M,$$

因此 $\sum\limits_{k=1}^{\infty} ||A^{(k)}||_{\mathrm{F}}$ 收敛. 利用范数的等价性知, $\sum\limits_{k=1}^{\infty} ||A^{(k)}||$ 收敛.

(2) 充分性. 对于任意一种矩阵范数, $\sum\limits_{k=1}^{\infty} ||A^{(k)}||$ 收敛. 特别地, $\sum\limits_{k=1}^{\infty} ||A^{(k)}||_1$ 收敛. 因此

$$\sum_{k=1}^{\infty}|a_{ij}^{(k)}| \leqslant \sum_{k=1}^{\infty}||A^{(k)}||_1 \quad (\text{对所有 } i,j=1,2,\cdots,n \text{ 成立})$$

故矩阵级数 $\sum\limits_{k=1}^{\infty} A^{(k)}$ 绝对收敛. ■

定理 3.3.6　若矩阵级数 $\sum\limits_{k=1}^{\infty} A^{(k)}$ 收敛 (或绝对收敛), 其和为 S, 则对任意与 $A^{(k)}$ 同阶的矩阵 $P, Q, \sum\limits_{k=1}^{\infty} PA^{(k)}Q$ 收敛 (或绝对收敛), 其和为 PSQ.

3.3.2　方阵的幂级数

下面我们来讨论一类重要的矩阵级数——方阵的幂级数, 因为它是建立矩阵函数的依据.

定义 3.3.6　设 $A \in \mathbb{C}^{n\times n}, \{c_k\}$ 是复数列, 则称 $\sum\limits_{k=0}^{\infty} c_k A^k$ 为方阵 A 的**幂级数**.

定理 3.3.7　若幂级数 $\sum\limits_{k=0}^{\infty} c_k z^k$ 的收敛半径是 r,

(1) 当 $\rho(A) < r$ 时, $\sum\limits_{k=0}^{\infty} c_k A^k$ 绝对收敛;

(2) 当 $\rho(A) > r$ 时, $\sum\limits_{k=0}^{\infty} c_k A^k$ 发散,

其中 $\rho(A)$ 是 n 阶矩阵 A 的谱半径.

证明　(1) 若 $\rho(A) < r$, 由定理 3.1.10 知, 存在某一矩阵范数 $||\cdot||$, 使得

$$||A|| \leqslant \frac{\rho(A)+r}{2},$$

因此

$$||c_k A^k|| \leqslant |c_k| \cdot ||A||^k \leqslant |c_k| \left(\frac{\rho(A)+r}{2}\right)^k.$$

又因幂级数 $\sum\limits_{k=0}^{\infty} c_k z^k$ 的收敛半径是 r, 因此 $\sum\limits_{k=0}^{\infty} |c_k| \left(\frac{\rho(A)+r}{2}\right)^k$ 收敛, 从而 $\sum\limits_{k=0}^{\infty} ||c_k A^k||$ 收敛, 故 $\sum\limits_{k=0}^{\infty} c_k A^k$ 绝对收敛.

(2) 的证明需要用到若尔当标准形, 证明略. ■

推论 3.3.2 (1) 若幂级数 $\sum\limits_{k=0}^{\infty} c_k z^k$ 在整个复平面上收敛, 则对任意方阵 A, $\sum\limits_{k=0}^{\infty} c_k A^k$ 绝对收敛.

(2) 设幂级数 $\sum\limits_{k=0}^{\infty} c_k z^k$ 的收敛半径是 r. 若存在某一矩阵范数 $||\cdot||$, 使得 $||A|| < r$, 则 $\sum\limits_{k=0}^{\infty} c_k A^k$ 绝对收敛.

推论 3.3.3 $E+A+A^2+\cdots+A^k+\cdots$ 绝对收敛的充分必要条件是 $\rho(A) < 1$, 且其和是 $(E-A)^{-1}$.

证明 由于幂级数 $\sum\limits_{k=0}^{\infty} z^k$ 的收敛半径是 1, 因此当 $\rho(A) < 1$ 时, $E+A+A^2+\cdots+A^k+\cdots$ 绝对收敛. 反之, 若 $E+A+A^2+\cdots+A^k+\cdots$ 绝对收敛, 则 $\sum\limits_{k=1}^{\infty} ||A^k||$ 绝对收敛, 故 $||A^k|| \to 0$, 由定理 3.3.7 知, $\rho(A) < 1$.

因为

$$(E+A+A^2+\cdots+A^k+\cdots)(E-A) = E,$$

故

$$(E-A)^{-1} = E+A+A^2+\cdots+A^k+\cdots. \qquad \blacksquare$$

定义 3.3.7 设 $A=(a_{ij})_{n\times n} \in \mathbb{C}^{n\times n}$. 如果 $\sum\limits_{\substack{j=1\\ j\neq i}}^{n} |a_{ij}| < |a_{ii}|$, $i=1,2,\cdots,n$, 则称 A 是**行对角占优的**. 如果 $\sum\limits_{\substack{j=1\\ j\neq i}}^{n} |a_{ji}| < |a_{ii}|$, $i=1,2,\cdots,n$, 则称 A 是 **列对角占优的**.

定理 3.3.8 设 $A=(a_{ij})_{n\times n} \in \mathbb{C}^{n\times n}$. 如果 A 是行 (列) 对角占优的, 则 A 可逆.

证明 由于

$$A = \begin{pmatrix} a_{11} & 0 & \cdots & 0 \\ 0 & a_{22} & \cdots & 0 \\ \vdots & \vdots & & \vdots \\ 0 & 0 & \cdots & a_{nn} \end{pmatrix} \left[\begin{pmatrix} 1 & 0 & \cdots & 0 \\ 0 & 1 & \cdots & 0 \\ \vdots & \vdots & & \vdots \\ 0 & 0 & \cdots & 1 \end{pmatrix} + \begin{pmatrix} 0 & \dfrac{a_{12}}{a_{11}} & \cdots & \dfrac{a_{1n}}{a_{11}} \\ \dfrac{a_{21}}{a_{22}} & 0 & \cdots & \dfrac{a_{2n}}{a_{22}} \\ \vdots & \vdots & & \vdots \\ \dfrac{a_{21}}{a_{nn}} & \dfrac{a_{n2}}{a_{nn}} & \cdots & 0 \end{pmatrix} \right],$$

记

$$\Lambda=\begin{pmatrix} a_{11} & 0 & \cdots & 0 \\ 0 & a_{22} & \cdots & 0 \\ \vdots & \vdots & & \vdots \\ 0 & 0 & \cdots & a_{nn} \end{pmatrix},\quad B=\begin{pmatrix} 0 & \dfrac{a_{12}}{a_{11}} & \cdots & \dfrac{a_{1n}}{a_{11}} \\ \dfrac{a_{21}}{a_{22}} & 0 & \cdots & \dfrac{a_{2n}}{a_{22}} \\ \vdots & \vdots & & \vdots \\ \dfrac{a_{n1}}{a_{nn}} & \dfrac{a_{n2}}{a_{nn}} & \cdots & 0 \end{pmatrix},$$

则 Λ 可逆. 由于 A 是行对角占优, 因此 $||B||_\infty < 1$, 于是 $\rho(B) \leqslant ||B||_\infty < 1$, 故 $E+B$ 可逆, 从而 A 可逆. ■

例如 $A=\begin{pmatrix} 21 & 3 & 1 & -2 \\ 4 & 15 & -2 & 3 \\ 1 & 5 & -20 & 6 \\ 5 & 2 & -5 & 30 \end{pmatrix}$, 由于 A 是行对角占优 (也是列对角占优矩阵), 因此 A 可逆.

例题 3.3.2 判断矩阵幂级数 $\sum\limits_{k=1}^{\infty}\begin{pmatrix} \dfrac{1}{6} & -\dfrac{1}{3} \\ -\dfrac{4}{3} & \dfrac{1}{6} \end{pmatrix}^k$ 的敛散性.

解 记 $A=\begin{pmatrix} \dfrac{1}{6} & -\dfrac{1}{3} \\ -\dfrac{4}{3} & \dfrac{1}{6} \end{pmatrix}$, 容易求得, A 的特征值为 $\lambda_1=-\dfrac{1}{2}$, $\lambda_2=\dfrac{5}{6}$, 故 $\rho(A)=\dfrac{5}{6}<1$. 由于幂级数 $\sum\limits_{k=0}^{+\infty}z^k$ 的收敛半径 $r=1$, 因此矩阵幂级数 $\sum\limits_{k=0}^{\infty}A^k$ 绝对收敛. ■

例题 3.3.3 判断矩阵幂级数 $\sum\limits_{n=1}^{\infty}\dfrac{1}{10^n}\begin{pmatrix} 1 & -2 & 3 \\ -4 & 2 & -3 \\ 4 & -1 & 2 \end{pmatrix}^n$ 的敛散性.

解 记 $A=\begin{pmatrix} 1 & -2 & 3 \\ -4 & 2 & -3 \\ 4 & -1 & 2 \end{pmatrix}$, 则 $||A||_1=9$. 幂级数 $\sum\limits_{k=1}^{\infty}\dfrac{z^n}{10^n}$ 的收敛半径 $r=10$. 由于 $||A||_1=9<10$, 由推论 3.3.2(2), 矩阵幂级数 $\sum\limits_{n=1}^{\infty}\dfrac{1}{10^n}A^n$ 绝对收敛. ■

利用推论 3.3.3, 可求出例题 3.3.2 和例题 3.3.3 中矩阵幂级数的和.

下面给出矩阵函数的幂级数定义.

定义 3.3.8 设函数 $f(z)$ 的幂级数展开式是 $\sum\limits_{k=0}^{\infty} c_k z^k$, 该幂级数的收敛半径是 r , 当矩阵 A 的谱半径 $\rho(A) < r$ 时, 定义

$$f(A) = \sum_{k=0}^{\infty} c_k A^k.$$

例如

$$\mathrm{e}^A = \sum_{k=0}^{\infty} \frac{1}{k!} A^k = E + A + \frac{1}{2!} A^2 + \frac{1}{3!} A^3 + \cdots,$$

$$\cos A = E - \frac{1}{2!} A^2 + \frac{1}{4!} A^4 - \frac{1}{6!} A^6 + \cdots .$$

例题 3.3.4 设 n 阶方阵 A 满足 $A^2 = E$, 求 e^A.

解

$$\begin{aligned}
\mathrm{e}^A &= E + A + \frac{1}{2!} A^2 + \frac{1}{3!} A^3 + \cdots \\
&= \left(1 + \frac{1}{2!} + \frac{1}{4!} + \cdots\right) E + \left(1 + \frac{1}{3!} + \frac{1}{5!} + \cdots\right) A \\
&= \frac{\mathrm{e} + \mathrm{e}^{-1}}{2} E + \frac{\mathrm{e} - \mathrm{e}^{-1}}{2} A.
\end{aligned}$$

■

3.3.3 函数矩阵的微分和积分

下面简要介绍函数的微分和积分.

n 元函数 $f(x_1, x_2, \cdots, x_n)$ 可视为向量变量 $x = (x_1, x_2, \cdots, x_n)^{\mathrm{T}}$ 的实值函数, 记作 $f(x)$.

定义 3.3.9 设区域 $S \subseteq \mathbb{R}^n$, $f : S \to \mathbb{R}$, $\tilde{x}$ 是 S 的内点. 如果存在 n 维向量 p, 对任意 n 维非零向量 Δx, 都有

$$\lim_{\|\Delta x\| \to 0} \frac{f(\tilde{x} + \Delta x) - f(\tilde{x}) - p^{\mathrm{T}} \Delta x}{\|\Delta x\|} = 0, \tag{3.3.1}$$

则称 $f(x)$ 在点 $\tilde{x}$ 处**可微**, 并称

$$\mathrm{d} f(\tilde{x}) = p^{\mathrm{T}} \Delta x \tag{3.3.2}$$

为 $f(x)$ 在点 $\tilde{x}$ 处的**微分**.

式 (3.3.1) 可以写成下述等价形式:

$$f(\tilde{x}+\Delta x)-f(\tilde{x})=p^{\mathrm{T}}\Delta x+o(\|\Delta x\|). \tag{3.3.3}$$

定义 3.3.10 设区域 $S\subseteq\mathbb{R}^n$, $f:S\to\mathbb{R}$, $\tilde{x}$ 是 S 的内点. 如果 $f(x)$ 在点 $\tilde{x}$ 处对于自变量 $x=(x_1,x_2,\cdots,x_n)^{\mathrm{T}}$ 的各分量的偏导数

$$\frac{\partial f(\tilde{x})}{\partial x_i},\quad i=1,2,\cdots,n$$

都存在, 则称函数 f 在点 $\tilde{x}$ 处一阶可导, 并且称向量

$$\nabla f(\tilde{x})=\left(\frac{\partial f(\tilde{x})}{\partial x_1},\frac{\partial f(\tilde{x})}{\partial x_2},\cdots,\frac{\partial f(\tilde{x})}{\partial x_n}\right)^{\mathrm{T}}$$

为 $f(x)$ 在点 $\tilde{x}$ 处的**一阶导数**或**梯度**.

定理 3.3.9 设区域 $S\subseteq\mathbb{R}^n$, $f:S\to\mathbb{R}$, $\tilde{x}$ 是 S 的内点. 如果 $f(x)$ 在点 $\tilde{x}$ 处可微, 则 $f(x)$ 在点 $\tilde{x}$ 处的梯度 $\nabla f(\tilde{x})$ 存在, 并且有

$$\mathrm{d}f(\tilde{x})=[\nabla f(\tilde{x})]^{\mathrm{T}}\Delta x.$$

证明 在 (3.3.1) 式中依次取

$$\Delta x=\Delta x_i e_i,\quad i=1,2,\cdots,n,$$

其中 $\Delta x=(\Delta x_1,\Delta x_2,\cdots,\Delta x_n)^{\mathrm{T}}$, e_i 是第 i 个单位坐标向量 (它的第 i 个分量为 1, 其余分量均为 0), 即

$$e_i=(0,\cdots,0,1,0,\cdots,0)^{\mathrm{T}}.$$

记 $p=(p_1,p_2,\cdots,p_n)^{\mathrm{T}}$, 则

$$f\left(\tilde{x}+\Delta x_i e_i\right)-f(\tilde{x})=p_i\Delta x_i+o\left(|\Delta x_i|\right),\quad i=1,2,\cdots,n,$$

从而

$$\lim_{\Delta x_i\to 0}\frac{f\left(\tilde{x}+\Delta x_i e_i\right)-f(\tilde{x})}{\Delta x_i}=p_i,\quad i=1,2,\cdots,n,$$

故 $\nabla f(\tilde{x})$ 存在且 $p=\nabla f(\tilde{x})$, 从而由 (3.3.2) 式知结论成立. ■

根据定理 3.3.9, 式 (3.3.3) 可写成

$$f(\tilde{x}+\Delta x)=f(\tilde{x})+[\nabla f(\tilde{x})]^{\mathrm{T}}\Delta x+o(\|\Delta x\|), \tag{3.3.4}$$

称 (3.3.4) 为 $f(x)$ 在点 $\tilde{x}$ 的一阶泰勒 (Taylor) 展开式.

下面, 我们来看函数在一点处梯度的一个十分重要的几何性质.

设 $f:\mathbb{R}^n\to\mathbb{R},\tilde{x}\in\mathbb{R}^n$, 则 $f(x)$ 过点 $\tilde{x}$ 的等值面方程为

$$f(x)=f(\tilde{x}).$$

记 $c=f(\tilde{x}),x=(x_1,x_2,\cdots,x_n)^{\mathrm{T}}$, 则上式即为

$$f(x_1,x_2,\cdots,x_n)=c. \tag{3.3.5}$$

设 L 为该等值面上过点 $\tilde{x}=(\tilde{x}_1,\tilde{x}_2,\cdots,\tilde{x}_n)^{\mathrm{T}}$ 的任一光滑曲线, 则 L 可由如下参数形式表示:

$$L:\begin{cases}x_1=x_1(t),\\x_2=x_2(t),\\\quad\cdots\cdots\\x_n=x_n(t),\end{cases} \tag{3.3.6}$$

并且对应地有 $\bar{t}$, 使得

$$\tilde{x}_i=x_i(\bar{t}),\quad i=1,2,\cdots,n.$$

显然, 曲线 L 在点 $\tilde{x}$ 处的切向量为

$$T(\tilde{x})=\left(x_1'(\bar{t}),x_2'(\bar{t}),\cdots,x_n'(\bar{t})\right)^{\mathrm{T}}.$$

将 (3.3.6) 式代入 (3.3.5) 式, 得

$$f\left(x_1(t),x_2(t),\cdots,x_n(t)\right)=c,$$

把上式两边对 t 求导, 然后代入点 $\bar{t}$ 得

$$\frac{\partial f(\tilde{x})}{\partial x_1}x_1'(\bar{t})+\frac{\partial f(\tilde{x})}{\partial x_2}x_2'(\bar{t})+\cdots+\frac{\partial f(\tilde{x})}{\partial x_n}x_n'(\bar{t})=0.$$

于是得到

$$[\nabla f(\tilde{x})]^{\mathrm{T}}T(\tilde{x})=0. \tag{3.3.7}$$

式 (3.3.7) 说明 $f(x)$ 在点 $\tilde{x}$ 处的梯度与 $f(x)$ 过点 $\tilde{x}$ 处等值面上任一曲线 L 在该点的切线垂直, 从而与过该点的切平面垂直. 或者说, $\nabla f(\tilde{x})$ 是曲面 $f(x)=f(\tilde{x})$ 在点 $\tilde{x}$ 处的一个法线方向向量.

定义 3.3.11 设区域 $S \subseteq \mathbb{R}^n$, $f: S \to \mathbb{R}$, $\tilde{x}$ 是 S 的内点. d 是给定的 n 维非零向量, $e = \dfrac{d}{\|d\|}$. 如果

$$\lim_{t \to 0^+} \frac{f(\tilde{x} + te) - f(\tilde{x})}{t} \tag{3.3.8}$$

存在, 则称此极限为 $f(x)$ 在点 $\tilde{x}$ 沿方向 d 的方向导数, 记作 $\dfrac{\partial f(\tilde{x})}{\partial d}$.

定理 3.3.10 设区域 $S \subseteq \mathbb{R}^n$, $f: S \to \mathbb{R}$, $\tilde{x}$ 是 S 的内点, d 是给定的 n 维非零向量, $e = \dfrac{d}{\|d\|}$. 如果 $f(x)$ 在点 $\tilde{x}$ 处可微, 则 $f(x)$ 在 $\tilde{x}$ 处沿任何非零向量 d 的方向导数存在, 且

$$\frac{\partial f(\tilde{x})}{\partial d} = [\nabla f(\tilde{x})]^{\mathrm{T}} e.$$

下面再给出 n 元函数的二阶导数即黑塞 (Hessian) 矩阵的概念.

定义 3.3.12 设区域 $S \subseteq \mathbb{R}^n$, $f: S \to \mathbb{R}$, $\tilde{x}$ 是 S 的内点. 如果 $f(x)$ 在点 $\tilde{x}$ 处的二阶偏导数 $\dfrac{\partial^2 f(\tilde{x})}{\partial x_i \partial x_j}$ 都存在, 则称函数 $f(x)$ 在点 $\tilde{x}$ 处二阶可导, 并称矩阵

$$H(\tilde{x}) = \nabla^2 f(\tilde{x}) = \begin{pmatrix} \dfrac{\partial^2 f(\tilde{x})}{\partial x_1 \partial x_1} & \dfrac{\partial^2 f(\tilde{x})}{\partial x_1 \partial x_2} & \cdots & \dfrac{\partial^2 f(\tilde{x})}{\partial x_1 \partial x_n} \\ \dfrac{\partial^2 f(\tilde{x})}{\partial x_2 \partial x_1} & \dfrac{\partial^2 f(\tilde{x})}{\partial x_2 \partial x_2} & \cdots & \dfrac{\partial^2 f(\tilde{x})}{\partial x_2 \partial x_n} \\ \vdots & \vdots & & \vdots \\ \dfrac{\partial^2 f(\tilde{x})}{\partial x_n \partial x_1} & \dfrac{\partial^2 f(\tilde{x})}{\partial x_n \partial x_2} & \cdots & \dfrac{\partial^2 f(\tilde{x})}{\partial x_n \partial x_n} \end{pmatrix} \tag{3.3.9}$$

为 $f(x)$ 在点 $\tilde{x}$ 处**二阶导数或黑塞矩阵**.

如果 $f(x)$ 在点 $\tilde{x}$ 处的二阶偏导数 $\dfrac{\partial^2 f(\tilde{x})}{\partial x_i \partial x_j}, i, j = 1, 2, \cdots, n$ 都连续, 则

$$\frac{\partial^2 f(\tilde{x})}{\partial x_i \partial x_j} = \frac{\partial^2 f(\tilde{x})}{\partial x_j \partial x_i}, \quad i, j = 1, 2, \cdots, n.$$

此时, 黑塞矩阵 $\nabla^2 f(\tilde{x})$ 是对称矩阵.

例题 3.3.5 设 $\alpha \in \mathbb{R}^n, b \in \mathbb{R}$, 则线性函数

$$f(x) = \alpha^{\mathrm{T}} x + b$$

在任意点 x 处的梯度是

$$\nabla f(x)=\alpha,$$

而黑塞矩阵

$$\nabla^2 f(\tilde{x})=\mathbf{0}_{n\times n}.$$

例题 3.3.6 设 $A\in\mathbb{R}^{n\times n}$ 是对称矩阵, $b\in\mathbb{R}^n, c\in\mathbb{R}$, 则二次函数

$$f(x)=\frac{1}{2}x^{\mathrm{T}}Ax+b^{\mathrm{T}}x+c$$

在点 $\tilde{x}$ 处的梯度是

$$\nabla f(\tilde{x})=A\tilde{x}+b,$$

而黑塞矩阵

$$\nabla^2 f(\tilde{x})=A.$$

例题 3.3.7 设 $d\in\mathbb{R}^n, t\in\mathbb{R}$. $\varphi(t)=f(x+td)$.

(1) 如果 $f(x)$ 是一阶可导, 则

$$\varphi'(t)=\nabla f(x+td)^{\mathrm{T}}d.$$

(2) 如果 $f(x)$ 是二阶可导, 则

$$\varphi''(t)=d^{\mathrm{T}}\nabla^2 f(x+td)d.$$

定理 3.3.11 如果 $f(x)$ 在点 x 处的某邻域内具有二阶连续偏导数, 则 $f(x)$ 在点 x 的泰勒展开式为

$$f(x+\Delta x)=f(x)+\nabla f(x)^{\mathrm{T}}\Delta x+\frac{1}{2!}(\Delta x)^{\mathrm{T}}\nabla^2 f(x)\Delta x+o(\|\Delta x\|^2). \tag{3.3.10}$$

证明 设 $\varphi(t)=f(x+t\Delta x)$, 则 $\varphi(0)=f(x)$, $\varphi(1)=f(x+\Delta x)$. 按一元函数泰勒公式将 $\varphi(t)$ 在 $t_0=0$ 处展开,

$$\varphi(t)=\varphi(0)+\varphi'(0)t+\frac{1}{2}\varphi''(\theta)t^2\quad(0<\theta<t). \tag{3.3.11}$$

由于

$$\varphi'(t)=[\nabla f(x+td)]^{\mathrm{T}}d,\quad \varphi''(\theta)=d^{\mathrm{T}}[\nabla^2 f(x+\theta d)]d,$$

而 $f(x)$ 在点 x 处的某邻域内具有二阶连续偏导数, 因此

$$\frac{\partial^2 f(x+\theta\Delta x)}{\partial x_i\partial x_j}=\frac{\partial^2 f(x)}{\partial x_i\partial x_j}+\alpha_{ij},$$

其中 α_{ij} 是 $\|\Delta x\|$ 的无穷小量. 从而 (3.3.11) 可写成

$$f(x+\Delta x)=f(x)+\nabla f(x)^{\mathrm{T}}\Delta x+\frac{1}{2!}(\Delta x)^{\mathrm{T}}\nabla^2 f(x)\Delta x+o(\|\Delta x\|^2). \quad ■$$

在研究微分方程组时, 为简化对问题的表达及求解过程, 需要考虑以函数为元素的矩阵的微分和积分. 在研究优化等问题时, 则要遇到数量函数对向量变量或矩阵变量的导数, 以及向量值或矩阵值函数对向量变量或矩阵变量的导数. 由于 $\mathbb{C}^{m\times n}$, $\mathbb{R}^{m\times n}$ 是有限维线性空间, 有关概念我们用大家都熟悉的高等数学中的对应概念来定义.

定义 3.3.13 若 $X\subset\mathbb{R}^n, Y\subset\mathbb{R}^m$, 称从 X 到 Y 的映射 f 为从 X 到 Y 的**向量函数**, 简称为**函数**, 其中 X 称为函数 f 的定义域.

易见, 当 $n=2$, $m=1$ 时, 由定义 3.3.13 所确定的函数就是我们原来所熟悉的二元实值函数.

定义 3.3.14 设 $D\subset\mathbb{R}^n$ 为开集, $x_0\in D$, f 是从 X 到 Y 的向量函数. 如果存在 $A\in\mathbb{R}^{m\times n}$, 使得

$$\lim_{x\to x_0}\frac{\|f(x)-f(x_0)-A(x-x_0)\|}{\|x-x_0\|}=0, \tag{3.3.12}$$

则称 $A(x-x_0)$ 为 f 在点 x_0 的微分, 并称 A 为 f 在点 x_0 的**一阶导数**或**雅可比 (Jacobi) 矩阵**, 记作 $Df(x_0)$ 或 $\nabla f(x_0)$.

如果 f 在 D 中任何点处可微, 则称 f 为 D 上的**可微函数**.

下面来导出矩阵 A 的元素与 f 的坐标函数的偏导数之间的联系. 为此设

$$f=\begin{pmatrix} f_1\\ \vdots\\ f_m\end{pmatrix},\quad A=\begin{pmatrix} a_{11} & \cdots & a_{1n}\\ \vdots & & \vdots\\ a_{m1} & \cdots & a_{mn}\end{pmatrix}=\begin{pmatrix} A_1^{\mathrm{T}}\\ \vdots\\ A_m^{\mathrm{T}}\end{pmatrix},$$

其中 $A_i=(a_{i1},\cdots,a_{in})^{\mathrm{T}}, i=1,2,\cdots,m$. 此时, 可微条件 (3.3.12) 等价于

$$f_i(x)-f_i(x_0)=A_i^{\mathrm{T}}(x-x_0)+o(\|x-x_0\|),\quad i=1,2,\cdots,m,$$

即 f 的所有坐标函数 $f_i, i=1,2,\cdots,m$ 在 x_0 可微. 由实值函数可微性的结论知

$$a_{ij}=\left.\frac{\partial f_i}{\partial x_j}\right|_{x=x_0},\quad j=1,2,\cdots,n;\quad i=1,2,\cdots,m.$$

于是当 f 在 x_0 可微时, f 在 x_0 的导数矩阵 (雅可比矩阵) 为

$$A=\begin{pmatrix}\dfrac{\partial f_1}{\partial x_1} & \cdots & \dfrac{\partial f_1}{\partial x_n}\\ \vdots & & \vdots\\ \dfrac{\partial f_m}{\partial x_1} & \cdots & \dfrac{\partial f_m}{\partial x_n}\end{pmatrix}.$$

我们知道, n 元函数 $f:\mathbb{R}^n\to\mathbb{R}$ 的梯度是向量函数

$$\nabla f(x)=\left(\frac{\partial f(x)}{\partial x_1},\frac{\partial f(x)}{\partial x_2},\cdots,\frac{\partial f(x)}{\partial x_n}\right)^{\mathrm{T}}.$$

$\nabla f(x)$ 的一阶导数 (雅可比矩阵) 为

$$\nabla(\nabla f(x))=\begin{pmatrix}\dfrac{\partial}{\partial x_1}\left(\dfrac{\partial f(x)}{\partial x_1}\right) & \dfrac{\partial}{\partial x_2}\left(\dfrac{\partial f(x)}{\partial x_1}\right) & \cdots & \dfrac{\partial}{\partial x_n}\left(\dfrac{\partial f(x)}{\partial x_1}\right)\\ \dfrac{\partial}{\partial x_1}\left(\dfrac{\partial f(x)}{\partial x_2}\right) & \dfrac{\partial}{\partial x_2}\left(\dfrac{\partial f(x)}{\partial x_2}\right) & \cdots & \dfrac{\partial}{\partial x_n}\left(\dfrac{\partial f(x)}{\partial x_2}\right)\\ \vdots & \vdots & & \vdots\\ \dfrac{\partial}{\partial x_1}\left(\dfrac{\partial f(x)}{\partial x_n}\right) & \dfrac{\partial}{\partial x_2}\left(\dfrac{\partial f(x)}{\partial x_n}\right) & \cdots & \dfrac{\partial}{\partial x_n}\left(\dfrac{\partial f(x)}{\partial x_n}\right)\end{pmatrix}$$

$$=\begin{pmatrix}\dfrac{\partial^2 f(x)}{\partial x_1^2} & \dfrac{\partial^2 f(x)}{\partial x_1\partial x_2} & \cdots & \dfrac{\partial^2 f(x)}{\partial x_1\partial x_n}\\ \dfrac{\partial^2 f(x)}{\partial x_2\partial x_1} & \dfrac{\partial^2 f(x)}{\partial x_2^2} & \cdots & \dfrac{\partial^2 f(x)}{\partial x_2\partial x_n}\\ \vdots & \vdots & & \vdots\\ \dfrac{\partial^2 f(x)}{\partial x_n\partial x_1} & \dfrac{\partial^2 f(x)}{\partial x_n\partial x_2} & \cdots & \dfrac{\partial^2 f(x)}{\partial x_n^2}\end{pmatrix}=\nabla^2 f(x).$$

因此, 函数 $f(x)$ 的梯度的雅可比矩阵就是函数 $f(x)$ 的黑塞矩阵.

定义 3.3.15 以变量 t 的函数为元素的矩阵 $A(t)=(a_{ij}(t))_{m\times n}$ 称为**函数矩阵**. 若 $t\in[a,b]$, 则称 $A(t)$ 是定义在 $[a,b]$ 上的函数矩阵; 若每个 $a_{ij}(t)$ 在 $[a,b]$ 上连续 (可微、可积), 则称 $A(t)$ 在 $[a,b]$ 上连续 (可微、可积). 当 $A(t)$ 在 $[a,b]$ 上可微时, 规定其导数为

$$A'(t)=(a'_{ij}(t))_{m\times n} \quad 或 \quad \frac{\mathrm{d}}{\mathrm{d}t}A(t)=\left(\frac{\mathrm{d}}{\mathrm{d}t}a_{ij}(t)\right)_{m\times n};$$

而当 $A(t)$ 在 $[a,b]$ 上可积时, 规定 $A(t)$ 在 $[a,b]$ 上的积分为

$$\int_a^b A(t)\mathrm{d}t = \left(\int_a^b a_{ij}(t)\mathrm{d}t\right)_{m\times n}.$$

例题 3.3.8 设 $A(t) = \begin{pmatrix} t^2+1 & \sin t & t \\ 0 & 1 & \cos t \end{pmatrix}$, 求 $A(t)$ 的导数和 $\int_0^1 A(t)\mathrm{d}t$.

解
$$A'(t) = \begin{pmatrix} 2t & \cos t & 1 \\ 0 & 0 & -\sin t \end{pmatrix},$$

$$\int_0^1 A(t)\mathrm{d}t = \begin{pmatrix} \int_0^1 (t^2+1)\mathrm{d}t & \int_0^1 \sin t\mathrm{d}t & \int_0^1 t\mathrm{d}t \\ 0 & \int_0^1 1\mathrm{d}t & \int_0^1 \cos t\mathrm{d}t \end{pmatrix}$$
$$= \begin{pmatrix} \frac{4}{3} & 1-\cos 1 & \frac{1}{2} \\ 0 & 1 & \sin 1 \end{pmatrix}.$$ ■

关于函数矩阵, 类似于一元函数的求导法则, 有如下求导法则.

定理 3.3.12 设 $A(t)$, $B(t)$ 是适当阶的可微矩阵, $u(t)$ 为可微函数, 则

(1) $[aA(t)+bB(t)]' = aA'(t)+bB'(t)(a,b\in\mathbb{R})$;

(2) $[u(t)A(t)]' = u'(t)A(t)+u(t)A'(t)$;

(3) $[A(t)B(t)]' = A'(t)B(t)+A(t)B'(t)$;

(4) $\frac{\mathrm{d}}{\mathrm{d}t}A(u(t)) = u'(t)\frac{\mathrm{d}}{\mathrm{d}u}A(u)$;

(5) 当 $A(t)$ 可逆时, $\frac{\mathrm{d}}{\mathrm{d}t}A^{-1}(t) = -A^{-1}(t)(A'(t))A^{-1}(t)$.

证明 只证 (5), 其他可利用函数的求导法则直接验证.

由于 $A(t)$ 可逆, 因此 $A(t)A^{-1}(t) = E$, 两边对 t 求导, 并利用 (3) 得

$$A'(t)A^{-1}(t) + A(t)(A^{-1}(t))' = \mathbf{0},$$

从而

$$\frac{\mathrm{d}}{\mathrm{d}t}A^{-1}(t) = -A^{-1}(t)(A'(t))A^{-1}(t).$$ ■

利用定义和一元函数积分的有关定理、性质, 可得:

定理 3.3.13　设 $A(t), B(t)$ 是 $[a,b]$ 上的适当阶的可积矩阵, P, Q 是适当阶的常值矩阵, 则

(1) $\displaystyle\int_a^b [c_1A(t)+c_2B(t)]\mathrm{d}t = c_1\int_a^b A(t)\mathrm{d}t + c_2\int_a^b B(t)\mathrm{d}t(c_1, c_2 \in \mathbb{R})$;

(2) $\displaystyle\int_a^b PA(t)\mathrm{d}t = P\left(\int_a^b A(t)\mathrm{d}t\right), \int_a^b A(t)Q\mathrm{d}t = \left(\int_a^b A(t)\mathrm{d}t\right)Q$;

(3) 当 $A(t)$ 在 $[a,b]$ 上连续时, 对 $t\in(a,b)$, 有 $\displaystyle\frac{\mathrm{d}}{\mathrm{d}t}\int_a^t A(u)\mathrm{d}u = A(t)$;

(4) 当 $A(t)$ 在 $[a,b]$ 上有连续导数时, $\displaystyle\int_a^b A'(t)\mathrm{d}t = A(b)-A(a)$.

习　题　3

习题 3.1　证明由下列公式定义的函数都是 $\mathbb{R}^2$ 上的范数:

(1) $\|x\| = \sqrt{x_1^2 - 2x_1x_2 + 3x_2^2}$.

(2) $\|x\| = \max\{2|x_1|, 3|x_2|\}$.

(3) $\|x\| = \max\{|x_1 - x_2|, |x_1 + 2x_2|\}$.

习题 3.2　计算下列矩阵的 1-范数、2-范数、∞-范数以及弗罗贝尼乌斯范数.

$$A_1 = \begin{pmatrix} 1 & -2 \\ -1 & 2 \end{pmatrix},\quad A_2 = \begin{pmatrix} 0 & 1 & 0 \\ 0 & 0 & 1 \\ 1 & 0 & 0 \end{pmatrix},\quad A_3 = \begin{pmatrix} 4 & -2 & 4 \\ -2 & 1 & -2 \\ 4 & -2 & 4 \end{pmatrix},$$

$$A_4 = \begin{pmatrix} -2 & 4 & 0 & 0 \\ 2 & 3 & 0 & 0 \\ 0 & 0 & 2 & 1 \\ 0 & 0 & -3 & 6 \end{pmatrix},\quad A_5 = \begin{pmatrix} -1 & 2 & 2 \\ 2 & -1 & -2 \\ 2 & -2 & -1 \end{pmatrix}.$$

习题 3.3　证明: $||A||_1 = \max\limits_{1\leqslant j\leqslant n}\sum\limits_{i=1}^n |a_{ij}|$.

习题 3.4　设 $x = \begin{pmatrix} 2 \\ 1 \\ -4 \\ -2 \end{pmatrix}, y = \begin{pmatrix} 1 \\ -1 \\ 1 \\ -1 \end{pmatrix}$. 取 $\mathbb{R}^4$ 中的 2-范数.

(1) 求 x 与 y 之间的距离.

(2) 对 x 和 y, 验证三角不等式成立.

习题 3.5 对 $\mathbb{C}^n$ 上的任意范数, 证明 $\|v\|$ 是连续函数, 即对任意 $\epsilon > 0$, 存在 $\delta > 0$, 当 $|x_i - y_i| < \delta, i = 1, 2, \cdots, n$ 时, 都有 $|\|x\| - \|y\|| < \epsilon$.

习题 3.6 设 $A \in \mathbb{R}^{n\times n}$. 证明:

(1) $\|A\|_2 \leqslant \|A\|_{\mathrm{F}} \leqslant \sqrt{\mathrm{rank}(A)}\|A\|_2$.

(2) $\dfrac{1}{n}\|A\|_\infty \leqslant \|A\|_1 \leqslant n\|A\|_\infty$.

(3) $\dfrac{1}{\sqrt{n}}\|A\|_\infty \leqslant \|A\|_2 \leqslant \sqrt{n}\|A\|_\infty$.

习题 3.7 如果 $\mathrm{rank}(A) = 1$, 证明 $\|A\|_{\mathrm{F}} = \|A\|_2$.

习题 3.8 设 $\|A\|_a$ 是矩阵范数, D 是 n 阶可逆矩阵, 对任何 $A \in \mathbb{R}^{n\times n}$, 定义

$$\|A\|_b = \|D^{-1}AD\|_a.$$

证明: $\|A\|_b$ 是矩阵范数.

习题 3.9 对任意的 $m \times n$ 矩阵 A, 证明下式成立:

$$\frac{1}{\sqrt{n}}\|A\|_1 \leqslant \|A\|_2 \leqslant \sqrt{m}\|A\|_\infty.$$

习题 3.10 设 $f(x) = x^{\mathrm{T}}Ax$, 其中 $A = \begin{pmatrix} 1 & 2 & 0 \\ 2 & 8 & -1 \\ 0 & -1 & 2 \end{pmatrix}$, 求 $f(x)$ 的梯度和黑塞矩阵. 并求 $f(x)$ 的稳定点 x_0.

习题 3.11 求下列极限:

(1) $\lim\limits_{n\to\infty} \begin{pmatrix} (1+n^{-1})^n & 0 \\ \dfrac{1+n}{1-n} & \sqrt[n]{n} \end{pmatrix}$. (2) $\lim\limits_{x\to 0} \dfrac{1}{x} \begin{pmatrix} \sin x & \cos x - 1 \\ x^2 & \mathrm{e}^x - 1 \end{pmatrix}$.

(3) $\lim\limits_{x\to 0} \begin{pmatrix} \dfrac{\sin 2x}{\ln(1+x)} & \dfrac{1-\cos x}{\mathrm{e}^{2x}-1} \\ \sin x & 2x+3 \end{pmatrix}$. (4) $\lim\limits_{n\to\infty} \begin{pmatrix} 1/2 & 1 & 1 \\ 0 & 1/3 & 1 \\ 0 & 0 & 1/4 \end{pmatrix}^n$.

(5) $\lim\limits_{n\to\infty} \begin{pmatrix} 1 & 0 & 0 \\ 0 & 0.3 & 0.5 \\ 0 & 0.4 & -0.5 \end{pmatrix}^n$. (6) $\lim\limits_{n\to\infty} \begin{pmatrix} 1 & -1 & -2 \\ 0 & 0.5 & 0.4 \\ 0 & 0.2 & -0.3 \end{pmatrix}^n$.

习题 3.12 设 $A_k = \begin{pmatrix} 2^{-k} & \dfrac{(-1)^k}{k} \\ 0 & \dfrac{k+2}{k^3+2k+5} \end{pmatrix}$, 讨论矩阵级数 $\sum\limits_{k=1}^{+\infty} A_k$ 的敛

散性.

习题 3.13 求矩阵幂级数 $\sum_{n=1}^{\infty}\begin{pmatrix}0.3 & -0.6\\ 0.4 & 0.5\end{pmatrix}^n$ 的和.

习题 3.14 假设 $A\in\mathbb{R}^{n\times n}$ 满足 $A^2=E_n$, 求 $\mathrm{e}^A,\sin A$.

习题 3.15 若函数矩阵 $A(x)=\begin{pmatrix}3x^2 & 1\\ x-3 & 2x\end{pmatrix}$, 求 $\|A'(1)\|_2$.

习题 3.16 设 $A(t)=\begin{pmatrix}2t & \sin t\\ \mathrm{e}^{-t} & 2\end{pmatrix}$, 求 $\lim\limits_{t\to 0}A(t),\|A'(t)\|_1,\int_0^1 A(t)\mathrm{d}t$.

习题 3.17 设 $A(x)=\begin{pmatrix}\mathrm{e}^{3x} & \sin x & 0\\ x & 5x & x^2\\ \sin 5x & \ln(1+x^2) & 2x\end{pmatrix}$, 求 $\|A'(0)\|_2$.

习题 3.18 证明由 $(v,w)=3v_1w_1+v_1w_2+v_2w_1+5v_2w_2$ 可定义 $\mathbb{R}^2$ 上的内积, 而由 $(v,w)=v_1w_1+v_1w_2+v_2w_1+v_2w_2$ 定义的函数不是 $\mathbb{R}^2$ 上的内积.

习题 3.19 设 $f(x)=x,g(x)=1+x^2$, 在下列定义的内积下, 计算 (f,g), $\|f\|$ 和 $\|g\|$:

(1) L^2 内积

$$(f,g)=\int_0^1 f(x)g(x)\mathrm{d}x.$$

(2) 权内积

$$(f,g)=\int_0^1 f(x)g(x)x\mathrm{d}x.$$

(3) 取样内积

$$(f,g)=f(0)g(0)+f(1)g(1)+f(2)g(2)+f(3)g(3).$$

习题 3.20 (1) 证明由公式

$$(A,B)=\mathrm{tr}\left(A^{\mathrm{T}}B\right),\quad A,B\in\mathbb{R}^{n\times n} \tag{3.3.13}$$

可定义 $\mathbb{R}^{n\times n}$ 的内积. 称它为 $\mathbb{R}^{n\times n}$ 上的标准内积.

(2) 设 $A=\begin{pmatrix}1 & 2\\ 3 & 4\end{pmatrix}$, $B=\begin{pmatrix}-1 & 0\\ 3 & 2\end{pmatrix}$, 在 (1) 定义的标准内积下, 求 $\|A\|$ 和 (A,B) .

(3) 在 (1) 定义的标准内积下求 A 与 B 夹角的余弦.

习题 3.21　在下列定义的内积下, 分别求 $\mathbb{R}^3$ 中与 $(2,1,0)^{\mathrm{T}}$ 和 $(-2,1,1)^{\mathrm{T}}$ 都正交的向量:

(1) 标准内积.

(2) 权内积 $(v,w)=3v_1w_1+2v_2w_2+v_3w_3$.

(3) 由矩阵 $A=\begin{pmatrix}3&-1&0\\-1&1&0\\0&0&2\end{pmatrix}$ 定义的内积 $(v,w)=v^{\mathrm{T}}Aw$.

习题 3.22　设

$$\alpha_1=\begin{pmatrix}1\\2\\-1\\3\end{pmatrix},\alpha_2=\begin{pmatrix}2\\1\\0\\1\end{pmatrix},\alpha_3=\begin{pmatrix}5\\4\\-1\\5\end{pmatrix},A=\begin{pmatrix}2&2&-1&0\\2&4&0&1\\-1&0&5&0\\0&1&0&3\end{pmatrix}.$$

用施密特正交化方法求与 $\alpha_1,\alpha_2,\alpha_3$ 等价的 A-共轭向量组.

习题 3.23　设内积空间 $\mathbb{R}^{2\times 2}$ 在基 $\left\{\begin{pmatrix}1&1\\0&0\end{pmatrix},\begin{pmatrix}2&1\\-1&0\end{pmatrix},\begin{pmatrix}0&1\\2&3\end{pmatrix},\begin{pmatrix}1&2\\-2&4\end{pmatrix}\right\}$ 下的度量矩阵是 $A=\begin{pmatrix}1&2&-1&0\\2&8&0&-2\\-1&0&11&-7\\0&-2&-7&9\end{pmatrix}$, 求 $\begin{pmatrix}1&0\\-2&-3\end{pmatrix}$ 与 $\begin{pmatrix}2&1\\-1&0\end{pmatrix}$ 之间的夹角.

习题 3.24　设 $\{\alpha_1,\alpha_2,\alpha_3\}$ 是线性空间 V 的基. 对任意 $\alpha=x_1\alpha_1+x_2\alpha_2+x_3\alpha_3$, $\beta=y_1\alpha_1+y_2\alpha_2+y_3\alpha_3$, 定义

$$(\alpha,\beta)=(x_1,x_2,x_3)\begin{pmatrix}6&2&4\\2&3&2\\4&2&6\end{pmatrix}\begin{pmatrix}y_1\\y_2\\y_3\end{pmatrix}.$$

(1) 证明由上式定义的 (α,β) 是 V 上的内积.

(2) 求 V 的标准正交基.

习题 3.25　设 V 是内积空间, V 在基 $\{\alpha_1,\alpha_2,\alpha_3,\alpha_4\}$ 下的度量矩阵是

$$A=\begin{pmatrix}2&1&-1&2\\1&5&3&1\\-1&2&6&2\\2&1&2&10\end{pmatrix},$$

$\alpha=2\alpha_1-\alpha_2+\alpha_4$, $\beta=\alpha_1-\alpha_2+\alpha_3+2\alpha_4$.

(1) 求 α 的长度以及 α 与 β 的夹角.

(2) 求 $W=\mathrm{Span}\{\alpha,\beta\}$ 的正交补.

习题 3.26 (1) 证明: 如果 Q 是正交矩阵, 则 $\|Qx\|_2=\|x\|_2$ 对任意 $x\in\mathbb{R}^n$ 成立.

(2) 证明: 如果 $\|Qx\|_2=\|x\|_2$ 对所有 $x\in\mathbb{R}^n$ 成立, 则 Q 是正交矩阵.

习题 3.27 求下列矩阵的 QR 分解:

(1) $\begin{pmatrix}1&2&-1\\2&1&-2\\2&2&0\\-3&1&-2\end{pmatrix}$. (2) $\begin{pmatrix}1&2&2&-3\\2&1&2&1\\-1&-2&0&-2\end{pmatrix}$. (3) $A=\begin{pmatrix}1&2&2&-3\\2&1&2&1\\1&-1&0&4\end{pmatrix}$.

习题 3.28 先求系数矩阵的 QR 分解, 然后利用所得的分解求解线性方程组:

(1) $\begin{pmatrix}1&2\\1&4\end{pmatrix}\begin{pmatrix}x\\y\end{pmatrix}=\begin{pmatrix}1\\0\end{pmatrix}$.

(2) $\begin{pmatrix}2&1&-1\\1&1&2\\2&1&4\end{pmatrix}\begin{pmatrix}x\\y\\z\end{pmatrix}=\begin{pmatrix}9\\0\\-1\end{pmatrix}$.

(3) $\begin{pmatrix}1&1&0\\-1&0&1\\0&-1&1\end{pmatrix}\begin{pmatrix}x\\y\\z\end{pmatrix}=\begin{pmatrix}3\\-5\\-4\end{pmatrix}$.

第4章 线性映射

CHAPTER

4.1 线性映射的定义与性质

定义 4.1.1 设 V 与 W 是数域 $\mathbb{P}$ 上的线性空间, T 是从 V 到 W 的一个映射, 如果 T 满足下列两个条件, 则称 T 是 V 到 W 的**线性映射**:

(1) $\forall\alpha,\beta\in V, T(\alpha+\beta)=T(\alpha)+T(\beta)$;

(2) $\forall\alpha\in V, k\in\mathbb{P}, T(k\alpha)=kT(\alpha)$.

从 V 到 W 的所有线性映射的集合记为 $\mathbb{L}(V,W)$.

定义 4.1.2 设 V 是数域 $\mathbb{P}$ 上的线性空间, 如果 T 是 V 到 V 的线性映射, 则称 T 为线性空间 V 上的**线性变换**.

V 上的所有线性变换的集合记为 $\mathbb{L}(V)$.

定义 4.1.3 设 V 是数域 $\mathbb{P}$ 上的线性空间.

(1) V 上的零变换 O 定义为

$$O(\alpha)=\mathbf{0},\quad \forall\alpha\in V.$$

(2) V 上的恒等变换 Id_V 定义为

$$\mathrm{Id}_V(\alpha)=\alpha,\quad \forall\alpha\in V.$$

Id_V 简记为 Id.

容易验证: V 上的零变换 O 和恒等变换 Id 都是线性变换.

例题 4.1.1 (1) $T_1(f(t))=f''(t),\forall f(t)\in P_n(t)$ 是 $P_n(t)$ 上的线性变换, 它也是从 $P_n(t)$ 到 $P_{n-2}(t)$ 的线性映射.

(2) $T_2(f(t))=\displaystyle\int_0^t f(t)\mathrm{d}t,\forall f(t)\in P_n(t)$ 是从 $P_n(t)$ 到 $P_{n+2}(t)$ 的线性映射.

(3) $T_3(f(t))=\displaystyle\int_0^1 f(t)\mathrm{d}t,\forall f(t)\in P_n(t)$ 是 $P_n(t)$ 上的线性变换.

例题 4.1.2 设

$$A=\begin{pmatrix}1&2\\-1&3\end{pmatrix},\quad B=\begin{pmatrix}2&1\\-2&4\end{pmatrix},\quad C=\begin{pmatrix}1&0\\0&0\end{pmatrix}.$$

判断 $\mathbb{R}^{2\times2}$ 上的下列映射是否为线性变换:

(1) $f(X)=AX-XB,\forall X\in\mathbb{R}^{2\times2}$;

(2) $T(X)=AXB+C,\forall X\in\mathbb{R}^{2\times2}$;

解 (1) 对任意的 $X,Y\in\mathbb{R}^{2\times2}$, $k\in\mathbb{R}$:

$$\begin{aligned}f(X+Y)&=A(X+Y)-(X+Y)B=(AX-XB)+(AY-YB)\\&=f(X)+f(Y),\end{aligned}$$

$$f(kX)=A(kX)-(kX)B=kf(X),$$

因此, f 是 $\mathbb{R}^{2\times2}$ 上的线性变换.

(2) T 不是线性变换, 因为

$$T(2E)=A(2E)B+C=2AB+C,\quad T(E)=A(E)B+C=AB+C$$

$$2T(E)-T(2E)=2AB+2C-2AB-C=C\neq\mathbf{0}_{2\times2}.$$ ■

设 V 与 W 是数域 $\mathbb{P}$ 上的线性空间, T 是 V 到 W 的线性映射, 记:

$$T\left(\alpha_1,\alpha_2,\cdots,\alpha_m\right)=\left(T\left(\alpha_1\right),T\left(\alpha_2\right),\cdots,T\left(\alpha_m\right)\right).$$

定理 4.1.1 设 V 与 W 是数域 $\mathbb{P}$ 上的线性空间, T 是 V 到 W 的线性映射, α_1, α_2, $\cdots$, α_m 是 V 中的向量组, 则有

(1) $T(\mathbf{0}_V)=\mathbf{0}_W$, 其中 $\mathbf{0}_V$ 是 V 的零元素, $\mathbf{0}_W$ 是 W 的零元素.

(2) 若 $\beta=k_1\alpha_1+k_2\alpha_2+\cdots+k_m\alpha_m$, 则

$$T(\beta)=k_1T\left(\alpha_1\right)+k_2T\left(\alpha_2\right)+\cdots+k_mT\left(\alpha_m\right),$$

进而有

$$T(\mathrm{Span}\{\alpha_1,\alpha_2,\cdots,\alpha_m\})=\mathrm{Span}\{T(\alpha_1),T(\alpha_2),\cdots,T(\alpha_m)\}.$$

(3) 如果 α_1, α_2, $\cdots$, α_m 线性相关, 则 $T(\alpha_1)$, $T(\alpha_2)$, $\cdots$, $T(\alpha_m)$ 也线性相关.

(4) 如果 $T(\alpha_1)$, $T(\alpha_2)$, $\cdots$, $T(\alpha_m)$ 线性无关, 则 α_1, α_2, $\cdots$, α_m 也线性无关.

定义 4.1.4 设 V 与 W 是数域 $\mathbb{P}$ 上的线性空间, T 是 V 到 W 的线性映射.

(1) V 中所有向量在 T 下的象 $T(\alpha)$ 的集合称为 T 的**值域**, 记作 $R(T)$, 即

$$R(T)=\{T(\alpha):\alpha\in V\}.$$

$R(T)$ 也被称为 T 的象子空间.

(2) 在线性空间 V 中, 所有被 T 变为 $\mathbf{0}_W$ 的向量构成的集合称为 T 的**零空间**, 记作 $N(T)$, 即

$$N(T) = \{\alpha : T(\alpha) = \mathbf{0}_W\},$$

$N(T)$ 也被称为 T 的**核空间**.

定理 4.1.2 设 V 与 W 是数域 $\mathbb{P}$ 上的线性空间, T 是 V 到 W 的线性映射, 则有:

(1) $R(T)$ 是 W 的子空间;

(2) $N(T)$ 是 V 的子空间.

证明 (1) 因为 V 非空, 所以 $R(T)$ 也非空. 对任意的 $\tilde{\alpha}, \tilde{\beta} \in R(T), k \in \mathbb{P}$, 存在 $\alpha, \beta \in V$, 使得

$$T(\alpha) = \tilde{\alpha}, \quad T(\beta) = \tilde{\beta}.$$

又因为 T 是 V 到 W 的线性映射, 所以

$$\tilde{\alpha} + \tilde{\beta} = T(\alpha) + T(\beta) = T(\alpha + \beta) \in R(T),$$

$$k\tilde{\alpha} = k(T(\alpha)) = T(k\alpha) \in R(T).$$

这就证明了 $R(T)$ 对于线性运算封闭. 由定理 2.2.1 可得, $R(T)$ 是 W 的线性子空间.

(2) 由于 $T(\mathbf{0}_V) = \mathbf{0}_W$, 因此 $\mathbf{0}_V \in N(T)$, 从而 $N(T)$ 是 V 的非空子集.

对任意 $\alpha, \beta \in N(T)$, $T(\alpha) = T(\beta) = \mathbf{0}_W$. 又因为 T 是 V 到 W 的线性映射, 因此

$$T(\alpha + \beta) = T(\alpha) + T(\beta) = \mathbf{0}_W, \quad T(k\alpha) = kT(\alpha) = \mathbf{0}_W.$$

从而有 $N(T)$ 对于线性运算封闭. 由定理 2.2.1 可得, $N(T)$ 是 V 的线性子空间. ■

定义 4.1.5 设 V 与 W 是数域 $\mathbb{P}$ 上的线性空间, T 是 V 到 W 的线性映射.

(1) 称 $\dim(R(T))$ 为 T 的秩, 记为 $\mathrm{rank}(T)$;

(2) 称 $\dim(N(T))$ 为 T 的零度 (亏度) , 记为 $\mathrm{null}(T)$.

由定理 4.1.1 可得如下结论.

推论 4.1.1 设 V 与 W 是数域 $\mathbb{P}$ 上的线性空间, T 是 V 到 W 的线性映射, $\{\alpha_1, \alpha_2, \cdots, \alpha_n\}$ 是 V 的基, 则

$$R(T) = \mathrm{Span}\{T(\alpha_1), T(\alpha_2), \cdots, T(\alpha_n)\}.$$

推论 4.1.1 告诉我们: $T(\alpha_1), T(\alpha_2), \cdots, T(\alpha_n)$ **的极大线性无关组就是** $R(T)$ **的基**.

定理 4.1.3 (线性映射的维数公式) 设 V 与 W 是数域 $\mathbb{P}$ 上的线性空间, T 是 V 到 W 的线性映射, 则有

$$\dim(R(T))+\dim(N(T))=\dim(V). \tag{4.1.1}$$

证明 设 $\dim(N(T))=r>0, \dim(V)=n$, $\{\alpha_1,\alpha_2,\cdots,\alpha_r\}$ 是 $N(T)$ 的基, 将其扩充为 V 的基 $\{\alpha_1,\alpha_2,\cdots,\alpha_r,\alpha_{r+1},\cdots,\alpha_n\}$. 由推论 4.1.1 有

$$R(T)=\operatorname{Span}\left\{T\left(\alpha_1\right),T\left(\alpha_2\right),\cdots,T\left(\alpha_n\right)\right\}.$$

由于 $\alpha_i\in N(T)$ $(i=1,2,\cdots,r)$, 因此 $T\left(\alpha_i\right)=\mathbf{0}_W$, 从而

$$R(T)=\operatorname{Span}\left\{T\left(\alpha_{r+1}\right),T\left(\alpha_{r+2}\right),\cdots,T\left(\alpha_n\right)\right\}.$$

以下证明 $\left\{T\left(\alpha_{r+1}\right),T\left(\alpha_{r+2}\right),\cdots,T\left(\alpha_n\right)\right\}$ 是 $R(T)$ 的基.

设 $k_{r+1},k_{r+2},\cdots,k_n$ 使得

$$k_{r+1}T\left(\alpha_{r+1}\right)+k_{r+2}T\left(\alpha_{r+2}\right)+\cdots+k_nT\left(\alpha_n\right)=\mathbf{0}_W,$$

则

$$T\left(k_{r+1}\alpha_{r+1}+k_{r+2}\alpha_{r+2}+\cdots+k_n\alpha_n\right)=\mathbf{0}_W,$$

因此

$$k_{r+1}\alpha_{r+1}+k_{r+2}\alpha_{r+2}+\cdots+k_n\alpha_n\in N(T),$$

从而存在 $k_1,k_2,\cdots,k_r\in\mathbb{P}$ 使得

$$k_{r+1}\alpha_{r+1}+k_{r+2}\alpha_{r+2}+\cdots+k_n\alpha_n=k_1\alpha_1+k_2\alpha_2+\cdots+k_r\alpha_r,$$

即

$$k_1\alpha_1+k_2\alpha_2+\cdots+k_r\alpha_r-k_{r+1}\alpha_{r+1}-k_{r+2}\alpha_{r+2}-\cdots-k_n\alpha_n=\mathbf{0}_V.$$

又因为 $\{\alpha_1,\alpha_2,\cdots,\alpha_n\}$ 是 V 的基, 它们线性无关, 所以 $k_i=0$ $(i=1,2,\cdots,n)$, 由此可知 $T\left(\alpha_{r+1}\right),T\left(\alpha_{r+2}\right),\cdots,T\left(\alpha_n\right)$ 也线性无关, 因此 $\dim(R(T))=n-r$. ■

需要注意的是: 如果 T 是 V 上的线性变换, 此时 $R(T),N(T)$ 都是 V 的子空间, 仍然有 $\dim R(T)+\dim(N(T))=\dim(V)=n$, 但是 $R(T)+N(T)$ 并不一定等于 V. 例如: 在 $P_n(t)$ 中, 令 $T(p(t))=p'(t)$, 则 $R(T)=P_{n-1}(t),N(T)=R$, 显然 $R(T)+N(T)\neq P_n(t)$.

例题 4.1.3　设 $M=\begin{pmatrix}1 & 2\\ -1 & 3\end{pmatrix}$. $\mathbb{R}^{2\times 2}$ 上的线性变换 T 定义如下:

$$T(X)=MX-XM\quad \left(\forall X\in\mathbb{R}^{2\times 2}\right).$$

求 $R(T)$ 的基与 $\dim(N(T))$.

解　取 $\mathbb{R}^{2\times 2}$ 的基 $\{E_{11},E_{12},E_{21},E_{22}\}$, 则

$$T\left(E_{11}\right)=\begin{pmatrix}0 & -2\\ -1 & 0\end{pmatrix},\quad T\left(E_{12}\right)=\begin{pmatrix}1 & -2\\ 0 & -1\end{pmatrix},$$

$$T\left(E_{21}\right)=\begin{pmatrix}2 & 0\\ 2 & -2\end{pmatrix},\quad T\left(E_{22}\right)=\begin{pmatrix}0 & 2\\ 1 & 0\end{pmatrix}.$$

由 $T\left(E_{11}\right),T\left(E_{12}\right),T\left(E_{21}\right),T\left(E_{22}\right)$ 在基 $\{E_{11},E_{12},E_{21},E_{22}\}$ 的坐标为列向量所构成的矩阵 A 为

$$A=\begin{pmatrix}0 & 1 & 2 & 0\\ -2 & -2 & 0 & 2\\ -1 & 0 & 2 & 1\\ 0 & -1 & -2 & 0\end{pmatrix}\sim\begin{pmatrix}1 & 0 & -2 & -1\\ 0 & 1 & 2 & 0\\ 0 & 0 & 0 & 0\\ 0 & 0 & 0 & 0\end{pmatrix}=B,$$

从 B 可知 $\begin{pmatrix}0 & -2\\ -1 & 0\end{pmatrix},\begin{pmatrix}1 & -2\\ 0 & -1\end{pmatrix}$ 是向量组 $T\left(E_{11}\right),T\left(E_{12}\right),T\left(E_{21}\right),T\left(E_{22}\right)$ 的一个极大线性无关组, 再由推论 4.1.1 可知, $\left\{\begin{pmatrix}0 & -2\\ -1 & 0\end{pmatrix},\begin{pmatrix}1 & -2\\ 0 & -1\end{pmatrix}\right\}$ 是 $R(T)$ 的基, $\dim(R(T))=2$.

由公式 (4.1.1) 可得

$$\dim(N(T))=\dim(\mathbb{R}^{2\times 2})-\dim(R(T))=4-2=2.$$ ■

定义 4.1.6　设 T 是线性空间 V 上的一个线性变换, W 是 V 的一个子空间, 如果对任意的向量 $\alpha\in W$, 都有 $T(\alpha)\in W$, 则称 W 是 T 的**不变子空间**, 简称为不变子空间.

例题 4.1.4　线性空间 V 和 $\{\mathbf{0}_V\}$ 在任何线性变换 T 下显然不变. 因此, 称线性空间 V 和 $\{\mathbf{0}_V\}$ 是 T 的**平凡不变子空间**.

例题 4.1.5　设 T 是线性空间 V 上的一个线性变换, 则 $R(T),N(T)$ 是 T 的不变子空间. 这是因为 $\forall\alpha\in N(T)$ 都有 $T(\alpha)=\mathbf{0}_V\in N(T)$, $T(R(T))\subseteq R(T)$.

定理 4.1.4 线性变换 T 的不变子空间的和是不变子空间; 线性变换 T 的不变子空间的交也是不变子空间.

证明 在 V_1+V_2 中任取一向量 α, 则存在 $\alpha_1 \in V_1, \alpha_2 \in V_2$, 使得 $\alpha=\alpha_1+\alpha_2$. V_1, V_2 都是 T 的不变子空间, 因此

$$T(\alpha_1) \in V_1, \quad T(\alpha_2) \in V_2.$$

由于 T 是线性变换, 因此

$$T(\alpha)=T(\alpha_1+\alpha_2)=T(\alpha_1)+T(\alpha_2) \in V_1+V_2,$$

故 V_1+V_2 是 T 的不变子空间.

任取 $\alpha \in V_1 \cap V_2$, 则有 $\alpha \in V_1, \alpha \in V_2$. 由于 V_1, V_2 都是 T 的不变子空间, 因此 $T(\alpha) \in V_1, T(\alpha) \in V_2$, 从而有 $T(\alpha) \in V_1 \cap V_2$, 故 $V_1 \cap V_2$ 是 T 的不变子空间. ■

下面给出线性空间 V 的有限维子空间 W 是 T 的不变子空间的一个判别法则.

定理 4.1.5 设线性空间 V 的子空间 $W=\operatorname{Span}\{\alpha_1, \alpha_2, \cdots, \alpha_m\}$, 则 W 是线性变换 T 的不变子空间的充要条件是 $T(\alpha_i) \in W, i=1,2,\cdots,m$.

证明 必要性显然成立.

充分性. 设 $T(\alpha_i) \in W, i=1,2,\cdots,m$. 对 $\beta=x_1\alpha_1+x_2\alpha_2+\cdots+x_m\alpha_m \in W$,

$$\begin{aligned}T(\beta)&=T(x_1\alpha_1+x_2\alpha_2+\cdots+x_m\alpha_m)\\&=x_1T(\alpha_1)+x_2T(\alpha_2)+\cdots+x_mT(\alpha_m) \in W.\end{aligned}$$ ■

定义 4.1.7 设 V 与 W 是数域 $\mathbb{P}$ 上的线性空间, $k \in \mathbb{P}$, T_1, T_2, T 是从 V 到 W 的线性映射.

(1) T_1 与 T_2 的和 T_1+T_2 定义为

$$(T_1+T_2)(\alpha)=T_1(\alpha)+T_2(\alpha), \quad \forall \alpha \in V.$$

(2) k 与 T 的数乘 kT 定义为

$$(kT)(\alpha)=k(T(\alpha)), \quad \forall \alpha \in V.$$

定理 4.1.6 设 V 与 W 是数域 $\mathbb{P}$ 上的线性空间, $k, \mu \in \mathbb{P}$, T_1, T_2, T 是 V 到 W 的线性映射, 则 T_1+T_2 和 kT 都是从 V 到 W 的线性映射. 定义的加法和数乘运算满足以下运算律:

(1) $T_1+T_2=T_2+T_1, \forall T_1,T_2\in\mathbb{L}(V,W)$;

(2) $(T_1+T_2)+T_3=T_1+(T_2+T_3), \forall T_1,T_2,T_3\in\mathbb{L}(V,W)$;

(3) $(k\mu)T=k(\mu T), \forall T\in\mathbb{L}(V,W), k,\mu\in\mathbb{P}$;

(4) $k(T_1+T_2)=kT_1+kT_2, \forall T_1,T_2\in\mathbb{L}(V,W), k\in\mathbb{P}$;

(5) $(k+\mu)T+T=kT+\mu T, \forall T\in\mathbb{L}(V,W), k,\mu\in\mathbb{P}$;

(6) $1T=T, \forall T\in\mathbb{L}(V,W)$.

由定理 4.1.6 可知, 如果 V 是数域 $\mathbb{P}$ 上的线性空间, $\mathbb{L}(V)$ 在定义 4.1.8 中定义的加法和数乘法下也构成数域 $\mathbb{P}$ 上的线性空间.

定义 4.1.8　设 U, V 与 W 都是数域 $\mathbb{P}$ 上的线性空间, T_1 是从 U 到 V 的线性映射, T_2 是从 V 到 W 的线性映射. T_2 与 T_1 的积 T_2T_1 定义为

$$(T_2T_1)(\alpha)=T_2(T_1(\alpha)), \quad \forall\alpha\in U.$$

在此定义下, T_2T_1 是从 U 到 W 的线性映射.

定义 4.1.9　设 V 与 W 都是数域 $\mathbb{P}$ 上的线性空间, $T\in\mathbb{L}(V,W)$. 如果存在 $S\in\mathbb{L}(W,V)$, 使得 $TS=\mathrm{Id}_W, ST=\mathrm{Id}_V$, 则称 T 是**可逆的**, 且称 S 是 T 的**逆变换**, T 的逆变换 S 记为 T^{-1}.

定理 4.1.7　设 V 与 W 都是数域 $\mathbb{P}$ 上的 n 维线性空间, $T\in\mathbb{L}(V,W)$. 下列命题等价:

(1) T 是可逆的;

(2) 若 $\{\alpha_1,\alpha_2,\cdots,\alpha_n\}$ 是线性空间 V 的基, 则 $T(\alpha_1), T(\alpha_2), \cdots, T(\alpha_n)$ 线性无关;

(3) $R(T)=V$;

(4) $\dim(R(T))=n$;

(5) $N(T)=\{\mathbf{0}_V\}$;

(6) $\dim(N(T))=0$.

定义 4.1.10　设 U 和 V 是数域 $\mathbb{P}$ 上的两个线性空间, T 是 U 到 V 的可逆线性映射, 则称 T 是 U 到 V 的**同构映射**. 如果 U 到 V 的同构映射存在, 则称 U 与 V **同构**, 记为 $U\cong V$.

注 10　(1) 线性空间 V 到自身的恒等映射是同构映射.

(2) 同构作为线性空间之间的一种关系具有自反性、对称性与传递性.

(3) 数域 $\mathbb{P}$ 上任一 n 维线性空间都与 $\mathbb{P}^n$ 同构. 由同构的对称性与传递性即得, 数域 $\mathbb{P}$ 上任意两个 n 维线性空间都同构.

定理 4.1.8　数域 $\mathbb{P}$ 上两个有限维线性空间同构的充要条件是它们有相同的维数.

定理 4.1.8 说明, 维数是有限维线性空间的唯一本质特征. 在线性空间的抽象讨论中, 我们并没有考虑线性空间的元素是什么, 也没有考虑其中运算是怎样定义的, 而只涉及线性空间在所定义的运算下的代数性质. 从这个观点看来, 同构的线性空间是可以不加区别的.

4.2 线性映射的表示矩阵

为了利用矩阵来研究线性映射, 我们来建立线性映射与矩阵的关系.

设 V 是数域 $\mathbb{P}$ 上的 n 维线性空间, $\mathcal{B}=\{\alpha_1,\alpha_2,\cdots,\alpha_n\}$ 是 V 的基, W 是数域 $\mathbb{P}$ 上的 m 维线性空间, $\mathcal{B}'=\{\beta_1,\beta_2,\cdots,\beta_m\}$ 为 W 的基, T 是 V 到 W 的一个线性映射.

对 $i\in\{1,2,\cdots,n\}$, 由于 $T(\alpha_i)\in W$, 因此 $T(\alpha_i)$ 可以由 $\beta_1,\beta_2,\cdots,\beta_m$ 唯一线性表示. 假设

$$\begin{cases} T(\alpha_1)=a_{11}\beta_1+a_{21}\beta_2+\cdots+a_{m1}\beta_m, \\ T(\alpha_2)=a_{12}\beta_1+a_{22}\beta_2+\cdots+a_{m2}\beta_m, \\ \qquad\qquad\cdots\cdots \\ T(\alpha_n)=a_{1n}\beta_1+a_{2n}\beta_2+\cdots+a_{mn}\beta_m, \end{cases} \tag{4.2.1}$$

其中 $(a_{1j},a_{2j}\cdots,a_{mj})^{\mathrm{T}}$ 就是 $T(\alpha_j)$ $(j=1,2,\cdots,n)$ 在基 $\{\beta_1,\beta_2,\cdots,\beta_m\}$ 下的坐标.

令

$$A=\begin{pmatrix} a_{11} & a_{12} & \cdots & a_{1n} \\ a_{21} & a_{22} & \cdots & a_{2n} \\ \vdots & \vdots & & \vdots \\ a_{m1} & a_{m2} & \cdots & a_{mn} \end{pmatrix},$$

称矩阵 A 为线性映射 T 关于基对 $(\mathcal{B},\mathcal{B}')$ 的**表示矩阵**, 记为 $[T]_{(\mathcal{B},\mathcal{B}')}$.

借鉴矩阵乘法的记号, 式 (4.2.1) 可形式地记为

$$T(\alpha_1,\alpha_2,\cdots,\alpha_n)=(\beta_1,\beta_2,\cdots,\beta_m)A. \tag{4.2.2}$$

显然矩阵 A 由线性映射 T 唯一确定; 反过来, 若给定 $m\times n$ 矩阵 A, 则由式 (4.2.1) 可确定基 $\mathcal{B}$ 的象 $T(\alpha_1),T(\alpha_2),\cdots,T(\alpha_n)$, 再由定理 4.1.1(2) 可知线性映射 T 就完全确定. 这就是说, 在给定基对 $(\mathcal{B},\mathcal{B}')$ 下, 线性空间 V 到 W 的线性映射 T 与 $m\times n$ 矩阵 A 一一对应.

如果 T 是 n 维线性空间 V 上的线性变换, 一般取 $\mathcal{B}'=\mathcal{B}=\{\alpha_1,\alpha_2,\cdots,\alpha_n\}$. 如果

$$\begin{cases} T(\alpha_1)=a_{11}\alpha_1+a_{21}\alpha_2+\cdots+a_{n1}\alpha_n, \\ T(\alpha_2)=a_{12}\alpha_1+a_{22}\alpha_2+\cdots+a_{n2}\alpha_n, \\ \qquad\qquad\cdots\cdots \\ T(\alpha_n)=a_{1n}\alpha_1+a_{2n}\alpha_2+\cdots+a_{nn}\alpha_n, \end{cases} \tag{4.2.3}$$

其中 $(a_{1j},a_{2j}\cdots,a_{nj})^{\mathrm{T}}$ 是 $T(\alpha_j)$ $(i,j=1,2,\cdots,n)$ 在基 $\mathcal{B}$ 下的坐标.

令

$$A=\begin{pmatrix} a_{11} & a_{12} & \cdots & a_{1n} \\ a_{21} & a_{22} & \cdots & a_{2n} \\ \vdots & \vdots & & \vdots \\ a_{n1} & a_{n2} & \cdots & a_{nn} \end{pmatrix},$$

称矩阵 A 为线性变换 T 关于基 $\mathcal{B}$ 的**表示矩阵**, 记为 $[T]_{\mathcal{B}}$.

定理 4.2.1 设 $\mathcal{B}=\{\alpha_1,\alpha_2,\cdots,\alpha_n\}$ 是线性空间 V 的一组基, $\mathcal{B}'=\{\beta_1,\beta_2,\cdots,\beta_m\}$ 是线性空间的 W 的一组基, A 是 V 到 W 的线性映射 T 关于基对 $(\mathcal{B},\mathcal{B}')$ 的表示矩阵, 则

$$[T(\alpha)]_{\mathcal{B}'}=A[\alpha]_{\mathcal{B}}, \quad 对任意的\ \alpha\in V. \tag{4.2.4}$$

称式 (4.2.4) 为 T 的解析表示.

证明 设 $[T(\alpha)]_{\mathcal{B}'}=y,[\alpha]_{\mathcal{B}}=x$, 利用形式记号, 我们可以证明如下:

$$\begin{aligned} T(\alpha)&=T((\alpha_1,\alpha_2,\cdots,\alpha_n)x) \\ &=T((\alpha_1,\alpha_2,\cdots,\alpha_n))x \\ &=(\beta_1,\beta_2,\cdots,\beta_m)Ax=(\beta_1,\beta_2,\cdots,\beta_m)y, \end{aligned}$$

由于向量 $T(\alpha)$ 在基 $\mathcal{B}'$ 下的坐标是唯一的, 因此 $y=Ax$. ■

借助线性空间的基, 在线性映射与矩阵之间建立一一对应关系, 因此我们可以利用矩阵来研究线性映射.

设 $\mathcal{B}=\{\alpha_1,\alpha_2,\cdots,\alpha_n\}$ 是线性空间 V 的基, $\mathcal{B}'=\{\beta_1,\beta_2,\cdots,\beta_m\}$ 是线性空间 W 的基, A 是 V 到 W 的线性映射 T 关于基对 $(\mathcal{B},\mathcal{B}')$ 的表示矩阵, 则

(1) $R(T)$ 的基的坐标对应于 A 的列向量组的极大线性无关组;

(2) $N(T)$ 的基的坐标对应于 $Ax=0$ 的基础解系;

(3) $\dim(R(T))=\mathrm{rank}(A),\dim(N(T))=\dim(V)-\mathrm{rank}(A)$.

例题 4.2.1 (例题 4.1.3 续) 设 $M=\begin{pmatrix} 1 & 2 \\ -1 & 3 \end{pmatrix}$, $\mathbb{R}^{2\times 2}$ 的线性变换 T 定义如下:

$$T(X)=MX-XM \quad (\forall X\in\mathbb{R}^{2\times 2}),$$

求 $R(T)$, $N(T)$ 的基与维数.

解 取 $\mathbb{R}^{2\times 2}$ 的基 $\{E_{11},E_{12},E_{21},E_{22}\}$, 则

$$T(E_{11})=\begin{pmatrix} 0 & -2 \\ -1 & 0 \end{pmatrix},\quad T(E_{12})=\begin{pmatrix} 1 & -2 \\ 0 & -1 \end{pmatrix},$$

$$T(E_{21})=\begin{pmatrix} 2 & 0 \\ 2 & -2 \end{pmatrix},\quad T(E_{22})=\begin{pmatrix} 0 & 2 \\ 1 & 0 \end{pmatrix},$$

所以 T 在 $\{E_{11},E_{12},E_{21},E_{22}\}$ 下的表示矩阵为

$$A=\begin{pmatrix} 0 & 1 & 2 & 0 \\ -2 & -2 & 0 & 2 \\ -1 & 0 & 2 & 1 \\ 0 & -1 & -2 & 0 \end{pmatrix}\sim\begin{pmatrix} 1 & 0 & -2 & -1 \\ 0 & 1 & 2 & 0 \\ 0 & 0 & 0 & 0 \\ 0 & 0 & 0 & 0 \end{pmatrix}.$$

(1) $(0,-2,-1,0)^{\mathrm{T}}$, $(1,-2,0,-1)^{\mathrm{T}}$ 是 A 的列向量组的一个极大线性无关组, 因此 $\left\{\begin{pmatrix} 0 & -2 \\ -1 & 0 \end{pmatrix},\begin{pmatrix} 1 & -2 \\ 0 & -1 \end{pmatrix}\right\}$ 是 $R(T)$ 的基, $\dim(R(T))=2$.

(2) $(2,-2,1,0)^{\mathrm{T}}$, $(1,0,0,1)^{\mathrm{T}}$ 是 $Ax=\mathbf{0}$ 的基础解系, 因此 $\left\{\begin{pmatrix} 2 & -2 \\ 1 & 0 \end{pmatrix},\begin{pmatrix} 1 & 0 \\ 0 & 1 \end{pmatrix}\right\}$ 是 $N(T)$ 的基, $\dim(N(T))=2$. ■

定理 4.2.2 设 $\mathcal{B}=\{\alpha_1,\alpha_2,\cdots,\alpha_n\}$ 是数域 $\mathbb{P}$ 上的线性空间 V 的一组基, $T_1,T_2,T\in L(V)$, $k\in\mathbb{P}$, 则有

(1) $[T_1+T_2]_{\mathcal{B}}=[T_1]_{\mathcal{B}}+[T_2]_{\mathcal{B}}$;

(2) $[kT]_{\mathcal{B}}=k[T]_{\mathcal{B}}$;

(3) $[T_1T_2]_{\mathcal{B}}=[T_1]_{\mathcal{B}}[T_2]_{\mathcal{B}}$;

(4) 如果 T 可逆, 则 $[T^{-1}]_{\mathcal{B}}=([T]_{\mathcal{B}})^{-1}$.

例题 4.2.2 $W_2=\{a_0+a_1\cos x+b_1\sin x+a_2\cos 2x+b_2\sin 2x|a_0,a_1,a_2,b_1,b_2\in\mathbb{R}\}$,

$$T(f(x))=f''(x)+f(0),\quad f(x)\in W_2.$$

证明: T 是 W_2 上的可逆线性变换.

解 由于

$$\begin{aligned} T(f(x)+g(x)) &= (f+g)''(x)+f(0)+g(0) \\ &= f''(x)+f(0)+g''(x)+g(0) \\ &= T(f(x))+T(g(x)), \end{aligned}$$

$$T(kf(x)) = k(f''(x)+f(0)) = kT(f(x)),$$

因此 T 是 W_2 上的线性变换.

取 W_2 的基 $\{1, \cos x, \sin x, \cos 2x, \sin 2x\}$, 则

$$T(1)=1, \quad T(\cos x) = -\cos x + 1, \quad T(\sin x) = -\sin x,$$

$$T(\cos 2x) = -4\cos 2x + 1, \quad T(\sin 2x) = -4\sin 2x.$$

T 在基 $\{1, \cos x, \sin x, \cos 2x, \sin 2x\}$ 下的表示矩阵为

$$A = \begin{pmatrix} 1 & 1 & 0 & 1 & 0 \\ 0 & -1 & 0 & 0 & 0 \\ 0 & 0 & -1 & 0 & 0 \\ 0 & 0 & 0 & -4 & 0 \\ 0 & 0 & 0 & 0 & -4 \end{pmatrix}.$$

由于 $\det(A) = 16 \neq 0$, 因此 A 是可逆矩阵, 从而 T 是可逆变换. ■

例题 4.2.3 已知 $\mathbb{R}^{2\times 2}$ 的两个线性变换

$$T(X) = XN, \quad S(X) = MX, \quad \forall X \in \mathbb{R}^{2\times 2},$$

其中 $M = \begin{pmatrix} 1 & 0 \\ -2 & 0 \end{pmatrix}, N = \begin{pmatrix} 1 & 1 \\ 1 & -1 \end{pmatrix}$.

求: (1) $T+S, TS$ 在基 $\{E_{11}, E_{12}, E_{21}, E_{22}\}$ 下的表示矩阵.

(2) T 与 S 是否可逆? 若可逆, 求其逆变换.

解 (1) 可求得 T 与 S 在基 $\{E_{11}, E_{12}, E_{21}, E_{22}\}$ 下的表示矩阵分别是

$$A = \begin{pmatrix} 1 & 1 & 0 & 0 \\ 1 & -1 & 0 & 0 \\ 0 & 0 & 1 & 1 \\ 0 & 0 & 1 & -1 \end{pmatrix}, \quad B = \begin{pmatrix} 1 & 0 & 0 & 0 \\ 0 & 1 & 0 & 0 \\ -2 & 0 & 0 & 0 \\ 0 & -2 & 0 & 0 \end{pmatrix},$$

故 $T+S, TS$ 在基 $\{E_{11},E_{12},E_{21},E_{22}\}$ 下的表示矩阵为

$$A+B=\begin{pmatrix}2&1&0&0\\1&0&0&0\\-2&0&1&1\\0&-2&1&-1\end{pmatrix},\quad AB=\begin{pmatrix}1&1&0&0\\1&-1&0&0\\-2&-2&0&0\\-2&2&0&0\end{pmatrix}.$$

(2) 由于 $\det(A)=4$, $\det(B)=0$, 所以 T 可逆, 而 S 不可逆. T^{-1} 在基 $\{E_{11},E_{12},E_{21},E_{22}\}$ 下的表示矩阵为

$$A^{-1}=\begin{pmatrix}1/2&1/2&0&0\\1/2&-1/2&0&0\\0&0&1/2&1/2\\0&0&1/2&-1/2\end{pmatrix}.$$

任取 $X=\begin{pmatrix}x_1&x_2\\x_3&x_4\end{pmatrix}\in\mathbb{R}^{2\times2}$, 则

$$\begin{aligned}T^{-1}(X)&=(E_{11},E_{12},E_{21},E_{22})A^{-1}\begin{pmatrix}x_1\\x_2\\x_3\\x_4\end{pmatrix}\\&=\frac{x_1+x_2}{2}E_{11}+\frac{x_1-x_2}{2}E_{12}+\frac{x_3+x_4}{2}E_{21}+\frac{x_3-x_4}{2}E_{22}\\&=\frac{1}{2}\begin{pmatrix}x_1+x_2&x_1-x_2\\x_3+x_4&x_3-x_4\end{pmatrix}=\begin{pmatrix}x_1&x_2\\x_3&x_4\end{pmatrix}\frac{1}{2}\begin{pmatrix}1&1\\1&-1\end{pmatrix}.\end{aligned}$$

■

例题 4.2.4 在三维空间 $\mathbb{R}^3$ 中, $\mathcal{B}=\{\varepsilon_1=(1,0,0),\varepsilon_2=(0,1,0),\varepsilon_3=(0,0,1)\}$ 是 $\mathbb{R}^3$ 的自然基.

(1) 已知 $T(x_1,x_2,x_3)=(2x_1-x_2,x_2+x_3,x_1)$, 求 T 在基 $\{\varepsilon_1=(1,0,0),\varepsilon_2=(0,1,0),\varepsilon_3=(0,0,1)\}$ 下的矩阵;

(2) 已知线性变换 T 在基 $\{\eta_1=(-1,1,1),\eta_2=(1,0,-1),\eta_3=(0,1,1)\}$ 下的表示矩阵是 $\begin{pmatrix}1&0&1\\1&1&0\\-1&2&1\end{pmatrix}$, 求 T 在基 $\mathcal{B}$ 下的表示矩阵;

(3) 已知 $\{\alpha_1=(-1,0,2),\alpha_2=(0,1,1),\alpha_3=(3,-1,0)\}$ 是 $\mathbb{R}^3$ 的基, $T(\alpha_1)=(-5,0,3)$, $T(\alpha_2)=(0,-1,6)$, $T(\alpha_3)=(-5,-1,9)$, 求 T 在 $\mathcal{B}$ 下的表示矩阵以及 T 在基 $\{\alpha_1,\alpha_2,\alpha_3\}$ 下的表示矩阵.

解 (1) 因为 $T(x_1,x_2,x_3)=(2x_1-x_2,x_2+x_3,x_1)$, 所以

$$T(\varepsilon_1)=T(1,0,0)=(2,0,1),\quad T(\varepsilon_2)=T(0,1,0)=(-1,1,0),$$

$$T(\varepsilon_3)=T(0,0,1)=(0,1,0).$$

由于 $x\in\mathbb{R}^3$ 在基 $\mathcal{B}$ 下的坐标就是 x, 所以

$$T(\varepsilon_1,\varepsilon_2,\varepsilon_3)=(\varepsilon_1,\varepsilon_2,\varepsilon_3)\begin{pmatrix}2&-1&0\\0&1&1\\1&0&0\end{pmatrix},$$

因此 T 在基 $\mathcal{B}$ 下的表示矩阵为 $\begin{pmatrix}2&-1&0\\0&1&1\\1&0&0\end{pmatrix}$.

(2) 因为

$$T(\eta_1,\eta_2,\eta_3)=(\eta_1,\eta_2,\eta_3)\begin{pmatrix}1&0&1\\1&1&0\\-1&2&1\end{pmatrix},$$

而

$$(\eta_1,\eta_2,\eta_3)=(\varepsilon_1,\varepsilon_2,\varepsilon_3)\begin{pmatrix}-1&1&0\\1&0&1\\1&-1&1\end{pmatrix},$$

因此

$$(\varepsilon_1,\varepsilon_2,\varepsilon_3)=(\eta_1,\eta_2,\eta_3)\begin{pmatrix}-1&1&0\\1&0&1\\1&-1&1\end{pmatrix}^{-1}=(\eta_1,\eta_2,\eta_3)\begin{pmatrix}-1&1&-1\\0&1&-1\\1&0&1\end{pmatrix}.$$

由此可得

$$T(\varepsilon_1,\varepsilon_2,\varepsilon_3)=(\varepsilon_1,\varepsilon_2,\varepsilon_3)\begin{pmatrix}-1&1&0\\1&0&1\\1&-1&1\end{pmatrix}\begin{pmatrix}1&0&1\\1&1&0\\-1&2&1\end{pmatrix}\begin{pmatrix}-1&1&-1\\0&1&-1\\1&0&1\end{pmatrix}$$

$$= (\varepsilon_1, \varepsilon_2, \varepsilon_3) \begin{pmatrix} -1 & 1 & -2 \\ 2 & 2 & 0 \\ 3 & 0 & 2 \end{pmatrix},$$

T 在基 $\mathcal{B}$ 下的表示矩阵为 $\begin{pmatrix} -1 & 1 & -2 \\ 2 & 2 & 0 \\ 3 & 0 & 2 \end{pmatrix}$.

(3) 因为

$$T(\alpha_1, \alpha_2, \alpha_3) = (\varepsilon_1, \varepsilon_2, \varepsilon_3) \begin{pmatrix} -5 & 0 & -5 \\ 0 & -1 & -1 \\ 3 & 6 & 9 \end{pmatrix},$$

$$(\alpha_1, \alpha_2, \alpha_3) = (\varepsilon_1, \varepsilon_2, \varepsilon_3) \begin{pmatrix} -1 & 0 & 3 \\ 0 & 1 & -1 \\ 2 & 1 & 0 \end{pmatrix},$$

所以

$$\begin{aligned} T(\varepsilon_1, \varepsilon_2, \varepsilon_3) &= T(\alpha_1, \alpha_2, \alpha_3) \begin{pmatrix} -1 & 0 & 3 \\ 0 & 1 & -1 \\ 2 & 1 & 0 \end{pmatrix}^{-1} \\ &= (\varepsilon_1, \varepsilon_2, \varepsilon_3) \begin{pmatrix} -5 & 0 & -5 \\ 0 & -1 & -1 \\ 3 & 6 & 9 \end{pmatrix} \begin{pmatrix} -1 & 0 & 3 \\ 0 & 1 & -1 \\ 2 & 1 & 0 \end{pmatrix}^{-1} \\ &= (\varepsilon_1, \varepsilon_2, \varepsilon_3) \begin{pmatrix} -5 & 0 & -5 \\ 0 & -1 & -1 \\ 3 & 6 & 9 \end{pmatrix} \begin{pmatrix} -1/7 & -3/7 & 3/7 \\ 2/7 & 6/7 & 1/7 \\ 2/7 & -1/7 & 1/7 \end{pmatrix} \\ &= \frac{1}{7}(\varepsilon_1, \varepsilon_2, \varepsilon_3) \begin{pmatrix} -5 & 20 & -20 \\ -4 & -5 & -2 \\ 27 & 18 & 24 \end{pmatrix}, \end{aligned}$$

因此 T 在基 $\mathcal{B}$ 下的表示矩阵为

$$\frac{1}{7} \begin{pmatrix} -5 & 20 & -20 \\ -4 & -5 & -2 \\ 27 & 18 & 24 \end{pmatrix}.$$

又因为

$$T(\alpha_1,\alpha_2,\alpha_3)=(\alpha_1,\alpha_2,\alpha_3)\begin{pmatrix}-1&0&3\\0&1&-1\\2&1&0\end{pmatrix}^{-1}\begin{pmatrix}-5&0&-5\\0&-1&-1\\3&6&9\end{pmatrix}$$

$$=\frac{1}{7}(\alpha_1,\alpha_2,\alpha_3)\begin{pmatrix}-1&-3&3\\2&6&1\\2&-1&1\end{pmatrix}\begin{pmatrix}-5&0&-5\\0&-1&-1\\3&6&9\end{pmatrix}$$

$$=(\alpha_1,\alpha_2,\alpha_3)\begin{pmatrix}2&3&5\\-1&0&-1\\-1&1&0\end{pmatrix},$$

因此 T 在基 $\{\alpha_1,\alpha_2,\alpha_3\}$ 下的表示矩阵为

$$\begin{pmatrix}2&3&5\\-1&0&-1\\-1&1&0\end{pmatrix}.$$

■

线性变换的表示矩阵是与线性空间中的基联系在一起的. 一般说来, 随着基的改变, 同一个线性变换就有不同的表示矩阵. 为了利用矩阵来研究线性映射, 我们有必要弄清楚线性映射的表示矩阵是如何随着基的改变而改变的. 有如下结论.

定理 4.2.3 设 $\mathcal{B}_1=\{\alpha_1,\alpha_2,\cdots,\alpha_n\}$ 和 $\mathcal{B}_2=\{\beta_1,\beta_2,\cdots,\beta_n\}$ 是线性空间 V 的两组基, 由基 $\mathcal{B}_1$ 到基 $\mathcal{B}_2$ 的过渡矩阵是 P, $[T]_{\mathcal{B}_1}=A$, $[T]_{\mathcal{B}_2}=B$, 则 $B=P^{-1}AP$.

证明 因为 $(\beta_1,\beta_2,\cdots,\beta_n)=(\alpha_1,\alpha_2,\cdots,\alpha_n)P$, 并且

$$T(\alpha_1,\alpha_2,\cdots,\alpha_n)=(\alpha_1,\alpha_2,\cdots,\alpha_n)A,$$
$$T(\beta_1,\beta_2,\cdots,\beta_n)=(\beta_1,\beta_2,\cdots,\beta_n)B,$$

又因为 $\beta_1,\beta_2,\cdots,\beta_n$ 线性无关, 所以 P 可逆, 因此

$$(\alpha_1,\alpha_2,\cdots,\alpha_n)=(\beta_1,\beta_2,\cdots,\beta_n)P^{-1},$$

故

$$(\beta_1,\beta_2,\cdots,\beta_n)B=T(\beta_1,\beta_2,\cdots,\beta_n)=T(\alpha_1,\alpha_2,\cdots,\alpha_n)P$$
$$=(\beta_1,\beta_2,\cdots,\beta_n)P^{-1}AP,$$

因此 $B=P^{-1}AP$. ■

定理 4.2.3 表明, V 上的线性变换 T 在不同的基下的表示矩阵是相似的.

4.3 线性变换的特征值与特征向量

对方阵有特征值与特征向量的概念. 线性变换与方阵构成一一对应. 因此, 我们也可以定义线性变换的特征值与特征向量的概念.

定义 4.3.1 设 T 是数域 $\mathbb{P}$ 上 n 维线性空间 V 的线性变换. 如果对于数域 $\mathbb{P}$ 中的某一个数 λ_0, 存在非零向量 $\alpha \in V$, 使得 $T(\alpha) = \lambda_0\alpha$ 成立, 则称 λ_0 为线性变换 T 的**特征值**, 称 α 为线性变换 T 的属于特征值 λ_0 的**特征向量**.

显然, 如果 α 是 T 的属于特征值 λ_0 的一个特征向量, 则对于任意的数 $k \in \mathbb{P}$, 都有

$$T(k\alpha) = kT(\alpha) = k\lambda_0\alpha = \lambda_0(k\alpha).$$

因此, 如果 α 是 T 的一个特征向量, 则由 α 所生成的一维子空间 $U = \{k\alpha|k \in \mathbb{P}\} = \mathrm{Span}\{\alpha\}$ 在 T 之下不变; 反之, 如果 V 的一个一维子空间 U 在 T 之下不变, 则 U 中每一个非零向量都是 T 的属于同一特征值的特征向量. 所以一维不变子空间与特征值之间有着密切的关系. 而且, 如果 α 是 T 的属于特征值 λ_0 的特征向量, $k \neq 0$, 那么 $k\alpha$ 也是属于特征值 λ_0 的特征向量, 即 $T(k\alpha) = \lambda_0(k\alpha)$, $k \in \mathbb{P}$. 即特征向量 α 并非由特征值 λ_0 唯一确定; 但是特征值却被特征向量唯一确定.

现在我们来讨论线性变换 T 的特征值与其取定基下表示矩阵 A 的特征值之间的关系.

设 V 是数域 $\mathbb{P}$ 上 n 维线性空间, 取定 V 的基 $\{\alpha_1, \alpha_2, \cdots, \alpha_n\}$, 令 V 上的线性变换 T 在该基下的表示矩阵为 A. 如果 $\alpha = x_1\alpha_1 + x_2\alpha_2 + \cdots + x_n\alpha_n$ 是 T 的属于特征值 λ 的一个特征向量, 由定义 4.3.1, 有

$$A\begin{pmatrix} x_1 \\ x_2 \\ \vdots \\ x_n \end{pmatrix} = \lambda\begin{pmatrix} x_1 \\ x_2 \\ \vdots \\ x_n \end{pmatrix},$$

因此 λ 是 A 的一个特征值, x 是相应的特征向量. 反之, 如果 λ 是 A 的一个特征值, x 是 A 的属于特征值 λ 的特征向量, 则 λ 是 T 的一个特征值, $\alpha = x_1\alpha_1 + x_2\alpha_2 + \cdots + x_n\alpha_n$ 是 T 的属于特征值 λ 的特征向量. 因此, 求线性变换的特征值与特征向量的问题可转化为求矩阵 A 的特征值与特征向量的问题.

例题 4.3.1 已知 $P_3(t)$ 上的线性变换

$$T(a_0 + a_1t + a_2t^2 + a_3t^3) = (a_0 - a_2) + (a_1 - a_3)t + (a_2 - a_0)t^2 + (a_3 - a_1)t^3.$$

试求 T 的特征值与特征向量.

解　因为

$$T(1)=1-t^2,\quad T(t)=t-t^3,\quad T(t^2)=-1+t^2,\quad T(t^3)=-t+t^3,$$

所以 T 在基 $\{1,t,t^2,t^3\}$ 下的表示矩阵

$$A=\begin{pmatrix} 1 & 0 & -1 & 0 \\ 0 & 1 & 0 & -1 \\ -1 & 0 & 1 & 0 \\ 0 & -1 & 0 & 1 \end{pmatrix}.$$

$$\det(\lambda E-A)=\lambda^2(\lambda-2)^2.$$

因此 T 的特征值为 $\lambda_1=\lambda_2=0,\lambda_3=\lambda_4=2$.

由于 $Ax=\mathbf{0}$ 的基础解系为 $\xi_1=(1,0,1,0)^{\mathrm{T}},\xi_2=(0,1,0,1)^{\mathrm{T}}$, 因此 T 的对应特征值 $\lambda_1=\lambda_2=0$ 的特征向量为 $k_1(1+t^2)+k_2(t+t^3)$, 其中 k_1,k_2 不同时为 0.

$$A-2E=\begin{pmatrix} -1 & 0 & -1 & 0 \\ 0 & -1 & 0 & -1 \\ -1 & 0 & -1 & 0 \\ 0 & -1 & 0 & -1 \end{pmatrix}.$$

由于 $(A-2E)x=\mathbf{0}$ 的基础解系是 $\xi_3=(1,0,-1,0)^{\mathrm{T}},\xi_4=(0,1,0,-1)^{\mathrm{T}}$, 因此 T 的对应特征值 $\lambda_3=\lambda_4=2$ 的特征向量为 $k_3(1-t^2)+k_4(t-t^3)$, 其中 k_3,k_4 不同时为 0. ■

定义 4.3.2　设 λ_0 是线性变换 T 的任意一个特征值, 称满足 $T(\alpha)=\lambda_0\alpha$ 的向量组成的集合为 T 的对应于特征值 λ_0 的**特征子空间**, 记作 V_{λ_0}, 即

$$V_{\lambda_0}=\{\alpha|T(\alpha)=\lambda_0\alpha,\alpha\in V\}.$$

注 11　V_{λ_0} 中的元素除 0_V 外都是 T 的属于 λ_0 的特征向量.

线性变换在基 $\mathcal{B}$ 下的表示矩阵 A 与基 $\tilde{\mathcal{B}}$ 下的表示矩阵 B 一般不相等. 定理 4.2.3 告诉我们, A 与 B 是相似的, 因此它们的特征值相同. 换言之, 特征值与线性空间中基的选取无关, 它仅由线性变换 T 决定.

易见, 特征子空间 V_{λ_0} 是 T 的不变子空间.

称特征子空间 V_{λ_0} 的维数 $\dim(V_{\lambda_0})$ 为特征值 λ_0 的**几何重数**, 它等于属于特征值 λ_0 的线性无关的特征向量的个数; 称特征值 λ_0 在特征多项式 $\det(\lambda E-A)$ 中的零点重数为特征值 λ_0 的**代数重数**.

对例题 4.3.1 中的线性变换, 特征值 2 的几何重数和代数重数是 2, 特征值 0 的几何重数和代数重数都是 2. 而对例题 4.3.2 中的线性变换, 对应于特征值 $\lambda=2$ 的特征子空间 $V_2=\mathrm{Span}\{e_2,e_3\}$, 因此特征值 2 的几何重数是 2, 而 $\lambda=2$ 是 A 的三重特征值, 因此特征值 2 的代数重数是 3.

定理 4.3.1 *设 T 是数域 $\mathbb{R}$ 上 n 维线性空间 V 上的线性变换, V 能分解成若干个非平凡不变子空间的直和的充分必要条件是存在 V 的一组基, T 在该基下的表示矩阵为分块对角矩阵.*

例题 4.3.2 已知矩阵

$$P=\begin{pmatrix}1&-4&2&5\\-1&2&0&-2\\0&0&1&1\\0&1&0&0\end{pmatrix},\quad A=\begin{pmatrix}6&5&-8&6\\-2&-1&4&-2\\1&1&0&2\\0&0&0&2\end{pmatrix},$$

$$J=\begin{pmatrix}1&0&0&0\\0&2&0&0\\0&0&2&1\\0&0&0&2\end{pmatrix}$$

满足 $P^{-1}AP=J$. $\mathcal{B}=\{\xi_1,\xi_2,\xi_3,\xi_4\}$ 是线性空间 V 的基, V 上的线性变换 T 在基 $\mathcal{B}$ 下的表示矩阵是 A. 求线性变换 T 的所有不变子空间.

解 令

$$e_1=\xi_1-\xi_2,\quad e_2=-4\xi_1+2\xi_2+\xi_4,\quad e_3=2\xi_1+\xi_3,\quad e_4=5\xi_1-2\xi_2+\xi_3.$$

由于 P,A,J 满足 $P^{-1}AP=J$, 由定理 4.3.1 可知, 线性变换 T 在基 $\{e_1,e_2,e_3,e_4\}$ 下的表示矩阵是 J, 即

$$T(e_1)=e_1,\quad T(e_2)=2e_2,\quad T(e_3)=2e_3,\quad T(e_4)=e_3+2e_4. \tag{4.3.1}$$

令

$$V_1=\mathrm{Span}\{e_1\},\quad V_2=\mathrm{Span}\{e_2\},\quad V_3=\mathrm{Span}\{e_3\},\quad V_4=\mathrm{Span}\{e_3,e_3+2e_4\}.$$

式 (4.3.1) 表明, V_1,V_2,V_3,V_4 都是线性变换 T 的不变子空间. 由于任意两个不变子空间和也是不变子空间, 因此线性变换的不变子空间有

$$V_0=\{\mathbf{0}\},V_1,V_2,V_3,V_4,V_1\oplus V_2,V_1\oplus V_3,V_1\oplus V_4,V_2\oplus V_3,$$

$$V_2\oplus V_4,V_1\oplus V_2\oplus V_3,V_1\oplus V_2\oplus V_4=V.$$

■

习　题　4

习题 4.1　确定下列映射 T 是否是线性映射. 如果是, 求它的核空间.

(1) $T:\mathbb{R}^3\to\mathbb{R}, T(x)=\|x\|$.

(2) $T:\mathbb{R}^{2\times 2}\to\mathbb{R}^{2\times 3}, T(A)=AB$, 其中 B 是一固定的 2×3 矩阵.

(3) $T:P_2(x)\to P_2(x)$, 其中:

(a) $T\left(a_0+a_1x+a_2x^2\right)=a_0+a_1(x+1)+a_2(x+1)^2$;

(b) $T\left(a_0+a_1x+a_2x^2\right)=(a_0+1)+(a_1+1)\,x+(a_2+1)\,x^2$.

习题 4.2　求一线性映射 $T:\mathbb{R}^2\to\mathbb{R}$ 使得

$$T\begin{pmatrix}1\\1\end{pmatrix}=2,\quad T\begin{pmatrix}1\\-1\end{pmatrix}=3.$$

这映射是否唯一?

习题 4.3　求一线性映射 $T:\mathbb{R}^2\to\mathbb{R}^2$ 使得

$$T\begin{pmatrix}1\\2\end{pmatrix}=\begin{pmatrix}2\\-1\end{pmatrix},\quad T\begin{pmatrix}2\\1\end{pmatrix}=\begin{pmatrix}0\\-1\end{pmatrix}.$$

习题 4.4　映射 T 定义如下:

$$T(X)=AXB,\quad X\in\mathbb{R}^{2\times 2},\quad A=\begin{pmatrix}2&5\\1&3\end{pmatrix},\quad B=\begin{pmatrix}1&2\\2&4\end{pmatrix}.$$

(1) 证明 T 是 $\mathbb{R}^{2\times 2}$ 上的线性变换.

(2) 求该线性变换的值域与核空间的基与维数.

(3) 判断 T 是否是可逆变换, 并说明理由.

习题 4.5　$\mathbb{R}^{2\times 2}$ 上的线性变换 T 定义如下:

$$f(X)=MX-XM,\quad \forall X\in\mathbb{R}^{2\times 2},\quad M=\begin{pmatrix}2&1\\-1&3\end{pmatrix}.$$

(1) 求 $R(T)$ 和 $N(T)$ 的基与维数.

(2) 求 $R(T)+N(T)$ 的基以及 $R(T)\cap N(T)$ 的维数.

(3) 判断 $R(T)+N(T)$ 是否是直和, 并说明理由.

习题 4.6 定义映射 $T:\mathbb{R}^3\to\mathbb{R}^2$:

$$T(x)=(x_1+x_2,x_2+x_3)^{\mathrm{T}}.$$

(1) 证明 T 是线性映射.

(2) 求 T 关于自然基的表示矩阵 A.

(3) 求值域的基和核空间的维数.

习题 4.7 设 T 是习题 4.4 中定义的线性映射.

(1) 求 T 关于 $\mathbb{R}^{2\times 2}$ 的自然基的表示矩阵 A.

(2) 利用矩阵 A, 求线性变换的值域与核空间的基与维数.

(3) 判断 T 是否是可逆变换, 并说明理由.

习题 4.8 设 T 关于基

$$\begin{pmatrix}1&1\\0&-1\end{pmatrix},\quad\begin{pmatrix}2&1\\-1&0\end{pmatrix},\quad\begin{pmatrix}1&2\\-1&3\end{pmatrix},\quad\begin{pmatrix}1&2\\-2&4\end{pmatrix}$$

的表示矩阵为 $A=\begin{pmatrix}1&2&1&-2\\1&1&2&1\\0&-1&-1&1\\-1&0&3&2\end{pmatrix}.$

(1) 求 T 的核空间的基. (2) 求 T 的值域的维数, 并求 T 值域基.

习题 4.9 设 $A=\begin{pmatrix}1&3&-1\\2&0&5\\6&-2&4\end{pmatrix}$ 是线性变换 $T:P_2(x)\to P_2(x)$ 关于基 $\mathcal{B}=\{v_1,v_2,v_3\}$ 的表示矩阵, 其中 $v_1=3x+3x^2$, $v_2=-1+3x+2x^2, v_3=3+7x+2x^2$.

(1) 求 $[T(v_1)]_{\mathcal{B}},[T(v_2)]_{\mathcal{B}}$, $[T(v_3)]_{\mathcal{B}}$.

(2) 求 $T(v_1),T(v_2)$, $T(v_3)$.

(3) 求 $T(a_0+a_1x+a_2x^2)$ 的计算公式.

(4) 利用 (3) 中的计算公式计算 $T(1+x^2)$.

(5) 求值域的基与维数.

习题 4.10 设 $\mathbb{R}^{2\times 2}$ 上的线性变换 T 在基 $\left\{\begin{pmatrix}1&1\\0&-1\end{pmatrix},\begin{pmatrix}2&1\\-1&0\end{pmatrix},\right.$

$\begin{pmatrix} 1 & 2 \\ -1 & 3 \end{pmatrix}, \begin{pmatrix} 1 & 2 \\ -2 & 4 \end{pmatrix}\Bigg\}$ 下的表示矩阵是 $A = \begin{pmatrix} 1 & 2 & 1 & -2 \\ 1 & 1 & 2 & 1 \\ 0 & -1 & -1 & 1 \\ -1 & 0 & 3 & 2 \end{pmatrix}$, 求线性变换 T 的核空间的基以及值域的维数.

习题 4.11　设 $\{\alpha_1, \alpha_2, \alpha_3, \alpha_4\}$ 是四维线性空间 V 的一组基, 线性变换 T 在基 $\{\alpha_1, \alpha_2, \alpha_3, \alpha_4\}$ 下的表示矩阵为

$$A = \begin{pmatrix} 1 & 0 & 2 & 1 \\ -1 & 2 & 1 & 3 \\ 1 & 2 & 5 & 5 \\ 2 & -2 & 1 & -2 \end{pmatrix}.$$

(1) 求 T 在基 $\{\alpha_1 - 2\alpha_2 + \alpha_4, 3\alpha_2 - \alpha_3 - \alpha_4, \alpha_3 + \alpha_4, 2\alpha_4\}$ 下的矩阵表示.

(2) 求 T 的核与值域.

(3) 在 T 的核中选一组基, 把它扩充成 V 的一组基, 并求 T 在这组基下的表示矩阵.

(4) 在 T 的值域中选一组基, 把它扩充成 V 的一组基, 并求 T 在这组基下的表示矩阵.

习题 4.12　已知 $P_2(t)$ 的两组基

$$\{f_1(t) = 1 + 2t^2, \quad f_2(t) = t + 2t^2, \quad f_3(t) = 1 + 2t + 5t^2\};$$

$$\{g_1(t) = 1 - t, \quad g_2(t) = 1 + t^2, \quad g_3(t) = t + 2t^2\}.$$

又 $P_2(t)$ 的线性变换 T 满足

$$T(f_1(t)) = 2 + t^2, \quad T(f_2(t)) = t, \quad T(f_3(t)) = 1 + t + t^2.$$

(1) 求 T 在基 $\{f_1(t), f_2(t), f_3(t)\}$ 下的矩阵 A, 在基 $\{g_1(t), g_2(t), g_3(t)\}$ 下的矩阵 B.

(2) 求 $T(1 - 2t + t^2)$.

(3) 判断 T 是否是可逆变换, 并说明理由.

习题 4.13　求如下定义的线性变换 $T: P_2(x) \to P_2(x)$ 的特征值和特征子空间:

$$T\left(a + bx + cx^2\right) = -2c + (a + 2b + c)x + (a + 3c)x^2.$$

习题 4.14 设 $T: P_2(x) \to P_2(x)$ 的线性变换定义如下:

$$T\left(a_0+a_1x+a_2x^2\right)=\left(5a_0+6a_1+2a_2\right)-\left(a_1+8a_2\right)x+\left(a_0-2a_2\right)x^2.$$

(1) 求 T 的特征值. (2) 求 T 的所有特征子空间的基.

习题 4.15 设 V 和 W 是 n 维线性空间, 如果 $T: V \to W$ 是线性映射, 证明下列命题等价:

(1) T 是一一映射. (2) $N(T)=\{\mathbf{0}\}$. (3) T 是满射.

习题 4.16 设 $A \in \mathbb{R}^{2\times 2}$. 由 $T(X)=AX$ 定义的 $\mathbb{R}^{2\times 2}$ 上的线性变换是否是一一映射? 说明理由.

第 5 章 矩阵的若尔当标准形与矩阵函数

CHAPTER

5.1 λ 矩阵及其史密斯标准形

定义 5.1.1 以 λ 的复系数多项式为元素的矩阵, 称为λ **矩阵**.

例如 $\begin{pmatrix} \lambda^2-3\lambda+4 & 2\lambda+15 \\ 2\lambda-6 & \lambda^3-7 \end{pmatrix}$, $\begin{pmatrix} \lambda^2-3\lambda+4 & 4\lambda+5 \\ 2\lambda-1 & \sum\limits_{k=0}^{n}\dfrac{\lambda^k}{k!} \end{pmatrix}$, $\lambda E-A$ (其中 $A\in\mathbb{R}^{n\times n}$) 都是 λ 矩阵.

而 $\begin{pmatrix} \sin\lambda & 4\lambda+5 \\ 2\lambda-1 & 7 \end{pmatrix}$, $\begin{pmatrix} \dfrac{\lambda}{\lambda-3} & 4\lambda+5 \\ 2\lambda-1 & 7 \end{pmatrix}$, $\begin{pmatrix} \lambda^2-3\lambda+4 & 4\lambda+5 \\ 2\lambda-1 & \sum\limits_{k=0}^{\infty}\dfrac{\lambda^k}{k!} \end{pmatrix}$ 都不是 λ 矩阵.

一般的常数矩阵也可以视为 λ 矩阵, 只不过它的每一个元素都是 λ 的零次多项式.

定义 5.1.2 如果 λ 矩阵 $A(\lambda)$ 中存在不为 0 的 r ($r\geqslant 1$) 阶子式, 而所有 $r+1$ 阶子式 (如果有的话) 全为 0, 则称 $A(\lambda)$ 的秩为 r. 规定: 零矩阵的秩为 0.

定义 5.1.3 对 λ 矩阵 $A(\lambda)$, 如果存在 λ 矩阵 $B(\lambda)$, 使得

$$A(\lambda)B(\lambda)=B(\lambda)A(\lambda)=E, \tag{5.1.1}$$

则称 $A(\lambda)$ 是可逆的, 并称 $B(\lambda)$ 是 $A(\lambda)$ 的逆矩阵, 记为 $A^{-1}(\lambda)$.

定理 5.1.1 *n 阶 λ 矩阵 $A(\lambda)$ 可逆的充分必要条件是 $\det(A(\lambda))=$ 非零常数 d.*

证明 充分性. 设 $\det(A(\lambda))=d\neq 0$, 由于 $A(\lambda)$ 的伴随矩阵 $(A(\lambda))^*$ 也是一个 λ 矩阵, 且

$$A(\lambda)\cdot\frac{1}{d}(A(\lambda))^*=\frac{1}{d}(A(\lambda))^*\cdot A(\lambda)=E,$$

因此, $A(\lambda)$ 可逆, 且 $(A(\lambda))^{-1}=(A(\lambda))^*/d$.

必要性. 若 $A(\lambda)$ 可逆, 在式 (5.1.1) 的两边取行列式, 则 $\det(A(\lambda))\cdot\det(B(\lambda)) = \det(E) = 1$. 因为 $\det(A(\lambda))$ 与 $\det(B(\lambda))$ 都是 λ 的多项式, 所以由它们的乘积是 1 可知, 它们都是零次多项式, 即 $\det(A(\lambda))$ 为非零的数. ■

由定理 5.1.1 可知, 可逆的 λ 矩阵一定是满秩的. 但满秩的 λ 矩阵不一定可逆.

定义 5.1.4 以下三类变换称为 λ 矩阵的初等变换:

(1) 互换两行 (列);

(2) 某行 (列) 乘非零常数;

(3) 某行 (列) 乘多项式后加到另一行 (列).

定义 5.1.5 如果 λ 矩阵 $A(\lambda)$ 经过有限次初等变换后可变成 $B(\lambda)$, 则称 $B(\lambda)$ 与 $A(\lambda)$ 等价, 记为 $B(\lambda)\simeq A(\lambda)$.

λ 矩阵的等价是等价关系, 它满足自反律、对称律、传递律.

定义 5.1.6 单位阵经过一次初等变换后所得到的矩阵称为初等矩阵.

易见, 初等矩阵是可逆矩阵.

利用初等变换与初等矩阵的关系, 可得如下定理.

定理 5.1.2 设 $A(\lambda)$, $B(\lambda)$ 是 $m\times n$ 的 λ 矩阵, 则 $A(\lambda)\simeq B(\lambda)$ 的充分且必要条件是存在 m 阶可逆矩阵 $P(\lambda)$ 和 n 阶可逆矩阵 $Q(\lambda)$, 使得 $B(\lambda) = P(\lambda)A(\lambda)Q(\lambda)$.

我们现在来讨论如何将 λ 矩阵化为标准形.

定理 5.1.3 如果 $m\times n$ 的 λ 矩阵 $A(\lambda)$ 的秩 $\operatorname{rank}(A(\lambda)) = r$, 则 $A(\lambda)$ 与矩阵

$$B(\lambda) = \begin{pmatrix} d_1(\lambda) & 0 & \cdots & 0 & 0 & \cdots & 0 \\ 0 & d_2(\lambda) & \cdots & 0 & 0 & \cdots & 0 \\ \vdots & \vdots & & \vdots & \vdots & & \vdots \\ 0 & 0 & \cdots & d_r(\lambda) & 0 & \cdots & 0 \\ 0 & 0 & \cdots & 0 & 0 & \cdots & 0 \\ \vdots & \vdots & & \vdots & \vdots & & \vdots \\ 0 & 0 & \cdots & 0 & 0 & \cdots & 0 \end{pmatrix}$$

等价, 其中 $d_i(\lambda)$ $(i = 1, 2, \cdots, r)$ 是最高次幂系数为 1 的多项式, 并且 $d_i(\lambda)$ 能够整除 $d_{i+1}(\lambda)$ $(i = 1, 2, \cdots, r-1)$.

定义 5.1.7 称定理 5.1.3 中的矩阵 $B(\lambda)$ 为 $A(\lambda)$ 的**史密斯** (Smith) **标准形**.

例题 5.1.1　用初等变换化 λ 矩阵

$$A(\lambda)=\begin{pmatrix}1-\lambda & 2\lambda-1 & \lambda\\ \lambda & \lambda^2 & -\lambda\\ 1+\lambda^2 & \lambda^3+\lambda-1 & -\lambda^2\end{pmatrix}$$

为史密斯标准形.

解

$$A(\lambda)\simeq\begin{pmatrix}1 & 2\lambda-1 & 1-\lambda\\ 0 & \lambda^2 & \lambda\\ 1 & \lambda^3+\lambda-1 & 1+\lambda^2\end{pmatrix}\simeq\begin{pmatrix}1 & 2\lambda-1 & 1-\lambda\\ 0 & \lambda^2 & \lambda\\ 0 & \lambda^3-\lambda & \lambda^2+\lambda\end{pmatrix}$$

$$\simeq\begin{pmatrix}1 & 0 & 0\\ 0 & \lambda^2 & \lambda\\ 0 & \lambda^3-\lambda & \lambda^2+\lambda\end{pmatrix}\simeq\begin{pmatrix}1 & 0 & 0\\ 0 & \lambda & \lambda^2\\ 0 & \lambda^2+\lambda & \lambda^3-\lambda\end{pmatrix}$$

$$\simeq\begin{pmatrix}1 & 0 & 0\\ 0 & \lambda & 0\\ 0 & \lambda^2+\lambda & -\lambda^2-\lambda\end{pmatrix}\simeq\begin{pmatrix}1 & 0 & 0\\ 0 & \lambda & 0\\ 0 & 0 & \lambda^2+\lambda\end{pmatrix}=B(\lambda).\quad ■$$

用上述方法, 求 λ 矩阵的史密斯标准形是比较麻烦的. 是否有更简单的方法? 先引入一些概念.

定义 5.1.8　设 λ 矩阵 $A(\lambda)$ 的秩为 $r>0$, 对于 $1\leqslant k\leqslant r$, $A(\lambda)$ 中必存在着非零的 k 阶子式. $A(\lambda)$ 中全部 k 阶子式的最高次幂系数为 1 的最大公因式称为 $A(\lambda)$ 的 k 阶**行列式因式**, 记为 $D_k(\lambda)$.

在 λ 矩阵 $A(\lambda)=\begin{pmatrix}1-\lambda & 2\lambda-1 & \lambda\\ \lambda & \lambda^2 & -\lambda\\ 1+\lambda^2 & \lambda^3+\lambda-1 & -\lambda^2\end{pmatrix}$ 中, 2 阶子式共有 $\mathrm{C}_3^2\cdot\mathrm{C}_3^2=9$ 个, 这 9 个 2 阶子式的最高次幂系数为 1 的最大公因式为 λ, 因此, $A(\lambda)$ 的 2 阶行列式因式 $D_2(\lambda)=\lambda$.

定理 5.1.4　等价的 λ 矩阵具有相同的秩和相同的各阶行列式因式.

必须注意的是, 如果 $\mathrm{rank}(A(\lambda))=\mathrm{rank}(B(\lambda))$, $A(\lambda)$ 与 $B(\lambda)$ 不一定等价. 这与数值矩阵的等价是不同的. 对同阶的数值矩阵 A,B, $A\simeq B$ 的充分必要条件是 $\mathrm{rank}(A)=\mathrm{rank}(B)$.

例如: 设 $A(\lambda)=\begin{pmatrix}\lambda & 1\\ 0 & \lambda\end{pmatrix}$, $B(\lambda)=\begin{pmatrix}1 & -\lambda\\ 1 & \lambda\end{pmatrix}$, 因为 $\det(A(\lambda))\neq 0$, $\det(B(\lambda))\neq 0$; 并且 $\mathrm{rank}(A(\lambda))=\mathrm{rank}(B(\lambda))=2$. 由矩阵的初等变换可知, 如

果 $A(\lambda)$ 与 $B(\lambda)$ 等价, 则 $\det A((\lambda))$ 与 $\det(B(\lambda))$ 之间只能相差一个不为零的常数因子, 而 $A(\lambda)$ 与 $B(\lambda)$ 不满足这一条件, 所以 $A(\lambda)$ 与 $B(\lambda)$ 不等价.

设 λ 矩阵 $A(\lambda)$ 的史密斯标准形为

$$B(\lambda)=\begin{pmatrix} d_1(\lambda) & & & & & \\ & \ddots & & & & \\ & & d_r(\lambda) & & & \\ & & & 0 & & \\ & & & & \ddots & \\ & & & & & 0 \end{pmatrix}.$$

由定理 5.1.4 知道, $A(\lambda)$ 与 $B(\lambda)$ 有相同的各阶行列式因式. 由 $B(\lambda)$ 的特殊结构可知, $B(\lambda)$ 的非零 k 阶子式为 $d_{i_1}d_{i_2}\cdots d_{i_k}$. 注意到 $d_i(\lambda)$ $(i=1,2,\cdots,r)$ 是首项系数为 1 的多项式, 并且 $d_i(\lambda)$ 能够整除 $d_{i+1}(\lambda)$ $(i=1,2,\cdots,r-1)$, 因此全部 k 阶子式的最高次幂系数为 1 的最大公因式为 $d_1(\lambda)d_2(\lambda)\cdots d_k(\lambda)$, 即 $A(\lambda)$ 的 k 阶行列式因式

$$D_k(\lambda)=d_1(\lambda)d_2(\lambda)\cdots d_k(\lambda). \tag{5.1.2}$$

定理 5.1.5 λ 矩阵 $A(\lambda)$ 的史密斯标准形是唯一的.

证明 由定理 5.1.4 知道, $A(\lambda)$ 与它的史密斯标准形 $B(\lambda)$ 有相同的秩和相同的各阶行列式因式. 而 $B(\lambda)$ 有唯一的各阶行列式因式, 且

$$D_k(\lambda)=d_1(\lambda)d_2(\lambda)\cdots d_k(\lambda)\quad (k=1,2,\cdots,r),$$

因此

$$d_1(\lambda)=D_1(\lambda),\quad d_k(\lambda)=\frac{D_k(\lambda)}{D_{k-1}(\lambda)}\quad (k=2,3,\cdots,r).$$

即 $d_k(\lambda)$ $(k=1,2,\cdots,r)$ 由 $A(\lambda)$ 的行列式因式 $D_k(\lambda)$ $(k=1,2,\cdots,r)$ 唯一确定, 所以, $A(\lambda)$ 的史密斯标准形是唯一的. ■

定义 5.1.9 设 λ 矩阵 $A(\lambda)$ 的秩为 r. 对于 $1\leqslant k\leqslant r$, 矩阵 $A(\lambda)$ 的史密斯标准形中的非零元素 $d_k(\lambda)$ 称为 $A(\lambda)$ 的第 k 个**不变因式**.

定理 5.1.6 两个 λ 矩阵等价的充分必要条件为它们具有相同的行列式因式, 有相同的不变因式.

由于 $d_k(\lambda)$ 整除 $d_{k+1}(\lambda)$, 因此可假设它们有如下分解式:

$$\left\{\begin{array}{l} d_1(\lambda)=(\lambda-\lambda_1)^{e_{11}}(\lambda-\lambda_2)^{e_{12}}\cdots(\lambda-\lambda_s)^{e_{1s}}, \\ d_2(\lambda)=(\lambda-\lambda_1)^{e_{21}}(\lambda-\lambda_2)^{e_{22}}\cdots(\lambda-\lambda_s)^{e_{2s}}, \\ \qquad\qquad\cdots\cdots \\ d_r(\lambda)=(\lambda-\lambda_1)^{e_{r1}}(\lambda-\lambda_2)^{e_{r2}}\cdots(\lambda-\lambda_s)^{e_{rs}}, \end{array}\right. \tag{5.1.3}$$

其中 $\lambda_1,\lambda_2,\cdots,\lambda_s$ 互不相同,

$$0\leqslant e_{1j}\leqslant e_{2j}\leqslant\cdots\leqslant e_{rj}>0,\quad j=1,2,\cdots,s.$$

定义 5.1.10 公式 (5.1.3) 中所有指数大于 0 的因式 $(\lambda-\lambda_j)^{e_{ij}}$ 称为 $A(\lambda)$ 的**初等因式**.

例如, $A(\lambda)$ 的不变因式为

$$d_1(\lambda)=\lambda,\quad d_2(\lambda)=\lambda(\lambda-2)^3(\lambda-3),\quad d_3(\lambda)=\lambda^2(\lambda-2)^3(\lambda-3)^2,$$

则 $A(\lambda)$ 的全部初等因式为

$$\lambda,\ \lambda,\ \lambda^2,\ (\lambda-2)^3,\ (\lambda-2)^3,\ \lambda-3,\ (\lambda-3)^2.$$

定理 5.1.7 设 $A(\lambda)$ 的秩是 r. $A(\lambda)$ 的全部初等因式由 $d_1(\lambda),d_2(\lambda),\cdots,d_r(\lambda)$ 唯一确定; 反之, $A(\lambda)$ 的全部初等因式确定唯一的一组不变因式 $d_1(\lambda),d_2(\lambda),\cdots,d_r(\lambda)$.

例题 5.1.2 设 $A(\lambda)$ 为 5 阶方阵, 其秩为 4, 全体初等因式是

$$\lambda,\ \lambda^2,\ \lambda^2,\ \lambda-2,\ \lambda-2,\ \lambda+1,\ (\lambda+1)^2,$$

试求 $A(\lambda)$ 的不变因式和史密斯标准形.

解 由于 $A(\lambda)$ 为 5 阶方阵, 其秩为 4, 因此

$$d_4(\lambda)=\lambda^2(\lambda-2)(\lambda+1)^2,\quad d_3(\lambda)=\lambda^2(\lambda-2)(\lambda+1),\quad d_2(\lambda)=\lambda,\quad d_1(\lambda)=1.$$

$A(\lambda)$ 的史密斯标准形是

$$\begin{pmatrix} 1 & 0 & 0 & 0 & 0 \\ 0 & \lambda & 0 & 0 & 0 \\ 0 & 0 & \lambda^2(\lambda-1)(\lambda+1) & 0 & 0 \\ 0 & 0 & 0 & \lambda^2(\lambda-1)(\lambda+1)^2 & 0 \\ 0 & 0 & 0 & 0 & 0 \end{pmatrix}. \qquad ■$$

定理 5.1.8 设 $A(\lambda)=\begin{pmatrix} B(\lambda) & 0 \\ 0 & C(\lambda) \end{pmatrix}$, 则 $A(\lambda)$ 的全部初等因式是 $B(\lambda)$ 的全部初等因式与 $C(\lambda)$ 的全部初等因式的并集.

一般地, 如果 $A(\lambda)=\begin{pmatrix} B_1(\lambda) & & & & \\ & B_2(\lambda) & & & \\ & & \ddots & & \\ & & & B_t(\lambda) & \\ & & & & 0 \end{pmatrix}$, 则 $B_i(\lambda), i=1,2,\cdots,t$ 的全体初等因式的并集构成 $A(\lambda)$ 的全体初等因式.

例题 5.1.3 求 $A(\lambda)=\begin{pmatrix} 0 & 0 & 0 & \lambda^2 \\ 0 & 0 & \lambda^2-\lambda & 0 \\ 1 & (\lambda-1)^2 & 0 & 0 \\ \lambda^2-\lambda & 0 & 0 & 0 \end{pmatrix}$ 的史密斯标准形.

解

$$
\begin{aligned}
A(\lambda) &= \begin{pmatrix} 0 & 0 & 0 & \lambda^2 \\ 0 & 0 & \lambda^2-\lambda & 0 \\ 1 & (\lambda-1)^2 & 0 & 0 \\ \lambda^2-\lambda & 0 & 0 & 0 \end{pmatrix} \\
&\simeq \begin{pmatrix} \lambda^2 & 0 & 0 & 0 \\ 0 & \lambda^2-\lambda & 0 & 0 \\ 0 & 0 & 1 & (\lambda-1)^2 \\ 0 & 0 & \lambda^2-\lambda & 0 \end{pmatrix} = \begin{pmatrix} \lambda^2 & & \\ & \lambda^2-\lambda & \\ & & A_3(\lambda) \end{pmatrix}.
\end{aligned}
$$

$A_3(\lambda)=\begin{pmatrix} 1 & (\lambda-1)^2 \\ \lambda^2-\lambda & 0 \end{pmatrix}$ 的 $D_1(\lambda)=1, D_2(\lambda)=\lambda(\lambda-1)^3$, 因此, $A_3(\lambda)$ 的全部初等因式为 $\lambda, (\lambda-1)^3$, 因此 $A(\lambda)$ 的全部初等因式为 $\lambda, \lambda, \lambda^2, \lambda-1, (\lambda-1)^3$. 由于 $\operatorname{rank}(A(\lambda))=4$, 因此 $A(\lambda)$ 的不变因式是

$$
d_4(\lambda)=\lambda^2(\lambda-1)^3, \quad d_3(\lambda)=\lambda(\lambda-1), \quad d_2(\lambda)=\lambda, \quad d_1(\lambda)=1,
$$

从而 $A(\lambda)$ 的史密斯标准形为

$$\begin{pmatrix} 1 & 0 & 0 & 0 \\ 0 & \lambda & 0 & 0 \\ 0 & 0 & \lambda(\lambda-1) & 0 \\ 0 & 0 & 0 & \lambda^2(\lambda-1)^3 \end{pmatrix}.$$

■

例题 5.1.4　求 $A(\lambda)=\begin{pmatrix} 3\lambda+5 & (\lambda+2)^2 & 4\lambda+5 & (\lambda-1)^2 \\ \lambda+7 & (\lambda+2)^2 & \lambda+7 & 0 \\ \lambda-1 & 0 & 2\lambda-1 & (\lambda-1)^2 \\ 0 & 0 & \lambda & 0 \end{pmatrix}$ 的史密斯标准形.

解

$$\begin{aligned} A(\lambda) &= \begin{pmatrix} 3\lambda+5 & (\lambda+2)^2 & 4\lambda+5 & (\lambda-1)^2 \\ \lambda+7 & (\lambda+2)^2 & \lambda+7 & 0 \\ \lambda-1 & 0 & 2\lambda-1 & (\lambda-1)^2 \\ 0 & 0 & \lambda & 0 \end{pmatrix} \\ &\simeq \begin{pmatrix} 2\lambda+6 & (\lambda+2)^2 & 2\lambda+6 & 0 \\ \lambda+7 & (\lambda+2)^2 & \lambda+7 & 0 \\ \lambda-1 & 0 & 2\lambda-1 & (\lambda-1)^2 \\ 0 & 0 & \lambda & 0 \end{pmatrix} \\ &\simeq \begin{pmatrix} \lambda-1 & 0 & 0 & 0 \\ \lambda+7 & (\lambda+2)^2 & 0 & 0 \\ \lambda-1 & 0 & \lambda & (\lambda-1)^2 \\ 0 & 0 & \lambda & 0 \end{pmatrix} \\ &\simeq \begin{pmatrix} \lambda-1 & 0 & 0 & 0 \\ 6 & (\lambda+2)^2 & 0 & 0 \\ 0 & 0 & \lambda & (\lambda-1)^2 \\ 0 & 0 & \lambda & 0 \end{pmatrix} \\ &= \begin{pmatrix} A_1(\lambda) & 0 \\ 0 & A_2(\lambda) \end{pmatrix}. \end{aligned}$$

$A_1(\lambda)=\begin{pmatrix} \lambda-1 & 0 \\ 6 & (\lambda+2)^2 \end{pmatrix}$ 的初等因式为 $\lambda-1,(\lambda+2)^2$，$A_2(\lambda)=$

$\begin{pmatrix} \lambda & 0 \\ \lambda & (\lambda-1)^2 \end{pmatrix}$ 的初等因式为 $\lambda, (\lambda-1)^2$, 因此 $A(\lambda)$ 的全体初等因式是

$$\lambda-1,\ (\lambda+2)^2,\ \lambda,\ (\lambda-1)^2.$$

易见 $\operatorname{rank}(A(\lambda))=4$, 因此, $A(\lambda)$ 的史密斯标准形为

$$\begin{pmatrix} 1 & 0 & 0 & 0 \\ 0 & 1 & 0 & 0 \\ 0 & 0 & \lambda-1 & 0 \\ 0 & 0 & 0 & \lambda(\lambda-1)^2(\lambda+2)^2 \end{pmatrix}.$$ ■

例题 5.1.5 求 $A(\lambda)=\begin{pmatrix} \lambda-a & c_1 & & & \\ & \lambda-a & c_2 & & \\ & & \ddots & \ddots & \\ & & & \lambda-a & c_{n-1} \\ & & & & \lambda-a \end{pmatrix}$ 的不变因式与初等因式, 其中 $c_1, c_2, \cdots, c_{n-1}$ 为非零常数.

解 由于 $c_1, c_2, \cdots, c_{n-1}$ 为非零常数, $A(\lambda)$ 的右上角的 $n-1$ 阶子式的值为 $c_1c_2\cdots c_{n-1}\neq 0$, 因此 $A(\lambda)$ 的 $D_{n-1}=1$, 从而有

$$d_1(\lambda)=d_2(\lambda)=\cdots=d_{n-1}(\lambda)=1, \quad d_n(\lambda)=|A(\lambda)|=(\lambda-a)^n.$$

$A(\lambda)$ 的初等因式是 $(\lambda-a)^n$. ■

5.2 矩阵的若尔当标准形

定理 5.2.1 设 $A, B\in\mathbb{C}^{n\times n}$, 则下列条件等价:

(1) A 与 B 相似;

(2) $\lambda E-A\simeq\lambda E-B$;

(3) $\lambda E-A$ 与 $\lambda E-B$ 有相同的不变因式;

(4) $\lambda E-A$ 与 $\lambda E-B$ 有相同的初等因式.

证明 由于 $\lambda E-A$ 与 $\lambda E-B$ 都是满秩矩阵, 由定理 5.1.6 可知, 条件 (2),(3),(4) 等价.

如果 A 与 B 相似, 则存在可逆矩阵 P, 使得 $P^{-1}AP=B$, 因此 $P^{-1}(\lambda E-A)P=\lambda E-B$, 从而有 $\lambda E-A\simeq\lambda E-B$.

反之, 如果 $\lambda E - A \simeq \lambda E - B$, 则 A 与 B 相似. 这结论的证明比较复杂, 在此不详细叙述. ■

例题 5.2.1 在下列矩阵对中, 哪组矩阵是相似的, 哪组是不相似的:

$$(1)\ A_1 = \begin{pmatrix} 3 & 1 & 0 & 0 \\ 0 & 3 & 1 & 0 \\ 0 & 0 & 3 & 0 \\ 0 & 0 & 0 & -3 \end{pmatrix} \text{ 与 } A_2 = \begin{pmatrix} 3 & 1 & 0 & 0 \\ 0 & 3 & 0 & 0 \\ 0 & 0 & 3 & 1 \\ 0 & 0 & 0 & -3 \end{pmatrix};$$

$$(2)\ B_1 = \begin{pmatrix} 2 & 0 & 0 & 0 \\ 0 & 2 & 1 & 0 \\ 0 & 0 & 2 & 0 \\ 0 & 0 & 0 & 3 \end{pmatrix} \text{ 与 } B_2 = \begin{pmatrix} 2 & 1 & 0 & 0 \\ 0 & 2 & 0 & 0 \\ 0 & 0 & 2 & 1 \\ 0 & 0 & 0 & 3 \end{pmatrix}.$$

解 (1) $\lambda E - A_1$ 的初等因式是 $(\lambda-3)^3, \lambda+3$, 而 $\lambda E - A_2$ 的初等因式是 $\lambda - 3, (\lambda-3)^2, \lambda+3$, $\lambda E - A_1$ 的初等因式与 $\lambda E - A_2$ 的初等因式不相同, 由定理 5.2.1 可知, A_1 与 A_2 不相似.

(2) $\lambda E - B_1$ 与 $\lambda E - A_2$ 的初等因式都是 $\lambda - 2, (\lambda-2)^2, \lambda - 3$, 由定理 5.2.1 可知, B_1 与 B_2 相似. ■

n 阶矩阵 A 可以与不同的矩阵相似, 我们希望在与 A 相似的全体矩阵中, 找到一个比较简单的矩阵, 作为这一类矩阵的代表, 从而简化这一类矩阵的讨论. 当然对角形矩阵最为简单, 但是并不是任意的 n 阶矩阵都能与对角矩阵相似, 例如非单纯矩阵就不与任意对角矩阵相似. 接下来, 我们引入若尔当标准形的概念.

定义 5.2.1 形如

$$J(\lambda_i, n_i) = \begin{pmatrix} \lambda_i & 1 & & & \\ & \lambda_i & 1 & & \\ & & \lambda_i & \ddots & \\ & & & \ddots & 1 \\ & & & & \lambda_i \end{pmatrix}_{n_i \times n_i}$$

的方阵称为以 λ_i 为特征值的 n_i 阶**若尔当块**.

定义 5.2.2 称由若尔当块组成的分块对角矩阵

$$J = \mathrm{diag}(J(\lambda_1, n_1), J(\lambda_2, n_2), \cdots, J(\lambda_s, n_s))$$

为**若尔当标准形**.

由定理 5.1.8 可知, $\lambda E - J$ 的全部初等因式是由各个若尔当块的初等因式合在一起构成的, 即

$$(\lambda-\lambda_1)^{n_1},(\lambda-\lambda_2)^{n_2},\cdots,(\lambda-\lambda_s)^{n_s}.$$

如果不计 J 中的若尔当块的排列顺序, 那么若尔当标准形就由它的全部初等因子所决定. 有如下结论.

定理 5.2.2 设 $A\in\mathbb{C}^{n\times n}$, $\lambda E-A$ 的初等因式是

$$(\lambda-\lambda_1)^{n_1},(\lambda-\lambda_2)^{n_2},\cdots,(\lambda-\lambda_s)^{n_s},$$

则 A 与 $J=\mathrm{diag}(J(\lambda_1,n_1),J(\lambda_2,n_2),\cdots,J(\lambda_s,n_s))$ 相似. 若不计 J 中的若尔当块的排列顺序, 则 J 唯一.

定理 5.2.3 设 $A\in\mathbb{C}^{n\times n}$. A 可以对角化的充分必要条件是 A 的特征矩阵 $\lambda E-A$ 的初等因式全是一次的.

应该指出, 对 n 阶方阵 A, 它的特征矩阵 $\lambda E-A$ 的秩**一定是** n. 这是因为矩阵 A 的特征多项式 $\det(\lambda E-A)\neq 0$, 且 $\det(\lambda E-A)$ 等于矩阵 $\lambda E-A$ 的初等因式的连乘积.

例题 5.2.2 求矩阵 $A=\begin{pmatrix}8&-3&6\\3&-2&0\\-4&2&-2\end{pmatrix}$ 的若尔当标准形.

解 因为 $\lambda E-A=\begin{pmatrix}\lambda-8&3&-6\\-3&\lambda+2&0\\4&-2&\lambda+2\end{pmatrix}$ 中如下 2 阶子式

$$\begin{vmatrix}3&-6\\\lambda+2&0\end{vmatrix}=6(\lambda+2),\quad \begin{vmatrix}-3&\lambda+2\\4&-2\end{vmatrix}=-4\lambda-2$$

的最大公因式是 1, 所以 $\lambda E-A$ 的 2 阶行列式因式 $D_2(\lambda)=1$, 而 $\lambda E-A$ 的 3 阶行列式因式

$$D_3(\lambda)=\det(\lambda E-A)=(\lambda-1)^2(\lambda-2),$$

$d_3(\lambda)=D_3(\lambda)/D_2(\lambda)=D_3(\lambda)$, 因此 $\lambda E-A$ 的初等因式是 $(\lambda-1)^2,(\lambda-2)$, 从而矩阵 A 的若尔当标准形

$$J_A=\begin{pmatrix}1&1&0\\0&1&0\\0&0&2\end{pmatrix}.$$ ■

对一般的 n 阶方阵 A, 利用 $\lambda E-A$ 的初等因式来求若尔当标准形 J_A 是比较麻烦的. 注意到 $\lambda E-A$ 的初等因式的连乘积等于 $\det(\lambda E-A)$. 而 A 与它的若尔当标准形 J_A 相似, 从而 $(A-aE)^k$ 与 $(J_A-aE)^k$ 也相似. 因此, 可以利用下面两个例题中的方法求若尔当标准形 J_A.

例题 5.2.3　求矩阵 $A=\begin{pmatrix} 4 & 1 & -1 \\ -2 & 1 & 2 \\ -1 & -1 & 4 \end{pmatrix}$ 的若尔当标准形 J_A.

解　由于

$$\det(\lambda E-A)=\begin{vmatrix} \lambda-4 & -1 & 1 \\ 2 & \lambda-1 & -2 \\ 1 & 1 & \lambda-4 \end{vmatrix}=(\lambda-3)^3,$$

因此 J_A 有如下形式:

$$J_A=\begin{pmatrix} 3 & a & 0 \\ 0 & 3 & b \\ 0 & 0 & 3 \end{pmatrix}.$$

由于

$$A-3E=\begin{pmatrix} 1 & 1 & -1 \\ -2 & -2 & 2 \\ -1 & -1 & 1 \end{pmatrix}\sim\begin{pmatrix} 1 & 1 & -1 \\ 0 & 0 & 0 \\ 0 & 0 & 0 \end{pmatrix},$$

因此 $\mathrm{rank}(A-3E)=1$. 由 $\mathrm{rank}(J_A-3E)=\mathrm{rank}(A-3E)=1$ 可得

$$J_A=\begin{pmatrix} 3 & 0 & 0 \\ 0 & 3 & 1 \\ 0 & 0 & 3 \end{pmatrix}.$$ ■

例题 5.2.4　求矩阵 $A=\begin{pmatrix} 2 & 1 & 0 & -1 & -1 & 0 \\ 1 & 2 & 0 & 0 & -1 & 1 \\ -1 & -1 & 4 & 1 & 0 & -1 \\ 0 & -1 & 0 & 3 & 1 & 0 \\ 0 & 0 & 0 & 0 & 4 & 0 \\ 1 & 0 & 0 & 0 & -1 & 3 \end{pmatrix}$ 的若尔当标准形 J_A.

解　由于

$$\det(\lambda E-A)=\begin{vmatrix} \lambda-2 & -1 & 0 & 1 & 1 & 0 \\ -1 & \lambda-2 & 0 & 0 & 1 & -1 \\ 1 & 1 & \lambda-4 & -1 & 0 & 1 \\ 0 & 1 & 0 & \lambda-3 & -1 & 0 \\ 0 & 0 & 0 & 0 & \lambda-4 & 0 \\ -1 & 0 & 0 & 0 & 1 & \lambda-3 \end{vmatrix}=(\lambda-2)^3(\lambda-4)^3,$$

因此 A 的特征值为

$$\lambda_1 = \lambda_2 = \lambda_3 = 2, \quad \lambda_4 = \lambda_5 = \lambda_6 = 4,$$

从而 A 的若尔当标准形有如下形式:

$$J_A = \begin{pmatrix} 2 & a_1 & & & & \\ & 2 & a_2 & & & \\ & & 2 & & & \\ & & & 4 & b_1 & \\ & & & & 4 & b_2 \\ & & & & & 4 \end{pmatrix},$$

其中 a_1, a_2, b_1, b_2 是 0 或 1 中的一个数.

$$A - 2E = \begin{pmatrix} 0 & 1 & 0 & -1 & -1 & 0 \\ 1 & 0 & 0 & 0 & -1 & 1 \\ -1 & -1 & 2 & 1 & 0 & -1 \\ 0 & -1 & 0 & 1 & 1 & 0 \\ 0 & 0 & 0 & 0 & 2 & 0 \\ 1 & 0 & 0 & 0 & -1 & 1 \end{pmatrix} \sim \begin{pmatrix} 1 & 0 & 0 & 0 & -1 & 1 \\ 0 & -1 & 0 & 1 & 1 & 0 \\ 0 & 0 & 2 & 0 & -2 & 0 \\ 0 & 0 & 0 & 0 & 2 & 0 \\ 0 & 0 & 0 & 0 & 0 & 0 \\ 0 & 0 & 0 & 0 & 0 & 0 \end{pmatrix},$$

因此, $\operatorname{rank}(A - 2E) = 4$.

$$J_A - 2E = \begin{pmatrix} 0 & a_1 & & & & \\ & 0 & a_2 & & & \\ & & 0 & & & \\ & & & 2 & b_1 & \\ & & & & 2 & b_2 \\ & & & & & 2 \end{pmatrix}.$$

由 $\operatorname{rank}(J_A - 2E) = \operatorname{rank}(A - 2E) = 4$ 可知 a_1, a_2 中一个是 0, 另外一个是 1. 不妨令 $a_1 = 0, a_2 = 1$.

$$\operatorname{rank}(A - 4E) = \operatorname{rank} \begin{pmatrix} -2 & 1 & 0 & -1 & -1 & 0 \\ 1 & -2 & 0 & 0 & -1 & 1 \\ -1 & -1 & 0 & 1 & 0 & -1 \\ 0 & -1 & 0 & -1 & 1 & 0 \\ 0 & 0 & 0 & 0 & 0 & 0 \\ 1 & 0 & 0 & 0 & -1 & -1 \end{pmatrix} = 5.$$

$$J_A - 4E = \begin{pmatrix} -2 & 0 & & & & \\ & -2 & 1 & & & \\ & & -2 & & & \\ & & & 0 & b_1 & \\ & & & & 0 & b_2 \\ & & & & & 0 \end{pmatrix}.$$

由 $\operatorname{rank}(J_A - 4E) = \operatorname{rank}(A - 4E) = 5$, 可得 $b_1 = b_2 = 1$, 因此

$$J_A = \begin{pmatrix} 2 & 0 & & & & \\ & 2 & 1 & & & \\ & & 2 & & & \\ & & & 4 & 1 & \\ & & & & 4 & 1 \\ & & & & & 4 \end{pmatrix}.$$ ■

以上介绍了求矩阵 A 的若尔当标准形的方法. 注意到 n 阶矩阵 A 与它的若尔当标准形 J_A 相似, 因此存在可逆矩阵 P, 使得 $P^{-1}AP = J_A$. 下面我们来讨论如何求可逆矩阵 P.

如果将 P 按列分块成 $P = (p_1, p_2, \cdots, p_n)$, 则有

$$(Ap_1, Ap_2, \cdots, Ap_n) = (p_1, p_2, \cdots, p_n)J.$$

由此可得如下形式的齐次或非齐次线性方程组:

$$Ap_1 = \lambda_1 p_1, \quad Ap_i = a_i p_{i-1} + \lambda_i p_i, \quad i = 2, 3, \cdots, n,$$

式中 a_i 是 J_A 中位于 $(i-1, i)$ 中的数, 它只可能是 0 或 1. 由这些方程组可求得 p_i $(i = 1, 2, \cdots, n)$.

如果 $a_i = 0$, 则 $Ap_i = \lambda_i p_i$, 这表明 p_i 是 A 的对应于特征值 λ_i 的特征向量.

例题 5.2.5　已知 $J_A = \begin{pmatrix} 3 & 0 & 0 \\ 0 & 3 & 1 \\ 0 & 0 & 3 \end{pmatrix}$ 是矩阵 $A = \begin{pmatrix} 4 & 1 & -1 \\ -2 & 1 & 2 \\ -1 & -1 & 4 \end{pmatrix}$ 的若尔当标准形, 求可逆矩阵 P, 使得 $P^{-1}AP = J_A$.

解　由于 J_A 是矩阵 A 的若尔当标准形, 因此它们相似, 从而它们有相同的特征值 $\lambda_1 = \lambda_2 = \lambda_3$.

A 的对应于特征值 $\lambda = 3$ 的线性无关特征向量为 $\xi_1 = (1, -1, 0)^{\mathrm{T}}, \xi_2 = (1, 0, 1)^{\mathrm{T}}$. 设可逆矩阵 $P = (p_1, p_2, p_3)$, 使得 $P^{-1}AP = J_A$, 则

$$Ap_1 = 3p_1, \quad Ap_2 = 3p_2, \quad Ap_3 = p_2 + 3p_3.$$

可见 p_1, p_2 是 A 的对应于特征值 3 的线性无关特征向量. 如果直接取 $p_1 = \xi_1$, $p_2 = \xi_2$, 则

$$(A-3E, p_2) = \begin{pmatrix} 1 & 1 & -1 & 1 \\ -2 & -2 & 2 & 0 \\ -1 & -1 & 1 & 1 \end{pmatrix} \sim \begin{pmatrix} 1 & 1 & -1 & 1 \\ 0 & 0 & 0 & 1 \\ 0 & 0 & 0 & 0 \end{pmatrix},$$

因此方程 $(A-3E)x = p_2$ 无解. 注意到对应于同一特征值的特征向量的非零组合仍然是特征向量, 为使方程 $(A-3E)x = p_2$ 有解, 取 $p_2 = k_1\xi_1 + k_2\xi_2$,

$$(A-3E, p_2) = \begin{pmatrix} 1 & 1 & -1 & k_1+k_2 \\ -2 & -2 & 2 & -k_1 \\ -1 & -1 & 1 & k_2 \end{pmatrix} \sim \begin{pmatrix} 1 & 1 & -1 & 1 \\ 0 & 0 & 0 & k_1+2k_2 \\ 0 & 0 & 0 & 0 \end{pmatrix},$$

因此, 方程 $(A-3E)x = p_2$ 有解的充分必要条件是 $k_1 + 2k_2 = 0$. 特别取 $k_1 = -2, k_2 = 1$, 此时

$$p_2 = -2\xi_1 + \xi_2 = (-1, 2, 1)^{\mathrm{T}},$$

由 $Ap_3 = p_2 + 3p_3$ 可解得 $p_3 = (1, 0, 0)^{\mathrm{T}}$. 取 $p_1 = \xi_1$, 则

$$P = \begin{pmatrix} 1 & -1 & 1 \\ -1 & 2 & 0 \\ 0 & 1 & 0 \end{pmatrix}.$$ ■

利用矩阵的若尔当标准形, 我们可求出线性变换 T 的所有不变子空间. 如下例.

例题 5.2.6 设 V 上的线性变换 T 在基 e_1, e_2, e_3 下的表示矩阵为

$$A = \begin{pmatrix} 4 & 1 & -1 \\ -2 & 1 & 2 \\ -1 & -1 & 4 \end{pmatrix},$$

求线性变换 T 的所有 T 不变子空间.

解 由例题 5.2.5 可知, 矩阵 $P = \begin{pmatrix} 1 & -1 & 1 \\ -1 & 2 & 0 \\ 0 & 1 & 0 \end{pmatrix}$ 使得

$$P^{-1}AP = \begin{pmatrix} 3 & 0 & 0 \\ 0 & 3 & 1 \\ 0 & 0 & 3 \end{pmatrix}.$$

令

$$(\alpha_1, \alpha_2, \alpha_3) = (e_1, e_2, e_3)P,$$

由定理 4.2.3 可知, 线性变换 T 在基 $\alpha_1, \alpha_2, \alpha_3$ 下的表示矩阵是 J, 因此

$$T(\alpha_1) = 3\alpha_1, \quad T(\alpha_2) = 3\alpha_2, \quad T(\alpha_3) = \alpha_2 + 3\alpha_3,$$

这表明

$$V_1 = \mathrm{Span}\{\alpha_1\}, \quad V_2 = \mathrm{Span}\{\alpha_2\}, \quad V_3 = \mathrm{Span}\{\alpha_2, \alpha_3\}$$

是线性变换 T 的不变子空间. 由定理 4.3.1 可知, T 的所有不变子空间如下:

$$\{\mathbf{0}_V\},\ V_1,\ V_2,\ V_3,\ V_1 + V_2,\ V_1 + V_3 = V. \qquad \blacksquare$$

对多项式 $g(\lambda) = a_0\lambda^m + a_1\lambda^{m-1} + \cdots + a_{m-1}\lambda + a_m$, $A \in \mathbb{C}^{n\times n}$, 定义

$$g(A) = a_0A^m + a_1A^{m-1} + \cdots + a_{m-1}A + a_mE_n.$$

如果

$$J = \begin{pmatrix} a & 1 & & & \\ & a & 1 & & \\ & & a & \ddots & \\ & & & \ddots & 1 \\ & & & & a \end{pmatrix}_{m\times m},$$

则

$$J^k = \begin{pmatrix} a^k & \mathrm{C}_k^1 a^{k-1} & \mathrm{C}_k^2 a^{k-2} & \cdots & \mathrm{C}_k^{m-1} a^{k-m+1} \\ 0 & a^k & \mathrm{C}_k^1 a^{k-1} & \cdots & \mathrm{C}_k^{m-2} a^{k-m+2} \\ 0 & 0 & a^k & \ddots & \vdots \\ \vdots & \vdots & \vdots & \ddots & \mathrm{C}_k^1 a^{k-1} \\ 0 & 0 & 0 & \cdots & a^k \end{pmatrix}_{m\times m}, \tag{5.2.1}$$

其中 $\mathrm{C}_k^r = \dfrac{k(k-1)\cdots(k-r+1)}{r!}$, 且当 $r > k$ 时, $\mathrm{C}_k^r = 0$.

对多项式 $g(\lambda) = \sum\limits_{k=0}^{t} c_k\lambda^k$, 因为 A 与 A 的若尔当标准形 J_A 相似, 从而存在可逆矩阵 P, 使得 $P^{-1}AP = J_A = \mathrm{diag}(J_1, J_2, \cdots, J_s)$, 因此

$$g(A) = Pg(J_A)P^{-1} = P\mathrm{diag}(g(J_1), g(J_2), \cdots, g(J_s))P^{-1}.$$

用这种方法计算 $g(A)$, 计算量大, 后面有更简单的方法, 这里不再举例.

矩阵的若尔当标准形还可用于求解线性微分方程组.

对于线性微分方程组, 其矩阵形式为 $\frac{\mathrm{d}x}{\mathrm{d}t}=Ax$. 如果 A 的若尔当标准形是 J_A, 而可逆矩阵 P, 使得 $P^{-1}AP=J_A$, 则 $\frac{\mathrm{d}x}{\mathrm{d}t}=PJ_AP^{-1}x$. 令 $y=P^{-1}x$, 则有 $\frac{\mathrm{d}y}{\mathrm{d}t}=J_Ay$, 它们是一系列容易求解的一阶线性齐次 (非齐次) 方程. 求出 y 后, 则有 $x=Py$, 从而求得问题的解.

例题 5.2.7 解如下线性微分方程组:

$$\begin{cases}\dfrac{\mathrm{d}x_1}{\mathrm{d}t}=4x_1+x_2-x_3,\\ \dfrac{\mathrm{d}x_2}{\mathrm{d}t}=-2x_1+x_2+2x_3,\\ \dfrac{\mathrm{d}x_3}{\mathrm{d}t}=-x_1-x_2+4x_3.\end{cases}$$

解 记 $x=(x_1(t),x_2(t),x_3(t))^{\mathrm{T}}$, $A=\begin{pmatrix}4&1&-1\\-2&1&2\\-1&-1&4\end{pmatrix}$, 则线性微分方程组的矩阵形式为 $\frac{\mathrm{d}x}{\mathrm{d}t}=Ax$. 由例题 5.2.5 可知, 矩阵 $P=\begin{pmatrix}1&-1&1\\-1&2&0\\0&1&0\end{pmatrix}$ 使得

$$A=P\begin{pmatrix}3&0&0\\0&3&1\\0&0&3\end{pmatrix}P^{-1}.$$

令 $y=P^{-1}x$, 则

$$\begin{cases}\dfrac{\mathrm{d}y_1}{\mathrm{d}t}=3y_1,\\ \dfrac{\mathrm{d}y_2}{\mathrm{d}t}=3y_2+y_3,\\ \dfrac{\mathrm{d}y_3}{\mathrm{d}t}=3y_3,\end{cases}$$

解得 $y_1=c_1\mathrm{e}^{3t},y_2=(c_2+c_3t)\mathrm{e}^{3t},y_3=c_3\mathrm{e}^{3t}$, 从而原线性微分方程组的解为

$$x=\begin{pmatrix}1&-1&1\\-1&2&0\\0&1&0\end{pmatrix}\begin{pmatrix}c_1\mathrm{e}^{3t}\\(c_2+c_3t)\mathrm{e}^{3t}\\c_3\mathrm{e}^{3t}\end{pmatrix}=\begin{pmatrix}c_1-c_2-c_3t+c_3\\-c_1+2c_2+2c_3t\\c_2+c_3t\end{pmatrix}\mathrm{e}^{3t},$$

■

其中 c_1, c_2, c_3 为任意常数.

在 MATLAB 中, 求 A 的若尔当标准形 J 的命令是 $J = \text{Jordan}(A)$. 如果要求相应的变换阵 P, 则命令为 $[P, J] = \text{Jordan}(A)$.

5.3 矩阵的最小多项式与矩阵函数

5.3.1 矩阵的最小多项式

定理 5.3.1 (凯莱-哈密顿 (Cayley-Hamilton) 定理)　设 $f(\lambda) = \det(\lambda E - A)$, 则 $f(A) = \mathbf{0}_{n\times n}$.

凯莱-哈密顿定理表明, 对于任意一个 n 阶矩阵, 一定存在着多项式 $g(\lambda)$, 使得 $g(A) = \mathbf{0}_{n\times n}$.

定义 5.3.1　称满足 $g(A) = \mathbf{0}_{n\times n}$ 的多项式 $g(\lambda)$ 为矩阵 A 的零化多项式.

如果多项式 $g(\lambda)$ 满足 $g(A) = \mathbf{0}$, 则对任意的多项式 $h(\lambda)$, $g(\lambda)h(\lambda)$ 也是多项式, 且 $g(A)h(A) = \mathbf{0}_{n\times n}$. 因此, 矩阵 A 的零化多项式不唯一.

定义 5.3.2　称矩阵 A 的所有零化多项式中, 次数最低, 并且最高次幂系数是 1 的多项式为 A 的最小多项式, 记作 $\text{minp}(\lambda)$.

凯莱-哈密顿定理说明, A 的最小多项式 $\text{minp}(\lambda)$ 的次数不会超过 n.

定义 5.3.3　设 A 的最小多项式是 $\text{minp}(z) = (z-\lambda_1)^{m_1} \cdot \cdots \cdot (z-\lambda_s)^{m_s}$. 称集合 $\sigma_A = \{(\lambda_i, m_i) | i = 1, 2, \cdots, s\}$ 为 A 的**谱**.

例如, 如果 A 的最小多项式为 $(\lambda-3)^2(\lambda-5)^3$, 则 A 的谱是 $\{(3,2),(5,3)\}$.

定理 5.3.2　n 阶矩阵 A 的最小多项式唯一存在, 且等于特征矩阵 $\lambda E - A$ 的第 n 个不变因式 $d_n(\lambda)$.

由定理 5.3.2 可知, 如果已知矩阵 A 的若尔当标准形为 J_A, 就可容易写出 A 的最小多项式.

由例题 5.2.3 可知, $J_A = \begin{pmatrix} 3 & 0 & 0 \\ 0 & 3 & 1 \\ 0 & 0 & 3 \end{pmatrix}$ 是矩阵 $A_1 = \begin{pmatrix} 4 & 1 & -1 \\ -2 & 1 & 2 \\ -1 & -1 & 4 \end{pmatrix}$ 的若尔当标准形, 则 A_1 的最小多项式是 $(\lambda-3)^2$.

又如, 如果 $J = \text{diag}(J(0,3), J(0,2), J(2,1), J(2,4), J(-3,2))$ 是矩阵 A_2 的若尔当标准形, 则 A_2 的最小多项式是 $\lambda^3(\lambda-2)^4(\lambda+3)^2$.

对一般的矩阵 A, 可以先求矩阵 A 的若尔当标准形, 再利用上述方法写出它的最小多项式. 但这比较麻烦.

定理 5.3.3　多项式 $g(\lambda)$ 是矩阵 A 的零化多项式的充分必要条件是 $\text{minp}(\lambda)$ 整除 $g(\lambda)$.

由凯莱-哈密顿定理和定理 5.3.2, 有如下结论.

定理 5.3.4 (1) λ_0 是 A 的最小多项式 $\mathrm{minp}(\lambda)$ 的零点充分必要条件是 λ_0 是 A 的特征值;

(2) 如果矩阵 A 的特征值 λ_0 的代数重数是 1, 则 A 的最小多项式中一定含有因式 $\lambda-\lambda_0$;

(3) A 可以对角化的充分必要条件是 A 的最小多项式无重根;

(4) 如果矩阵 A 的特征值互不相同, 则 A 的最小多项式就是它的特征多项式.

由定理 5.3.4 可知, 如果 A 的特征多项式为

$$\det(\lambda E-A)=(\lambda-\lambda_1)^{m_1}(\lambda-\lambda_2)^{m_2}\cdots(\lambda-\lambda_s)^{m_s},$$

其中 $\sum\limits_{i=1}^{s}m_i=n, m_i>0$, $\lambda_1,\lambda_2,\cdots,\lambda_s$ 两两互异, 则 A 的最小多项式有如下形式:

$$\mathrm{minp}\,(\lambda)=(\lambda-\lambda_1)^{l_1}(\lambda-\lambda_2)^{l_2}\cdots(\lambda-\lambda_s)^{l_s}, \tag{5.3.1}$$

其中 $1\leqslant l_i\leqslant m_i, i=1,2,\cdots,s$.

如果知道了 A 的全部相异特征值 $\lambda_1,\lambda_2,\cdots,\lambda_s$, 利用公式 (5.3.1), 通过确定使得 $\mathrm{minp}\,(A)=\mathbf{0}$ 的最小正整数组 $(l_1,l_2,\cdots,l_s)$, 就可求得 A 的最小多项式

$$\mathrm{minp}\,(\lambda)=(\lambda-\lambda_1)^{l_1}(\lambda-\lambda_2)^{l_2}\cdots(\lambda-\lambda_s)^{l_s}.$$

例题 5.3.1 求矩阵 $A=\begin{pmatrix}8&-3&6\\3&-2&0\\-4&2&-2\end{pmatrix}$ 的最小多项式.

解 $\det(\lambda E-A)=(\lambda-1)^2(\lambda-2)$, 由式 (5.3.1) 可知, A 的最小多项式是如下两个多项式之一:

$$m_1(\lambda)=(\lambda-1)(\lambda-2),\quad m_2(\lambda)=(\lambda-1)^2(\lambda-2).$$

因为

$$\begin{aligned}(A-E)(A-2E)&=\begin{pmatrix}7&-3&6\\3&-3&0\\-4&2&-3\end{pmatrix}\begin{pmatrix}6&-3&6\\3&-4&0\\-4&2&-4\end{pmatrix}\\&=\begin{pmatrix}9&3&18\\9&3&18\\-6&-2&-12\end{pmatrix}\neq\mathbf{0},\end{aligned}$$

所以 A 的最小多项式是 $m_2(\lambda)=(\lambda-1)^2(\lambda-2)$. ■

推论 5.3.1 若 A 的零化多项式无重根, 则 A 可以对角化.

例题 5.3.2 设 n 阶矩阵 A 满足 $(A-3E)(A+5E)=\mathbf{0}_{n\times n}$, 且 $\text{rank}(A-3E)=r$, 求 A 的若尔当标准形.

解 因为矩阵 A 满足 $(A-3E)(A+5E)=\mathbf{0}_{n\times n}$, 所以 $(\lambda-3)(\lambda+5)$ 是 A 的零化多项式, 它无重根, 因此 A 可以对角化, 即 A 的若尔当标准形有如下形式:

$$J=\begin{pmatrix} 3E_s & \\ & -5E_{n-s} \end{pmatrix}.$$

由于 $\text{rank}(J-3E)=\text{rank}(A-3E)=r$, 因此 $s=n-r$, 故 A 的若尔当标准形为

$$J=\begin{pmatrix} 3E_{n-r} & \\ & -5E_r \end{pmatrix}.$$ ■

对多项式 $g(\lambda)=\sum\limits_{k=0}^{t}c_k\lambda^k$, 存在 $h(\lambda)$, 使得

$$g(\lambda)=\text{minp}(\lambda)h(\lambda)+a_0+a_1\lambda+\cdots+a_{m-1}\lambda^{m-1},$$

如果 A 的最小多项式 $\text{minp}(\lambda)$ 是 m 次多项式, 注意到 $\text{minp}(A)=\mathbf{0}_{n\times n}$, 如果能求出 $a_0,a_1,\cdots,a_{m-1}$, 则

$$g(A)=a_0E+a_1A+\cdots+a_{m-1}A^{m-1}.$$

例题 5.3.3 设矩阵 $A=\begin{pmatrix} 3 & -3 & 2 \\ -1 & 5 & -2 \\ -1 & 3 & 0 \end{pmatrix}$, 求 $A^7+4A^5-10A^4-5A-2E$.

解

$$\det(\lambda E-A)=\begin{vmatrix} \lambda-3 & 3 & -2 \\ 1 & \lambda-5 & 2 \\ 1 & -3 & \lambda \end{vmatrix}=(\lambda-2)^2(\lambda-4).$$

因为

$$\text{rank}(A-2E)=\text{rank}\begin{pmatrix} 1 & -3 & 2 \\ -1 & 3 & -2 \\ -1 & 3 & -2 \end{pmatrix}=1,$$

所以 A 的若尔当标准形为

$$J=\begin{pmatrix}2&0&0\\0&2&0\\0&0&4\end{pmatrix},$$

从而 A 的最小多项式是 $(\lambda-2)(\lambda-4)$. 令

$$g(\lambda)=\lambda^7+4\lambda^5-10\lambda^4-5\lambda-2=(\lambda-2)(\lambda-4)h(\lambda)+a+b\lambda,$$

则

$$\begin{cases}a+2b=g(2)=84,\\a+4b=g(4)=17898.\end{cases}$$

解得 $a=-17730, b=8907$, 从而有

$$g(A)=m(A)h(A)-17730E+8907A=\begin{pmatrix}8991&-26721&17814\\-8907&26805&-17814\\-8907&26721&-17730\end{pmatrix}.\quad\blacksquare$$

5.3.2 矩阵函数

在矩阵幂级数一节中, 给出了如下定理 (即定理 3.3.7).

定理 5.3.5 若幂级数 $\sum_{k=0}^{\infty}c_kz^k$ 的收敛半径是 r, 则

(1) 当 $\rho(A)<r$ 时, $\sum_{k=0}^{\infty}c_kA^k$ 绝对收敛;

(2) 当 $\rho(A)>r$ 时, $\sum_{k=0}^{\infty}c_kA^k$ 发散.

由定理 5.3.5 有如下矩阵函数的幂级数定义.

定义 5.3.4 设函数 $f(z)$ 的幂级数展开式是 $\sum_{k=0}^{\infty}c_kz^k$, 该幂级数的收敛半径是 r, 当矩阵 A 的谱半径 $\rho(A)<r$ 时, 定义

$$f(A)=\sum_{k=0}^{\infty}c_kA^k.$$

例如

$$\mathrm{e}^A=\sum_{k=0}^{\infty}\frac{1}{k!}A^k=E+A+\frac{1}{2!}A^2+\frac{1}{3!}A^3+\cdots,$$

$$\cos A = E - \frac{1}{2!}A^2 + \frac{1}{4!}A^4 - \frac{1}{6!}A^6 + \cdots.$$

利用定义 5.3.4 定义的矩阵函数, 其实质就是先将数量函数 $f(z)$ 展开成收敛的幂级数, 然后以矩阵 A 代替 z, 得到 $f(A)$. 但是, 对于任意给定的函数, $f(z)$ 要求能展开成收敛的幂级数条件太强. 我们可以通过函数 $f(z)$ 在 A 上的谱值来确定矩阵函数.

定义 5.3.5 如果 A 的谱是 $\sigma_A = \{(\lambda_i, m_i)|i = 1, 2, \cdots, s\}$, 则称集合

$$\{f^{(k_i)}(\lambda_i)|k_i = 0, 1, \cdots, m_i - 1; i = 1, 2, \cdots, s\}$$

为函数 $f(z)$ 在 A 上的**谱值**, 记为 $f(\sigma_A)$.

例如, 如果 A 的最小多项式为 $(\lambda-3)^2(\lambda-5)^3$, 则 A 的谱是 $\{(3,2),(5,3)\}$, 函数 $\sin z$ 在 A 上的谱值是 $\{\sin 3, \cos 3, \sin 5, \cos 5, -\sin 5\}$.

定义 5.3.6 若函数 $f(z)$ 在 A 上的谱值存在. 若复系数多项式 $g(z)$, 使得 $g(\sigma_A) = f(\sigma_A)$, 则定义 $f(A) = g(A)$.

设 A 的最小多项式是 $\mathrm{minp}(z) = (z-\lambda_1)^{m_1} \cdot \cdots \cdot (z-\lambda_s)^{m_s}$. 对函数 $f(z)$, 复系数多项式 $g(z)$, 满足 $g(\sigma_A) = f(\sigma_A)$. 对多项式 $g(z)$, 存在复系数多项式 $h(z), r(z)$, 使得

$$g(z) = \mathrm{minp}(z)h(z) + r(z),$$

其中 $r(z) = a_0 + a_1 z + \cdots + a_{m-1}z^{m-1}$, $m = m_1 + m_2 \cdots + m_s$, 因此

$$g(A) = \mathrm{minp}(A)h(A) + r(A) = r(A).$$

另一方面, 利用 $g(\sigma_A) = f(\sigma_A)$ 可得 m 个方程, 因此可唯一确定 m 个系数. 这样一来, 可设 $g(z) = r(z) = a_0 + a_1\lambda + \cdots + a_{m-1}\lambda^{m-1}$, 由此, 可得求矩阵函数的待定系数法.

算法 5.3.1 求矩阵函数的待定系数法

Step 1: A 的最小多项式

$$\mathrm{minp}(z) = (z-\lambda_1)^{m_1}(\lambda-\lambda_2)^{m_2}\cdots(z-\lambda_s)^{m_s}.$$

Step 2: 设

$$r(z) = a_0 + a_1 z + \cdots + a_{m-1}z^{m-1},$$

其中 $m = m_1 + m_2 + \cdots + m_s$.

Step 3: 利用 $r(\sigma_A) = f(\sigma_A)$ 可得 m 个方程, 利用这些方程求出 $a_0, a_1, \cdots, a_{m-1}$.

Step 4: $f(A) = r(A)$. ■

例题 5.3.4 设 $A=\begin{pmatrix}3&-3&2\\-1&5&-2\\-1&3&0\end{pmatrix}$, 求 $\ln A$.

解 因为 A 的特征多项式为 $(\lambda-2)^2(\lambda-4)$. 由于 $(A-2E)(A-4E)=\mathbf{0}_{3\times3}$, 因此 A 的最小多项式是 $(\lambda-2)(\lambda-4)$. 令

$$r(z)=a_0+a_1z,$$

由 $r(\sigma_A)=\ln(\sigma_A)$ 可得

$$\begin{cases}a_0+2a_1=\ln 2,\\ a_0+4a_1=\ln 4=2\ln 2.\end{cases}$$

解得

$$a_0=0,\quad a_1=\frac{1}{2}\ln 2$$

因此

$$\ln A=\frac{\ln 2}{2}\cdot\begin{pmatrix}3&-3&2\\-1&5&-2\\-1&3&0\end{pmatrix}.$$ ■

对由 $r(\sigma_A)=f(\sigma_A)$ 得到的线性方程组, 由克拉默法则可知

$$a_i=\sum_{k=1}^{s}\sum_{j=0}^{m_i-1}a_{kj}f^{(j)}(\lambda_i),\quad i=0,1,2,\cdots,m-1, \tag{5.3.2}$$

其中 c_{kj} 仅与 A 有关, 而与函数 f 无关. 将 $a_0,a_1,\cdots,a_{m-1}$ 代入 $r(A)$ 可知, $f(A)$ 可表示为

$$f(A)=\sum_{k=1}^{s}\sum_{j=0}^{m_i-1}f^{(j)}(\lambda_i)A_{kj}, \tag{5.3.3}$$

其中 A_{kj} 仅与 A 有关, 而与函数 f 无关. 这样, 如果利用一些特殊的 $g(z)$, 利用公式 (5.3.3) 将 A_{kj} 求出, 然后再利用公式 (5.3.3) 就可求出 $f(A)$, 从而得到如下求矩阵函数的待定矩阵法.

算法 5.3.2 求矩阵函数的待定矩阵法

Step 1: 求 A 的最小多项式

$$\text{minp}(z)=(\lambda-\lambda_1)^{m_1}(\lambda-\lambda_2)^{m_2}\cdots(\lambda-\lambda_s)^{m_s}.$$

Step 2: 取一些特殊的 $g(z)$, 利用公式 (5.3.3) 将 A_{ij} 求出.

Step 3: 利用公式 (5.3.3) 求出 $f(A)$. ■

例题 5.3.5　设 $A=\begin{pmatrix} 3 & -3 & 2 \\ -1 & 5 & -2 \\ -1 & 3 & 0 \end{pmatrix}$, 求 $\ln A$ 和 e^{A^2}.

解　由例题 5.3.4 可知, A 的最小多项式是 $(\lambda-2)(\lambda-4)$. 因此, 可设

$$f(A)=f(2)A_1+f(4)A_2, \tag{5.3.4}$$

其中 A_1, A_2 仅与 A 有关, 而与函数 f 无关.

取 $g_1(z)=z-4$, 由公式 (5.3.4) 可得 $A_1=-\dfrac{1}{2}(A-4E)$.

取 $g_2(z)=z-2$, 由公式 (5.3.4) 可得 $A_2=\dfrac{1}{2}(A-2E)$.

$$\begin{aligned} f(A) &= -\frac{f(2)}{2}(A-4E)+\frac{f(4)}{2}(A-2E) \\ &= \frac{4f(2)-2f(4)}{2}E+\frac{f(4)-f(2)}{2}A, \end{aligned} \tag{5.3.5}$$

利用公式 (5.3.5) 可得

$$\ln A=\frac{\ln 2}{2}\cdot\begin{pmatrix} 3 & -3 & 2 \\ -1 & 5 & -2 \\ -1 & 3 & 0 \end{pmatrix}.$$

$$\mathrm{e}^{A^2}=\frac{4\mathrm{e}^4-2\mathrm{e}^{16}}{2}E+\frac{\mathrm{e}^{16}-\mathrm{e}^4}{2}A.$$ ■

定理 5.3.6　设 $A\in\mathbb{C}^{n\times n}$, 矩阵函数 $f(A)$ 存在. 如果 λ_0 是矩阵 A 的特征值, α 是 A 的对应于 λ_0 的特征向量, 则 $f(\lambda_0)$ 是 $f(A)$ 的特征值, α 是 $f(A)$ 的对应于 $f(\lambda_0)$ 的特征向量.

矩阵函数可以用来求解如下一阶线性常微分方程的初值问题.

设一阶线性常微分方程组

$$\begin{cases} \dfrac{\mathrm{d}x_1(t)}{\mathrm{d}t}=a_{11}x_1(t)+a_{12}x_2(t)+\cdots+a_{1n}x_n(t)+f_1(t), \\ \dfrac{\mathrm{d}x_2(t)}{\mathrm{d}t}=a_{21}x_1(t)+a_{22}x_2(t)+\cdots+a_{2n}x_n(t)+f_2(t), \\ \qquad\qquad\cdots\cdots \\ \dfrac{\mathrm{d}x_n(t)}{\mathrm{d}t}=a_{n1}x_1(t)+a_{n2}x_2(t)+\cdots+a_{nn}x_n(t)+f_n(t), \end{cases} \tag{5.3.6}$$

满足初始条件

$$x_i(t_0) = c_i, \quad i = 1, 2, \cdots, n. \tag{5.3.7}$$

如果记 $A = (a_{ij})_{n\times n}$, $c = (c_1, c_2, \cdots, c_n)^{\mathrm{T}}$,

$$x(t) = (x_1(t), x_2(t), \cdots, x_n(t))^{\mathrm{T}}, \quad f(t) = (f_1(t), f_2(t), \cdots, f_n(t))^{\mathrm{T}},$$

则上述问题可写成

$$\begin{cases} \dfrac{\mathrm{d}x(t)}{\mathrm{d}t} = A \cdot x(t) + f(t), \\ x(t_0) = c. \end{cases} \tag{5.3.8}$$

它的解为

$$x(t) = \mathrm{e}^{A(t-t_0)}c + \mathrm{e}^{At} \int_{t_0}^{t} \mathrm{e}^{-At} f(t)\mathrm{d}t. \tag{5.3.9}$$

习 题 5

习题 5.1 下列的 λ 矩阵中哪些是满秩的, 哪些是可逆的? 对可逆矩阵, 求出其逆矩阵.

(1) $\begin{pmatrix} \lambda & 2\lambda+1 & 1 \\ 1 & \lambda+1 & \lambda^2+1 \\ \lambda-1 & \lambda & -\lambda^2 \end{pmatrix}$. (2) $\begin{pmatrix} 1 & 0 & 1 \\ 0 & \lambda-1 & \lambda \\ \lambda & 1 & \lambda^2 \end{pmatrix}$.

(3) $\begin{pmatrix} 1 & \lambda & 0 \\ 2 & \lambda & 1 \\ \lambda^2+1 & 2 & \lambda^2+1 \end{pmatrix}$. (4) $\begin{pmatrix} \lambda-1 & 2 & -1 \\ 0 & \lambda-1 & 1 \\ 0 & 0 & 1 \end{pmatrix}$.

(5) $\begin{pmatrix} 1 & \lambda-2 & -1 \\ 0 & -1 & \lambda-1 \\ 0 & 0 & 1 \end{pmatrix}$. (6) $\begin{pmatrix} 1 & 2 & -1 \\ 0 & \lambda-3 & 2 \\ 0 & \lambda-3 & 2 \end{pmatrix}$.

习题 5.2 求习题 5.1 中 λ 矩阵的史密斯标准形, 并求出它们的不变因子和初等因子.

习题 5.3 化下列 λ 矩阵为史密斯标准形, 并求出它们的不变因子和初等因子:

(1) $\begin{pmatrix} -\lambda & -1 & -1 \\ 1 & 2-\lambda & 1 \\ 1 & 1 & 2-\lambda \end{pmatrix}$. (2) $\begin{pmatrix} 0 & 0 & 2 & \lambda+3 \\ 0 & -1 & \lambda-3 & 0 \\ 1 & \lambda+3 & \lambda+3 & 3 \\ \lambda-3 & \lambda-5 & 0 & \lambda^3+2\lambda-6 \end{pmatrix}$.

(3) $\lambda E_3 - \begin{pmatrix} 1 & 2 & 0 \\ 0 & 1 & -2 \\ 2 & 2 & -1 \end{pmatrix}$.　(4) $\begin{pmatrix} \lambda^2-9 & 0 & 0 & 0 \\ 0 & \lambda^2-5\lambda+6 & 0 & 0 \\ 0 & 0 & 0 & \lambda+3 \\ 0 & 0 & \lambda-3 & 0 \end{pmatrix}$.

(5) $\lambda E_3 - \begin{pmatrix} 1 & 2 & 1 \\ 1 & -1 & 1 \\ 2 & 0 & 1 \end{pmatrix}$.　(6) $\begin{pmatrix} 2\lambda & 3 & 0 & 1 & \lambda \\ 4\lambda & 3\lambda+6 & 0 & \lambda+2 & 2\lambda \\ 0 & 6\lambda & \lambda & 2\lambda & 0 \\ \lambda-1 & 0 & \lambda-1 & 0 & 0 \\ 3\lambda-3 & 1-\lambda & 2\lambda-2 & 0 & 0 \end{pmatrix}$.

习题 5.4　设 $A(\lambda)$ 是一个 6×7 的 λ 矩阵, 初等因子为

$$\lambda,\ \lambda,\ \lambda^2,\ \lambda^2,\ \lambda-1,\ \lambda-1,\ (\lambda-1)^2,\ (\lambda+2)^2.$$

(1) 如果 $\mathrm{rank}(A(\lambda))=4$, 试求 $A(\lambda)$ 的史密斯标准形.
(2) 如果 $\mathrm{rank}(A(\lambda))=5$, 试求 $A(\lambda)$ 的史密斯标准形.
(3) $A(\lambda)$ 的秩可能小于 4 吗? 给出你的结论, 并说明理由.

习题 5.5　求下列矩阵的若尔当标准形:

(1) $\begin{pmatrix} -7 & 9 & -18 \\ 6 & -4 & 12 \\ 6 & -6 & 14 \end{pmatrix}$.　(2) $\begin{pmatrix} 11 & -11 & 4 \\ 12 & -12 & 4 \\ 6 & -7 & 4 \end{pmatrix}$.

(3) $A=\begin{pmatrix} 1 & 9 & 4 \\ 4 & -24 & 11 \\ 10 & -66 & 30 \end{pmatrix}$.　(4) $\begin{pmatrix} 3 & 7 & -3 \\ -2 & -5 & 2 \\ -4 & -10 & 3 \end{pmatrix}$.

(5) $A=\begin{pmatrix} 1 & -3 & 3 \\ 3 & -5 & 3 \\ 6 & -6 & 4 \end{pmatrix}$.　(6) $A=\begin{pmatrix} 2 & -2 & 4 \\ 0 & 0 & 4 \\ 0 & -1 & 4 \end{pmatrix}$.

(7) $A=\begin{pmatrix} 2 & 1 & -1 & 0 \\ -3 & -2 & 0 & 1 \\ 0 & 0 & 1 & -2 \\ 0 & 0 & 1 & -1 \end{pmatrix}$.　(8) $\begin{pmatrix} 5 & -4 & 2 \\ -4 & 5 & 2 \\ 2 & 2 & -1 \end{pmatrix}$.

习题 5.6　已知 $\lambda_1=2, \lambda_2=3$ 是如下矩阵的特征值, 它们的行列式的值都是 54, 求它们的若尔当标准形和最小多项式.

(1) $\begin{pmatrix} 9 & -2 & 0 & -1 \\ 12 & -1 & 0 & -2 \\ -6 & 2 & 3 & 1 \\ 18 & -6 & 0 & 0 \end{pmatrix}$. (2) $\begin{pmatrix} 18 & -17 & -3 & 5 \\ 27 & -26 & -5 & 8 \\ -6 & 2 & 3 & 1 \\ 42 & -46 & -8 & 16 \end{pmatrix}$.

习题 5.7 求下列矩阵的最小多项式、若尔当标准形 J, 并求相应的相似变换矩阵 P, 使得 $P^{-1}AP = J$.

(1) $\begin{pmatrix} 8 & -10 & 6 \\ 6 & -8 & 6 \\ 3 & -5 & 5 \end{pmatrix}$. (2) $\begin{pmatrix} 5 & -3 & 2 \\ 6 & -4 & 4 \\ 4 & -4 & 5 \end{pmatrix}$. (3) $A = \begin{pmatrix} 2 & -2 & 2 \\ -2 & -1 & 4 \\ 2 & 4 & -1 \end{pmatrix}$.

(4) $\begin{pmatrix} 15 & -14 & 9 \\ 13 & -12 & 9 \\ -5 & 5 & -3 \end{pmatrix}$. (5) $A = \begin{pmatrix} 1 & 1 & -6 \\ 4 & -2 & -6 \\ 0 & 0 & -3 \end{pmatrix}$.

(6) $A = \begin{pmatrix} 5 & -8 & 32 \\ -13 & 10 & -52 \\ -4 & 4 & -19 \end{pmatrix}$.

习题 5.8 设线性变换 T 在三维线性空间 V 的基 $\{\alpha_1, \alpha_2, \alpha_3\}$ 下的矩阵为

$$A = \begin{pmatrix} 8 & -10 & 6 \\ 6 & -8 & 6 \\ 3 & -5 & 5 \end{pmatrix}.$$

(1) 求 V 的另一组基 $\{\beta_1, \beta_2, \beta_3\}$, 使 T 在该基下的矩阵为若尔当标准形.

(2) 求 T 的所有不变子空间.

习题 5.9 设 5 阶实对称矩阵 A 满足 $A^2(A+3E) = \mathbf{0}_{5\times5}$, $\operatorname{rank}(A) = 2$, 求 A 的若尔当标准形, 并计算 $\det(A-2E), \|A\|_2, \|A\|_{\mathrm{F}}$.

习题 5.10 设 A 是一个 7 阶方阵. 它的特征多项式是

$$\det(\lambda E - A) = (\lambda-4)^4(\lambda+2)^2(\lambda+5).$$

(1) 如果 A 的最小多项式为 $m(\lambda) = (\lambda-4)^2(\lambda+2)^2(\lambda+5)$, 试写出 A 可能的若尔当标准形.

(2) 如果 A 的最小多项式为 $m(\lambda) = (\lambda-4)(\lambda+2)^2(\lambda+5)$, 试写出 A 可能的若尔当标准形.

习题 5.11 设 A 是 n 阶方阵, $A^3 = \mathbf{0}$, $\operatorname{rank}(A^2) = r_1, \operatorname{rank}(A) = r_2$, 求 A 的若尔当标准形和最小多项式.

习题 5.12 试讨论下列矩阵幂级数的收敛性:

(1) $\sum_{n=1}^{\infty}\frac{n}{6^n}\begin{pmatrix}1 & -4\\ -2 & 1\end{pmatrix}^n$.　(2) $\sum_{n=1}^{\infty}\frac{1}{n^2}\begin{pmatrix}1 & 7\\ -1 & -3\end{pmatrix}^n$.

习题 5.13　求矩阵幂级数 $\sum_{n=1}^{\infty}\frac{n}{10^n}\begin{pmatrix}-1 & 1\\ -4 & 3\end{pmatrix}^n$ 的和.

习题 5.14　(1) $A=\begin{pmatrix}3 & 1 & -3\\ -7 & -2 & 9\\ -2 & -1 & 4\end{pmatrix}$, 求 $\sin A^2$.

(2) $A=\begin{pmatrix}2 & 2 & -2\\ 2 & 5 & -4\\ -2 & -4 & 5\end{pmatrix}$, 求 e^{3A}.

(3) $A=\begin{pmatrix}5 & -8 & 32\\ -13 & 10 & -52\\ -4 & 4 & -19\end{pmatrix}$, 求 $\cos A$ 的若尔当标准形.

习题 5.15　设 $A=\begin{pmatrix}-15 & -7 & 3\\ 31 & 15 & -5\\ -40 & -16 & 10\end{pmatrix}$, $P=\begin{pmatrix}1 & 1 & -1\\ -2 & -1 & 0\\ 1 & 4 & -6\end{pmatrix}$, $J=\begin{pmatrix}2 & 0 & 0\\ 0 & 4 & a\\ 0 & 0 & 4\end{pmatrix}$.

(1) 如果 J 是 A 的若尔当标准形, 且 $P^{-1}AP=\begin{pmatrix}2 & 0 & 0\\ 0 & 4 & a\\ 0 & 0 & 4\end{pmatrix}$, 求常数 a.

(2) 分别利用公式法、待定系数法和待定矩阵法求 $\cos A$.

习题 5.16　设 $A=\begin{pmatrix}8 & -3 & 6\\ 3 & -2 & 0\\ -4 & 2 & -2\end{pmatrix}$, 求线性微分方程组 $\frac{\mathrm{d}x}{\mathrm{d}t}=Ax$ 的通解.

习题 5.17　设 n 阶实对称矩阵 A 满足 $(A-2E)^2(A+3E)=\mathbf{0}$, $\mathrm{rank}(A-2E)=r$, 求 $\|\sin A\|_2, \|\cos A\|_{\mathrm{F}}$.

习题 5.18　设 $A=\begin{pmatrix}3 & 5 & 5\\ 3 & 3 & 5\\ -5 & -5 & 7\end{pmatrix}$, 求初值问题 $\begin{cases}\frac{\mathrm{d}x}{\mathrm{d}t}=Ax,\\ x(0)=(1,1,1)^{\mathrm{T}}\end{cases}$ 的解.

第 6 章 线性方程组的求解方法

CHAPTER

6.1 求解线性方程组的迭代法

在第 1 章中我们讨论了求解线性方程组的列主元消去法和 LU 分解算法, 它们主要适用于系数矩阵 A 为低阶稠密 (非零元素多) 矩阵时的线性方程组求解问题. 而在工程技术和科学研究中所遇到的线性方程组一般是大型线性方程组 (未知量个数成千上万, 甚至更多), 且系数矩阵是稀疏的 (零元素较多). 对大型稀疏线性方程组用直接法求解时, 分解后得到的可能都要变为稠密阵, 计算量和存储量都很大. 这时则适宜采用迭代法解线性方程组. 迭代法是从一个初始近似解出发, 产生一个近似解的序列 $\{x^{(k)}\}_{k=0}^{\infty}$, 利用它来逼近准确解. 迭代法的计算过程简便, 只反复使用相同的计算公式, 不改变系数矩阵 A 的稀疏性, 需要的存储量也小. 求解大型稀疏线性方程组时, 迭代法是优先选用的方法.

解线性方程组 $Ax = b$. 可将线性方程组改写为同解的线性方程组 $x = Bx + f$, 并由此构造迭代公式

$$x^{(k+1)} = Bx^{(k)} + f, \tag{6.1.1}$$

称 B 为**迭代矩阵**. 对任意给定的初始向量 $x^{(0)}$, 由 (6.1.1) 可求得向量序列 $\{x^{(k)}\}_{k=0}^{\infty}$. 若 $\lim\limits_{k\to\infty} x^{(k)} = x^*$, 则 x^* 就是线性方程组 $Ax = b$ 的解.

定义 6.1.1 对任意给定的初始向量 $x^{(0)} \in \mathbb{R}^n$, 若由 (6.1.1) 生成的向量序列 $\{x^{(k)}\}_{k=0}^{\infty}$ 满足

$$\lim_{k\to\infty} x^{(k)} = x^*,$$

则称迭代公式 (6.1.1) **收敛**. 否则, 称迭代公式 (6.1.1) **发散** (**不收敛**).

由于对线性方程组 $Ax = b$ 可以构造出收敛的迭代公式或不收敛的迭代公式, 并且迭代总是只能进行有限步, 因此, 用迭代公式求解线性方程组时面临两个问题:

(1) 如何构造一个收敛的迭代公式;

(2) 何时终止迭代得到满意的近似解.

对于线性方程组 $Ax = b$, 构造迭代公式的一般原则是将 A 分解为

$$A = M - N, \tag{6.1.2}$$

其中 M 非奇异且容易求 M^{-1}, 则由 $Ax=b$ 可得

$$x=M^{-1}Nx+M^{-1}b=Bx+f, \tag{6.1.3}$$

其中

$$B=M^{-1}Nx=E-M^{-1}A, \quad f=M^{-1}b. \tag{6.1.4}$$

这样就得到与 $Ax=b$ 等价的线性方程组 (6.1.3), 从而可构造 (6.1.1) 的迭代公式. 将 A 按不同方式分解为 (6.1.2), 就可得到不同的迭代矩阵 B, 从而得到不同的迭代公式. 通常为使 M^{-1} 容易计算, 可取 M 为对角矩阵或上 (下) 三角矩阵.

下面讨论迭代公式 (6.1.1) 的收敛性. 令 $e^{(k)}=x^{(k)}-x^*$, 则有

$$e^{(k)}=x^{(k)}-x^*=(Bx^{(k-1)}+f)-(Bx^*+f)=B(x^{(k-1)}-x^*)=Be^{(k-1)}.$$

由此递推得

$$e^{(k)}=Be^{(k-1)}=\cdots=B^ke^{(0)}, \tag{6.1.5}$$

其中 $e^{(0)}=x^{(0)}-x^*$ 与 k 无关, 所以 $\lim\limits_{k\to\infty}x^{(k)}=x^*$ 等价于

$$\lim_{k\to\infty}e^{(k+1)}=\lim_{k\to\infty}B^ke^{(0)}=\mathbf{0}, \quad \forall e^{(0)}\in\mathbb{R}^n,$$

即 $\lim\limits_{k\to\infty}B^k=\mathbf{0}$. 它等价于 B 的谱半径 $\rho(B)<1$. 于是有如下定理.

定理 6.1.1　迭代公式 (6.1.1) 收敛的充分必要条件是 B 的谱半径 $\rho(B)<1$.

要判别一个矩阵的谱半径是否小于 1 比较困难, 所以我们希望用别的办法判断收敛性.

定理 6.1.2　若迭代矩阵 B 的某种范数 $\|B\|=q<1$, 则迭代公式 (6.1.1) 对任意初值 $x^{(0)}$ 都收敛到方程的解 x^*, 且

$$\left\|x^{(k)}-x^*\right\|\leqslant\frac{q}{1-q}\left\|x^{(k)}-x^{(k-1)}\right\|, \tag{6.1.6}$$

$$\left\|x^{(k)}-x^*\right\|\leqslant\frac{q^k}{1-q}\left\|x^{(1)}-x^{(0)}\right\|. \tag{6.1.7}$$

其中 $q=\|B\|$.

证明　因为 $\rho(B)\leqslant\|B\|<1$, 由定理 6.1.1 知, 迭代公式 (6.1.1) 对任意初值 $x^{(0)}$ 都收敛到 x^*.

因为

$$x^{(k)}-x^*=(Bx^{(k-1)}+f)-(Bx^*+f)=B(x^{(k-1)}-x^*),$$

所以

$$\begin{aligned}\left\|x^{(k)}-x^*\right\| &= \left\|B(x^{(k-1)}-x^*)\right\| \leqslant \|B\| \ \left\|(x^{(k-1)}-x^*)\right\| = q\left\|(x^{(k-1)}-x^*)\right\| \\ &= q\left\|-(x^{(k)}-x^{(k-1)})+(x^{(k)}-x^*)\right\| \\ &\leqslant q\left\|x^{(k)}-x^{(k-1)}\right\| + q\left\|(x^{(k)}-x^*)\right\|,\end{aligned}$$

因此

$$\left\|x^{(k)}-x^*\right\| \leqslant \frac{q}{1-q}\left\|x^{(k)}-x^{(k-1)}\right\|.$$

由于

$$x^{(k)}-x^{(k-1)} = B(x^{(k)}-x^{(k-1)}) = B^{k-1}(x^{(1)}-x^{(0)}),$$

因此

$$\begin{aligned}\left\|x^{(k)}-x^{(k-1)}\right\| &= \left\|B^{k-1}(x^{(1)}-x^{(0)})\right\| \leqslant \left\|B^{k-1}\right\| \ \left\|(x^{(1)}-x^{(0)})\right\| \\ &\leqslant q^{k-1}\left\|(x^{(1)}-x^{(0)})\right\|.\end{aligned}$$

由公式 (6.1.6), 可得

$$\left\|x^{(k)}-x^*\right\| \leqslant \frac{q^k}{1-q}\left\|x^{(1)}-x^{(0)}\right\|. \qquad ■$$

注 12 (1) 因为 $\|B\|_1, \|B\|_\infty$ 都很容易计算, 根据定理 6.1.2, 我们常用它们来判别迭代公式的收敛性.

(2) 定理 6.1.2 是充分条件, 当选用的矩阵范数大于 1 时, 并不能断定迭代公式不收敛.

若迭代公式 (6.1.1) 收敛, 则当允许误差为 ε 时, 由公式 (6.1.6) 可知: 只需

$$\left\|x^{(k)}-x^{(k-1)}\right\| < \frac{1-q}{q}\varepsilon, \tag{6.1.8}$$

就有 $\left\|x^{(k)}-x^*\right\| < \varepsilon$, 此时迭代就可以停止; 否则继续迭代, 并称这种估计为**事后估计**.

由公式 (6.1.6) 可知, 如果 $\dfrac{q^k}{1-q}\left\|x^{(1)}-x^{(0)}\right\| < \varepsilon$, 就有 $\left\|x^{(k)}-x^*\right\| < \varepsilon$, 因此, 当

$$k > \ln\frac{\varepsilon(1-q)}{\left\|x^{(1)}-x^{(0)}\right\|}\bigg/\ln q \tag{6.1.9}$$

时, $x^{(k)}$ 是满足误差条件的近似解. 取

$$k^* = \left[\ln \frac{\varepsilon(1-q)}{\|x^{(1)} - x^{(0)}\|} \Big/ \ln q\right] + 1, \tag{6.1.10}$$

则 $x^{(k^*)}$ 是满足误差条件的近似解. 在迭代开始前, 预先求出 k^*, 利用迭代公式迭代 k^* 次后, 所得的解 $x^{(k^*)}$ 就是满足误差条件的近似解. 称这种估计为**事前估计**.

设线性方程组 $Ax = b$, 其中

$$A = \begin{pmatrix} a_{11} & a_{12} & \cdots & a_{1n} \\ a_{21} & a_{22} & \cdots & a_{2n} \\ \vdots & \vdots & & \vdots \\ a_{n1} & a_{n2} & \cdots & a_{nn} \end{pmatrix}, \quad x = \begin{pmatrix} x_1 \\ x_2 \\ \vdots \\ x_n \end{pmatrix}, \quad b = \begin{pmatrix} b_1 \\ b_2 \\ \vdots \\ b_n \end{pmatrix}.$$

将 A 分解为

$$\begin{aligned} A = & \begin{pmatrix} 0 & & & & \\ a_{21} & 0 & & & \\ a_{31} & a_{32} & 0 & & \\ \vdots & \vdots & \ddots & \ddots & \\ a_{n1} & a_{n2} & \cdots & a_{n,n-1} & 0 \end{pmatrix} + \begin{pmatrix} a_{11} & & & \\ & a_{22} & & \\ & & \ddots & \\ & & & a_{nn} \end{pmatrix} \\ & + \begin{pmatrix} 0 & a_{12} & a_{13} & \cdots & a_{1n} \\ & 0 & a_{23} & \cdots & a_{2n} \\ & & 0 & \ddots & \vdots \\ & & & \ddots & a_{n-1,n} \\ & & & & 0 \end{pmatrix} \\ = & L + D + U. \end{aligned}$$

如果 A 的对角线元素全不为 0, 则有如下雅可比迭代公式

$$x^{(k+1)} = -D^{-1}(L+U)x^{(k)} + D^{-1}b \tag{6.1.11}$$

和高斯-赛德尔 (Gauss-Seidel) 迭代公式

$$x^{(k+1)} = -(D+L)^{-1}Ux^{(k)} + (D+L)^{-1}b. \tag{6.1.12}$$

定理 6.1.3　(1) 若 A 是严格对角占优矩阵, 则雅可比迭代公式和高斯-赛德尔迭代公式都收敛.

(2) 若 A 是正定矩阵, 则高斯-赛德尔迭代公式收敛.

例题 6.1.1 用雅可比迭代公式及高斯-赛德尔迭代公式解如下线性方程组:

$$\begin{cases} 5x_1 + 2x_2 + x_3 = -12, \\ -x_1 + 4x_2 + 2x_3 = 20, \\ 2x_1 - 3x_2 + 10x_3 = 3. \end{cases} \tag{6.1.13}$$

取 $x^{(0)} = (0,0,0)^{\mathrm{T}}$, 问两种迭代公式是否收敛? 若收敛, 迭代多少次, 可保证 $\left\|x^{(k)} - x^*\right\|_\infty < 10^{-4} = \varepsilon$.

解 线性方程组的系数矩阵为 $A = \begin{pmatrix} 5 & 2 & 1 \\ -1 & 4 & 2 \\ 2 & -3 & 10 \end{pmatrix}$.

由于 A 是严格对角占优矩阵, 由定理 6.1.3(1) 可知, 用雅可比迭代公式和高斯-赛德尔迭代解该线性方程组都收敛. 雅可比迭代矩阵为

$$B_J = E - D^{-1}A = -\begin{pmatrix} 5 & 0 & 0 \\ 0 & 4 & 0 \\ 0 & 0 & 10 \end{pmatrix}^{-1} \begin{pmatrix} 0 & 2 & 1 \\ -1 & 0 & 2 \\ 2 & -3 & 0 \end{pmatrix}$$

$$= \begin{pmatrix} 0 & -2/5 & -1/5 \\ 1/4 & 0 & -1/2 \\ -1/5 & 3/10 & 0 \end{pmatrix}.$$

因为 $\|B_J\|_\infty = \left|\dfrac{1}{4}\right| + |0| + \left|-\dfrac{1}{2}\right| = \dfrac{3}{4} = q_J < 1$, 所以由定理 6.1.2 知: 用雅可比迭代公式解线性方程组 (6.1.13) 收敛. 记 $q_J = \|B_J\|_\infty$.

用雅可比迭代公式迭代一次得: $x^{(1)} = \left(-\dfrac{12}{5},\ 5,\ \dfrac{3}{10}\right)$.

$$\left\|x^{(1)} - x^{(0)}\right\|_\infty = \max\left\{\left|-\frac{12}{5} - 0\right|, |5-0|, \left|\frac{3}{10} - 0\right|\right\} = 5.$$

$$\ln\frac{\varepsilon(1-q_J)}{\|x^{(1)} - x^{(0)}\|} \Big/ \ln q = \ln\frac{10^{-4}(1-3/4)}{5} \Big/ \ln\frac{3}{4} \approx 42.43,$$

故迭代 43 次后, 一定有

$$\left\|x^{(43)} - x^*\right\|_\infty < 10^{-4} = \varepsilon.$$

高斯-赛德尔迭代矩阵为

$$B_{GS} = -(D+L)^{-1}U = \begin{pmatrix} 5 & 0 & 0 \\ -1 & 4 & 0 \\ 2 & -3 & 10 \end{pmatrix}^{-1} \begin{pmatrix} 0 & 2 & 1 \\ 0 & 0 & 2 \\ 0 & 0 & 0 \end{pmatrix}$$

$$= \begin{pmatrix} 0 & -2/5 & -1/5 \\ 0 & -1/10 & -11/20 \\ 0 & 1/20 & -1/8 \end{pmatrix}.$$

由于 $\|B_{GS}\|_\infty = |0| + \left|-\frac{1}{10}\right| + \left|-\frac{11}{20}\right| = \frac{13}{20} < 1$, 由定理 6.1.2 知: 用高斯-赛德尔迭代公式解线性方程组 (6.1.13) 收敛. 记 $q_{GS} = \|B_{GS}\|_\infty$.

用高斯-赛德尔迭代公式迭代一次得: $x^{(1)} = (-2.4, 4.4, 2.1)^{\mathrm{T}}$.

$$\left\|x^{(1)} - x^{(0)}\right\|_\infty = \max\{|-2.4-0|, |4.4-0|, |2.1-0|\} = 4.4.$$

$$\ln \frac{\varepsilon(1-q_{GS})}{\|x^{(1)} - x^{(0)}\|} \Big/ \ln q = \ln \frac{10^{-4}(1-13/20)}{5} \Big/ \ln \frac{13}{20} \approx 27.26,$$

故迭代 28 次后, 一定有

$$\left\|x^{(28)} - x^*\right\|_\infty < 10^{-4} = \varepsilon.$$

利用事后估计, 估计雅可比迭代公式解线性方程组 (6.1.13) 所需的迭代次数: 经计算

$$\left\|x^{(19)} - x^{(18)}\right\|_\infty = 0.27 \times 10^{-4} < \frac{1-q_J}{q_J}\varepsilon$$

$$= \frac{1-3/4}{3/4} \times 10^{-4} = 0.333 \times 10^{-4},$$

或

$$\left\|x^{(19)} - x^*\right\|_\infty \leqslant \frac{q_J}{1-q_J}\left\|x^{(19)} - x^{(18)}\right\|_\infty = \frac{3/4}{1-3/4} \times 0.27 \times 10^{-4}$$

$$= 0.81 \times 10^{-4} < 10^{-4} = \varepsilon.$$

即用雅可比迭代公式解线性方程组 (6.1.13), 只要迭代 19 次就达到要求了.

利用事后估计, 估计高斯-赛德尔迭代公式解线性方程组 (6.1.13) 所需的迭代次数:

经计算

$$\left\|x^{(9)}-x^{(8)}\right\|_\infty=0.401\times10^{-4}<\frac{1-q_{GS}}{q_{GS}}\varepsilon$$
$$=\frac{1-13/20}{13/20}\times10^{-4}=0.538\times10^{-4},$$

或

$$\left\|x^{(9)}-x^*\right\|_\infty\leqslant\frac{q_{GS}}{1-q_{GS}}\left\|x^{(9)}-x^{(8)}\right\|_\infty=\frac{13/20}{1-13/20}\times0.401\times10^{-4}$$
$$=0.745\times10^{-4}<10^{-4}=\varepsilon,$$

即用高斯-赛德尔迭代公式解线性方程组 (6.1.13), 只要迭代 9 次就达到要求了.

这说明:

(1) 用事前估计得到的迭代次数大于实际需要的次数.

(2) 若某两种迭代公式都收敛, 则其中迭代矩阵的谱半径较小的收敛较快.

设线性方程组为

$$\begin{cases}5x_1+2x_2+x_3=-12,\\2x_1-3x_2+10x_3=3,\\-x_1+4x_2+2x_3=20.\end{cases}\tag{6.1.14}$$

此时线性方程组的系数矩阵为 $A_1=\begin{pmatrix}5&2&1\\2&-3&10\\-1&4&2\end{pmatrix}$.

线性方程组 (6.1.14) 的系数矩阵 A_1 不是严格对角占优矩阵. 由于线性方程组 (6.1.14) 和线性方程组 (6.1.13) 是同解线性方程组. 可以通过求解线性方程组 (6.1.13) 来求解线性方程组 (6.1.14).

6.2 求解正定线性方程组的共轭梯度法

6.2.1 共轭方向法

共轭梯度法是由计算数学家海斯特内斯 (Hestenes) 和几何学家施蒂费尔 (Stiefel) 于 20 世纪 50 年代独立提出的.

考虑线性方程组 $Ax=b$ 的求解问题, 其中 A 是给定的 n 阶正定矩阵, $b\in\mathbb{R}^n$. 为此, 定义二次函数

$$\varphi(x)=\frac{1}{2}x^{\mathrm{T}}Ax-b^{\mathrm{T}}x.\tag{6.2.1}$$

定理 6.2.1　设 A 是 n 阶正定矩阵. 求线性方程组 $Ax=b$ 的解 x^* 等价于求二次函数 $\varphi(x)$ 的极小点.

证明　令 $r=b-Ax$, 直接计算可得 $\nabla\varphi(x)=Ax-b$. 若 $\varphi(x)$ 在点 x^* 处达到极小, 则必有 $\nabla\varphi(x^*)=Ax^*-b=\mathbf{0}$, 从而有 $Ax^*=b$, 即 x^* 是线性方程组的解.

反之, 若 x^* 是线性方程组 $Ax=b$ 的解, 即 $Ax^*=b$. 于是对任一向量 $y\in\mathbb{R}^n$ 有

$$2\varphi(x^*+y)=(x^*+y)^{\mathrm{T}}A(x^*+y)-2b^{\mathrm{T}}(x^*+y)=2\varphi(x^*)+y^{\mathrm{T}}Ay.$$

由于 A 的正定矩阵, 因此 $y^{\mathrm{T}}Ay\geqslant 0$, 从而有 $\varphi(x^*+y)\geqslant 2\varphi(x^*)$, 即 x^* 是二次函数 $\varphi(x)$ 的极小点. ■

由定理 6.2.1, 求解线性方程组的问题转化为求二次函数 $\varphi(x)$ 的极小点的问题.

定义 6.2.1　设 A 是 n 阶正定矩阵,$p_1,p_2\in\mathbb{R}^n$. 如果 $p_1^{\mathrm{T}}Ap_2=0$, 则称 p_1,p_2 是**A-共轭**的.

比较定义 6.2.1 和内积空间中正交的定义可知, 在 $\mathbb{R}^n$ 中定义如下内积:

$$(p_1,p_2)_A=p_1^{\mathrm{T}}Ap_2, \tag{6.2.2}$$

则 p_1,p_2 是 A-共轭的, 就是指 p_1,p_2 在由 (6.2.2) 定义的内积下是正交的.

定理 6.2.2　设 $p_0,p_1,p_2,\cdots,p_m$ 是两两 A-共轭的, $x^{(0)}$ 是任意给定的向量, 从 $x^{(0)}$ 出发, 逐次沿方向 $p_0,p_1,p_2,\cdots,p_m$ 搜索求 $\varphi(x)$ 的极小值, 得到的序列 $\left\{x^{(k)}\right\}_{k=0}^{m}$ 满足

$$x^{(k)}=x^{(0)}+\sum_{i=0}^{k-1}\alpha_i p_i,\quad k=1,2,\cdots,m, \tag{6.2.3}$$

其中

$$\alpha_i=\frac{p_i^{\mathrm{T}}(b-Ax^{(i)})}{p_i^{\mathrm{T}}Ap_i}. \tag{6.2.4}$$

定理 6.2.3　设 $p_0,p_1,p_2,\cdots,p_{n-1}$ 是两两 A-共轭的, $x^{(0)}$ 是任意给定的向量, 从 $x^{(0)}$ 出发, 逐次沿方向 $p_0,p_1,p_2,\cdots,p_{n-1}$ 搜索求 $\varphi(x)$ 的极小值, 得到的序列 $\left\{x^{(k)}\right\}_{k=0}^{n}$ 满足 $x^{(n)}=x^*$.

由定理 6.2.3 可知, 无论采用何种方法, 只要能构造两两 A-共轭的向量组 p_0, p_1, $p_2,\cdots,p_{n-1}$ 作为搜索方向, 从任一初始向量出发, 依次沿 $p_0,p_1,p_2,\cdots,p_{n-1}$

进行搜索, 经 n 步迭代后, 便可得到线性方程组 $Ax=b$ 的解. 任取 n 个线性无关的向量, 通过史密斯正交化方法得到 A-共轭方向. 但是选取不同的共轭方向, 求得解 x^* 所需的迭代次数是不同的. 作为一种算法, 自然希望共轭方向能在迭代过程中自动生成, 且能使迭代次数尽可能少. 下面介绍一种生成共轭方向的方法, 它是利用每次一维最优化所得的点 $x^{(k)}$ 处的梯度来生成共轭方向, 因此这种方法称为共轭梯度法.

6.2.2 共轭梯度法

任意给定初始点 $x^{(0)}$, 令

$$p_0 = -\nabla\varphi(x^{(0)}) = b - Ax^{(0)} = r_0, \tag{6.2.5}$$

由 $\varphi(x^{(0)}+\alpha_0 p_0)=\min\limits_{\alpha\geqslant 0}\varphi(x^{(0)}+\alpha p_0)$ 可求得 $\alpha_0=\dfrac{r_0^{\mathrm{T}}r_0}{p_0^{\mathrm{T}}Ap_0}$. 令

$$x^{(1)} = x^{(0)} + \alpha_0 p_0, \quad r_1 = b - Ax^{(1)},$$

$$p_1 = r_1 + \beta_{01} p_0.$$

选择 β_{01}, 使得 p_0, p_1 是 A-共轭的, 即 $(r_1+\beta_{01}p_0)^{\mathrm{T}}Ap_0=0$, 因此

$$\beta_{01} = -\frac{r_1^{\mathrm{T}}Ap_0}{p_0^{\mathrm{T}}Ap_0}, \tag{6.2.6}$$

因此

$$p_1 = r_1 - \frac{r_1^{\mathrm{T}}Ap_0}{p_0^{\mathrm{T}}Ap_0}p_0. \tag{6.2.7}$$

求解 $f(x^{(1)}+\alpha_1 p_1)=\min\limits_{\alpha\geqslant 0}f(x^{(1)}+\alpha p_1)$ 得到 $\alpha_1=\dfrac{r_1^{\mathrm{T}}r_1}{p_1^{\mathrm{T}}Ap_1}$. 记

$$x^{(2)} = x^{(1)} + \alpha_1 p_1, \quad r_2 = b - Ax^{(2)}.$$

令

$$p_2 = r_2 + \beta_{02}p_0 + \beta_{12}p_1.$$

选择 β_{02}, β_{12}, 使得 ${p_2}^{\mathrm{T}}Ap_i=0, i=0,1$, 则有

$$\beta_{02} = -\frac{r_2^{\mathrm{T}}Ap_0}{p_0^{\mathrm{T}}Ap_0}, \quad \beta_{12} = -\frac{r_2^{\mathrm{T}}Ap_1}{p_1^{\mathrm{T}}Ap_1}, \tag{6.2.8}$$

因此

$$p_2 = r_2 - \frac{r_2^{\mathrm{T}} A p_0}{p_0^{\mathrm{T}} A p_0} p_0 - \frac{r_2^{\mathrm{T}} A p_1}{p_1^{\mathrm{T}} A p_1} p_1. \tag{6.2.9}$$

求解 $\varphi(x^{(2)} + \alpha_2 p_2) = \min\limits_{\alpha \geqslant 0} \varphi(x^{(2)} + \alpha p_2)$, 得到 $\alpha_2 = \dfrac{r_2^{\mathrm{T}} r_2}{p_2^{\mathrm{T}} A p_2}$.

一般地, 在第 k 次迭代, 令

$$x^{(k)} = x^{(k-1)} + \alpha_{k-1} p_{k-1}, \quad r_k = b - Ax^{(k)}, \tag{6.2.10}$$

只要 $r_k \neq \mathbf{0}$ (否则, $x^{(k)}$ 就是方程的解), 令

$$p_k = r_k + \sum_{i=0}^{k-1} \beta_{ik} p_i. \tag{6.2.11}$$

选择 $\{\beta_{ik}\}_{i=0}^{k-1}$, 使得

$$p_k^{\mathrm{T}} A p_i = 0, \quad i = 0, 1, \cdots, k-1 \tag{6.2.12}$$

由 (6.2.12) 可求得

$$\beta_{ik} = -\frac{r_k^{\mathrm{T}} A p_i}{p_i^{\mathrm{T}} A p_i}, \quad i = 0, 1, \cdots, k-1. \tag{6.2.13}$$

应用上述方法就可生成 n 个 A-共轭方向, 并求得线性方程组的解 x^*.

综上分析, 可得共轭梯度法的计算公式

$$\begin{cases} p_0 = r_0 = b - Ax^{(0)}, \\ \alpha_k = \dfrac{r_k^{\mathrm{T}} p_k}{p_k^{\mathrm{T}} A p_k}, \\ x^{(k+1)} = x^{(k)} + \alpha_k p_k, \\ r_{k+1} = b - Ax^{(k+1)} = r_k - \alpha_k A p_k, \\ \beta_k = -\dfrac{r_{k+1}^{\mathrm{T}} A p_k}{p_k^{\mathrm{T}} A p_k}, \\ p_{k+1} = r_{k+1} + \beta_k p_k, \quad k = 0, 1, 2, \cdots. \end{cases} \tag{6.2.14}$$

算法 6.2.1 共轭梯度法

Input:

系数矩阵, A; 常数项, b; 计算初值, $x0$; 计算精度, eps

Output:

方程满足精度要求的近似解, x;

1: 计算 $n = \text{size}(A, 1); r0 = b - A * x0; p = r0.$
2: **for** $j = 0 : n - 1$ **do**
3: $Ap = A * p;$
4: $\alpha = (r0' * p)/(p' * Ap), \quad x = x0 + \alpha * p;$
5: $r = b - A * x, \text{norm}r = \text{norm}(r)$
6: **if** $\text{norm}r < \text{eps}$ **then**
7: break;
8: **end if**
9: $\beta = -(r' * Ap)/(p' * Ap);$
10: $x0 = x; r0 = r; p = r1 + \text{beta} * p$
11: **end for**

■

例题 6.2.1 用共轭梯度法求解线性方程组

$$\begin{pmatrix} 5 & -2 & 0 \\ -2 & 3 & -1 \\ 0 & -1 & 1 \end{pmatrix} x = \begin{pmatrix} 14 \\ -15 \\ 7 \end{pmatrix}.$$

解 选取初值 $x^{(0)} = (1, 1, 1)^{\mathrm{T}}$, 计算过程如表 6.1 所示.

表 6.1 例题 6.2.1 计算过程的有关数据表

k	0	1	2
$\|b - Ax^{(k)}\|_2$	19.874607	5.515962	0.675967
α_k	0.179627	0.393403	2.358519
β_k	0.077027	0.015018	$-6.63\text{e}-16$
$x_1^{(k+1)}$	2.975898	1.630066	2
$x_2^{(k+1)}$	-1.694407	-2.820721	-2
$x_3^{(k+1)}$	2.257390	3.668681	5
$\|b - Ax^{(k+1)}\|_2$	5.515962	0.675967	$9.06\text{e}-15$

6.3 矛盾线性方程组的最小二乘解与极小范数最小二乘解

6.3.1 矛盾线性方程组的最小二乘解

设 $Ax=b$ 是矛盾线性方程组 (不相容方程), 它在通常意义下无解.

定义 6.3.1 对线性方程组 $Ax=b$, 如果存在 $x_0\in\mathbb{R}^n$, 使得

$$\|Ax_0-b\|_2=\min_{x\in\mathbb{R}^n}\{\|Ax-b\|_2\},$$

则称 x_0 是 $Ax=b$ 的**最小二乘解**.

定理 6.3.1 (1) $Ax=b$ 的最小二乘解 x^* 一定存在.

(2) $Ax=b$ 的最小二乘解 x^* 唯一的充分必要条件是 $N(A)=\{\mathbf{0}\}$.

证明 由于 $\mathbb{R}^n=R(A)\oplus(R(A))^\perp$, 因此对于任意 $b\in\mathbb{R}^m$, 有

$$b=b_1+b_2,$$

其中 $b_1\in R(A),b_2\in(R(A))^\perp$, 故

$$b-Ax=b_1-Ax+b_2.$$

由于 $b_1-Ax\in R(A),b_2\in(R(A))^\perp$, 由勾股定理,

$$\|b-Ax\|_2^2=\|b_1-Ax\|_2^2+\|b_2\|_2^2.$$

上式表明, 当且仅当 $Ax=b_1$ 时 $\|b-Ax\|_2$ 达到极小. 由于 $b_1\in R(A)$, 因此 $Ax=b_1$ 一定有解, 从而线性方程组 $Ax=b$ 的最小二乘解 x^* 一定存在.

现设 $x^*,\hat{x}$ 是 $Ax=b$ 的最小二乘解, 则 $A(x^*-\hat{x})=\mathbf{0}$, 因此 $Ax=b$ 的最小二乘解唯一的充要条件是 $N(A)=\{\mathbf{0}\}$. ■

推论 6.3.1 如果 $x,\tilde{x}$ 都是方程 $Ax=b$ 最小二乘解, 则 $Ax=A\tilde{x}$.

定义 6.3.2 称

$$A^{\mathrm{T}}Ax=A^{\mathrm{T}}b \tag{6.3.1}$$

为线性方程组 $Ax=b$ 的**正规方程**.

以下定理给出最小二乘解与正规方程的解之间的联系.

定理 6.3.2 x^* 是线性方程组 $Ax=b$ 的最小二乘解的充分必要条件是 x^* 为正规方程 $A^{\mathrm{T}}Ax=A^{\mathrm{T}}b$ 的解.

证明 对任意的 x 和 x^*, 有

$$||b-Ax||_2^2=||b-Ax^*+Ax^*-Ax||_2^2$$

$$= ||b - Ax^*||_2^2 + ||A(x^* - x)||_2^2 + 2(x^* - x)^{\mathrm{T}}(A^{\mathrm{T}}b - A^{\mathrm{T}}Ax^*). \tag{6.3.2}$$

设 x^* 是正规方程的解, 即 $A^{\mathrm{T}}Ax^* = A^{\mathrm{T}}b$, 对任意 $x \in \mathbb{R}^n$, 由式 (6.3.2),

$$||b - Ax||_2^2 = ||b - Ax^*||_2^2 + ||A(x^* - x)||_2^2 \geqslant ||b - Ax^*||_2^2,$$

因此 x^* 是 $Ax = b$ 的最小二乘解.

反之, 若 x^* 是 $Ax = b$ 的任一最小二乘解, $b = b_1 + b_2$, 其中 $b_1 \in R(A), b_2 \in (R(A))^{\perp}$, 由定理 6.3.2 证明过程可得 $Ax^* = b_1$. 由 $b_2 \in (R(A))^{\perp}$ 可得, $A^{\mathrm{T}}b_2 = \mathbf{0}$.

$$A^{\mathrm{T}}(b - Ax^*) = A^{\mathrm{T}}(b_1 + b_2 - Ax^*) = A^{\mathrm{T}}b_2 = \mathbf{0},$$

因此

$$A^{\mathrm{T}}Ax^* = A^{\mathrm{T}}b,$$

即 x^* 为正规方程 $A^{\mathrm{T}}Ax = A^{\mathrm{T}}b$ 的解. ■

推论 6.3.2 (1) 线性方程组 $Ax = b$ 的正规方程 $A^{\mathrm{T}}Ax = A^{\mathrm{T}}b$ 必有解.

(2) 若 A 列满秩, 则 $Ax = b$ 的最小二乘解 x^* 唯一存在, 且 $x^* = (A^{\mathrm{T}}A)^{-1}A^{\mathrm{T}}b$.

例题 6.3.1 设

$$A = \begin{pmatrix} 3 & 1 & 0 & -1 & 1 \\ 0 & 1 & 1 & 0 & 2 \\ 1 & -1 & -1 & 2 & -1 \\ 7 & 2 & 0 & 0 & 3 \end{pmatrix}, \quad b = \begin{pmatrix} 2 \\ 3 \\ -1 \\ 4 \end{pmatrix}.$$

求 $Ax = b$ 的最小二乘解.

解

$$A^{\mathrm{T}}A = \begin{pmatrix} 59 & 16 & -1 & -1 & 23 \\ 16 & 7 & 2 & -3 & 10 \\ -1 & 2 & 2 & -2 & 3 \\ -1 & -3 & -2 & 5 & -3 \\ 23 & 10 & 3 & -3 & 15 \end{pmatrix}, \quad A^{\mathrm{T}}b = \begin{pmatrix} 33 \\ 14 \\ 4 \\ -4 \\ 21 \end{pmatrix}.$$

$$(A^{\mathrm{T}}A, A^{\mathrm{T}}b) \sim \begin{pmatrix} 1 & 0 & 0 & 2 & 1 & 1.4286 \\ 0 & 1 & 0 & -7 & 2 & -2.8571 \\ 0 & 0 & 1 & 7 & 4 & 5.5714 \\ 0 & 0 & 0 & 0 & 0 & 0 \\ 0 & 0 & 0 & 0 & 0 & 0 \end{pmatrix},$$

因此 $Ax=b$ 的最小二乘解是

$$x=\begin{pmatrix}1.4286\\-2.8571\\5.5714\\0\\0\end{pmatrix}+k_1\begin{pmatrix}-2\\7\\-7\\1\\0\end{pmatrix}+k_2\begin{pmatrix}-1\\2\\-4\\0\\1\end{pmatrix}\quad(k_1,k_2\in\mathbb{R}).$$ ■

利用矩阵的正交三角分解可以将求解矛盾线性方程组的最小二乘解转化为求相容线性方程组的解.

事实上, 如果 P 是正交矩阵, $x\in\mathbb{R}^n$, 则 $\|Px\|_2=\|x\|_2$. 由此可得, 如果 QR 是矩阵 A 的 QR 分解, 则 $\min\limits_{x\in\mathbb{R}^n}\{\|Ax-b\|_2\}$ 与 $\min\limits_{x\in\mathbb{R}^n}\{\|Rx-Q^{\mathrm{T}}b\|_2\}$ 同解.

设 $A\in\mathbb{R}_s^{m\times n}$, 且 A 的前 s 列线性无关, 则存在正交矩阵 Q, 使得

$$A=QR=Q\begin{pmatrix}r_{11}&\cdots&r_{1r}&\cdots&r_{1,n-1}&r_{1n}\\\vdots&&\vdots&&\vdots&\vdots\\0&\cdots&r_{ss}&\cdots&r_{s,n-1}&r_{sn}\\0&\cdots&0&\cdots&0&0\\\vdots&&\vdots&&\vdots&\vdots\\0&\cdots&0&\cdots&0&0\end{pmatrix}=Q\begin{pmatrix}R_1\\\mathbf{0}\end{pmatrix}.$$

此时, $Ax=b$ 的最小二乘解与 $Rx=Q^{\mathrm{T}}b=\begin{pmatrix}\tilde{b}_1\\\tilde{b}_2\end{pmatrix}$ 的最小二乘解相同, 其中 $\tilde{b}_1$ 是 $Q^{\mathrm{T}}b$ 的前 s 行, 其中 $\tilde{b}_2$ 是 $Q^{\mathrm{T}}b$ 的后 $m-s$ 行.

由于

$$\|Rx-Q^{\mathrm{T}}b\|_2^2=\|R_1x-\tilde{b}_1\|_2^2+\|\tilde{b}_2\|_2^2,$$

因此 $Rx=Q^{\mathrm{T}}b$ 的最小二乘解与如下线性方程组的解相同:

$$R_1x=\begin{pmatrix}r_{11}&\cdots&r_{1r}&\cdots&r_{1,n-1}&r_{1n}\\\vdots&&\vdots&&\vdots&\vdots\\0&\cdots&r_{ss}&\cdots&r_{s,n-1}&r_{sn}\end{pmatrix}x=\tilde{b}_1.$$

由此可得

(1) 当 A 的秩 $s=n$ 时, $Ax=b$ 的最小二乘解唯一存在.

(2) 当 A 的秩 $s<n$ 时, $Ax=b$ 的最小二乘解有无穷多.

例题 6.3.2 (例题 6.3.1 的另一求解方法) 设

$$A=\begin{pmatrix}3&1&0&-1&1\\0&1&1&0&2\\1&-1&-1&2&-1\\7&2&0&0&3\end{pmatrix},\quad b=\begin{pmatrix}2\\3\\-1\\4\end{pmatrix}.$$

利用 QR 分解, 求 $Ax=b$ 的最小二乘解.

解 利用 MATLAB 软件, 可求得矩阵 A 的 QR 分解中的 Q 和 R 分别是

$$Q=\begin{pmatrix}-0.3906&-0.1143&0.5128&-0.7559\\0&-0.6130&-0.6938&-0.3780\\-0.1302&0.7793&-0.4826&-0.3780\\-0.9113&-0.0623&-0.1508&0.3780\end{pmatrix},$$

$$R=\begin{pmatrix}-7.6811&-2.0830&0.1302&0.1302&-2.9943\\0&-1.6313&-1.3923&1.6728&-2.3066\\0&0&-0.2112&-1.4781&-0.8446\\0&0&0&0.0000&0.0000\end{pmatrix}.$$

$$Q^{\mathrm{T}}b=\begin{pmatrix}-0.3906&0&-0.1302&-0.9113\\-0.1143&-0.6130&0.7793&-0.0623\\0.5128&-0.6938&-0.4826&-0.1508\\-0.7559&-0.3780&-0.3780&0.3780\end{pmatrix}\begin{pmatrix}2\\3\\-1\\4\end{pmatrix}=\begin{pmatrix}-4.2962\\-3.0963\\-1.1764\\-0.7559\end{pmatrix},$$

因此 $Ax=b$ 的最小二乘解与如下线性方程组的解相同:

$$\begin{pmatrix}-7.6811&-2.0830&0.1302&0.1302&-2.9943\\0&-1.6313&-1.3923&1.6728&-2.3066\\0&0&-0.2112&-1.4781&-0.8446\end{pmatrix}x=\begin{pmatrix}-4.2962\\-3.0963\\-1.1764\end{pmatrix}.$$

由于

$$\begin{pmatrix}-7.6811&-2.0830&0.1302&0.1302&-2.9943&-4.2962\\0&-1.6313&-1.3923&1.6728&-2.3066&-3.0963\\0&0&-0.2112&-1.4781&-0.8446&-1.1764\end{pmatrix}$$

$$\sim\begin{pmatrix}1&0&0&2&1&1.4286\\0&1&0&-7&-2&-2.8571\\0&0&1&7&4&5.5714\end{pmatrix},$$

因此 $Ax=b$ 的最小二乘解是

$$x=\begin{pmatrix}1.4286\\-2.8571\\5.5714\\0\\0\end{pmatrix}+k_1\begin{pmatrix}-2\\7\\-7\\1\\0\end{pmatrix}+k_2\begin{pmatrix}-1\\2\\-4\\0\\1\end{pmatrix}\quad(k_1,k_2\in\mathbb{R}).$$ ■

6.3.2 线性方程组的极小范数最小二乘解

由定理 6.3.2 和例题 6.3.1 可知, 线性方程组 $Ax=b$ 的最小二乘解一般不唯一.

定义 6.3.3 称线性方程组 $Ax=b$ 的所有最小二乘解中 2-范数最小的解 x_0 为方程 $Ax=b$ 的**极小范数最小二乘解**.

求方程 $Ax=b$ 的极小范数最小二乘解, 自然的想法是先求出它的最小二乘解, 然后再从中找 2-范数最小的解. 由定理 6.3.2 可知, 方程 $Ax=b$ 的最小二乘解与 $A^{\mathrm{T}}Ax=A^{\mathrm{T}}b$ 是同解方程, 而方程 $A^{\mathrm{T}}Ax=A^{\mathrm{T}}b$ 的解可以表示成

$$x=\xi_0+k_1\xi_1+k_2\xi_2+\cdots+k_{n-r}\xi_{n-r},$$

其中 ξ_0 是 $A^{\mathrm{T}}Ax=A^{\mathrm{T}}b$ 的一个特解, $\xi_1,\xi_2,\cdots,\xi_{n-r}$ 是 $A^{\mathrm{T}}Ax=\mathbf{0}$ 的基础解系. 求方程 $Ax=b$ 的极小范数最小二乘解的问题可转化为求

$$f(k_1,k_2,\cdots,k_{n-r})=\|\xi_0+k_1\xi_1+k_2\xi_2+\cdots+k_{n-r}\xi_{n-r}\|_2^2$$

的最小值点的问题. 这是一个无约束二次规划问题, 它有唯一的最小值点.

例如要计算例题 6.3.1 的极小范数最小二乘解, 由例题 6.3.1 可知, 它的最小二乘解是

$$x=\begin{pmatrix}1.4286\\-2.8571\\5.5714\\0\\0\end{pmatrix}+k_1\begin{pmatrix}-2\\7\\-7\\1\\0\end{pmatrix}+k_2\begin{pmatrix}-1\\2\\-4\\0\\1\end{pmatrix}\quad(k_1,k_2\in\mathbb{R}).$$

解的 2-范数的平方

$$\begin{aligned}\|x\|_2^2=f(k_1,k_2)&=(1.4286-2k_1-k_2)^2+(-2.8571+7k_1+2k^2)^2\\&\quad+(5.5714-7k_1-4k_2)^2+k_1^2+k_2^2.\end{aligned}$$

求例题 6.3.1 中的线性方程组的极小范数最小二乘解的问题就转化为求 $f(k_1,k_2)$ 的无约束二次规划问题.

求 $Ax=b$ 的最小二乘解本身就是麻烦的事, 当 $A^{\mathrm{T}}Ax=\mathbf{0}$ 的基础解系中所含向量个数大于 1 时, 求无约束二次规划问题的解也是件麻烦的事情. 现在的问题是: 对任意 $b\in\mathbb{R}^m$, 能否找到 G, 使得 $x=Gb$ 是方程 $Ax=b$ 的极小范数最小二乘解? 如果 G 存在, 则 G 有什么特征?

定义 6.3.4 设 $A\in\mathbb{R}^{m\times n}$. 如果矩阵 $G\in\mathbb{R}^{n\times m}$ 满足如下彭罗斯-摩尔 (Penrose-Moore) 方程:

(1) $AGA=A$;

(2) $GAG=G$;

(3) $(AG)^{\mathrm{T}}=AG$;

(4) $(GA)^{\mathrm{T}}=GA$.

则称 G 是 A 的**加号逆**, 记为 A^+.

A 的加号逆也称为**彭罗斯-摩尔广义逆**或**极小范数最小二乘广义逆**.

可以证明: A 的加号逆 A^+ 唯一存在.

求 A^+ 比较麻烦, 我们可以用 MATLAB 软件来求, 其 MATLAB 命令是 pinv(A).

当 $\mathrm{rank}(A)$ 比较小时, 我们可以用矩阵 A 的满秩分解来求 A^+. 为此, 我们先介绍矩阵 A 的满秩分解.

下面用 $\mathbb{R}_r^{m\times n}$ 表示秩为 r 的 $m\times n$ 实矩阵的集合.

定义 6.3.5 设 $A\in\mathbb{R}_r^{m\times n}$, $r>0$. 如果矩阵 $B\in\mathbb{R}^{m\times r}$ 与 $C\in\mathbb{R}^{r\times n}$, 使得 $A=BC$, 则称 BC 为矩阵 A 的**满秩分解**.

定义 6.3.6 如果 $H\in\mathbb{R}^{m\times n}$ 满足:

(1) H 的后 $m-r$ 行上的元素都是零;

(2) H 的 $j_1, j_2, \cdots, j_r$ 列构成 m 阶单位阵的前 r 个列, 即

$$(H_{j_1},H_{j_2},\cdots,H_{j_r})=\begin{pmatrix}E_r\\ \mathbf{0}\end{pmatrix},$$

则称 H 为**拟埃尔米特标准形**.

如果 $j_1<j_2<\cdots<j_r$, 则称 H 为**埃尔米特标准形**. 埃尔米特标准形就是线性代数中的最简形.

定理 6.3.3 设 $A\in\mathbb{R}_r^{m\times n}$, 则存在矩阵 $B\in\mathbb{R}^{m\times r}$ 与 $C\in\mathbb{R}^{r\times n}$, 使得 $A=BC$, 即矩阵 A 的满秩分解存在.

证明 使用初等行变换, 可将 A 化为拟埃尔米特标准形 H, 即存在可逆矩阵 P 使得 $PA=H$, 即 $A=P^{-1}H$. 由于 H 是拟埃尔米特标准形, 记前 r 行为 C,

则

$$H=\begin{pmatrix} C \\ \mathbf{0}_{(m-r)\times n} \end{pmatrix}.$$

设 P^{-1} 的前 r 列为 B, 后 $m-r$ 列为 S, 即

$$P^{-1}=(B,S),\quad B=(p_1,p_2,\cdots,p_r),\quad S=(p_{r+1},\cdots,p_m)$$

则

$$A=P^{-1}H=(B,S)\begin{pmatrix} C \\ \mathbf{0}_{(m-r)\times n} \end{pmatrix}=BC,$$

A 的第 $j_1, j_2, \cdots, j_r$ 列分别等于 $P^{-1}H$ 的第 $j_1, j_2, \cdots, j_r$ 列, 它们是

$$(p_1,p_2,\cdots,p_r,p_{r+1},\cdots,p_m)\begin{pmatrix} 1 & 0 & \cdots & 0 \\ 0 & 1 & \cdots & 0 \\ \vdots & \vdots & & \vdots \\ 0 & 0 & \cdots & 1 \\ 0 & 0 & \cdots & 0 \\ \vdots & \vdots & & \vdots \\ 0 & 0 & \cdots & 0 \end{pmatrix}_{m\times r}=(p_1,p_2,\cdots,p_r)=B. \quad \blacksquare$$

定理 6.3.3 的证明过程告诉我们求满秩分解的具体步骤:

(1) 用初等行变换将 A 化为拟埃尔米特标准形 H, 其 $j_1, j_2, \cdots, j_r$ 列构成 m 阶单位阵的前 r 列.

(2) 写出 A 的满秩分解 $A=BC$, 其中 B 是由 A 的 $j_1, j_2, \cdots, j_r$ 列构成的矩阵, C 是由 H 的前 r 行构成的矩阵.

例题 6.3.3 求矩阵 $A=\begin{pmatrix} 3 & 1 & 0 & -1 & 1 \\ 0 & 1 & 1 & 0 & 2 \\ 1 & -1 & -1 & 2 & -1 \\ 7 & 2 & 0 & 0 & 3 \end{pmatrix}$ 的满秩分解.

解

$$\begin{pmatrix} 3 & 1 & 0 & -1 & 1 \\ 0 & 1 & 1 & 0 & 2 \\ 1 & -1 & -1 & 2 & -1 \\ 7 & 2 & 0 & 0 & 3 \end{pmatrix}\sim\begin{pmatrix} 3 & 1 & 0 & -1 & 1 \\ 0 & 1 & 1 & 0 & 2 \\ 1 & 0 & 0 & 2 & 1 \\ 7 & 2 & 0 & 0 & 3 \end{pmatrix}$$

$$\sim \begin{pmatrix} 3 & 1 & 0 & -1 & 1 \\ -3 & 0 & 1 & 1 & 1 \\ 1 & 0 & 0 & 2 & 1 \\ 1 & 0 & 0 & 2 & 1 \end{pmatrix} \sim \begin{pmatrix} 2 & 1 & 0 & -3 & 0 \\ -4 & 0 & 1 & -1 & 0 \\ 1 & 0 & 0 & 2 & 1 \\ 0 & 0 & 0 & 0 & 0 \end{pmatrix}.$$

取

$$B = (A_2, A_3, A_5) = \begin{pmatrix} 1 & 0 & 1 \\ 1 & 1 & 2 \\ -1 & -1 & -1 \\ 2 & 0 & 3 \end{pmatrix}, \quad C = \begin{pmatrix} 2 & 1 & 0 & -3 & 0 \\ -4 & 0 & 1 & -1 & 0 \\ 1 & 0 & 0 & 2 & 1 \end{pmatrix},$$

则 BC 是 A 的满秩分解. ■

矩阵 A 的满秩分解不唯一. 实际上, 如果 BC 是 A 的满秩分解, $\text{rank}(A) = r$, P 是 r 阶可逆矩阵, 取 $B_1 = BP$, $C_1 = P^{-1}C$, 则 B_1C_1 也是 A 的满秩分解.

定理 6.3.4 设 $A \in \mathbb{R}^{m\times n}$, BC 是 A 的满秩分解, 则

$$G = C^{\text{T}}(CC^{\text{T}})^{-1}(B^{\text{T}}B)^{-1}B^{\text{T}} \tag{6.3.3}$$

是 A 的加号逆.

特别地:

(1) 若 $A = \begin{pmatrix} A_{11} & \mathbf{0} \\ \mathbf{0} & \mathbf{0} \end{pmatrix}_{m\times n}$, 而 A_{11} 非奇异, 则 $A^+ = \begin{pmatrix} A_{11}^{-1} & \mathbf{0} \\ \mathbf{0} & \mathbf{0} \end{pmatrix}_{n\times m}$.

(2) 若 A 行满秩, 则 $A^+ = A^{\text{T}}(AA^{\text{T}})^{-1}$.

(3) 若 A 列满秩, 则 $A^+ = (A^{\text{T}}A)^{-1}A^{\text{T}}$.

如果 A 是复矩阵, 则 $A^+ = C^{\text{H}}(CC^{\text{H}})^{-1}(B^{\text{H}}B)^{-1}B^{\text{H}}$, 其中 B^{H} 是 B 的共轭转置矩阵.

定理 6.3.5 设 $A \in \mathbb{R}_r^{m\times n}$, 则

(1) A^+ 唯一存在;

(2) $\text{rank}(A^+) = \text{rank}(A)$;

(3) AA^+, A^+A 都是幂等阵, 且

$$\text{rank}(AA^+) = \text{rank}(A^+A) = \text{rank}(A);$$

(4)

$$(kA)^+ = \begin{cases} \dfrac{1}{k}A^+, & k \neq 0, \\ \mathbf{0}_{n\times m}, & k = 0. \end{cases}$$

由定理 (6.3.5) 可知, AA^+ 相似于 $\begin{pmatrix} E_r & \mathbf{0} \\ \mathbf{0} & \mathbf{0} \end{pmatrix}_{m\times m}$, A^+A 相似于 $\begin{pmatrix} E_r & \mathbf{0} \\ \mathbf{0} & \mathbf{0} \end{pmatrix}_{n\times n}$.

定理 6.3.6 $A \in \mathbb{R}^{m\times n}$, 则 $Ax = b$ 的极小范数最小二乘解 x^* 唯一存在, 且 $x^* = A^+b$.

例题 6.3.4 设

$$A = \begin{pmatrix} 3 & 1 & 0 & -1 & 1 \\ 0 & 1 & 1 & 0 & 2 \\ 1 & -1 & -1 & 2 & -1 \\ 7 & 2 & 0 & 0 & 3 \end{pmatrix}, \quad b = \begin{pmatrix} 2 \\ 3 \\ -1 \\ 4 \end{pmatrix},$$

求 $Ax = b$ 的极小范数最小二乘解.

解 取

$$B = \begin{pmatrix} 1 & 0 & 1 \\ 1 & 1 & 2 \\ -1 & -1 & -1 \\ 2 & 0 & 3 \end{pmatrix}, \quad C = \begin{pmatrix} 2 & 1 & 0 & -3 & 0 \\ -4 & 0 & 1 & -1 & 0 \\ 1 & 0 & 0 & 2 & 1 \end{pmatrix}.$$

由例题 6.3.3 可得, BC 是 A 的满秩分解. 由公式 (6.3.3),

$$A^+ = C^{\mathrm{T}}(CC^{\mathrm{T}})^{-1}(B^{\mathrm{T}}B)^{-1}B^{\mathrm{T}} = \frac{1}{2310}\begin{pmatrix} 210 & -315 & 105 & 210 \\ 42 & 168 & -210 & 42 \\ -106 & 346 & -130 & 4 \\ -616 & 616 & 770 & 154 \\ -298 & 733 & 5 & 142 \end{pmatrix}.$$

因此 $Ax = b$ 的极小范数最小二乘解是

$$x = A^+b = \frac{1}{2310}\begin{pmatrix} 210 & -315 & 105 & 210 \\ 42 & 168 & -210 & 42 \\ -106 & 346 & -130 & 4 \\ -616 & 616 & 770 & 154 \\ -298 & 733 & 5 & 142 \end{pmatrix}\begin{pmatrix} 2 \\ 3 \\ -1 \\ 4 \end{pmatrix} = \frac{1}{2310}\begin{pmatrix} 210 \\ 966 \\ 972 \\ 462 \\ 2166 \end{pmatrix}. \quad \blacksquare$$

习 题 6

习题 6.1 分别用正规方程和 QR 分解求如下矛盾方程组 $Ax = b$ 的最小二乘解:

$$(1)\ A=\begin{pmatrix}1&2&-1\\2&1&-2\\2&2&0\\-3&1&-2\end{pmatrix},b=\begin{pmatrix}-3\\-3\\2\\-8\end{pmatrix};$$

$$(2)\ A=\begin{pmatrix}1&2&2&-3\\2&1&2&1\\-1&-2&0&-2\end{pmatrix},b=\begin{pmatrix}-6\\8\\-5\end{pmatrix};$$

$$(3)\ A=\begin{pmatrix}1&2&2&-3\\2&1&2&1\\1&-1&0&4\end{pmatrix},b=\begin{pmatrix}-6\\8\\-5\end{pmatrix}.$$

(特别提示: 矩阵 A 的 QR 分解在习题 3.28 中计算过.)

习题 6.2 利用习题 6.1 的计算结果求矛盾线性方程组 $Ax=b$ 的极小范数最小二乘解, 其中 A,b 是习题 6.1 中的 (2) 和 (3) 中的 A 和 b.

习题 6.3 分别用雅可比迭代公式和高斯-赛德尔迭代公式解线性方程组

$$\begin{pmatrix}2&-1&0&0\\-1&2&-1&0\\0&-1&2&-1\\0&0&-1&2\end{pmatrix}x=\begin{pmatrix}1\\0\\1\\0\end{pmatrix},$$

并写出相应的迭代矩阵.

习题 6.4 考察下面线性方程组的雅可比迭代公式和高斯-赛德尔迭代公式的收敛性

$$(1)\ \begin{pmatrix}1&0.4&0.4\\0.4&1&0.8\\0.4&0.8&1\end{pmatrix}x=\begin{pmatrix}1\\2\\3\end{pmatrix};\quad (2)\ \begin{pmatrix}1&2&-2\\1&1&1\\2&2&1\end{pmatrix}x=\begin{pmatrix}1\\2\\1\end{pmatrix}.$$

习题 6.5 用雅可比迭代公式和高斯-赛德尔迭代公式解线性方程组

$$\begin{cases}8.3x_1+2.1x_2-1.2x_3+0.5x_4=-3.02,\\0.8x_1+10.2x_2+3.5x_3-1.8x_4=4.79,\\1.2x_1+0.2x_2-4x_3-0.5x_4=-6.72,\\-0.2x_1+0.3x_2+0.4x_3-2x_4=8.89,\end{cases}$$

要求绝对误差限小于 10^{-3}, 初始值取为 $x_1^{(0)}=x_2^{(0)}=x_3^{(0)}=x_4^{(0)}=0$.

习题6.6 用共轭梯度法求如下线性方程组的近似解, 计算精度为 $\varepsilon=0.0001$.

(1) $\begin{pmatrix} 4 & 1 & 0 & 0 \\ 1 & 4 & 1 & 0 \\ 0 & 1 & 4 & 1 \\ 0 & 0 & 1 & 4 \end{pmatrix} x = \begin{pmatrix} -2 \\ 4 \\ 3 \\ -1 \end{pmatrix}$;　(2) $\begin{pmatrix} 5 & 1 & 2 \\ 1 & 8 & -3 \\ 2 & -3 & 12 \end{pmatrix} x = \begin{pmatrix} 4 \\ -1 \\ 3 \end{pmatrix}$.

习题 6.7　求下列矩阵的满秩分解:

(1) $A = \begin{pmatrix} 3 & 2 & 0 & 5 & 0 \\ 3 & -2 & 3 & 6 & -1 \\ 2 & 0 & 1 & 5 & -3 \\ 1 & 6 & -4 & -1 & 4 \end{pmatrix}$;　(2) $A = \begin{pmatrix} 1 & -2 & 2 & -1 \\ 2 & -4 & 8 & 0 \\ -2 & 4 & -2 & 3 \\ 3 & -6 & 0 & -6 \end{pmatrix}$.

习题 6.8　求下列矩阵的广义逆 A^+:

(1) $A = \begin{pmatrix} 1 & 1 & 1 \\ 1 & -1 & 0 \end{pmatrix}$;　(2) $A = \begin{pmatrix} 1 & 0 & -1 \\ 0 & 2 & 3 \\ -1 & 3 & 1 \end{pmatrix}$;

(3) $A = \begin{pmatrix} 0 & 1 & 0 & 1 \\ 0 & 1 & 0 & 1 \\ 2 & 0 & 1 & 1 \end{pmatrix}$;　(4) $A = \begin{pmatrix} 1 & 0 & 1 & 1 \\ 2 & 1 & 2 & 1 \\ 2 & 0 & 2 & 2 \\ 4 & 2 & 4 & 2 \end{pmatrix}$.

习题 6.9　用广义逆矩阵判断下列线性方程组是否相容. 如果相容, 求其极小范数解; 如果不相容, 求其极小范数最小二乘解.

(1) $\begin{cases} x_1 + 2x_2 + 3x_3 - x_4 = 1, \\ 3x_1 + 2x_2 + x_3 - x_4 = 1, \\ 2x_1 + 3x_2 + x_3 + x_4 = 1; \end{cases}$　(2) $\begin{cases} x_1 + x_2 = 0, \\ x_1 + x_3 = 0, \\ -x_1 = 1, \\ x_1 + x_2 + x_3 = 2. \end{cases}$

习题 6.10　用加号逆求矛盾线性方程组 $Ax = b$ 的极小范数最小二乘解, 其中

$$A = \begin{pmatrix} 1 & 0 & -1 & 1 \\ 0 & 2 & 2 & 2 \\ -1 & 4 & 5 & 3 \end{pmatrix}, \quad b = (4, 1, 2)^{\mathrm{T}}.$$

习题 6.11　用加号逆求方程 $Ax = b$ 的极小范数最小二乘解, 其中 A, b 是习题 6.1 中的 A 和 b.

第 7 章 非线性方程 (组) 的解法

CHAPTER

很多科学计算问题常归结为求解方程

$$f(x)=0. \tag{7.0.1}$$

例如求函数 $g(x)$ 的极值点, 可转化为求解方程 $f(x)=g'(x)=0$.

定义 7.0.1 如果有 x^* 使 $f(x^*)=0$, 则称 x^* 为方程 $f(x)=0$ 的**根** (**解**), x^* 为函数 $f(x)$ 的**零点**.

定义 7.0.2 当 $f(x)$ 为多项式时, 即方程为

$$f(x)=a_nx^n+a_{n-1}x^{n-1}+\cdots+a_0=0 \quad (a_n\neq 0).$$

称 $f(x)=0$ 为 n 次**代数方程**, 当包含指数函数或三角函数等特殊函数时, 称 $f(x)=0$ 为**超越方程**.

定义 7.0.3 如果 $f(x)$ 可表示为

$$f(x)=(x-x^*)^m g(x),$$

其中 $g(x^*)\neq 0, m$ 为正整数, 则称 x^* 为 $f(x)=0$ 的 m **重根**. 当 $m=1$ 时, 称为其**单根**.

对于二次方程 $ax^2+bx+c=0$, 我们可以用熟悉的求根公式求解:

$$x_{1,2}=\frac{1}{2a}\left(-b\pm\sqrt{b^2-4ac}\right).$$

对于三、四次代数方程, 尽管存在求根公式, 但并不实用. 而对于次数大于等于五的代数方程, 它的根不能用方程系数的解析式表示. 至于一般的超越方程, 更没有求根公式. 因此, 为求解一个非线性方程, 我们必须依靠某种数值方法来求其近似解.

求方程根的近似解, 一般有下列几个问题.

(1) 根的存在性: 方程是否有根? 如果有根, 有几个根?

(2) 根的隔离: 确定根所在的区间, 使方程在这个小区间内有且仅有一个根, 这一过程称为**根的隔离**, 完成根的隔离, 就可得到方程的各个根的近似值.

(3) 根的精确化: 已知一个根的粗略近似值后, 建立计算方法将近似解逐步精确化, 直到满足给定精度为止.

先介绍两个基本定理.

定理 7.0.1 (代数基本定理) 若 $f(x)=0$ 为具有复系数的 n 次代数方程, 则 $f(x)=0$ 在复数域上恰有 n 个根 (r 重根算 r 个). 如果 $f(x)=0$ 为实系数的代数方程, 则复数根成对出现, 即如果 $f(a+b\mathrm{i})=0$, 则 $f(a-b\mathrm{i})=0$, 这里 $\mathrm{i}=\sqrt{-1}$.

定理 7.0.2 (零点存在定理) 若 $f(x)\in C[a,b]$, 且 $f(a)\cdot f(b)<0$, 则 $f(x)$ 在 (a,b) 内至少有一根.

7.1 根的隔离区间和解非线性方程的二分法

求根的隔离区间有如下两种方法.

(1) 描图法: 画出 $y=f(x)$ 的草图, 由 $f(x)$ 与 x 轴交点的大概位置来确定有根区间.

例题 7.1.1 设 $f(x)=x^2\mathrm{e}^{\sin^2 x}-1$, 求 $f(x)=0$ 的有根区间.

解 由于 $f(x)$ 是偶函数, 如果 x_0 是方程的根, 则 $-x_0$ 也一定是方程的根.

当 $|x|>1$ 时, $f(x)>0$, $f(0)=-1, f(1)=\mathrm{e}^{\sin^2 1}-1>0$. 由零点存在定理知, $f(x)=0$ 在 $[0,1]$ 区间上至少有一个根.

由于 $f'(x)=2x(1+x\sin x\cos x)\mathrm{e}^{\sin^2 x}$ 在 $(0,1]$ 上大于 0, 因此 $f(x)$ 在 $[0,1]$ 上最多只要一个根.

综上所述, $f(x)=0$ 在 $[-1,0]$ 和 $[0,1]$ 内各有一个根.

这两个根的计算见例题 7.3.1. ■

(2) 搜索法.

例题 7.1.2 $f(x)=x^4-4x^3+1$, 求 $f(x)=0$ 的有根区间.

解 令 $f'(x)=4x^3-12x^2=0$, 可得驻点 $x_1=0, x_2=3$, 由此得到三个区间

$$(-\infty,0),\quad (0,3),\quad (3,+\infty),$$

$f'(x)$ 在此三个区间上的正负号分别为 "−", "−", "+", 由此可见, 函数 $f(x)$ 在此三个区间上为 "减""减""增", 并且因为 $f(-\infty)>0$, $f(0)=1>0$, $f(3)=-26<0$, $f(+\infty)>0$, 所以仅有两个实根, 分别位于 $(0,3),(3,+\infty)$ 内. 又因 $f(4)=1>0$, 所以, $f(x)$ 的两个实根分别在 $(0,3),(3,4)$ 内. ■

求根方法中最直观最简单的方法是二分法. 设函数 $f(x)$ 在 $[a,b]$ 上连续, 且 $f(a)f(b)<0$, 为方便起见, 不妨设 $f(a)>0, f(b)<0$.

算法 7.1.1 方程求根方法的二分法

Step 1: 选取计算精度 ε.

Step 2: 取 $[a,b]$ 的中点 $c=\dfrac{a+b}{2}$ 分 $[a,b]$ 为两个区间. 计算 $f(c)$. 如果 $|f(c)|<\varepsilon$, 则取 c 为方程的近似根, 算法停止; 否则, 转 Step 3.

Step 3: 令中点为 $c=\dfrac{a+b}{2}$. 如果 $f(a)f(c)<0$, 则 $b:=c$; 如果 $f(b)f(c)<0$, 则 $a:=c$. 转 Step 2. ■

使用二分法求方程的根, 程序简单, 对函数要求不高, 只要连续就可以了, 且误差估计容易. 但它收敛速度很慢, 每计算一步, 误差减小一半, 而且只能求单实根, 而不能求复根.

7.2 求解非线性方程根的不动点迭代法

7.2.1 基本概念

将方程 $f(x)=0$ 转化为等价方程 $x=\varphi(x)$, 然后取根的初始近似值 x_0, 用迭代公式

$$x_{k+1}=\varphi(x_k),\quad k=0,1,\cdots \tag{7.2.1}$$

产生一个序列 $\{x_k\}_{k=0}^{\infty}$, 并称 $\varphi(x)$ 为**迭代函数**.

若 $\varphi(x)$ 连续, 且 $\lim\limits_{k\to\infty}x_k=x^*$, 则 x^* 必满足 $x^*=\varphi(x^*)$, 即 x^* 就是方程 $f(x)=0$ 的根. 由于 $x^*=\varphi(x^*)$, 因此 x^* 称为 $\varphi(x)$ 的**不动点**. 因为在求 x_{k+1} 时, 只用到函数 $\varphi(x)$ 在点 x_k 的值, 所以这种迭代也称为**单点迭代**.

(1) 方程 $f(x)=0$ 的等价形式不是唯一的. 例如, 方程 $f(x)=x^3+4x^2-10$, 可以写成 $x=\varphi_1(x)=x+x^3+4x^2-10$, 还可以写成 $x=\varphi_2(x)=\dfrac{1}{2}\left(10-x^3\right)^{1/2}$ 等. 虽然迭代函数不唯一, 但是只要迭代函数满足一定的条件, 便可保证迭代法的收敛性.

(2) 为了使迭代过程能够进行下去, 必须要求序列 $\{x_k\}_{k=0}^{\infty}$ 的任一项 x_k 落在函数 $\varphi(x)$ 的定义域内. 因此我们必须假定 $\varphi(x)$ 的值域与定义域一致, 即对任意 $x\in[a,b]$, 有 $\varphi(x)\in[a,b]$. 从几何上看, 满足方程 $x=\varphi(x)$ 的根是直线 $y=x$ 与曲线 $y=\varphi(x)$ 的交点的横坐标.

为了保证 $x=\varphi(x)$ 在 (a,b) 内的根存在, 必须假定 $\varphi(x)$ 在 $[a,b]$ 上连续.

用迭代法解方程 $x=\varphi(x)$ 要解决如下问题:

(1) 迭代函数 $\varphi(x)$ 的构造;

(2) 由迭代公式 (7.2.1) 产生的序列 $\{x_k\}$ 的收敛性;

(3) $\{x_k\}$ 的收敛速度和误差估计.

7.2.2　迭代法的收敛性

1. 收敛性及误差估计

定义 7.2.1　若函数 $\varphi(x)$ 对 $[a,b]$ 上的任意两点 x_1, x_2, 都有

$$|\varphi(x_1) - \varphi(x_2)| \leqslant L|x_1 - x_2| \tag{7.2.2}$$

成立, 其中 L 是与 x_1, x_2 无关的常数, 则称函数 $\varphi(x)$ 在 $[a,b]$ 上满足**利普希茨 (Lipschitz) 条件**, L 称为利普希茨常数.

如果 $\varphi(x)$ 在 $[a,b]$ 上一阶导数存在, 且满足

$$|\varphi'(x)| \leqslant M, \quad x \in [a,b]. \tag{7.2.3}$$

由微分中值定理可知: 函数 $\varphi(x)$ 在 $[a,b]$ 上满足利普希茨条件, 且可取 $L = M$.

下面建立求方程 $x = \varphi(x)$ 根的迭代法收敛性定理及误差估计.

定理 7.2.1　若迭代函数 $\varphi(x)$ 在有限区间 $[a,b]$ 上满足下列两个条件:

(1) 对任意的 $x \in [a,b]$, 有 $a \leqslant \varphi(x) \leqslant b$;

(2) $\varphi(x)$ 在 $[a,b]$ 上满足利普希茨条件 (7.2.2),

则当 $L < 1$ 时, 对任意初值 $x \in [a,b]$, 由 (7.2.1) 产生的序列 $\{x_k\}$ 收敛到方程 $x = \varphi(x)$ 的根 x^*, 且有估计式

$$|x^* - x_k| \leqslant \frac{L}{1-L}|x_k - x_{k-1}|, \tag{7.2.4}$$

$$|x^* - x_k| \leqslant \frac{L^k}{1-L}|x_1 - x_0|. \tag{7.2.5}$$

(7.2.4) 称为**事后估计**. 由此可知, 只要相邻两次计算结果的偏差 $|x_k - x_{k-1}|$ 足够小, 那么就可保证近似值 x_k 具有足够的精度. (7.2.4) 说明, 我们可以用相邻两个迭代点之间的差来估计迭代误差.

因为利普希茨常数 L 一般是未知的, 所以迭代终止准则通常采用

$$\frac{|x_k - x_{k-1}|}{1 + |x_k|} < \varepsilon, \tag{7.2.6}$$

其中的 $\varepsilon > 0$ 为给定的相对误差限.

(7.2.5) 称为先验估计, 它可用来估计达到精度 ε 所需的迭代次数 k. 由

$$\frac{L^k}{1-L}|x_1 - x_0| < \varepsilon \tag{7.2.7}$$

解得, 迭代次数应满足

$$k > \ln\left(\frac{(1-L)\varepsilon}{x_1 - x_0}\right) \Big/ \ln L. \tag{7.2.8}$$

对于方程 $x = \varphi(x)$, 验证 $\varphi(x)$ 是否满足利普希茨条件一般比较困难, 因此常常采用如下充分条件.

定理 7.2.2 若迭代函数 $\varphi(x)$ 在有限区 $[a,b]$ 上满足下列两个条件:

(1) 对任意的 $x \in [a,b]$, 有 $a \leqslant \varphi(x) \leqslant b$;

(2) $\varphi'(x)$ 在 $[a,b]$ 上存在, 且

$$\varphi'(x) \neq 0, |\varphi'(x)| \leqslant L < 1,$$

则对任意初值 $x_0 \in [a,b]$, 由 (7.2.1) 产生的序列 $\{x_k\}$ 收敛到方程 $x = \varphi(x)$ 的根 x^*, 且有估计式

$$|x^* - x_k| \leqslant \frac{L}{1-L}\left|x_k - x_{k-1}\right|, \tag{7.2.9}$$

$$|x^* - x_k| \leqslant \frac{L^k}{1-L}\left|x_1 - x_0\right|. \tag{7.2.10}$$

例题 7.2.1 设 $f(x) = 3x - 1 - \cos x$, 求 $f(x) = 0$ 的根 x^* 的近似值 $\bar{x}$, 要求 $|\bar{x} - x^*| < 10^{-6}$.

解 由例题 7.1.2 可知, $x^* \in \left(\dfrac{1}{3}, \dfrac{3}{2}\right)$. 将方程变形为 $x = \dfrac{1}{3}(1+\cos x)$, 迭代函数为 $\varphi(x) = \dfrac{1}{3}(1+\cos x)$, 相应的迭代公式为

$$x_{k+1} = \frac{1}{3}(1+\cos x_k), \quad k = 0,1,2,\cdots. \tag{7.2.11}$$

因为

$$\varphi(x) = \frac{1}{3}(1+\cos x) \in \left[\frac{1}{3}, \frac{2}{3}\right], \quad x \in \left(\frac{1}{3}, \frac{3}{2}\right),$$

$$\varphi'(x) = -\frac{1}{3}\sin x,$$

所以在区间 $\left(\dfrac{1}{3}, \dfrac{3}{2}\right)$ 内

$$|\varphi'(x)| \leqslant \frac{1}{3} < 1.$$

由定理 7.2.1 知, 迭代公式 (7.2.11) 收敛. 又取 $x_0 = 0.5$, 迭代结果列于表 7.1 中.

表 7.1　例题 7.2.1 迭代结果表

k	0	1	2	3	4
x_k	0.5	0.6258609	0.6034864	0.6077873	0.6069712
k	5	6	7	8	9
x_k	0.6071265	0.6070969	0.6071025	0.6071015	0.6071017

由表 7.1 中的结果知 $x_9 = 0.6071017$ 是 x^* 的满足条件的近似根, 而方程的根为

$$x^* = 0.607101648103123, \quad x_9 - x^* = 5.1897\mathrm{e}-08.$$

■

2. 收敛阶

为了刻画迭代公式收敛的快慢, 下面给出收敛阶的定义.

定义 7.2.2　设由迭代公式 $x_{k+1} = \varphi(x_k)\,(k = 0, 1, \cdots)$ 产生的序列 $\{x_k\}$ 收敛到方程 $x = \varphi(x)$ 的根 x^*. 记 $e_k = x^* - x_k$, 并称 e_k 为迭代公式 $x_{k+1} = \varphi(x_k)$ 第 k 次迭代的误差. 若存在实数 $p \geqslant 1$ 和非零常数 c, 使得

$$\lim_{k \to \infty} \frac{e_{k+1}}{e_k^p} = c \tag{7.2.12}$$

成立, 则称序列 $\{x_k\}$ 是 p **阶收敛的**.

特别地, 当 $p = 1$ 时, 称序列 $\{x_k\}$ **线性收敛**; 当 $p = 2$ 时, 称序列 $\{x_k\}$ **平方收敛**.

收敛阶 p 是迭代式收敛速度的一种度量, p 越大, 序列 $\{x_k\}$ 收敛速度越快.

定理 7.2.3　设 $\{x_k\}$ 是由迭代公式 $x_{k+1} = \varphi(x_k)\,(k = 0, 1, \cdots)$ 产生的序列, x^* 是方程 $x = \varphi(x)$ 根. 若迭代函数 $\varphi(x)$ 在 x^* 邻近有连续的 p 阶导数, 且满足条件:

(1) $|\varphi'(x^*)| < 1$;

(2) $\varphi^{(m-1)}(x^*) = 0, m = 2, 3 \cdots, p$, 但 $\varphi^{(p)}(x^*) \neq 0$,

则序列 $\{x^k\}$ 是 p 阶收敛的, 其中 $p(\geqslant 1)$ 是整数.

特别地,

(1) 当 $|\varphi'(x^*)| < 1$, 但 $\varphi'(x^*) \neq 0$ 时, 序列 $\{x_k\}$ 线性收敛;

(2) 当 $\varphi'(x^*) = 0$, 但 $\varphi''(x^*) \neq 0$ 时, 序列 $\{x_k\}$ 平方收敛.

3. 斯特芬森 (Steffensen) 加速迭代法

设原迭代公式为

$$x_{k+1} = \varphi(x_k), \quad k = 0, 1, 2, \cdots,$$

则称

$$\begin{cases} y=\varphi\left(x_{k}\right), \\ z=\varphi(y), \\ x_{k+1}=x_{k}-\dfrac{\left(y-x_{k}\right)^{2}}{z-2 y+x_{k}}, \quad k=0,1,2, \cdots \end{cases} \tag{7.2.13}$$

为斯特芬森迭代公式.

例题 7.2.2 设 $f(x)=3x-1-\cos x$, 用斯特芬森迭代公式求 $f(x)=0$ 的根 x^* 的近似值 $\bar{x}$, 要求 $|\bar{x}-x^*|<10^{-6}$.

解 将方程变形为 $x=\dfrac{1}{3}(1+\cos x)$. 迭代函数为 $\varphi(x)=\dfrac{1}{3}(1+\cos x)$, 相应的迭代公式为

$$x_{k+1}=\frac{1}{3}(1+\cos x_k), \quad k=0,1,\cdots . \tag{7.2.14}$$

取 $x_0=0.5$, 用斯特芬森迭代公式

$$\begin{cases} y=\dfrac{1}{3}(1+\cos x_k), \\ z=\dfrac{1}{3}(1+\cos y), \\ x_{k+1}=x^{(k)}-\dfrac{\left(y-x_{k}\right)^{2}}{z-2 y+x_{k}}, \quad k=0,1, \cdots \end{cases} \tag{7.2.15}$$

计算, 其迭代结果列于表 7.2 中.

表 7.2 用斯特芬森迭代公式 (7.2.15) 求 $3x-1-\cos x=0$ 的根的迭代过程结果

k	0	1	2
x_k	0.5	0.6068636	0.6071016
x_k-x^*	−0.1071016	−0.0002381	−0.00000000

与例题 7.2.1 的结果相比, 用斯特芬森迭代公式, x_2 就满足精度要求. ■

7.3 牛顿迭代法

7.3.1 牛顿迭代公式

牛顿迭代法是求非线性方程 $f(x)=0$ 的根的一种重要方法, 其基本思想是将非线性方程转化为线性方程来求解.

设 $f(x)$ 连续可微, 将 $f(x)$ 在 x_0 处泰勒展开, 即

$$f(x)=f\left(x_{0}\right)+f'\left(x_{0}\right)\left(x-x_{0}\right)+\frac{f''\left(x_{0}\right)}{2!}\left(x-x_{0}\right)^{2}+\cdots ,$$

只要 $f'(x_0) \neq 0$, 取线性部分近似替代 $f(x)$, 便得 $f(x)=0$ 的近似方程

$$f(x_0)+f'(x_0)(x-x_0)=0,$$

即

$$x=x_0-\frac{f(x_0)}{f'(x_0)}.$$

由迭代法思想将上式左端 x 记为 x_1, 可得

$$x_1=x_0-\frac{f(x_0)}{f'(x_0)}.$$

一般地有

$$x_{k+1}=x_k-\frac{f(x_k)}{f'(x_k)}, \quad k=0,1,\cdots. \tag{7.3.1}$$

定义 7.3.1　称 (7.3.1) 为**牛顿迭代公式** (自然假定 $f'(x_k) \neq 0$).

几何意义: 取初始值 x_0, 过 $(x_0, f(x_0))$ 作 $f(x)$ 的切线, 其切线方程为

$$y-f(x_0)=f'(x_0)(x-x_0),$$

此切线与 x 轴交点就是

$$x_1=x_0-\frac{f(x_0)}{f'(x_0)}.$$

由于这一明显的几何意义, 所以牛顿迭代法也称为**切线法**.

7.3.2　牛顿迭代法的收敛性

设 x^* 是 $f(x)=0$ 的单根, 即 $f(x^*)=0$, 但 $f'(x^*) \neq 0$. 牛顿迭代法的迭代函数为 $\varphi(x)=x-\dfrac{f(x)}{f'(x)}$.

由于

$$\varphi'(x)=1-\frac{[f'(x)]^2-f(x)f''(x)}{[f'(x)]^2}=\frac{f(x)f''(x)}{[f'(x)]^2},$$

因此 $\varphi'(x^*)=0$. 若 $\varphi(x)$ 是连续函数, 则当 x 充分靠近 x^* 时, $|\varphi'(x)| \leqslant L<1$ 成立, 因此当初始值 x_0 充分靠近 x^* 时, 牛顿迭代法收敛.

由于

$$\varphi''(x)=\frac{[f'(x)]^2[f'(x)f''(x)+f(x)f'''(x)]-2f(x)f'(x)[f''(x)]^2}{[f'(x)]^4},$$

$$\varphi''(x^*) = \frac{f''(x^*)}{f'(x^*)} \neq 0 \quad (当f''(x^*) \neq 0 时).$$

由定理 7.2.3 知牛顿迭代法是**平方收敛**的.

算法 7.3.1 非线性方程求根的牛顿迭代法

Input:

初值: $x0$; 计算精度: eps, eps1;

Output:

满足精度要求的方程近似解: x.

算法是否失效标记: Failure=1 时算法失效

```
1: 选取初值 x0, 计算精度 eps, eps1, 令 Failure = 0
2: 计算 y = f(x0), y1 = f'(x0);
3: while abs(y) > eps1 do
4:   if abs(y1) < eps1 then
5:       Failure=1;break;
6:   end if
7:     x = x0 − y/y1;
8:   if abs(x − x0) < eps then
9:       break;
10:  end if
11:    x = x0; 计算 y = f(x0), y1 = f'(x0);
12: end while
```

■

如果出现 $f'(x_k) = 0$, 则牛顿迭代法失效.

例题 7.3.1 设 $f(x) = x^2 e^{\sin^2 x} - 1$, 求 $f(x) = 0$ 的根.

解

$$f'(x) = 2x(1 + x\sin x\cos x)e^{\sin^2 x}.$$

由例题 7.1.1 知, $f(x) = 0$ 在 $[-1, 0]$ 和 $[0, 1]$ 内各有一个根, 且它们的绝对值相等. 选取 $x_0 = 0.5$ 为初值, 计算精度 $\varepsilon = 10^{-6}$, 迭代过程的有关数值如表 7.3 所示.

表 7.3 例题 7.3.1 迭代过程的有关数值表

k	0	1	2	3	4
x_k	0.500000	0.949990	0.809658	0.781714	0.780653
$f(x_k)$	−0.685398	0.748973	0.107344	0.003791	5.31e−06
$f'(x_k)$	1.523139	5.337149	3.841379	3.571942	3.561932

从表 7.3 可知, 经过迭代 4 次后所得的近似根满足精度要求; $f(x)=0$ 根的近似值是 $x^*=0.780653$ 和 $\tilde{x}=-0.780653$. ■

牛顿迭代法的优点: 程序简单、收敛速度快. 牛顿迭代法的缺点: 每迭代一步都要计算 $f(x_k)$ 及 $f'(x_k)$, 且初始值 x_0 只在根 x^* 附近才能保证收敛, x_0 给的不合适可能不收敛.

7.3.3 牛顿迭代法的重根处理

在讨论牛顿迭代法的收敛性时, 曾假定 $f(x^*)=0, f'(x^*)\neq 0$, 这时, 牛顿迭代法在求单根时, 收敛速度至少是平方收敛. 而对于重根情况, 只有线性收敛速度. 为此, 下面介绍当方程出现重根时, 牛顿迭代法的几种改进方法.

1. x^* 的重数 $m(\geqslant 2)$ 已知

若 x^* 的重数 $m(\geqslant 2)$ 已知, 则为了提高收敛速度, 可将牛顿迭代法变形为

$$x_{k+1}=x_k-m\frac{f(x_k)}{f'(x_k)},\quad k=0,1,2,\cdots. \tag{7.3.2}$$

迭代函数为 $\varphi(x)=x-m\dfrac{f(x)}{f'(x)}$, 此时 $\varphi'(x^*)=0$, 故迭代公式 (7.3.2) 是平方收敛的, 并称 (7.3.2) 为修正的牛顿迭代公式.

2. x^* 的重数 $m(\geqslant 2)$ 未知

若 x^* 的重数 $m(\geqslant 2)$ 未知, 则可令 $\psi(x)=f(x)/f'(x)$. 因为

$$f(x)=(x-x^*)^m g(x),\quad g(x^*)\neq 0,$$

$$\begin{aligned}f'(x)&=(x-x^*)^m g'(x)+m\cdot(x-x^*)^{m-1}g(x)\\&=(x-x^*)^{m-1}\left[(x-x^*)\cdot g'(x)+m\cdot g(x)\right],\end{aligned}$$

所以

$$\psi(x)=f(x)/f'(x)=(x-x^*)/\left[(x-x^*)\cdot g'(x)/g(x)+m\right].$$

显然 x^* 是方程 $\psi(x)=0$ 的单根, 对它运用牛顿迭代法, 得

$$x_{k+1}=x_k-\frac{\psi(x_k)}{\psi'(x_k)}=x_k-\frac{f(x_k)f'(x_k)}{[f'(x_k)]^2-f(x_k)f''(x_k)},\quad k=0,1,\cdots. \tag{7.3.3}$$

因为牛顿迭代法求单根是平方收敛的, 所以用迭代公式 (7.3.3) 求 x^* 是平方收敛的.

牛顿迭代法 (7.3.1) 的每一步都要计算 $f'(x_k)$, 一般来说计算量比较大. 此外, 若函数 $f(x)$ 不可导, 就不能使用牛顿迭代法. 为了克服这些困难, 可用差商近似代替微商, 即

$$f'(x_k) \approx \frac{f(x_k) - f(x_{k-1})}{x_k - x_{k-1}}.$$

这样 (7.3.1) 就变成

$$x_{k+1} = x_k - \frac{x_k - x_{k-1}}{f(x_k) - f(x_{k-1})} f(x_k), \quad k = 1, 2, 3, \cdots. \tag{7.3.4}$$

(7.3.4) 中的 x_{k+1} 恰好就是过曲线 $y = f(x)$ 上两点 $M_1(x_{k-1}, f(x_{k-1}))$, $M_2(x_k, f(x_k))$ 的割线与 x 轴交点的横坐标, 因此这种方法称为**弦截法**或**割线法**.

弦截法的优点: 不需要计算导数值.

弦截法的缺点: 不如牛顿迭代法收敛快, 在一定条件下, 收敛阶为 1.618, 是超线性收敛, 且需要两个初始值 x_0, x_1 才能进行迭代.

弦截法可看作是以一次插值多项式的零点去近似 $f(x) = 0$ 的零点 (根), 若用二次插值多项式去近似 $f(x)$, 而以二次插值多项式的零点近似 $f(x) = 0$ 的零点可导出抛物线法. 若已知 $f(x) = 0$ 的根的三个近似值 x_{n-2}, x_{n-1}, x_n, 由此可得对应的 $f(x_{n-2}), f(x_{n-1}), f(x_n)$, 以这三个点为节点作二次插值多项式 (按差商):

$$\begin{aligned} N_2(x) &= f(x_n) + f[x_n, x_{n-1}](x - x_n) + f[x_n, x_{n-1}, x_{n-2}](x - x_n)(x - x_{n-1}) \\ &= C_n + b_n(x - x_n) + a_n(x - x_n)^2, \end{aligned}$$

其中

$$\begin{cases} C_n = f(x_n), \\ b_n = f[x_n, x_{n-1}] + f[x_n, x_{n-1}, x_{n-2}](x_n - x_{n-1}), \\ a_n = f[x_n, x_{n-1}, x_{n-2}], \end{cases}$$

以 $N_2(x)$ 代替 $f(x)$, 以 $N_2(x) = 0$ 的根近似 $f(x) = 0$ 根, 而 $N_2(x) = 0$ 的根为

$$x_{n+1} = x_n + \frac{-b_n \pm \sqrt{b_n^2 - 4a_nC_n}}{2a_n},$$

第二项分子分母乘分子的共轭, 得

$$x_{n+1} = x_n - \frac{2C_n}{b_n \pm \sqrt{b_n^2 - 4a_nC_n}}.$$

在两个根中选取一个根, 原则是使 $|x-x_n|$ 较小, 这就是**抛物线法** (**穆勒** (Muller) **法**, **二次插值法**) 的迭代公式:

$$x_{n+1}=x_n-\frac{2C_n\operatorname{sign}(b_n)}{|b_n|+\sqrt{b_n^2-4a_nC_n}},\quad n=1,2,3,\cdots. \tag{7.3.5}$$

可以证明, 若 $f(x)$ 在零点的邻域内三阶连续可微, 且初值 x_0,x_1,x_2 充分接近 x^*, 则抛物线法收敛, 且收敛阶为 1.84.

7.4　求解非线性方程组的迭代法

设非线性方程组为

$$\begin{cases} f_1(x_1,x_2,\cdots,x_n)=0,\\ f_2(x_1,x_2,\cdots,x_n)=0,\\ \cdots\cdots\\ f_n(x_1,x_2,\cdots,x_n)=0, \end{cases} \tag{7.4.1}$$

其中 $x_i(i=1,\cdots,n)$ 是自变量, $f_i(i=1,\cdots,n)$ 是 n 个变量 $x_1\cdots,x_n$ 的 n 元函数, 且至少有一个 $f_j(1\leqslant j\leqslant n)$ 是非线性函数, 若记

$$x=(x_1,\cdots,x_n)^{\mathrm{T}},\quad F(x)=(f_1(x),\cdots,f_n(x))^{\mathrm{T}}, \tag{7.4.2}$$

则 (7.4.1) 可以等价地记为

$$F(x)=0.$$

求解非线性方程组 (7.4.1) 或 $F(x)=0$, 就是确定一个向量 $x^*=(x_1^*,x_2^*,\cdots,x_n^*)^{\mathrm{T}}$, 使多元向量函数 $F(x)$ 满足

$$F(x^*)=0.$$

由于非线性方程组 (7.4.1) 可能有唯一解、无穷多组解或无解, 因此有关它的求解问题, 一般来说要比非线性方程求解困难得多. 常用的求解非线性方程组 (7.4.1) 的数值解法有两类: 一类是线性化方法, 即用线性方程组近似非线性方程组, 由线性方程组的解向量序列, 逐步逼近 (7.4.1) 的解向量, 其典型代表是牛顿迭代法和不动点迭代法; 另一类是极小化方法, 即由非线性方程组 (7.4.1) 构造一个函数 $\Phi(x)$, 例如

$$\Phi(x)=\sum_{i=1}^{n}f_i^2(x)=[F(x)]^{\mathrm{T}}F(x), \tag{7.4.3}$$

然后以各种下降算法求 Φ 的极小值点, 所求的极小值点就是非线性方程组的近似解.

牛顿迭代法及其改进算法:

设 x^* 是非线方程组 (7.4.1) 的解向量, 任取初始值向量 $x^{(0)}\left(x^{(0)}=\left(x_1^{(0)},\cdots,x_n^{(0)}\right)^{\mathrm{T}}\right)$, 假定 $F(x)$ 在 x^* 可微, 将 $F\left(x^*\right)$ 在 $x^{(0)}$ 做泰勒展开, 并取其线性部分, 可得

$$\mathbf{0}=F\left(x^*\right)\approx F\left(x^{(0)}\right)+DF\left(x^{(0)}\right)\left(x^*-x^{(0)}\right), \tag{7.4.4}$$

其中 $DF\left(x^{(0)}\right)$ 为雅可比矩阵

$$DF\left(x^{(0)}\right)=\begin{pmatrix} \dfrac{\partial f_1\left(x^{(0)}\right)}{\partial x_1} & \dfrac{\partial f_1\left(x^{(0)}\right)}{\partial x_2} & \cdots & \dfrac{\partial f_1\left(x^{(0)}\right)}{\partial x_n} \\ \dfrac{\partial f_2\left(x^{(0)}\right)}{\partial x_1} & \dfrac{\partial f_2\left(x^{(0)}\right)}{\partial x_2} & \cdots & \dfrac{\partial f_2\left(x^{(0)}\right)}{\partial x_n} \\ \vdots & \vdots & & \\ \dfrac{\partial f_n\left(x^{(0)}\right)}{\partial x_1} & \dfrac{\partial f_n\left(x^{(0)}\right)}{\partial x_2} & \cdots & \dfrac{\partial f_n\left(x^{(0)}\right)}{\partial x_n} \end{pmatrix}. \tag{7.4.5}$$

若雅可比矩阵 $DF\left(x^{(0)}\right)$ 非奇异, 则方程组

$$DF\left(x^{(0)}\right)\left(x-x^{(0)}\right)+F\left(x^{(0)}\right)=\mathbf{0} \tag{7.4.6}$$

有唯一解

$$x^{(1)}=\left(x^{(0)}\right)-\left[DF\left(x^{(0)}\right)\right]^{-1}F\left(x^{(0)}\right). \tag{7.4.7}$$

一般地, 当 $DF\left(x^{(k)}\right)$ 非奇异时, 可得

$$x^{(k+1)}=x^{(k)}-\left[DF\left(x^{(k)}\right)\right]^{-1}F\left(x^{(k)}\right),\quad k=0,1,\cdots. \tag{7.4.8}$$

这就是解非线性方程组 (7.4.1) 的牛顿迭代公式. 利用迭代式 (7.4.8) 求非线性方程组 (7.4.1) 的近似解, 每一步迭代需要解一个线性方程组, 且这一步与下一步的系数矩阵也不相同, 因此计算量很大. 可以证明牛顿迭代法具有二阶收敛速度, 但对初始值的要求很高, 即充分靠近解 x^*.

尽管牛顿迭代法具有较高的收敛速度, 但在每一步迭代中, 要计算 n 个函数值 f_j, 以及 n^2 个导数值形成雅可比矩阵 $DF\left(x^{(k)}\right)$, 而且要求 $DF(x^{(k)})$ 的逆矩阵或者解一个 n 阶线性方程组, 计算量很大. 为了减少计算量, 在上述牛顿迭代法中对一切 $k=0,1,2,\cdots$, 取 $DF\left(x^{(k)}\right)$ 为 $DF(\bar{x})$, 于是迭代公式修改为

$$x^{(k+1)}=x^{(k)}-\left[DF\left(\bar{x}\right)\right]^{-1}F\left(x^{(k)}\right),\quad k=0,1,\cdots. \tag{7.4.9}$$

式 (7.4.9) 即为**简化的牛顿迭代法**. 该方法能使计算量大为减少, 但却大大降低了收敛速度. 简化的牛顿迭代法与牛顿迭代法的区别就在于只由给定的初始近似值计算一次 $DF(\bar{x})$, 以后在每一次迭代过程中不再计算 $DF\left(x^{(k)}\right)$, 保持初始计算值.

结合牛顿迭代法收敛快与简化的牛顿迭代法工作量小的优点, 可以把 m 步简化的牛顿步合并成一次牛顿步. 则可以得到下列迭代公式:

$$\begin{cases} x^{(k,0)} = x^{(k)}, \\ x^{(k,j)} = x^{(k,j-1)} - [DF(x^{(k)})]^{-1} f(x^{(k,j-1)}), \quad j = 1, 2, \cdots, m, \\ x^{(k+1)} = x^{(k,m)}, \end{cases} \tag{7.4.10}$$

式中 $k = 0, 1, 2, \cdots$, 该式称为修正的牛顿迭代法.

修正牛顿迭代法 (7.4.10) 与牛顿迭代法 (7.4.8) 相比, 在每步迭代过程中增加计算 m 次函数值, 并不增加求逆次数, 然而收敛速度提高了.

习 题 7

习题 7.1 用二分法求方程 $\sin \pi x + 2 \cos \pi x = 0$ 在 $[0, 1]$ 内的根 $(\varepsilon = 0.01)$.

习题 7.2 用迭代法和斯特芬森法求方程 $f(x) = x^3 - 2x - 1 = 0$ 在 $(1, 2)$ 内的实根.

习题 7.3 分别用迭代法和斯特芬森法求方程 $x^2 + 5 \cos x = 0$ 的根, 要求近似解的精度达到 10^{-4}.

习题 7.4 用牛顿迭代法求方程 $f(x) = x - \cos x = 0$ 的近似解.

习题 7.5 用弦截法求方程 $f(x) = x^3 - 2x - 1 = 0$ 在 $(1, 2)$ 内的实根.

习题 7.6 用迭代法求非线性方程组

$$\begin{cases} x = 0.7 \sin x + 0.2 \cos y, \\ y = 0.7 \cos x - 0.2 \sin y \end{cases}$$

在 $(x^{(0)}, y^{(0)}) = (0.5, 0.5)$ 附近的根, 要求近似解的精度达到 10^{-3}.

第 8 章　最优化问题

CHAPTER

8.1　最优化问题的一些基本概念

最优化问题广泛见于工程设计、经济规划、生产管理、国防等重要领域. 例如, 在工程设计中, 怎样选择设计参数, 使得设计方案既满足设计要求, 又能降低成本; 在资源分配中, 怎样分配有限资源, 使得分配方案既能满足各方面的基本要求, 又能获得好的经济效益.

最优化问题所对应的模型具有如下结构.

第一是决策变量, 即所考虑的问题可归结为优选若干个被称为参数或变量的量 $x_1, x_2, \cdots, x_n$, 它们都取实数值, 它们的一组值构成了一个方案.

第二是约束条件, 即对决策变量 $x_1, x_2, \cdots, x_n$ 所加的限制条件, 通常用不等式和等式表示为

$$\begin{cases} g_i(x_1, x_2, \cdots, x_n) \geqslant 0, & i = 1, 2, \cdots, m, \\ h_j(x_1, x_2, \cdots, x_n) = 0, & j = 1, 2, \cdots, l. \end{cases} \tag{8.1.1}$$

第三是目标函数和目标, 如使利润达到最大或使成本达到最小, 通常刻画为极大化或极小化一个实值函数 $f(x_1, x_2, \cdots, x_n)$.

因此, 最优化问题可理解为确定一组决策变量在满足约束条件下寻求目标函数的最优值.

注意到极大化目标函数 $f(x_1, x_2, \cdots, x_n)$ 相当于极小化 $-f(x_1, x_2, \cdots, x_n)$. 采用向量记法, 令 $x = (x_1, x_2, \cdots, x_n)^{\mathrm{T}}$, 并将约束条件写成集约束的形式, 即令

$$S = \{x \mid g_i(x) \geqslant 0, i = 1, 2, \cdots, m; h_j(x) = 0, j = 1, 2, \cdots, l\},$$

则最优化问题一般地可表述为如下形式:

$$\begin{array}{ll} \min & f(x) \\ \text{s.t.} & x \in S, \end{array} \tag{8.1.2}$$

其中称 $x = (x_1, x_2, \cdots, x_n)^{\mathrm{T}} \in \mathbb{R}^n$ 为**决策变量**, $f(x)$ 为**目标函数**, $S \subseteq \mathbb{R}^n$ 为**可行域或约束集**, 即满足约束条件的点的集合.

特别地, 如果可行域 $S=\mathbb{R}^n$, 则最优化问题 (8.1.2) 称为**无约束最优化问题**, 其数学模型是

$$\min f(x), \quad x\in\mathbb{R}^n. \tag{8.1.3}$$

简写成

$$\min f(x). \tag{8.1.4}$$

一般地, **约束最优化问题**的数学模型是

$$\begin{array}{ll}\min & f(x)\\ \text{s.t.} & \begin{cases} g_i(x)\geqslant 0, & i=1,2,\cdots,m,\\ h_j(x)=0, & j=1,2,\cdots,l.\end{cases}\end{array} \tag{8.1.5}$$

称 $g_i(x)(i=1,2,\cdots,m), h_j(x)(j=1,2,\cdots,l)$ 为**约束函数**, $g_i(x)\geqslant 0(i=1,2,\cdots,m)$ 为不等式约束, $h_j(x)=0(j=1,2,\cdots,l)$ 为等式约束.

当目标函数和约束函数都是变量 x 的线性函数时, 称问题 (8.1.5) 为线性规划问题. 当目标函数和约束函数中至少有一个是变量 x 的非线性函数时, 称问题 (8.1.5) 为非线性规划问题. 此外, 根据决策变量、目标函数和约束的不同性质, 最优化还可分成整数规划、非光滑优化、随机规划、几何规划、模糊规划等若干分支. 因为不存在一种优化方法可以有效地求解所有优化问题. 不同类型的优化问题有针对该类问题的有效求解方法. 从计算观点来说, 这种分类法很有用, 人们可以根据所处理的问题的类型, 选择相应的求解方法.

本书主要介绍求解无约束最优化问题 (8.1.3)、线性规划问题和约束最优化问题 (8.1.5) 的理论和方法.

定义 8.1.1 设 $S\subseteq\mathbb{R}^n, x^*\in S$.

(1) 如果存在 $\varepsilon>0$, 使得对于任意 $x\in S\cup\{x|\|x-x^*\|<\varepsilon\}$ 均有 $f(x)\geqslant f(x^*)$, 则称 x^* 为 $f(x)$ 在 S 上的**局部极小值点**, $f(x^*)$ 为**局部极小值**.

(2) 如果存在 $\varepsilon>0$, 使得对于任意 $x\in S\cup\{x|0<\|x-x^*\|<\varepsilon\}$ 均有 $f(x)>f(x^*)$, 则称 x^* 为 $f(x)$ 在 S 上的**严格局部极小值点**, $f(x^*)$ 为**严格局部极小值**.

(3) 如果对于任意 $x\in S$ 均有 $f(x)\geqslant f(x^*)$, 则称 x^* 为 $f(x)$ 在 S 上的**全局极小值点**, $f(x^*)$ 为**全局极小值**.

(4) 如果对于任意 S 中的不同于 x^* 的点 x, 都有 $f(x)>f(x^*)$, 则称 x^* 为 $f(x)$ 在 S 上的**严格全局极小值点**, $f(x^*)$ 为**严格全局极小值**.

(5) 如果 x^* 为 $f(x)$ 在 S 上的局部极小值点, 则称 x^* 为极小化问题的**局部最优解**. 如果 x^* 为 $f(x)$ 在 S 上的**全局极小点**, 则称 x^* 为极小化问题的**全局最优解**. 全局最优解也称为整体最优解.

实际问题通常是求全局最优解, 但最优化中绝大多数方法是求局部最优解的. 实际应用中, 如果希望求全局最优解, 可以用一系列的初始点应用算法得出若干局部最优解, 然后通过比较它们相应值的大小, 从中找出最优解. 一般来说, 即使这样做, 也不能保证这个解就是全局最优解. 幸运的是, 从工程问题导出的优化问题, 目标函数通常是具有单个极值的“良性”函数, 数值方法得出的最优化问题的局部最优解, 就是全局最优解.

定义 8.1.2 设 d 是给定的 n 维非零向量.

(1) 如果存在 $\delta > 0$, 使得

$$f(\bar{x}+\lambda d) < f(\bar{x}), \quad \forall \lambda \in (0, \delta),$$

则称 d 为 $f(x)$ 在点 $\bar{x}$ 处的**下降方向**;

(2) 如果存在 $\delta > 0$, 使得

$$f(\bar{x}+\lambda d) > f(\bar{x}), \quad \forall \lambda \in (0, \delta),$$

则称 d 为 $f(x)$ 在点 $\bar{x}$ 处的**上升方向**.

将函数 $f(x)$ 在 $\tilde{x}$ 处作一阶泰勒展开, 若方向 d 满足

$$d^{\mathrm{T}} \nabla f(\tilde{x}) < 0, \tag{8.1.6}$$

则 d 必是 $f(x)$ 在点 $\tilde{x}$ 处的一个下降方向. 根据式 (8.1.6), 由极限的保号性知, 当 $\dfrac{\partial f(\bar{x})}{\partial d} < 0$ 时, $f(x)$ 从点 $\bar{x}$ 出发沿方向 d 在 $\bar{x}$ 附近是下降的; 当 $\dfrac{\partial f(\bar{x})}{\partial d} > 0$ 时, $f(x)$ 从点 $\bar{x}$ 出发沿方向 d 在 $\bar{x}$ 附近是上升的.

如果 $S \subseteq \mathbb{R}^n, \tilde{x} \in S$, $d \in \mathbb{R}^n$, $f: S \to R$ 在点 $\tilde{x}$ 处可微. 称锥

$$F_0 = \{d | d^{\mathrm{T}} \nabla f(\tilde{x}) < 0\}$$

为 S 在点 $\tilde{x}$ 处的下降方向锥.

方向导数的正负符号决定了函数的升降, 升降快慢由它的绝对值大小决定. 绝对值越大, 升降的速度就越快. 所以, 方向导数 $\dfrac{\partial f(\bar{x})}{\partial d}$ 又可以称为函数 $f(x)$ 在点 x 处沿方向 d 的变化率. 由柯西不等式, 有

$$\left|\frac{\partial f(\bar{x})}{\partial d}\right| = \left|\nabla f(\bar{x})^{\mathrm{T}} d\right| \leqslant \|\nabla f(\bar{x})\| \cdot \|d\| = \|\nabla f(\tilde{x})\|,$$

且当 $e = \dfrac{\nabla f(\bar{x})}{\|\nabla f(\bar{x})\|}$ 时, $\left|\dfrac{\partial f(\bar{x})}{\partial d}\right|$ 取得最大值. 由此可知, 梯度方向是函数值上升最快的方向, 而负梯度方向是函数值下降最快的方向. 因此, 把负梯度方向叫做**最速下降方向**.

定义 8.1.3　设 $\tilde{x} \in S$.

(1) 对于方向 $d \in \mathbb{R}^n$, 若存在实数 $\lambda_0 > 0$ 使任意 $\lambda \in [0, \lambda_0]$ 均有 $\tilde{x} + \lambda d \in S$, 就称方向 d 是 $\tilde{x}$ 处关于 S 的**可行方向**.

(2) 集合 S 在点 $\tilde{x}$ 处所有可行方向的集合

$$D = \{d \,|\, d \neq \mathbf{0}, \text{存在 } \delta > 0, \text{ 使得 } \tilde{x} + \lambda d \in S, \forall \lambda \in [0, \delta]\}$$

是一个以 $\tilde{x}$ 为顶点的锥, 称之为 S 在 $\tilde{x}$ 处的**可行方向锥**.

特别地, 当 $\tilde{x}$ 是 S 的内点时, S 在点 $\tilde{x}$ 处的可行方向锥是 $\mathbb{R}^n$.

定义 8.1.4　$\tilde{x} \in S$, $d \in \mathbb{R}^n$, 如果方向 d 既是 $\tilde{x}$ 点的可行方向又是下降方向, 则称 d 是 $\tilde{x}$ 点的**可行下降方向**.

8.2　最优性条件

所谓最优性条件, 是指最优化问题的最优解所要满足的必要条件或充分条件. 这些条件对于最优化算法的建立和最优化理论的推证都是至关重要的. 本节先介绍无约束最优化问题的最优性条件, 然后着重介绍约束最优化问题的最优性条件.

8.2.1　无约束最优化问题的最优性条件

考虑无约束最优化问题

$$\min f(x), \tag{8.2.1}$$

其中 $f : \mathbb{R}^n \to \mathbb{R}$. 这是一个古典的极值问题, 在微积分学中已经有所研究, 现在对它进一步讨论.

定理 8.2.1 (极小值点的必要条件)　设 x^* 是问题 (8.2.1) 的局部极小值点, 则

(1) 当 $f(x)$ 在 x^* 可微时, 梯度 $\nabla f(x^*) = \mathbf{0}$.

(2) 当 $f(x)$ 在 x^* 二次可微时, $\nabla f(x^*) = \mathbf{0}$ 且黑塞矩阵 $H(x^*)$ 是半正定的.

定义 8.2.1　若 $f(x)$ 在点 $\tilde{x}$ 处可微, 且 $\nabla f(\tilde{x}) = \mathbf{0}$, 则称 $\tilde{x}$ 为 $f(x)$ 的**驻点**或**平稳点**. 既不是极大点也不是极小值点的驻点称为**鞍点**.

定理 8.2.2 (二阶充分条件)　假设 $f(x)$ 在 x^* 点二次可微. 若 $\nabla f(x^*) = \mathbf{0}$, 黑塞矩阵 $H(x^*)$ 是正定的, 则 x^* 是 (8.2.1) 的 (严格) 局部极小值点.

定理 8.2.3　假设 $f(x) : \mathbb{R}^n \to \mathbb{R}$ 是可微的凸函数, 则 x^* 是无约束最优化问题 (8.2.1) 的全局最小值点当且仅当 $\nabla f(x^*) = \mathbf{0}$.

8.2.2 约束最优化问题的最优性条件

考虑如下约束最优化问题:

$$\begin{array}{ll} \min & f(x) \\ \text{s.t.} & \begin{cases} g_i(x) \geqslant 0, & i=1,2,\cdots,m, \\ h_j(x)=0, & j=1,2,\cdots,l. \end{cases} \end{array} \tag{8.2.2}$$

定理 8.2.4 设 $f(x)$ 在 x^* 可微. 若 x^* 是局部极小值点, 则 $F_0(x^*) \cap D=\varnothing$, 其中 $F_0(x^*)=\{d \mid d \in \mathbb{R}^n, \nabla f(x^*) d<0\}$, D 是 S 在 x^* 的可行方向锥.

定义 8.2.2 设 $\bar{x}$ 是非线性规划问题 (8.2.2) 的一个可行解, $g_i(x) \geqslant 0$ 是某一不等式约束条件.

(1) 如果 $g_i(\bar{x})>0$, 则称该约束条件是点 $\bar{x}$ 处的**非积极约束** (**不起作用约束**);

(2) 如果 $g_i(\bar{x})=0$, 则称该约束条件是点 $\bar{x}$ 处的**积极约束** (**起作用约束**).

记 $I(\bar{x})=\{i \mid g_i(\bar{x})=0, 1 \leqslant i \leqslant l\}$, 称 $I(\bar{x})$ 为点 $\bar{x}$ 处的**积极约束指标集**.

例如: $\bar{x}=\left(\dfrac{\sqrt{2}}{2}, \dfrac{\sqrt{2}}{2}\right)^{\mathrm{T}}$, 约束条件是

$$\begin{cases} g_1(x)=x_2-\sqrt{2} x_1^2 \geqslant 0, \\ g_2(x)=1-x_1^2-x_2^2 \geqslant 0, \\ g_3(x)=x_1 \geqslant 0. \end{cases}$$

由于

$$\begin{cases} g_1(\bar{x}) & =\dfrac{\sqrt{2}}{2}-\sqrt{2} \times\left(\dfrac{\sqrt{2}}{2}\right)^2=0, \\ g_2(\bar{x}) & =1-\left(\dfrac{\sqrt{2}}{2}\right)^2-\left(\dfrac{\sqrt{2}}{2}\right)^2=0, \\ g_3(\bar{x}) & =\dfrac{\sqrt{2}}{2}>0. \end{cases}$$

因此点 $\bar{x}$ 的积极约束指标集 $I(\bar{x})=\{1,2\}$.

考虑如下仅含不等式约束的约束最优化问题:

$$\begin{array}{ll} \min & f(x) \\ \text{s.t.} & g_i(x) \geqslant 0, \quad i=1,2,\cdots,m. \end{array} \tag{8.2.3}$$

它的可行域

$$Q=\{x \mid g_i(x) \geqslant 0, i=1,2,\cdots,m\}.$$

定理 8.2.5　设 $x^* \in Q, f(x)$ 和 $g_i(x)\,(i \in I(x^*))$ 在点 x^* 处可微, $g_i(x)(i \notin I(x^*))$ 在点 x^* 处连续, $\{\nabla g_i(x^*)\,|\,i \in I(x^*)\}$ 线性无关. 若 x^* 是约束极值问题 (8.2.3) 的局部极小值点, 则存在一组实数 λ_i 使其满足

$$\begin{cases} \nabla f(x^*) - \sum_{i=1}^{l} \lambda_i \nabla g_i(x^*) = 0, \\ \lambda_i g_i(x^*) = 0, \quad i = 1, 2, \cdots, l, \\ \lambda_i \geqslant 0, \quad i = 1, 2, \cdots, l. \end{cases} \tag{8.2.4}$$

称式 (8.2.4) 为问题 (8.2.3) 的**库恩-塔克** (Kuhn-Tucker) **条件** (简称为 **K-T 条件**), 称满足式 (8.2.4) 的点为问题 (8.2.3) 的**库恩-塔克点** (简称为 **K-T 点**).

库恩-塔克条件也被称为卡鲁什-库恩-塔克 (Karush-Kuhn-Tucker) 条件, K-T 点也被称为 KKT 点.

定理 8.2.6　设 $x^* \in S$ 是问题 (8.2.2) 的局部极小值点, 函数 $f, g_i\ (i \in I(x^*))$ 在点 x^* 处可微, $g_i\ (i \notin I(x^*))$ 在点 x^* 处连续, h_j 在点 x^* 处连续可微. 若

$$\{\nabla g_i(x^*), \nabla h_j(x^*)\ |\ i \in I(x^*), j = 1, 2, \cdots, l\}$$

线性无关, 则存在 $w_i \geqslant 0, i \in I(x^*), v_j, j = 1, 2, \cdots, l$, 使得

$$\nabla f(x^*) = \sum_{i \in I(x^*)} w_i \nabla g_i(x^*) + \sum_{j=1}^{l} v_j \nabla h_j(x^*). \tag{8.2.5}$$

称 (8.2.5) 为问题 (8.2.2) 的库恩-塔克条件, 称满足 (8.2.5) 的点为问题 (8.2.2) 的库恩-塔克点.

定义拉格朗日函数

$$L(x, \lambda, \mu) = f(x) - g^{\mathrm{T}}\lambda - h^{\mathrm{T}}\mu, \tag{8.2.6}$$

其中 $\lambda = (\lambda_1, \lambda_2, \cdots, \lambda_m)^{\mathrm{T}} \in \mathbb{R}^m, \mu = (\mu_1, \mu_2, \cdots, \mu_l)^{\mathrm{T}} \in \mathbb{R}^l$, g 和 h 分别是由 g_i 和 h_j 组成的向量函数. 若采用矩阵和向量记号, 则 K-T 条件可如下简洁表示为

$$\begin{cases} \nabla f(x^*) = \nabla h(x^*)\lambda + (\nabla g(x^*))^{\mathrm{T}}\lambda = 0, \quad \lambda \geqslant 0, \\ \lambda_i g_i(x^*) = 0, \quad i = 1, 2, \cdots, l, \\ g(x^*) \geqslant 0, \quad h(x^*) = 0. \end{cases} \tag{8.2.7}$$

如果 $\tilde{x}$ 是约束优化问题的一个 K-T 点, 称满足 (8.2.7) 的 $\tilde{\lambda}$ 和 $\tilde{\mu}$ 为 $\tilde{x}$ 处的**拉格朗日乘子**. 特别地, 称 (8.2.7) 中的 $(g(\tilde{x}))^{\mathrm{T}}\tilde{\lambda} = 0$ 为**互补松弛性条件**.

库恩-塔克条件从几何上来解释为: 某非线性规划的可行解 $\bar{x}$, 假定此处有两个起作用约束, $g_1(\bar{x})=0, g_2(\bar{x})=0$, 且它们的梯度线性无关. 若 $\bar{x}$ 是极小值点, 则 $\nabla f(\bar{x})$ 必处于 $\nabla g_1(\bar{x}), \nabla g_2(\bar{x})$ 所夹的区域内. 否则, $\bar{x}$ 点处必存在可行下降方向, 它就不是极小值点.

例题 8.2.1 给定非线性规划问题

$$
\begin{aligned}
\min \quad & f(x_1,x_2)=(x_1-2)^2+x_2^2 \\
\text{s.t.} \quad & \begin{cases} g_1(x_1,x_2)=x_1-x_2^2 \geqslant 0, \\ g_2(x_1,x_2)=x_2-x_1 \geqslant 0, \end{cases}
\end{aligned}
$$

检验下列两点 $x^{(1)}=(0,0)^{\mathrm{T}}$ 和 $x^{(2)}=(1,1)^{\mathrm{T}}$ 是否为 K-T 点.

解 $\nabla f=(2(x_1-2), 2x_2)^{\mathrm{T}}, \nabla g_1=(1,-2x_2)^{\mathrm{T}}, \nabla g_2=(-1,1)^{\mathrm{T}}$.

(1) 检验点 $x^{(1)}$: $\nabla f\left(x^{(1)}\right)=(-4,0)^{\mathrm{T}}, \nabla g_1\left(x^{(1)}\right)=(1,0)^{\mathrm{T}}, \nabla g_2\left(x^{(1)}\right)=(-1,1)^{\mathrm{T}}$.

所以 K-T 条件为

$$
\begin{cases}
\begin{pmatrix} -4 \\ 0 \end{pmatrix} - \lambda_1 \begin{pmatrix} 1 \\ 0 \end{pmatrix} - \lambda_2 \begin{pmatrix} -1 \\ 1 \end{pmatrix} = \begin{pmatrix} 0 \\ 0 \end{pmatrix}, \\
\lambda_1(0-0^2)=0, \\
\lambda_2(0-0)=0, \\
\lambda_1, \lambda_2 \geqslant 0.
\end{cases}
$$

解方程可得: $\lambda_1=-4, \lambda_2=0$. 因为 $\lambda_1=-4<0$, 所以 $x^{(1)}$ 不是 K-T 点.

(2) 检验点 $x^{(2)}$: $\nabla f\left(x^{(2)}\right)=(-2,2)^{\mathrm{T}}, \nabla g_1\left(x^{(2)}\right)=(1,-2)^{\mathrm{T}}, \nabla g_2\left(x^{(2)}\right)=(-1,1)^{\mathrm{T}}$. 所以 K-T 条件为

$$
\begin{cases}
\begin{pmatrix} -2 \\ 2 \end{pmatrix} - \lambda_1 \begin{pmatrix} 1 \\ -2 \end{pmatrix} - \lambda_2 \begin{pmatrix} -1 \\ 1 \end{pmatrix} = \begin{pmatrix} 0 \\ 0 \end{pmatrix}, \\
\lambda_1(1-1^2)=0, \\
\lambda_2(1-1)=0, \\
\lambda_1, \lambda_2 \geqslant 0.
\end{cases}
$$

解方程可得: $\lambda_1=0, \lambda_2=2$. 因为 $\lambda_1, \lambda_2 \geqslant 0$, 所以 $x^{(2)}$ 是 K-T 点. ■

例题 8.2.2 考虑下列非线性规划问题:

$$
\begin{aligned}
\min \quad & f(x_1,x_2)=x_1 \\
\text{s.t.} \quad & \begin{cases} 3(x_1-3)^2+x_2 \geqslant 0, \\ (x_1-3)^2+x_2^2-10=0. \end{cases}
\end{aligned}
$$

检验以下各点是否为局部最优解

$$x^{(1)}=\begin{pmatrix}2\\-3\end{pmatrix},\quad x^{(2)}=\begin{pmatrix}4\\-3\end{pmatrix},$$

$$x^{(3)}=\begin{pmatrix}3+\sqrt{10}\\0\end{pmatrix},\quad x^{(4)}=\begin{pmatrix}3-\sqrt{10}\\0\end{pmatrix}.$$

解 记目标函数和约束函数分别为 $f(x),g(x),h(x)$, 它们在点 x 处的梯度分别是

$$\nabla f(x)=\begin{pmatrix}1\\0\end{pmatrix},\quad \nabla g(x)=\begin{pmatrix}6\left(x_1-3\right)\\1\end{pmatrix},\quad \nabla h(x)=\begin{pmatrix}2\left(x_1-3\right)\\2x_2\end{pmatrix}.$$

拉格朗日函数是

$$L(x,w,v)=x_1-w\left[3\left(x_1-3\right)^2+x_2\right]-v\left[\left(x_1-3\right)^2+x_2^2-10\right].$$

拉格朗日函数关于 x 的黑塞矩阵是

$$\nabla_x^2 L=\begin{pmatrix}-6w-2v & 0\\0 & -2v\end{pmatrix}.$$

检查 $x^{(1)}$: 它是可行点, 且两约束都是起作用约束.

$$\nabla f\left(x^{(1)}\right)=\begin{pmatrix}1\\0\end{pmatrix},\quad \nabla g\left(x^{(1)}\right)=\begin{pmatrix}-6\\1\end{pmatrix},\quad \nabla h\left(x^{(1)}\right)=\begin{pmatrix}-2\\-6\end{pmatrix}.$$

按照 K-T 条件, 设

$$\begin{pmatrix}1\\0\end{pmatrix}-w\begin{pmatrix}-6\\1\end{pmatrix}-v\begin{pmatrix}-2\\-6\end{pmatrix}=\begin{pmatrix}0\\0\end{pmatrix}\Rightarrow w=-\frac{3}{19}\cdot v=-\frac{1}{38}.$$

不存在使 $w\geqslant 0$ 的解, 故 $x^{(1)}$ 不是 K-T 点.

检查 $x^{(2)}$: 它是可行点, 且两约束都是起作用约束.

$$\nabla f\left(x^{(2)}\right)=\begin{pmatrix}1\\0\end{pmatrix},\quad \nabla g\left(x^{(2)}\right)=\begin{pmatrix}6\\1\end{pmatrix},\quad \nabla h\left(x^{(1)}\right)=\begin{pmatrix}2\\-6\end{pmatrix}.$$

按照 K-T 条件, 设

$$\begin{pmatrix} 1 \\ 0 \end{pmatrix} - w \begin{pmatrix} 6 \\ 1 \end{pmatrix} - v \begin{pmatrix} 2 \\ -6 \end{pmatrix} = 0. \tag{8.2.8}$$

由于方程 (8.2.8) 有非负解 $w = \dfrac{3}{19}, v = \dfrac{1}{38}$, 因此 $x^{(2)}$ 是 K-T 点, 此点拉格朗日函数的黑塞矩阵为

$$\nabla_x^2 L\left(x^{(2)}, w, v\right) = \begin{pmatrix} -1 & 0 \\ 0 & -\dfrac{1}{19} \end{pmatrix}.$$

在 $x^{(2)}$ 点是否有可行下降方向? 由于 $w > 0$, 令

$$\left(\nabla g\left(x^{(2)}\right)\right)^{\mathrm{T}} d = 0, \quad \left(\nabla h\left(x^{(2)}\right)\right)^{\mathrm{T}} d = 0,$$

即

$$\begin{cases} 6d_1 + d_2 = 0, \\ 2d_1 - 6d_2 = 0 \end{cases} \Rightarrow d = (0,0)^{\mathrm{T}},$$

因此, 在点 $x^{(2)}$ 没有可行的下降方向. 因此 $x^{(2)}$ 是局部最优解.

对于 $x^{(3)}$ 和 $x^{(4)}$, 请自行检验它们是否是 K-T 点, 是否是局部最优解. ■

8.3 最优化方法概述

在开始学习求解非线性最优化问题的算法之前, 我们先介绍算法的一些概念, 以便对以后各章节中的具体算法有个一般性的理解.

8.3.1 最优化方法的基本思想

最优化方法通常采用迭代方法求最优解, 其基本思想是: 给定一初始点 $x^{(0)} \in \mathbb{R}^n$, 按照某一迭代规则产生一个点列 $\left\{x^{(k)}\right\}$, 使得当 $\left\{x^{(k)}\right\}$ 是有限点列时, 最后一个点就是最优解; 而当 $\left\{x^{(k)}\right\}$ 是无限点列时, 它有一个极限点, 且该极限点就是最优解.

一个好的算法应具备如下特征: 迭代点列 $\left\{x^{(k)}\right\}$ 能稳定地接近局部极小值点 x^* 的邻域, 然后快速地收敛于 x^*.

求解非线性最优化问题

$$\begin{array}{ll} \min & f(x) \\ \text{s.t.} & x \in S \end{array} \tag{8.3.1}$$

(其中 $S \subseteq \mathbb{R}^n, f: S \to \mathbb{R}$), 一般都采用下降迭代算法.

设 $x^{(k)} \in \mathbb{R}^n$ 是某迭代算法的第 k 次迭代点, $x^{(k+1)}$ 是第 $k+1$ 次迭代点, 记

$$\Delta x^{(k)} = x^{(k+1)} - x^{(k)}, \tag{8.3.2}$$

则有

$$x^{(k+1)} = x^{(k)} + \Delta x^{(k)}.$$

由 (8.3.2) 式知, $\Delta x^{(k)}$ 是一个以 $x^{(k)}$ 为起点、$x^{(k+1)}$ 为终点的 n 维向量. 设 $d^{(k)} \in \mathbb{R}^n$ 是与 $\Delta x^{(k)}$ 同方向的向量, 则必有某个 $\lambda_k \geqslant 0$, 使 $\Delta x^{(k)} = \lambda_k d^{(k)}$, 于是有

$$x^{(k+1)} = x^{(k)} + \lambda_k d^{(k)}. \tag{8.3.3}$$

这就是求解非线性最优化问题 (8.3.1) 的基本迭代公式. 通常, 称基本迭代公式 (8.3.3) 中的 $d^{(k)}$ 为第 $k+1$ 次搜索方向, 它是一个从 $x^{(k)}$ 出发指向 $x^{(k+1)}$ 的向量; 称 λ_k 为第 $k+1$ 次步长因子或沿 $d^{(k)}$ 方向的步长. 从 (8.3.3) 式可以看出, 使用迭代算法求解非线性最优化问题的关键在于, 如何构造每一次的搜索方向和确定适当的步长.

对于无约束最优化问题, 搜索方向通常取目标函数 f 的下降方向. 但对于约束最优化问题, 迭代一般在可行域内进行, 搜索方向取可行下降方向.

求解非线性最优化问题的一般步骤如下.

算法 8.3.1　求解非线性最优化问题的一般步骤

Step 1: 选取初始数据. 选取初始点 $x^{(0)}$, 计算精度 $\varepsilon > 0$, 以及其他一些参数. 令 $k = 0$.

Step 2: 构造搜索方向 $d^{(k)}$. 依照一定规则, 对无约束最优化问题构造 $f(x)$ 在点 $x^{(k)}$ 处的下降方向, 对约束最优化问题构造 $f(x)$ 在点 $x^{(k)}$ 处的可行下降方向.

Step 3: 确定搜索步长. 确定以 $x^{(k)}$ 为起点沿搜索方向 $d^{(k)}$ 的适当步长 λ_k, 使目标函数值有某种意义的下降.

Step 4: 求出新迭代点. 令

$$x^{(k+1)} = x^{(k)} + \lambda_k d^{(k)}.$$

Step 5: 检验终止条件. 判定 $x^{(k+1)}$ 是否满足终止条件, 若满足, 停止迭代, 输出近似最优解 $x^{(k+1)}$; 否则, 令 $k := k+1$, 转 Step 2. ■

搜索方向的选择原则:

(1) 必须是下降方向;

(2) 尽可能指向极小值点, 或者使函数值下降最快;

(3) 构造它时, 计算量不是太大.

步长因子 λ_k 的选择方案:

(1) 定步长 $\lambda_k = 1$;

(2) 变步长, 每次迭代中, 按如下原则确定

$$f\left(x^{(k)}+\lambda_k d^{(k)}\right) < f\left(x^{(k)}\right);$$

(3) 最优步长

$$f\left(x^{(k)}+\lambda_k d^{(k)}\right) = \min f\left(x^{(k)}+\lambda d^{(k)}\right).$$

8.3.2 算法评价

一个算法是否收敛, 常与初始点 $x^{(0)}$ 的选择有关. 若只有当 $x^{(0)}$ 充分接近于 $\bar{x}$, 由算法 $\mathscr{A}$ 产生的点列才收敛于 $\bar{x}$, 则称该算法具有局部收敛性. 若对任意的初始点 $x_0 \in S$, 由算法 $\mathscr{A}$ 产生的点列都收敛于 $\bar{x}$, 则称该算法具有全局收敛性. 如果某算法用于求解目标函数为二次函数的无约束问题时, 只需经过有限次迭代就达到最优解, 则称该算法具有二次终止性. 由于一般的函数在最优解附近常常可以用二次函数来近似, 故具有二次终止性的算法可望在接近最优解时具有好的收敛性质. 通常, 具有全局收敛性或二次终止性的算法在一定意义下被认为是比较好的算法.

衡量算法好坏的另一个重要标准是收敛速度.

定义 8.3.1 设由算法 $\mathscr{A}$ 产生的迭代点列 $\left\{x^{(k)}\right\}$ 收敛于 $\bar{x}$, 即有

$$\lim_{k\to\infty}\left\|x^{(k)}-\bar{x}\right\| = 0.$$

若存在实数 $\alpha > 0$ 及一个与迭代次数 k 无关的常数 $q > 0$, 使

$$\lim_{k\to\infty}\frac{\left\|x^{(k+1)}-\bar{x}\right\|}{\left\|x^{(k)}-\bar{x}\right\|^{\alpha}} = q,$$

则称算法 $\mathscr{A}$ 产生的迭代点列 $\left\{x^{(k)}\right\}$ 具有 α 阶收敛速度或称算法 $\mathscr{A}$ 是 α 阶收敛的. 特别地,

(1) 当 $\alpha = 1, q > 0$ 时, 迭代点列 $\left\{x^{(k)}\right\}$ 叫做**具有线性收敛速度**, 或 $\mathscr{A}$ 是**线性收敛**的;

(2) 当 $1 < \alpha < 2, q > 0$ 或 $\alpha = 1, q = 0$ 时, 迭代点列 $\left\{x^{(k)}\right\}$ 叫做**具有超线性收敛速度**, 或 $\mathscr{A}$ 是**超线性收敛**的;

(3) 当 $\alpha = 2$ 时, 迭代点列 $\left\{x^{(k)}\right\}$ 叫做**具有二阶收敛速度**, 或 $\mathscr{A}$ 是**二阶收敛**的.

一般认为, 具有超线性收敛速度和二阶收敛速度的算法是比较快速的. 不过, 还应该意识到, 对任何一个算法, 收敛性和收敛速度的理论结果并不保证算法在实际执行时一定有好的实际计算结果. 一方面是由于这些理论结果本身并不能保证算法一定有好的特性, 另一方面是它们忽略了计算过程中十分重要的舍入误差的影响. 此外, 这些理论结果通常要对函数 $f(x)$ 加上某些不易验证的限制, 这些限制条件在实际中并不一定能得到满足. 因此, 一个最优化算法的开发还依赖于数值试验, 就是说, 通过对各种形式的有代表性的检验函数进行数值计算, 一个好的算法应该具有可以接受的特征. 显然, 数值试验不可能以严格的数学证明保证算法具有良好的性态. 理想的情况是根据收敛性和收敛速度的理论结果来选择适当的数值试验.

8.3.3 算法的终止准则

由于问题的解预先是不知道的. 从前面的讨论可知, $\left\|x^{(k+1)}-x^{(k)}\right\|$ 是误差 $\left\|x^{(k)}-\bar{x}\right\|$ 的一个估计. 因此, 实际中我们用 $\left\|x^{(k+1)}-x^{(k)}\right\|$ 代替 $\left\|x^{(k)}-\bar{x}\right\|$. 下面是一些常用的终止准则.

(1) $\left|f\left(x^{(k+1)}\right)-f\left(x^{(k)}\right)\right|<\varepsilon$.

(2) $\left\|x^{(k+1)}-x^{(k)}\right\|<\varepsilon$.

对于有一阶导数信息的, 可用 $\left\|\nabla f\left(x^{(k+1)}\right)\right\| \leqslant \varepsilon$ 作为迭代终止条件.

但只用 (1) 和 (2) 中的一个, 有时是不合适的, 需要同时用它们. 注意到量的大小, Himmeblau 提出如下终止准则:

当 $\left\|x^{(k)}\right\| \geqslant \varepsilon_2$ 和 $\left|f\left(x^{(k)}\right)\right|>\varepsilon_2$ 时, 采用

$$\frac{\left\|x^{(k+1)}-x^{(k)}\right\|}{\left\|x^{(k)}\right\|} \leqslant \varepsilon_1, \quad \frac{\left|f\left(x^{(k+1)}\right)-f\left(x^{(k)}\right)\right|}{\left|f\left(x^{(k)}\right)\right|} \leqslant \varepsilon_1;$$

否则采用

$$\left|f\left(x^{(k+1)}\right)-f\left(x^{(k)}\right)\right|<\varepsilon_1, \quad\left\|x^{(k+1)}-x^{(k)}\right\|<\varepsilon_1.$$

8.4 一维搜索

求解一维最优化问题的基本思想是**一维搜索**, 也称为**线搜索**. 一维搜索不仅是求解一维非线性最优化问题的基本算法, 而且是多维非线性最优化算法的重要组成部分, 它的选择是否恰当直接影响到一些算法的计算效果.

在上一节中, 我们已经得到了最优化问题

$$\begin{array}{ll}\min & f(x) \\ \text{s.t.} & x \in S\end{array} \tag{8.4.1}$$

的下降迭代算法的基本公式

$$x^{(k+1)} = x^{(k)} + \lambda_k d^{(k)}.$$

显然, 搜索方向 $d^{(k)}$ 和步长 λ_k 构成了每一次迭代的修正量, 它们是决定最优化算法好坏的重要因素.

假定给定了搜索方向 $d^{(k)}$, 从点 $x^{(k)}$ 出发沿方向 $d^{(k)}$ 进行搜索, 要确定步长 λ_k, 使

$$f\left(x^{(k+1)}\right) = f\left(x^{(k)} + \lambda_k d^{(k)}\right) < f\left(x^{(k)}\right). \tag{8.4.2}$$

记

$$\varphi(\lambda) = f\left(x^{(k)} + \lambda d^{(k)}\right),$$

则 (8.4.2) 式等价于

$$\varphi\left(\lambda_k\right) < \varphi(0). \tag{8.4.3}$$

确定步长 λ_k 就是单变量函数 $\varphi(\lambda)$ 的搜索问题, 称为**一维搜索或线搜索**. 如果问题 (8.4.1) 是无约束最优化问题, 搜索方向 $d^{(k)}$ 取下降方向, 那么, 一维搜索相当于在区间 $[0,\infty)$ 上选取 $\lambda=\lambda_k$, 使 (8.4.3) 式成立; 如果问题 (8.4.1) 是约束最优化问题, 搜索方向 $d^{(k)}$ 取可行下降方向, 那么, 一维搜索相当于在区间 $[0,\lambda_{\max}]$ 上选取 $\lambda=\lambda_k$, 使 (8.4.3) 式成立, 其中

$$\lambda_{\max} = \max\left\{\lambda \mid x^{(k)} + \lambda d^{(k)} \in S, \lambda \geqslant 0\right\}.$$

为方便起见, 我们只讨论单变量函数

$$\varphi(\lambda) = f\left(x^{(k)} + \lambda d^{(k)}\right), \quad \lambda \geqslant 0$$

的一维搜索问题. 概括地, 所谓一维搜索 (线搜索) 是指单变量函数的最优化. 这种方法不仅对于解决一维最优化本身具有实际意义, 而且也是解多维最优化问题的重要支柱. 通常, 按对步长选取的不同原则, 一维搜索分为以下两种类型.

8.4.1 最优一维搜索

如果求得步长 λ_k, 使目标函数沿方向 $d^{(k)}$ 达到极小, 即使得

$$f\left(x^{(k)} + \lambda_k d^{(k)}\right) = \min_{\lambda\geqslant 0} f\left(x^{(k)} + \lambda d^{(k)}\right),$$

或

$$\varphi\left(\lambda_k\right) = \min_{\lambda\geqslant 0} \varphi(\lambda), \tag{8.4.4}$$

则称这样的一维搜索为**最优一维搜索**, 或**精确一维搜索**, 称 λ_k 为**最优步长** . 这类一维搜索在非线性最优化方法研究中具有基本的意义, 在以后章节中经常要应用它. 最优一维搜索有时也简称为一维搜索, 它具有如下重要性质.

定理 8.4.1　*对于问题 (8.4.1), 设 $f: S \to \mathbb{R}$ 是可微函数, $x^{(k+1)}$ 是从 $x^{(k)}$ 出发沿方向 $d^{(k)}$ 作最优一维搜索得到的, 则有*

$$[\nabla f\left(x^{(k+1)}\right)]^{\mathrm{T}} d^{(k)}=0. \tag{8.4.5}$$

定理 8.4.1 指明了从点 $x^{(k)}$ 出发沿方向 $d^{(k)}$ 作最优一维搜索所得迭代点 $x^{(k+1)}$ 的空间位置, 在该点处的梯度 $\nabla f\left(x^{(k+1)}\right)$ 与搜索方向 $d^{(k)}$ 正交.

精确一维搜索的基本思想是: 首先确定包含问题最优解的搜索区间, 然后采用某种插值或分割技术缩小这个区间, 进行搜索求解. 为此, 一维优化需要解决两个方面的问题:

(1) 确定极小点存在的区间, 即搜索区间 (初始区间);

(2) 在搜索区间上寻优.

常用的一维搜索直接法有消去法和近似法两类. 它们都是从某个初始搜索区间出发, 利用单谷函数的消去性质, 逐步缩小搜索区间, 直到满足精度要求为止.

在给定区间内仅有一个极小值的函数称为**单谷函数**, 其区间称为**单谷区间**. $[a, b]$ 区间上的单谷函数, 其函数值先单调减少, 然后是单调递增. 单谷区间中一定能求得一个极小点.

要求一元函数的局部极小值, 可先寻找它的单谷区间, 然后在单谷区间内找它的极小值点.

确定函数的初始单谷区间, 通常采用的方法是**进退法**. 其基本思想是: 对 $f(x)$ 任选一个初始点 x_0 及初始步长 h, 通过比较这两点函数值的大小, 确定进退方向, 然后再确定第三点位置, 使得三点的函数值的大小关系出现 "大—小—大" 的关系.

算法 8.4.1　求函数 $f(x)$ 单谷区间的进退法

Input:

初始点, $x0$;　*初始步长*: h;

Output:

区间的左端点: a; *区间的右端点*: b; *初值*: $x_{\min f}$

```
1: 令 a1 = x0, eps = 1e − 8, 计算 f(a1)
2: while abs(h) > eps do
3:    a2 = x0 + h; f2 = f(a2)
4:    if f2 < f1 then
5:       break
6:    else
7:       h = −h
8:       a2 = x0 + h; f2 = f(a2)
9:       if f2 < f1 then
10:         break
11:      else
12:         h = h/2
13:      end if
14:   end if
15: end while
16: if abs(h) < eps then
17:   a = x0; b = x0; x min f = f1
18: else
19:   stop2=0;
20:   a3 = a2 + h; f3 = f(a3);
21:   while stop2 < 1 do
22:      if f2 < f3 then
23:         stop2=1; break
24:      else
25:         a1 = a2; f1 = f2; a2 = a3; f2 = f3
26:         h = h + h; a3 = a2 + h; f3 = f(a3)
27:      end if
28:   end while
29: end if
30: a4 = a3 − h/2; f4 = f(a4)
31: if f2 < f3 then
32:   a = min(a1, a4); b = max(a1, a4); x min f = a2
33: else
34:   a = min(a2, a3); b = max(a2, a3); x min f = a4
35: end if
```
■

由算法 8.4.1 求得搜索区间 $[a,b]$ 后, 我们就在搜索区间 $[a,b]$ 中搜索寻优, 找出最优或解近似最优解. 求解方法分为精确一维搜索和不精确一维搜索. 其中精确一维搜索只介绍常用的**黄金分割法**和**二次插值逼近法**.

黄金分割法也称为 0.618 **法**, 其基本思想是通过试探点函数值的比较, 把包含极小点的搜索区间不断缩小, 直到区间长度满足精度要求为止. 该方法仅需要计算函数值, 适用范围广, 使用方便. 0.618 法的计算步骤如下.

算法 8.4.2　黄金分割法 (0.618 法)

Input:

　初始搜索区间: $[a,b]$, 计算精度: eps;

Output:

　满足精度要求的近似最优解: $\min x$.

　最优目标函数值: $f\min$

1: $t2=(\text{sqrt}(5)-1)/2; t1=1-t2;$
2: $\text{fun}a=f(a); \text{fun}b=f(b); Lab=b-a;$
3: $\lambda=a+t1*Lab; \mu=a+t2*Lab; \text{funlamda}=f(\lambda); \text{funmu}=f(\mu);$
4: $k=0$
5: **while** $Lab>\text{eps}$ **do**
6: 　$k=k+1$
7: 　**if** funlamda $>$ funmu **then**
8: 　　$a=\text{lamda}; \text{lamda}=\text{mu}; \text{funlamda}=\text{funmu};$
9: 　　$\text{Lab}=b-a; \mu=a+t2*\text{Lab}; \text{funmu}=f(\mu)$
10: 　**else**
11: 　　$b=\mu; \mu=\lambda; \text{funmu}=\text{funlamda};$
12: 　　$Lab=b-a; \lambda=a+t1*Lab; \text{funlamda}=f(\lambda);$
13: 　**end if**
14: **end while**
15: $\min x=(\mu+\text{lamda})/2; f\min=f(\min x);$ ■

值得说明的是, 由于每次迭代搜索区间的收缩率是 $t=0.618$, 故 0.618 法只是线性收敛的, 即这一方法的计算效率并不高. 但该方法每次迭代只需计算一次函数值的优点足以弥补这一缺憾.

设目标函数 $f(x)$ 的初始搜索区间 $[a,b]$ 已确定, 在该区间内再给定三点 x_1, x_2, x_3, 三点对应函数值分别为: f_1, f_2, f_3, 它们满足 $f_1<f_2<f_3$. 用过点 $(x_1,f_1),(x_2,$

$f_2),(x_3,f_3)$ 三点的二次插值多项式

$$p(x)=a_0+a_1x+a_2x^2$$

近似函数 $f(x)$, 然后用 $p(x)$ 的极值点近似 $f(x)$ 的极值点.

由于 $p(x)$ 对 x 的一阶导数为

$$p'(x)=a_1+2a_2.$$

由极值必要条件可知, 多项式 $p(x)$ 的极值点 $\bar{x}$ 满足

$$p'(\bar{x})=0.$$

若 $a_2\neq 0$, 则 $p(x)$ 的极值点为

$$\bar{x}=-\frac{a_1}{2a_2}.$$

由插值条件 $p(x_i)=f_i$, 可得

$$p\left(x_i\right)=a_0+a_1x_i+a_2x_i^2=f\left(x_i\right)=f_i\quad(i=1,2,3).$$

通过求解上面的线性方程组可得

$$a_1=-\frac{\left(x_2^2-x_3^2\right)f_1+\left(x_3^2-x_1^2\right)f_2+\left(x_1^2-x_2^2\right)f_3}{\left(x_1-x_2\right)\left(x_1-x_3\right)\left(x_2-x_3\right)},$$

$$a_2=\frac{\left(x_2-x_3\right)f_1+\left(x_3-x_1\right)f_2+\left(x_1-x_2\right)f_3}{\left(x_1-x_2\right)\left(x_1-x_3\right)\left(x_2-x_3\right)},$$

从而

$$\bar{x}=\frac{\left(x_2^2-x_3^2\right)f_1+\left(x_3^2-x_1^2\right)f_2+\left(x_1^2-x_2^2\right)f_3}{2\left[\left(x_2-x_3\right)f_1+\left(x_3-x_1\right)f_2+\left(x_1-x_2\right)f_3\right]}.$$

令 $c_1=\dfrac{f_3-f_1}{x_3-x_1},c_2=\dfrac{\left(f_2-f_1\right)/\left(x_2-x_1\right)-c_1}{x_2-x_3}$, 则

$$\bar{x}=\frac{1}{2}\left(x_1+x_3-\frac{c_1}{c_2}\right).$$

比较 $\bar{x}$ 与 x_2 两点函数值的大小, 在保持 $f(x)$ 两头大、中间小的前提下缩短搜索区间, 从而构成新的三点搜索区间, 再继续按上述方法进行下去, 直到满足精度要求为止, 把得到的最后的 $\bar{x}$ 作为 $f(x)$ 的近似极小值点. 上述求极值点的方法称为**三点二次插值法**.

算法 8.4.3　三点二次插值法

Input:

初始搜索区间: $[a,b]$,　$[a,b]$ 区间内的一个点: x_0,　计算精度: eps.

Output:

满足精度要求的近似最优解: $x\min$.

最优目标函数值: $f\min$

1: $x1 = a; x2 = x0; x3 = b$
2: $f1 = f(x1); f3 = f(x3); f2 = f(x2)$
3: $Lab = x3 - x1$
4: **while** $Lab >$ eps **do**
5: 　$c1 = (f3 - f1)/(x3 - x1); c2 = ((f2 - f1)/(x2 - x1) - c1)/(x2 - x3); xp = (x1 + x3 - c1/c2)/2$
6: 　$fxp = f(xp)$
7: 　**if** $xp > x2$ **then**
8: 　　**if** $f2 > fxp$ **then**
9: 　　　$x1 = x2; f1 = f2; x2 = xp; f2 = fxp$
10: 　　**else**
11: 　　　$x3 = xp; f3 = fxp$
12: 　　**end if**
13: 　**else**
14: 　　**if** $f2 > fxp$ **then**
15: 　　　$x3 = x2; f3 = f2; x2 = xp; f2 = fxp;$
16: 　　**else**
17: 　　　$x1 = xp; f1 = fxp;$
18: 　　**end if**
19: 　**end if**
20: 　$Lab = x3 - x1$
21: 　**if** $Lab <$ eps **then**
22: 　　break
23: 　**end if**
24: **end while**
25: $x\min = (x1 + x3)/2; f\min = f(x\min)$ ■

可以证明: 在一定条件下, 由三点二次插值法产生的序列 $\{x_k\}$ 的收敛速度约为 1.32.

8.4.2 不精确一维搜索

前面介绍的精确搜索方法是通过求解

$$\min_{\lambda \geqslant 0} \varphi(\alpha) = f\left(x^{(k)} + \alpha d^{(k)}\right)$$

来获得从 $x^{(k)}$ 出发沿 $d^{(k)}$ 方向的最优步长 λ_k, 并得到后继迭代点 $x^{(k+1)} = x^{(k)} + \lambda^{(k)} d^{(k)}$.

精确一维搜索往往需要计算很多的函数值和梯度值, 从而耗费较多的计算资源. 特别是当迭代点远离最优点时, 精确一维搜索通常不是十分有效和合理的. 而且, 很多最优化算法的收敛速度并不依赖于精确一维搜索过程. 因此, 既能保证目标函数具有可接受的下降量又能使最终形成的迭代序列收敛的不精确一维搜索变得越来越流行.

下面介绍两种常用的不精确一维搜索法: 阿弥舟-戈尔德施泰因 (Armijo-Goldstein) 法和沃尔夫-鲍威尔 (Wolfe-Powell) 法.

1. 阿弥舟-戈尔德施泰因不精确一维搜索

阿弥舟和戈尔德施泰因分别提出了不精确一维搜索过程. 设

$$J = \left\{\lambda > 0 \mid f\left(x^{(k)} + \lambda d^{(k)}\right) < f\left(x^{(k)}\right)\right\} = (0, a) \tag{8.4.6}$$

是一个区间. 为了保证目标函数单调下降, 同时要求 f 的下降不是太小 (如果 f 的下降太小, 可能导致序列 $\left\{f\left(x^{(k)}\right)\right\}$ 的极限值不是极小值), 必须避免所选择的 λ 太靠近区间 J 的端点. 一个合理的要求是

$$f\left(x^{(k)} + s^{(k)}\right) \leqslant f\left(x^{(k)}\right) + \rho [g^{(k)}]^{\mathrm{T}} s^{(k)}, \tag{8.4.7}$$

其中 $0 < \rho < \dfrac{1}{2}, s^{(k)} = \lambda_k d^{(k)}$. 满足 (8.4.7) 要求的 λ_k 构成区间 $J_1 = (0, c]$, 这排斥了 J 的右端点附近的点. 为了避免 λ 太小的情况, 加上另一个要求:

$$f\left(x^{(k)} + s^{(k)}\right) \geqslant f\left(x^{(k)}\right) + (1-\rho) [g^{(k)}]^{\mathrm{T}} s^{(k)}, \tag{8.4.8}$$

这个要求排斥了区间 J 的左端点附近的点. 满足 (8.4.7) 和 (8.4.8) 要求的 λ 构成了区间 $J_2 = [b, c]$. 我们把 (8.4.7) 和 (8.4.8) 称为**阿弥舟-戈尔德施泰因不精确一维搜索准则**, 简称**阿弥舟-戈尔德施泰因准则**. 一旦所得到的步长因子 λ 满足

(8.4.7) 和 (8.4.8), 我们就称它为**可接受步长因子**. 满足 (8.4.7) 和 (8.4.8) 要求的区间 $J_2=[b,c]$ 称为**可接受区间**.

若设 $\varphi(\lambda)=f\left(x^{(k)}+\lambda d^{(k)}\right)$, 则 (8.4.7) 和 (8.4.8) 可以分别写成

$$\varphi\left(\lambda_k\right)\leqslant\varphi(0)+\rho\lambda_k\varphi'(0), \tag{8.4.9}$$

$$\varphi\left(\lambda_k\right)\geqslant\varphi(0)+(1-\rho)\lambda_k\varphi'(0). \tag{8.4.10}$$

还应该指出, $\rho<\dfrac{1}{2}$ 的要求是必要的. 不采用 $\rho<\dfrac{1}{2}$ 的限制, 将影响这些方法的超线性收敛性.

下面, 我们给出阿弥舟-戈尔德施泰因不精确一维搜索算法的步骤.

算法 8.4.4 阿弥舟-戈尔德施泰因算法

Step 1: 选取初始数据. 在搜索区由区间 $[0,\infty)$ (或 $[0,\lambda_{\max}]$) 中取定初始点 λ_0, 计算 $\varphi(0)$ 和 $\varphi'(0)$, 给出可接受系数 $\rho\in\left(0,\dfrac{1}{2}\right)$, 增大试探点系数 $\alpha>1$. 令 $a_0=0, b_0=\lambda_{\max}$, $k=0$.

Step 2: 检查下降量要求. 计算 $\varphi\left(\lambda_k\right)$. 若 $\varphi\left(\lambda_k\right)\leqslant\varphi(0)+\rho\lambda_k\varphi'(0)$, 转 Step 3; 否则, 令 $a_{k+1}:=a_k, b_{k+1}=\lambda_k$, 转 Step 4 .

Step 3: 检查避免探索点过小要求. 若 $\varphi\left(\lambda_k\right)\geqslant\varphi(0)+(1-\rho)\lambda_k\varphi'(0)$, 停止迭代, 输出 λ_k; 否则, 令 $a_{k+1}=\lambda_k, b_{k+1}:=b_k$. 若 $b_{k+1}<+\infty$, 转 Step 4; 否则, 令 $\lambda_{k+1}=\alpha\lambda_k, k:=k+1$, 转 Step 2.

Step 4: 选取新的试探点. 取 $\lambda_{k+1}=\dfrac{a_{k+1}+b_{k+1}}{2}$ 令 $k:=k+1$, 转 Step 2. ■

2. 沃尔夫-鲍威尔不精确一维搜索

阿弥舟-戈尔德施泰因准则有可能把步长因子 λ 的极小值排除在可接受区间外面. 为此, 沃尔夫-鲍威尔准则给出了一个更简单的条件代替:

$$[g^{(k+1)}]^{\mathrm{T}}d^{(k)}\geqslant\sigma[g^{(k)}]^{\mathrm{T}}d^{(k)},\quad \sigma\in(\rho,1). \tag{8.4.11}$$

亦即

$$\begin{aligned}\varphi'\left(\lambda_k\right)&=\left[\nabla f\left(x^{(k)}+\lambda_k d^{(k)}\right)\right]^{\mathrm{T}}d^{(k)}\geqslant\sigma[\nabla f\left(x^{(k)}\right)]^{\mathrm{T}}d^{(k)}\\&=\sigma\varphi'(0)>\varphi'(0).\end{aligned} \tag{8.4.12}$$

其几何解释是在可接受点处切线的斜率 $\varphi'\left(\lambda_k\right)$ 大于或等于初始斜率的 σ 倍. 准则 (8.4.7) 和 (8.4.11) 称为**沃尔夫-鲍威尔不精确一维搜索准则**, 简称**沃尔夫-鲍威尔准则**, 其可接受区间为 $J_3=[e,c]$.

式 (8.4.11) 可直接由中值定理和 (8.4.8) 得到. 设 λ_k 满足 (8.4.8), 则有

$$\begin{aligned}\lambda_k\left[\nabla f\left(x^{(k)}+\theta_k\lambda_k d^{(k)}\right)\right]^{\mathrm{T}} d^{(k)} &= f\left(x^{(k)}+\lambda_k d^{(k)}\right)-f\left(x^{(k)}\right)\\ &\geqslant (1-\rho)\lambda_k\nabla f\left(x^{(k)}\right)^{\mathrm{T}} d^{(k)}.\end{aligned}$$

由上式可得到 (8.4.11).

下面, 我们给出沃尔夫-鲍威尔不精确一维搜索方法的步骤.

算法 8.4.5 沃尔夫-鲍威尔算法

Step 1: 选取初始数据. 在搜索区间 $[0,\lambda_{\max}]$ 中取定初始点 λ_0, 计算 $\varphi(0)$ 和 $\varphi'(0)$, 给出可接受系数 $\rho\in\left(0,\dfrac{1}{2}\right)$, 增大试探点系数 $\alpha>1$, 令 $a_0=0,b_0=\lambda_{\max},k=0$.

Step 2: 检查下降量要求. 计算 $\varphi(\lambda_k)$, 若 $\varphi(\lambda_k)\leqslant\varphi(0)+\rho\lambda_k\varphi'(0)$, 转 Step 3; 否则, 令 $a_{k+1}:=a_k,b_{k+1}=\lambda_k$, 转 Step 4.

Step 3: 检查避免探索点过小要求. 若 $\varphi'(\lambda_k)\geqslant\sigma\varphi'(0)$, 停止迭代, 输出 λ_k; 否则, 令 $a_{k+1}=\lambda_k,b_{k+1}:=b_k$. 若 $b_{k+1}<+\infty$, 转 Step 4; 否则, 令 $\lambda_{k+1}=\alpha\lambda_k,k:=k+1$, 转 Step 2 .

Step 4: 选取新的试探点. 取 $\lambda_{k+1}=\dfrac{a_{k+1}+b_{k+1}}{2}$ 令 $k:=k+1$, 转 Step 2.■

习 题 8

习题 8.1 分别利用二分法、牛顿迭代法、黄金分割法在区间 $[0,3]$ 上求解如下问题:

(1) $\min f(x)=x^3-6x^2-3x+7$;

(2) $\min f(x)=x^3-2x^2+x-5$.

习题 8.2 设 $D=\{(x,y):x^2+(y-1)^2\leqslant 1,x+2y\geqslant 1\}$. 分别给出下列点的可行方向 d 应满足的条件:

$$A=(-1,1);\quad B\left(\frac{2}{5},\frac{1}{5}\right);\quad C(0,2);\quad D(0.3,1);\quad E(0,2).$$

习题 8.3 判别 $x^{(1)}=(0,0)^{\mathrm{T}},x^{(2)}=(1,1)^{\mathrm{T}}$ 是否为非线性规划问题

$$\begin{aligned}\min\quad & f(x)=(x_1-2)^2+x_2^2\\ \text{s.t.}\quad & \begin{cases}x_1-x_2^2\geqslant 0,\\ -x_1+x_2\geqslant 0\end{cases}\end{aligned}$$

的 K-T 点.

习题 8.4　求非线性规划问题

$$\begin{aligned} \min \quad & f(x) = x_1 - x_2^2 \\ \text{s.t.} \quad & x_1 \geqslant 1 \end{aligned}$$

的 K-T 点, 并判别该点是否是极小值点.

习题 8.5　(1) 若 $f(x)=(x_1,x_2)\begin{pmatrix} 2 & 1 \\ 1 & 2 \end{pmatrix}\begin{pmatrix} x_1 \\ x_2 \end{pmatrix}+(1,3)\begin{pmatrix} x_1 \\ x_2 \end{pmatrix}$, 则 $\nabla f(x)$ $=$ (______), $\nabla^2 f(x)=$(______).

(2) 设 f 连续可微且 $\nabla f(x) \neq \mathbf{0}$. 若向量 d 满足 (______), 则它是 f 在 x 处的一个下降方向.

(3) 约束优化问题:

$$\begin{aligned} \min \quad & f(x) = x_1 \\ \text{s.t.} \quad & \begin{cases} h(x) = x_2 - x_1^2 + 1 = 0, \\ g(x) = x_1 - x_2 \geqslant 0 \end{cases} \end{aligned}$$

的 K-T 条件为 (______).

习题 8.6　求下列函数的梯度及黑塞矩阵.

(1) $f(x) = 2x_1^2 + x_1x_2 + 9x_1x_3 + 3x_2^2 + x_2x_3 + 2x_2$.

(2) $f(x) = \ln(x_1^2 + x_1x_2 + x_2^2)$.

(3) $f(x) = 3x_1x_2^2 + 4\mathrm{e}^{x_1x_2}$.

习题 8.7　设函数 $f: \mathbb{R}^4 \to \mathbb{R}$ 定义为

$$f(x) = (x_1 + 10x_2)^2 + 5(x_3 - 10x_4)^2 + (x_2 - 2x_3)^4 + 10(x_1 - x_4)^4.$$

证明: $x^* = (0,0,0,0)^{\mathrm{T}}$ 是 f 的驻点 (稳定点), 并且 x^* 是 f 在 $\mathbb{R}^4$ 上的严格全局极小点.

习题 8.8　考虑函数 $f(x) = 100(x_2 - x_1^2)^2 + (1 - x_1)^2$:

(1) 求出 $f(x)$ 的一阶梯度 $\nabla f(x)$ 和黑塞矩阵 $\nabla^2 f(x)$;

(2) 用二阶导数 (黑塞矩阵) $\nabla^2 f(x)$ 的相关定理验证 $x^* = (1,1)^{\mathrm{T}}$ 为 $f(x)$ 的一个极小点.

习题 8.9　考虑无约束非线性规划问题

$$\min f(x_1, x_2, x_3) = x_1^2 + 4x_2^2 + x_3^2 - 2x_1.$$

先求它的稳定点, 再求它的最优解.

习题 8.10 设 $x_1 < x_2, f'(x_1) < 0, f'(x_2) > 0$.

(1) 证明: 满足条件 $\varphi(x_1) = f(x_1), \varphi'(x_1) = f'(x_1), \varphi'(x_2) = f'(x_2)$ 的二次函数 $\varphi(x)$ 是 (严格) 凸函数.

(2) 证明: 由二次插值所得 $f(x)$ 的近似极小值点 (即 $\varphi(x)$ 的驻点) 是

$$\bar{x} = x_2 - \frac{(x_2 - x_1) f'(x_2)}{f'(x_2) - f'(x_1)},$$

或者

$$\bar{x} = x_1 - \frac{(x_2 - x_1) f'(x_1)}{f'(x_2) - f'(x_1)}.$$

习题 8.11 求非线性规划

$$\begin{aligned} \min \quad & f(x) = (x-1)^2 \\ \text{s.t.} \quad & 0 \leqslant x \leqslant 5 \end{aligned}$$

的 K-T 点.

习题 8.12 求非线性规划

$$\begin{aligned} \min \quad & f(x) = \left(x_1 - \frac{9}{4}\right)^2 + (x_2 - 2)^2 \\ \text{s.t.} \quad & \begin{cases} -x_1^2 + x_2 \geqslant 0, \\ x_1 + x_2 \leqslant 6, \\ x_1 \geqslant 0, \quad x_2 \geqslant 0. \end{cases} \end{aligned}$$

(1) 写出 K-T 条件, 并验证点 $x^* = \left(\frac{3}{2}, \frac{9}{4}\right)^{\mathrm{T}}$ 满足这些条件.

(2) 说明 x^* 是该问题的最优解.

习题 8.13 设 $f(x) = \frac{1}{2}x^{\mathrm{T}}Qx + b^{\mathrm{T}}x + c$ 是正定二次函数, 设从点 $x^{(k)}$ 处沿搜索 $d^{(k)}$ 方向作精确线性搜索得后继迭代点 $x^{(k+1)}$, 证明下述迭代公式:

$$x^{(k+1)} = x^{(k)} - \frac{[d^k]^{\mathrm{T}} \nabla f\left(x^{(k)}\right)}{[d^{(k)}]^{\mathrm{T}} Q d^{(k)}} d^{(k)}.$$

习题 8.14 设 $\varphi: \mathbb{R} \to \mathbb{R}$ 可微, $[a_k, b_k]$ 是极小化问题 $\min \varphi(x)$ 的搜索区间, 构造二次插值多项式

$$\psi(x) = ax^2 + \beta x + \gamma$$

满足条件

$$\varphi(a_k) = \psi(a_k), \quad \varphi(b_k) = \psi(b_k), \quad \varphi'(a_k) = \psi'(a_k).$$

(1) 导出 x_{k+1} 的计算公式.

(2) 利用 (1) 所得 x_{k+1} 的计算公式, 类似算法 8.4.3, 给出相应的线搜索方法, 称它为**二点二次插值法**.

习题 8.15　利用不精确搜索的算法步骤编写计算框图和计算程序.

第 9 章　无约束优化问题的求解算法

CHAPTER

无约束优化方法在优化技术中极为重要, 它不仅可以直接用来求解无约束优化问题, 很多约束优化问题也常可转化为无约束优化问题, 然后用无约束优化方法来求解. 同时, 有些无约束优化方法只需略加处理, 就可用于求解约束优化问题. 一般来说, 无约束最优化问题的求解是通过一系列一维搜索来实现的. 因此, 如何选择搜索方向是无约束最优化方法的核心, 且不同的搜索方向形成不同的最优化方法.

无约束优化理论发展较早, 比较成熟, 方法也很多, 新的方法还在陆续出现. 把这些方法归纳起来可以分成两大类: 一类是仅用计算函数值所得到的信息来确定搜索方向, 通常称它为直接搜索法, 简称为直接法; 另一类需要计算函数的一阶或二阶导数值所得到的信息来确定搜索方向, 这一类方法称为解析法. 直接法不涉及导数和黑塞矩阵, 适应性强, 但收敛速度一般较慢; 解析法收敛速度一般较快, 但需计算梯度, 甚至需要计算黑塞矩阵. 一般的经验是, 在可能求得目标函数导数的情况下还是尽可能使用解析方法; 相反, 在不可能求得目标函数的导数或根本不存在导数的情况下, 当然就应该使用直接法.

9.1　最速下降法与牛顿迭代法

9.1.1　最速下降法

经典最速下降法是由柯西于 1847 年提出的, 福赛斯 (Forsythe) 和莫茨金 (Motzkin) 在 1951 年对它做了初步的分析.

对于问题 $\min f(x)$, 假设已迭代了 k 次, 第 k 次迭代点为 $x^{(k)}$, 且 $\nabla f\left(x^{(k)}\right) \neq \mathbf{0}$, 取搜索方向

$$d^{(k)}=-\nabla f\left(x^{(k)}\right).$$

为使目标函数值在点 $x^{(k)}$ 处获得最快的下降, 可沿 $d^{(k)}$ 进行精确一维搜索. 即取步长 λ_k 为最优步长, 它满足

$$f\left(x^{(k)}+\lambda_k d^{(k)}\right)=\min_{\lambda \geqslant 0} f\left(x^{(k)}+\lambda d^{(k)}\right),$$

进而得到第 $k+1$ 次迭代点

$$d^{(k+1)}=x^{(k)}+\lambda_k d^{(k)}.$$

于是, 得到点列 $x^{(0)},x^{(1)},x^{(2)},\cdots$, 其中 $x^{(0)}$ 为初始点. 如果 $\nabla f\left(x^{(k)}\right)=\mathbf{0}$, 则 $x^{(k)}$ 是 f 的平稳点, 这时可终止迭代. 由于这种方法的每一次迭代都是沿着最速下降方向进行搜索, 因此称它为**最速下降法**.

如果将最速下降法应用于正定二次函数的无约束最优化问题

$$\min f(x)=\frac{1}{2}x^{\mathrm{T}}Qx+b^{\mathrm{T}}x+c, \tag{9.1.1}$$

其中 $x\in\mathbb{R}^n, Q\in\mathbb{R}^{n\times n}$ 为正定矩阵, $b\in\mathbb{R}^n, c\in\mathbb{R}$, 则可以推出显式迭代公式. 设第 k 次迭代点为 $x^{(k)}$, 从点 $x^{(k)}$ 出发沿 $-\nabla f\left(x^{(k)}\right)$ 作一维搜索, 得

$$d^{(k+1)}=x^{(k)}-\lambda_k\nabla f\left(x^{(k)}\right),$$

其中 λ_k 为最优步长. 因为对于问题 (9.1.1) 中的正定二次函数 $f(x)$, 有

$$\nabla f(x)=Qx+b,\quad \forall x\in\mathbb{R}^n,$$

所以

$$\nabla f\left(d^{(k+1)}\right)=\nabla f\left(x^{(k)}\right)-\lambda_k Q\nabla f\left(x^{(k)}\right),$$

从而

$$\left(\nabla f\left(x^{(k)}\right)-\lambda_k Q\nabla f\left(x^{(k)}\right)\right)^{\mathrm{T}}\nabla f\left(x^{(k)}\right)=0.$$

由于 Q 正定, 因此 $\nabla f\left(x^{(k)}\right)^{\mathrm{T}}Q\nabla f\left(x^{(k)}\right)>0$. 由上式解出

$$\lambda_k=\frac{\nabla f\left(x^{(k)}\right)^{\mathrm{T}}\nabla f\left(x^{(k)}\right)}{\nabla f\left(x^{(k)}\right)^{\mathrm{T}}Q\nabla f\left(x^{(k)}\right)}. \tag{9.1.2}$$

于是

$$d^{(k+1)}=x^{(k)}-\frac{\nabla f\left(x^{(k)}\right)^{\mathrm{T}}\nabla f\left(x^{(k)}\right)}{\nabla f\left(x^{(k)}\right)^{\mathrm{T}}Q\nabla f\left(x^{(k)}\right)}\nabla f\left(x^{(k)}\right). \tag{9.1.3}$$

这是最速下降法用于求解问题 (9.1.1) 的迭代公式.

例题 9.1.1　用最速下降法求无约束优化问题

$$\min f(x)=3x_1^2+x_2^2+x_1x_2-4x_1+3x_2 \tag{9.1.4}$$

的解, 其中 $x=(x_1,x_2)^{\mathrm{T}}$. 取初始点 $x^{(0)}=(1,1)^{\mathrm{T}}$, 允许误差 $\varepsilon=0.001$.

解 问题 (9.1.4) 中的 f 是正定二次函数, 且

$$Q=\begin{pmatrix}6 & 1\\ 1 & 2\end{pmatrix},\quad b=\begin{pmatrix}-4\\ 3\end{pmatrix},\quad c=0.$$

f 在点 $x=(x_1,x_2)^{\mathrm{T}}$ 处的梯度 $\nabla f(x)=(6x_1+x_2-4,x_1+2x_2+3)^{\mathrm{T}}$.

第一次迭代:

令搜索方向 $d^{(0)}=-\nabla f\left(x^0\right)=(-3,-6)^{\mathrm{T}}$,

$$\left\|d^{(0)}\right\|=\sqrt{9+36}=3\sqrt{5}>\varepsilon,$$

从点 $x^{(0)}$ 出发沿 $d^{(0)}$ 作一维搜索, 由 (9.1.2) 式, 可得最优步长为

$$\lambda_0=\frac{45}{162}=0.27778,$$

再由 (9.1.3) 式, 可得

$x^{(1)}=(1,1)^{\mathrm{T}}+0.27778(-3,-6)^{\mathrm{T}}=(0.16667,-0.66667)^{\mathrm{T}}$.

第二次迭代:

令 $d^{(1)}=-\nabla f\left(x^{(1)}\right)=(3.66667,-1.833337)^{\mathrm{T}}$, $\left\|d^{(1)}\right\|=4.09946>\varepsilon$, 从点 $x^{(1)}$ 出发沿 $d^{(1)}$ 作一维搜索, 由 (9.1.2) 式可得最优步长为

$$\lambda_1=\frac{16.80556}{73.94444}=0.22727,$$

再由 (9.1.3) 式, 可得

$$\begin{aligned}x^{(2)}&=(0.16667,-0.66667)^{\mathrm{T}}+0.22727(3.66667,-1.33337)^{\mathrm{T}}\\&=(1.00000,-1.08333)^{\mathrm{T}}.\end{aligned}$$

表 9.1 是迭代过程的数据表, 经过 16 次迭代后, 点 $x^{(16)}=(0.99994,-1.99999)^{\mathrm{T}}$ 的梯度的范数小于 0.001, 满足精度要求, 停止迭代, 问题的最优解

$$x^*=x^{(16)}=(0.999937,-1.999899)^{\mathrm{T}},$$

最优目标函数值是 -5. ■

最速下降法就是以函数的负梯度方向为搜索方向的极小化算法, 又称为梯度法, 它是无约束优化中最简单的方法. 最速下降法的优点是算法简单, 每次迭代计算量小, 占用内存量小, 即使从一个不好的初始点出发, 往往也能收敛到局部极小点, 但它有个严重缺点就是收敛速度慢, 仅具有线性收敛速度.

表 9.1 用最速下降法求最优化问题 (9.1.4) 的求解过程的数据表

n	$d_1^{(n)}$	$d_2^{(n)}$	$\|\|d^{(n)}\|\|$	λ_n	$x_1^{(n+1)}$	$x_2^{(n+1)}$	$f(x^{(n+1)})$
0	3.00000	6.00000	6.70820	0.27778	0.16667	−0.66667	4.00000
1	−3.66667	1.83333	4.09946	0.22727	1.00000	−1.08333	−2.25000
2	0.91667	1.83333	2.04973	0.27778	0.74537	−1.59259	−4.15972
3	−1.12037	0.56019	1.25261	0.22727	1.00000	−1.71991	−4.74325
⋮	⋮	⋮	⋮	⋮	⋮	⋮	⋮
14	0.00075	0.00149	0.00167	0.27778	0.99979	−1.99967	−5.00000
15	−0.00091	0.00046	0.00102	0.22727	1.00000	−1.99977	−5.00000
16	0.00023	0.00046	0.00051	0.27778	0.99994	−1.99990	−5.00000

最速下降方向 $-\nabla f(x^{(k)})$ 仅仅反映了 f 在点 $x^{(k)}$ 处的局部性质. 从局部看, 最速下降方向的确是目标函数值下降最快的方向, 选择这样的方向进行搜索是有利的. 但对整个求解过程并不一定使目标值下降得最快. 事实上, 在最速下降法中相继两次迭代的搜索方向是正交的, 即

$$[\nabla f\left(x^{(k+1)}\right)]^{\mathrm{T}}\nabla f\left(x^{(k)}\right)=0.$$

由此可见, 最速下降法逼近极小点 $\bar{x}$ 的路线是锯齿形的, 当迭代点越靠近 $\bar{x}$, 其搜索步长就越小. 另外, 当迭代点距最优解较远时, 单纯考虑某一步迭代的函数下降量意义不大, 还常常影响到收敛的速度, 因而采用在对步长和函数下降量有一定要求的前提下的不精确一维搜索, 可能收到更好的效果. 因此, 最速下降法一般适用于计算过程的前期迭代.

9.1.2 牛顿迭代法

牛顿迭代法是函数逼近法中的一种, 它的基本思想是: 在迭代点附近利用二阶泰勒多项式近似目标函数 $f(x)$, 进而求出极小点的估计值. 牛顿迭代法可以看成是椭球范数 $\|\cdot\|_{G_k}$ 下的最速下降法.

假定问题 $\min f(x)$ 中的目标函数 f 具有二阶连续偏导数, $x^{(k)}$ 是 f 的极小点的第 k 次近似, 将 f 在点 $x^{(k)}$ 处作泰勒展开, 并取二阶近似, 得

$$\begin{aligned}f(x)\approx\varphi(x)=&f\left(x^{(k)}\right)+\left[\nabla f\left(x^{(k)}\right)\right]^{\mathrm{T}}\left(x-x^{(k)}\right)\\&+\frac{1}{2}\left(x-x^{(k)}\right)^{\mathrm{T}}\nabla^2 f\left(x^{(k)}\right)\left(x-x^{(k)}\right).\end{aligned}$$

由假设条件知, $\nabla^2 f\left(x^{(k)}\right)$ 是对称矩阵, 因此 $\varphi(x)$ 是二次函数. 为求 $\varphi(x)$ 的极小点, 可令 $\nabla\varphi(x)=\mathbf{0}$, 即

$$\nabla f(x^{(k)})+\nabla^2 f\left(x^{(k)}\right)\left(x-x^{(k)}\right)=\mathbf{0}.$$

若 f 在点 $x^{(k)}$ 处的黑塞矩阵 $\nabla^2 f\left(x^{(k)}\right)$ 正定, 则上式解出的 $\varphi(x)$ 的平稳点就是 $\varphi(x)$ 的极小点, 以它作为 f 的极小点的第 $k+1$ 次近似, 记为 $d^{(k+1)}$, 即

$$d^{(k+1)} = x^{(k)} - \left[\nabla^2 f\left(x^{(k)}\right)\right]^{-1} \nabla f\left(x^{(k)}\right). \tag{9.1.5}$$

这就是牛顿迭代法的迭代公式, 其中

$$d^{(k)} = -\left[\nabla^2 f\left(x^{(k)}\right)\right]^{-1} \nabla f\left(x^{(k)}\right)$$

称为**牛顿方向**. 它是第 $k+1$ 次迭代的搜索方向, 且步长为 1.

由于 $\nabla^2 f\left(x^{(k)}\right)$ 正定, 因此 $\left[\nabla^2 f\left(x^{(k)}\right)\right]^{-1}$ 正定, 从而

$$\left[\nabla f\left(x^{(k)}\right)\right]^{\mathrm{T}} d^{(k)} = -\left[\nabla f\left(x^{(k)}\right)\right]^{\mathrm{T}} \left[\nabla^2 f\left(x^{(k)}\right)\right]^{-1} \nabla f\left(x^{(k)}\right) < 0,$$

故 $d^{(k)}$ 为 f 在点 $x^{(k)}$ 处的下降方向.

例题 9.1.2 用牛顿迭代法求无约束优化问题

$$\min f(x) = 3x_1^2 + x_2^2 + x_1 x_2 - 4x_1 + 3x_2 \tag{9.1.6}$$

的解, 其中 $x = (x_1, x_2)^{\mathrm{T}}$. 取初始点 $x^{(0)} = (1,1)^{\mathrm{T}}$, 允许误差 $\varepsilon = 0.001$.

解 问题 (9.1.6) 中的 $f(x)$ 是正定二次函数, 且

$$Q = \begin{pmatrix} 6 & 1 \\ 1 & 2 \end{pmatrix}, \quad b = \begin{pmatrix} -4 \\ 3 \end{pmatrix}, \quad c = 0.$$

f 在点 $x = (x_1, x_2)^{\mathrm{T}}$ 处的梯度 $\nabla f(x) = (6x_1 + x_2 - 4, x_1 + 2x_2 + 3)^{\mathrm{T}}$.

第一次迭代: 在 $x^{(0)} = (1,1)^{\mathrm{T}}$ 点, 梯度 $\nabla f\left(x^{(0)}\right) = (3,6)^{\mathrm{T}}$, 令搜索方向

$$d^{(0)} = -Q\nabla f\left(x^{(0)}\right) = -\begin{pmatrix} 6 & 1 \\ 1 & 2 \end{pmatrix}(3,6)^{\mathrm{T}} = -(0,3)^{\mathrm{T}},$$

$$x^{(1)} = (1,1)^{\mathrm{T}} - (0,3)^{\mathrm{T}} = (1,-2)^{\mathrm{T}}.$$

由于 $\nabla f\left(x^{(1)}\right) = (0,0)^{\mathrm{T}}$, 因此 $x^{(1)} = (1,-2)^{\mathrm{T}}$ 就是问题的最优解, 最优目标函数值是 -5. ■

可以证明, 牛顿迭代法对于正定二次函数, 迭代一次就可以得到极小点. 如果目标函数 $f(x)$ 不是二次函数, 则牛顿迭代法一般不能一步达到极值点. 但由于这种函数在极值点附近和二次函数近似程度高, 因此牛顿迭代法的收敛速度还是很快的. 可以证明, 在适当的假设条件下, 如果初始点距极值点不远, 牛顿迭代法是

二阶收敛的. 另一方面, 如果初始点距极值点较远, 由于用二次函数近似 $f(x)$ 时, 总有误差, 因此 $x^{(k+1)}$ 与 $f(x)$ 的极值点也会有偏差. 而且 $x^{(k+1)}$ 不一定是牛顿方向上的最优点, 这就可能出现后继点的函数值大于前一点的函数值的现象. 因此, 牛顿迭代法可能收敛于极大点或鞍点 (非极值点), 也可能不收敛. 如下例.

例题 9.1.3 用牛顿迭代法求无约束优化问题

$$\min f(x) = (1-x_1)^2 + 2(x_2 - x_1^2)^2 \tag{9.1.7}$$

的解, 其中 $x = (x_1, x_2)^{\mathrm{T}}$. 取初始点 $x^{(0)} = (0,0)^{\mathrm{T}}$, 允许误差 $\varepsilon = 0.001$.

解

$$\nabla f(x) = \begin{pmatrix} -2(1-x_1) - 8(x_2 - x_1^2)x_1 \\ 4(x_2 - x_1^2) \end{pmatrix},$$

$$\nabla^2 f(x) = \begin{pmatrix} 16x_1^2 - 8(x_2 - x_1^2) + 2 & -8x_1 \\ -8x_1 & 4 \end{pmatrix},$$

故

$$\nabla f\left(x^{(0)}\right) = (-2,0)^{\mathrm{T}}, \quad \left\|\nabla f\left(x^{(0)}\right)\right\| = 2 > \varepsilon,$$

$$\nabla^2 f\left(x^{(0)}\right) = \begin{pmatrix} 2 & 0 \\ 0 & 4 \end{pmatrix}, \quad \left(\nabla^2 f\left(x^{(0)}\right)\right)^{-1} = \begin{pmatrix} 1/2 & 0 \\ 0 & 1/4 \end{pmatrix}.$$

于是, 牛顿方向

$$d^{(0)} = -\left[\nabla^2 f\left(x^{(0)}\right)\right]^{-1} \nabla f\left(x^{(0)}\right) = (1,0)^{\mathrm{T}},$$

$$x^{(1)} = x^{(0)} + d^{(0)} = (1,0)^{\mathrm{T}}.$$

但 $f\left(x^{(0)}\right) = 1, f\left(x^{(1)}\right) = 2 > f\left(x^{(0)}\right)$, 迭代后未使目标函数值下降, 反而使目标函数值上升. ■

为了克服牛顿迭代法的上述缺陷, 人们把牛顿迭代法作了如下修正: 由 $x^{(k)}$ 求 $x^{(k+1)}$ 时, 不直接用迭代公式 (9.1.5), 而是解

$$\lambda_k : f\left(x^{(k)} + \lambda_k d^{(k)}\right) = \min_{\lambda \geqslant 0} f\left(x^{(k)} + \lambda d^{(k)}\right) \tag{9.1.8}$$

得到 λ_k, 新迭代点为 $x^{(k+1)} = x^{(k)} + \lambda_k d^{(k)}$. 这样就是所谓的阻尼牛顿法.

例题 9.1.4 用阻尼牛顿法求无约束优化问题

$$\min f(x) = (1-x_1)^2 + 2(x_2 - x_1^2)^2 \tag{9.1.9}$$

的解, 其中 $x = (x_1, x_2)^{\mathrm{T}}$. 取初始点 $x^{(0)} = (0,0)^{\mathrm{T}}$, 允许误差 $\varepsilon = 0.001$.

解 第一次迭代: 由例题 9.1.3 知, 牛顿方向 $d^{(1)}=(1,0)^{\mathrm{T}}$, 从 $x^{(0)}$ 出发沿 $d^{(1)}$ 作一维搜索, 即求

$$\min_{\lambda\geqslant 0} f\left(x^{(0)}+\lambda d^{(1)}\right)=\min_{\lambda\geqslant 0}(1-\lambda)^2+2\lambda^4$$

的最优解, 解得 $\lambda_1=1/2$. 令

$$x^{(1)}=x^{(0)}+\lambda_1 d^{(1)}=(1/2,0)^{\mathrm{T}},$$
$$\nabla f\left(x^{(1)}\right)=(0,-1)^{\mathrm{T}},\quad \left\|\nabla f\left(x^{(1)}\right)\right\|=1>\varepsilon.$$

第二次迭代:

$$\nabla^2 f\left(x^{(1)}\right)=\begin{pmatrix} 8 & -4\\ -4 & 4\end{pmatrix},\quad \left[\nabla^2 f\left(x^{(1)}\right)\right]^{-1}=\frac{1}{4}\begin{pmatrix} 1 & 1\\ 1 & 2\end{pmatrix},$$
$$d^{(2)}=-\left[\nabla^2 f\left(x^{(1)}\right)\right]^{-1}\nabla f\left(x^{(1)}\right)=(1/4,1/2)^{\mathrm{T}}.$$

从 $x^{(1)}$ 出发, 沿 $d^{(2)}$ 作一维搜索, 即求

$$\min_{\lambda\geqslant 0} f\left(x^{(1)}+\lambda d^{(2)}\right)=\min_{\lambda\geqslant 0}\frac{1}{128}\left[8(2-\lambda)^2+(2-\lambda)^4\right]$$

的最优解, 解得 $\lambda_2=2$. 令

$$x^{(2)}=x^{(1)}+\lambda_2 d^{(2)}=(1,1)^{\mathrm{T}}.$$

此时

$$\nabla f\left(x_2\right)=(0,0)^{\mathrm{T}},\quad \left\|\nabla f\left(x_2\right)\right\|=0<\varepsilon.$$

得问题 (9.1.9) 的最优解为 $x^{(2)}=(1,1)^{\mathrm{T}}$, 这是唯一的最优解. ■

由于阻尼牛顿法含有一维搜索, 因此, 每次迭代目标函数值一般都有所下降. 可以证明, 阻尼牛顿法在适当条件下具有全局收敛性, 且二阶收敛.

牛顿迭代法和阻尼牛顿法有共同的缺点: 一是可能出现黑塞矩阵为奇异矩阵的情形, 因而不能确定后继点; 二是即使黑塞矩阵非奇异, 也未必正定, 因而牛顿方向不一定是下降方向, 这就可能导致算法的失效.

为克服解决 $\nabla^2 f\left(x^{(k)}\right)$ 不正定这一问题, 人们提出了许多修正措施. 最早的修正牛顿步长的方法是戈尔德施泰因和普里斯 (Price) 在 1967 年提出的, 即当 $\nabla^2 f\left(x^{(k)}\right)$ 不正定时, 采用最速下降方向 $-g_k$ 代替牛顿方向. 1972 年, 默里 (Murray) 提出了一种对一般对称矩阵进行强制性 LL^{T} 分解的修正方法, 其实质是对 $\nabla^2 f\left(x^{(k)}\right)+D^{(k)}$ 进行 LL^{T} 分解, 其中 D_k 是对角阵. 此外, 修正牛顿步长的方法还有负曲率下降方向法、有限差分牛顿法等. 在牛顿迭代法中, 黑塞矩阵的存储量、计算量都很大, 迭代过程中每一步都必须求解线性方程组, 计算量也相当大.

9.2　共轭梯度法

考虑无约束优化问题

$$\min f(x), \quad x \in \mathbb{R}^n, \tag{9.2.1}$$

其中 $f:\mathbb{R}^n \to \mathbb{R}$ 是光滑函数, f 在 $x^{(k)}$ 点的梯度 $\nabla f\left(x^{(k)}\right)$. 记 $g^{(k)} = \nabla f\left(x^{(k)}\right)$. 共轭梯度法解 (9.2.1) 的迭代公式为

$$x^{(k+1)} = x^{(k)} + \lambda_k d^{(k)} \tag{9.2.2}$$

其中 λ_k 为步长; 搜索方向

$$d^{(k)} = \begin{cases} -g^{(k)}, & k=0, \\ -g^{(k)} + \beta_k d^{(k-1)}, & k \geqslant 1. \end{cases} \tag{9.2.3}$$

在 6.2 节中, 我们将求解线性方程组 $Ax=b$ 的问题转化为目标函数是正定二次函数的无约束最优化问题, 并介绍由弗莱彻 (Fletcher) 和里夫斯 (Reeves) 首先提出的共轭梯度法. 许多年后, 这个原始的公式被修正, 有了许多不同的形式, 并且被广泛地应用. 最著名的共轭梯度法有：弗莱彻-里夫斯 (FR) 共轭梯度法、波拉克-里贝里-波里雅克 (Polak-Ribiere-Polyak, PRP) 共轭梯度法、戴彧虹-袁亚湘 (DY) 共轭梯度法等, 其中确定 β_k 的公式分别如下:

$$\beta_k^{\mathrm{FR}} = \frac{\|g^{(k+1)}\|^2}{\|g^{(k)}\|^2}, \tag{9.2.4}$$

$$\beta_k^{\mathrm{PRP}} = \frac{(g^{(k+1)} - g^{(k)})^{\mathrm{T}} g^{(k+1)}}{(g^{(k)})^{\mathrm{T}} g^{(k)}}, \tag{9.2.5}$$

$$\beta_k^{\mathrm{DY}} = \frac{(d^{(k+1)})^{\mathrm{T}} d^{(k+1)}}{(d^{(k)})^T (d^{(k+1)} - d^{(k)})}. \tag{9.2.6}$$

对于正定二次函数, 若采用精确一维搜索, 以上几种共轭梯度法等价. 但是, 对于目标函数是非二次函数的无约束最优化问题 $\min f(x)$, 它们所产生的搜索方向是不同的.

利用 β_k 的不同计算公式, 就得到不同的共轭梯度法. 下面是使用公式 (9.2.4) FR 共轭梯度法的算法步骤, 其他共轭梯度法的计算步骤只需将 Step 3 中的 β_k 的计算公式改为相应算法的计算公式即可.

算法 9.2.1 FR 共轭梯度法

Step 1: 选取初始点 $x^{(0)} \in \mathbb{R}^n$, 迭代精度 $\varepsilon > 0$. 计算 $g^{(0)} = \nabla f\left(x^{(0)}\right)$. 令 $k := 0$.

Step 2: 计算 $g^{(k)} = \nabla f\left(x^{(k)}\right)$. 若 $\left\|g^{(k)}\right\| \leqslant \varepsilon$, 停算, 输出 $x^{(k)}$ 作为近似极小点.

Step 3: 用 $\beta_k = \dfrac{\|g^{(k+1)}\|^2}{\|g^{(k)}\|^2}$ 计算 β_k, 利用公式 (9.2.3) 确定搜索方向 $d^{(k)}$.

Step 4: 采用一维搜索求步长 λ_k.

Step 5: 令 $x^{(k+1)} := x^{(k)} + \lambda_k d^{(k)}$.

Step 6: 令 $k := k+1$, 转 Step 2. ■

例题 9.2.1 用 FR 共轭梯度法求解例题 9.1.3 中的优化问题, 即求

$$\min f(x) = (1-x_1)^2 + 2(x_2 - x_1^2)^2 \tag{9.2.7}$$

的解, 其中 $x = (x_1, x_2)^{\mathrm{T}}$. 取初始点 $x^{(0)} = (0,0)^{\mathrm{T}}$, 允许误差 $\varepsilon = 0.01$.

解 因为

$$\nabla f(x) = \left(-2\left(1-x_1\right) - 8\left(x_2 - x_1^2\right)x_1, 4\left(x_2 - x_1^2\right)\right)^{\mathrm{T}},$$

所以

$$\nabla f\left(x^{(0)}\right) = (-2,0)^{\mathrm{T}}, \quad \left\|\nabla f\left(x^{(0)}\right)\right\| = 2 > \varepsilon.$$

令 $d^{(0)} = -\nabla f\left(x^{(0)}\right) = (2,0)^{\mathrm{T}}$, 从点 $x^{(0)}$ 出发, 沿 $d^{(0)}$ 进行一维搜索, 得

$$\lambda_0 = 1/4, \quad x^{(1)} = x^{(0)} + \lambda_0 d^{(0)} = (1/2, 0)^{\mathrm{T}}.$$

从而

$$\nabla f\left(x^{(1)}\right) = (0,-1)^{\mathrm{T}}, \quad \left\|\nabla f\left(x^{(1)}\right)\right\| = 1 > \varepsilon.$$

由 FR 公式有

$$\beta_1 = \frac{\left\|\nabla f\left(x^{(1)}\right)\right\|^2}{\left\|\nabla f\left(x^{(0)}\right)\right\|^2} = \frac{1}{4},$$

因此, 新的搜索方向为

$$d^{(1)} = -\nabla f\left(x^{(1)}\right) + \beta_1 d^{(0)} = (1/2, 1)^{\mathrm{T}}.$$

从点 $x^{(1)}$ 出发沿 $d^{(1)}$ 进行一维搜索, 得

$$\lambda_1 = 1, \quad x^{(2)} = x^{(1)} + \lambda_1 d^{(1)} = (1,1)^{\mathrm{T}}.$$

此时

$$\nabla f\left(x^{(2)}\right)=(0,0)^{\mathrm{T}}, \quad \left\|\nabla f\left(x^{(2)}\right)\right\|=0<\varepsilon.$$

得问题 (9.2.7) 的最优解为 $x_2=(1,1)^{\mathrm{T}}$. ■

共轭梯度法具有二次终止性, 即对于二次函数, 采用精确一维搜索的共轭梯度法在 n 次迭代后终止. 解目标函数为非二次函数的无约束最优化问题 $\min f(x)$ 时, 在 n 步之后构造的搜索方向不再是共轭的, 从而降低了收敛速度. 处理的办法是重设初始点, 即把经过 $m(m<n)$ 次迭代得到的 $x^{(m)}$ 作为初始点重新开始迭代. 这策略称为"重置"或"再开始"策略. 值得注意的是, 对于大型的优化问题, 重置间隔步数可以远远小于 n. 此外, 当搜索方向不是下降方向时, 也可以插入负梯度方向作为搜索方向.

9.3 拟 牛 顿 法

最速下降法和阻尼牛顿法的迭代公式可以统一表示为

$$x^{(k+1)}=x^{(k)}-\lambda_k H_k g^{(k)}, \tag{9.3.1}$$

其中 λ_k 为步长, $g^{(k)}=\nabla f\left(x^{(k)}\right), H_k$ 为 n 阶对称矩阵.

如果能做到 H_k 的选取既能逐步逼近 $G_k=[\nabla^2 f(x^{(k)})]^{-1}$, 又不需要计算二阶导数, 那么由式 (9.3.1) 确定的算法就有可能比最速下降法快, 又比牛顿迭代法计算简单, 且整体收敛性好.

为了使 H_k 确实能有上述特点, 必须对 H_k 附加下列条件:

(1) 迭代公式 (9.3.1) 具有下降性质;

(2) H_k 的计算量要小;

(3) 在某种意义下有 $H_k \approx [\nabla^2 f(x^{(k)})]^{-1}$.

显然, 当 H_k 正定时, $-[g^{(k)}]^{\mathrm{T}} H_k g^{(k)}<0$, 从而 $d^{(k)}=-H_k g^{(k)}$ 为下降方向. 为了使得迭代公式 (9.3.1) 具有下降性质, 要求 $\{H_k\}$ 是正定矩阵.

求计算量小的 H_{k+1}, 方法是对 H_k 进行简单的修正, 即令

$$H_{k+1}=H_k+\Delta H_k. \tag{9.3.2}$$

式 (9.3.2) 称为修正公式. 下面介绍满足这三个特点的矩阵 H_k 的构造.

设 $f:\mathbb{R}^n \rightarrow \mathbb{R}$ 在开集 $D \subset \mathbb{R}^n$ 上二次连续可微. 将 $f(x)$ 在 $x^{(k+1)}$ 处进行二阶泰勒展开, 得到二次近似模型为

$$f(x) \approx f\left(x^{(k+1)}\right)+[g^{(k+1)}]^{\mathrm{T}}\left(x-x^{(k+1)}\right)+\frac{1}{2}\left(x-x^{(k+1)}\right)^{\mathrm{T}} G_{k+1}\left(x-x^{(k+1)}\right),$$

其中 $G_{k+1}=\nabla^2 f(x^{(k+1)})$. 对上式求导数得

$$\nabla f(x)\approx g^{(k+1)}+G_{k+1}\left(x-x^{(k+1)}\right).$$

令 $s^{(k)}=x^{(k+1)}-x^{(k)}$, $y^{(k)}=g^{(k+1)}-g^{(k)}$, 则有

$$G_{k+1}s^{(k)}\approx y^{(k)}.$$

注意到, 对于二次函数 f, 上式是精确成立的. 现在, 我们要求在拟牛顿法中构造出黑塞矩阵 G_{k+1} 的近似矩阵 H_{k+1} 满足

$$H_{k+1}y^{(k)}=s^{(k)}. \tag{9.3.3}$$

令 $B_{k+1}=H_{k+1}^{-1}$, 则有

$$B_{k+1}s^{(k)}=y^{(k)}. \tag{9.3.4}$$

称式 (9.3.3) 和 (9.3.4) 为**拟牛顿方程**或**牛顿条件**.

对应于 B_k, 有相应的修正方程:

$$B_{k+1}=B_k+\Delta B_k. \tag{9.3.5}$$

将由拟牛顿方程 (9.3.3) 和修正方程 (9.3.2) 或由拟牛顿方程 (9.3.4) 和修正方程 (9.3.5) 所确立的方法称为**拟牛顿法**. 称具备条件 (1) 的拟牛顿法为**变尺度法**.

拟牛顿法, 类似最速下降法, 仅仅要求在每次迭代过程中提供目标函数的梯度, 不必计算黑塞矩阵, 并且它的收敛速度很快, 这些优点使之成为最有效的优化算法之一. 迄今为止, 拟牛顿法已广泛应用于无约束优化及约束优化中.

DFP 算法是 Davidon 提出的, 后来弗莱彻和鲍威尔作了改进, 形成了 Davidon-Fletcher-Powell 算法, 简称 DFP 算法. 它是第一个被提出的拟牛顿法. DFP 算法中的修正公式是

$$H_{k+1}=H_k-\frac{H_k y^{(k)}[y^{(k)}]^{\mathrm{T}}H_k}{[y^{(k)}]^T H_k y^{(k)}}+\frac{s^{(k)}[s^{(k)}]^{\mathrm{T}}}{[y^{(k)}]^T s^{(k)}}. \tag{9.3.6}$$

称公式 (9.3.6) 为 DFP 修正公式.

算法 9.3.1 DFP 算法

Step 1: 选取初始点 $x_0\in\mathbb{R}^n$, 终止误差 $0\leqslant\varepsilon\ll 1$. 初始对称正定阵 H_0 (通常取为 $\nabla^2 f\left(x^{(0)}\right)$ 或单位阵 E_n). 令 $k:=0$.

Step 2: 计算 $g^{(k)}=\nabla f\left(x^{(k)}\right)$. 若 $\left\|g^{(k)}\right\|\leqslant\varepsilon$, 停算, 输出 $x^{(k)}$ 作为近似极小点.

Step 3: 确定搜索方向 $d^{(k)}=-H_k g^{(k)}$.

Step 4: 采用一维搜索求步长 λ_k. 令

$$x^{(k+1)}=x^{(k)}+\lambda_k d^{(k)}. \tag{9.3.7}$$

Step 5: 由修正公式 (9.3.6) 确定 H_{k+1}.

Step 6: 令 $k:=k+1$, 转 Step 3. ■

例题 9.3.1　用 DFP 法求解例题 9.1.3 中的优化问题, 即求

$$\min f(x)=(1-x_1)^2+2(x_2-x_1^2)^2 \tag{9.3.8}$$

的解, 其中 $x=(x_1,x_2)^{\mathrm T}$. 取初始点 $x^{(0)}=(0,0)^{\mathrm T}$, 允许误差 $\varepsilon=0.01$.

解　$\nabla f(x)=\left(-2(1-x_1)-8(x_2-x_1^2)x_1, 4(x_2-x_1^2)\right)^{\mathrm T}$, 因此 $\nabla f\left(x^{(0)}\right)=(-2,0)^{\mathrm T}$.

选取 $H_0=\begin{pmatrix}1&0\\0&1\end{pmatrix}$, 则初始搜索方向为

$$d^{(0)}=-H_0\nabla f\left(x^{(0)}\right)=(2,0)^{\mathrm T}.$$

由例题 9.2.1 知, 从 $x^{(0)}$ 出发沿 $d^{(0)}$ 进行一维搜索, 得

$$x^{(1)}=(1/2,0)^{\mathrm T},\quad \nabla f\left(x^{(1)}\right)=(0,-1)^{\mathrm T},\quad \left\|\nabla f\left(x^{(1)}\right)\right\|=1>\varepsilon.$$

因此

$$s^{(0)}=x^{(1)}-x^{(0)}=(1/2,0)^{\mathrm T},\quad y^{(0)}=\nabla f\left(x^{(1)}\right)-\nabla f\left(x^{(0)}\right)=(2,-1)^{\mathrm T},$$

$$(s^{(0)})^{\mathrm T}y^{(0)}=1,\quad (y^{(0)})^{\mathrm T}H_0y^{(0)}=5,$$

代人 DFP 公式 (9.3.6) 式有

$$\begin{aligned}H_1&=\begin{pmatrix}1&0\\0&1\end{pmatrix}+\begin{pmatrix}1/2\\0\end{pmatrix}\left(\frac12,0\right)-\frac15\begin{pmatrix}2\\-1\end{pmatrix}(2,-1)\\&=\begin{pmatrix}1&0\\0&1\end{pmatrix}+\begin{pmatrix}1/4&0\\0&0\end{pmatrix}-\frac15\begin{pmatrix}4&-2\\-2&1\end{pmatrix}\\&=\frac1{20}\begin{pmatrix}9&8\\8&16\end{pmatrix},\end{aligned}$$

由此可构造 DFP 方向

$$d^{(1)}=-H_1\nabla f\left(x^{(1)}\right)=-\frac{1}{20}\begin{pmatrix}9 & 8\\ 8 & 16\end{pmatrix}\begin{pmatrix}0\\ -1\end{pmatrix}=\frac{1}{5}\begin{pmatrix}2\\ 4\end{pmatrix}.$$

从点 $x^{(1)}$ 出发沿 $d^{(1)}$ 进行一维搜索, 得

$$\lambda_1=\frac{5}{4},\quad x_2=x^{(1)}+\lambda_1 d^{(1)}=\begin{pmatrix}1\\ 1\end{pmatrix},$$

此时, $\nabla f\left(x^{(2)}\right)=(0,0)^{\mathrm{T}}, \left\|\nabla f\left(x^{(2)}\right)\right\|=0<\varepsilon$, 因此问题 (9.1.7) 的最优解为 $x^{(2)}=(1,1)^{\mathrm{T}}$. ■

BFGS 修正是目前比较流行的拟牛顿修正, 它是由布罗伊登 (Broyden)、弗莱彻、高德法布 (Goldfarb) 和香农 (Shanno) 在 1970 年各自独立提出的拟牛顿法, 故称为 BFGS 算法.

BFGS 算法中的修正公式是

$$B_{k+1}=B_k-\frac{B_k s^{(k)}[s^{(k)}]^{\mathrm{T}}B_k}{[s^{(k)}]^{\mathrm{T}}B_k s^{(k)}}+\frac{y^{(k)}[y^{(k)}]^{\mathrm{T}}}{[y^{(k)}]^{\mathrm{T}}s^{(k)}}. \tag{9.3.9}$$

称公式 (9.3.9) 为 BFGS 修正公式.

算法 9.3.2 BFGS 算法

Step 1: 选取初始点 $x_0\in\mathbb{R}^n$, 终止误差 $0<\varepsilon\ll 1$. 初始对称正定阵 H_0 (通常取为 E_n). 令 $k:=0$.

Step 2: 计算 $g^{(k)}=\nabla f\left(x^{(k)}\right)$. 若 $\left\|g^{(k)}\right\|\leqslant\varepsilon$, 停算, 输出 $x^{(k)}$ 作为近似极小点.

Step 3: 解线性方程组 $B_k d=-g^{(k)}$ 得搜索方向 $d^{(k)}$.

Step 4: 采用一维搜索求步长 λ_k. 令

$$x^{(k+1)}=x^{(k)}+\lambda_k d^{(k)}. \tag{9.3.10}$$

Step 5: 由修正公式 (9.3.9) 确定 B_{k+1}.

Step 6: 令 $k:=k+1$, 转 Step 3. ■

例题 9.3.2 用 BFGS 法求

$$\min f(x)=(1-x_1)^2+(x_2-x_1^2)^2 \tag{9.3.11}$$

的解, 其中 $x=(x_1,x_2)^{\mathrm{T}}$. 取初始点 $x^{(0)}=(0,0)^{\mathrm{T}}$, 允许误差 $\varepsilon=0.01$.

解　$\nabla f(x) = \left(-2(1-x_1) - 8(x_2 - x_1^2)x_1, 4(x_2 - x_1^2)\right)^{\mathrm{T}}$, 因此 $\nabla f\left(x^{(0)}\right) = (-2, 0)^{\mathrm{T}}$.

选取 $G_0 = \begin{pmatrix} 1 & 0 \\ 0 & 1 \end{pmatrix}$, 则初始搜索方向为

$$d^{(0)} = -G_0 \nabla f\left(x^{(0)}\right) = (2, 0)^{\mathrm{T}},$$

从 $x^{(0)}$ 出发沿 $d^{(0)}$ 进行一维搜索, 得 $x^{(1)} = (1/2, 0)^{\mathrm{T}}$, 并且

$$\nabla f\left(x^{(1)}\right) = (0, -1)^{\mathrm{T}}, \quad s^{(0)} = (1/2, 0)^{\mathrm{T}}, \quad y^{(0)} = (2, -1)^{\mathrm{T}},$$

从而

$$\begin{aligned}
&(s^{(0)})^{\mathrm{T}} y^{(0)} = 1, \quad (y^{(0)})^{\mathrm{T}} G_0 y^{(0)} = 5, \\
&s^{(0)}(s^{(0)})^{\mathrm{T}} = \begin{pmatrix} 1/2 \\ 0 \end{pmatrix} \left(\frac{1}{2}, 0\right) = \begin{pmatrix} 1/4 & 0 \\ 0 & 0 \end{pmatrix}, \\
&s^{(0)}(y^{(0)})^{\mathrm{T}} G_0 = \begin{pmatrix} 1/2 \\ 0 \end{pmatrix} (2, -1) = \begin{pmatrix} 1 & -1/2 \\ 0 & 0 \end{pmatrix}, \\
&G_0 y^{(0)} (s^{(0)})^{\mathrm{T}} = \begin{pmatrix} 2 \\ -1 \end{pmatrix} \left(\frac{1}{2}, 0\right) = \begin{pmatrix} 1 & 0 \\ -1/2 & 0 \end{pmatrix},
\end{aligned}$$

因此

$$\begin{aligned}
G_1 &= \begin{pmatrix} 1 & 0 \\ 0 & 1 \end{pmatrix} + (1+5) \begin{pmatrix} 1/4 & 0 \\ 0 & 0 \end{pmatrix} - \begin{pmatrix} 1 & -1/2 \\ 0 & 0 \end{pmatrix} - \begin{pmatrix} 1 & 0 \\ -1/2 & 0 \end{pmatrix} \\
&= \begin{pmatrix} 1/2 & 1/2 \\ 1/2 & 1 \end{pmatrix},
\end{aligned}$$

由此构造 BFGS 方向

$$d^{(1)} = -G_1 \nabla f\left(x^{(1)}\right) = \begin{pmatrix} 1/2 \\ 1 \end{pmatrix},$$

从点 $x^{(1)}$ 出发沿 $d^{(1)}$ 进行一维搜索, 得

$$\lambda_1 = 1, \quad x_2 = x^{(1)} + \lambda_1 d^{(1)} = \begin{pmatrix} 1 \\ 1 \end{pmatrix}.$$

此时, $\nabla f\left(x^{(2)}\right)=(0,0)^{\mathrm{T}}, \left\|\nabla f\left(x^{(2)}\right)\right\|=0<\varepsilon$, 因此问题 (9.1.7) 的最优解为 $x^{(2)}=(1,1)^{\mathrm{T}}$. ■

对于 DFP 法, 由于一维搜索的不精确和计算误差的积累可能导致某一次迭代中 G_k 的奇异, 而 BFGS 法对一维搜索的精度要求不高, 由它产生的 G_k 不易变为奇异矩阵. 因此, BFGS 法比 DFP 法具有比较好的数值稳定性, 使它更具实用性. 更有利的是 BFGS 方法结合使用沃尔夫-鲍威尔不精确一维搜索, 可在理论上得到全局收敛性结果.

9.4 最小二乘问题的求解算法

在实际应用中, 我们经常遇到目标函数为若干个函数的平方和的最优化问题:

$$\min s(x)=\|f(x)\|^2=\sum_{i=1}^{m} f_i^2(x), \tag{9.4.1}$$

其中 $x\in\mathbb{R}^n, f(x)=(f_1(x), f_2(x), \cdots, f_m(x))^{\mathrm{T}}$.

一般假设 $m\geqslant n$, 这类问题称为最小二乘问题. 当每个 $f_i(x)$ 都是线性函数时, 问题 (9.4.1) 称为线性最小二乘问题, 否则, 称为非线性最小二乘问题.

由于最小二乘问题相对于一般无约束最优化问题而言具有特殊形式, 因此除能运用前面介绍的一般求解方法外, 还有更为简便有效的方法.

对于线性最小二乘问题, 我们在 6.3 节中已经介绍. 现在讨论非线性最小二乘问题, 即其中 $f_i(x)$ 不全是线性函数, 且假定 $f_i(x)$ 具有一阶连续偏导数, $i=1,2,\cdots,m$. 求解问题 (9.4.1) 的基本思想与牛顿迭代法类似: 把 $f_i(x)$ 线性化, 用线性最小二乘问题的解去逼近非线性最小二乘问题的解.

假设选定初始点 $x^{(0)}$ 后经过 k 次迭代得到 $x^{(k)}$, 把 $f_i(x)$ 在点 $x^{(k)}$ 处进行一阶泰勒展开 (牛顿迭代法是进行二阶泰勒展开)

$$f_i(x)\approx f_i\left(x^{(k)}\right)+\left(\nabla f_i\left(x^{(k)}\right)\right)^{\mathrm{T}}\left(x-x^{(k)}\right). \tag{9.4.2}$$

由于 $f(x)$ 的雅可比矩阵为

$$\nabla f(x)=\left(\nabla f_1(x), \nabla f_2(x), \cdots, \nabla f_m(x)\right)^{\mathrm{T}},$$

因此

$$f(x)\approx f\left(x^{(k)}\right)+\nabla f\left(x^{(k)}\right)\left(x-x^{(k)}\right),$$

从而

$$s(x)\approx\|f\left(x^{(k)}\right)+\nabla f\left(x^{(k)}\right)\left(x-x^{(k)}\right)\|^2.$$

因此, 线性最小二乘问题

$$\min \left\| \nabla f\left(x^{(k)}\right)\left(x-x^{(k)}\right)+f\left(x^{(k)}\right)\right\|^{2} \tag{9.4.3}$$

的最优解可以作为问题 (9.4.1) 的最优解的第 $k+1$ 次近似, 记为 $x^{(k+1)}$.

问题 (9.4.3) 的最优解 $x^{(k+1)}$ 满足方程组

$$(\nabla f\left(x^{(k)}\right))^{\mathrm{T}}\nabla f\left(x^{(k)}\right)\left(x-x^{(k)}\right)=-(\nabla f\left(x^{(k)}\right))^{\mathrm{T}} f\left(x^{(k)}\right).$$

再假设矩阵 $\nabla f\left(x^{(k)}\right)$ 是列满秩的, 则上述方程有唯一的解

$$x^{(k+1)}=x^{(k)}-\left((\nabla f\left(x^{(k)}\right))^{\mathrm{T}}\nabla f\left(x^{(k)}\right)\right)^{-1}(\nabla f\left(x^{(k)}\right))^{\mathrm{T}} f\left(x^{(k)}\right). \tag{9.4.4}$$

上式称为高斯-牛顿公式, 向量

$$d^{(k)}=-\left((\nabla f\left(x^{(k)}\right))^{\mathrm{T}}\nabla f\left(x^{(k)}\right)\right)^{-1}(\nabla f\left(x^{(k)}\right))^{\mathrm{T}} f\left(x^{(k)}\right) \tag{9.4.5}$$

称为**高斯-牛顿方向**. 由高斯-牛顿公式确定的迭代算法称为**高斯-牛顿法**.

因为 $(\nabla f\left(x^{(k)}\right))^{\mathrm{T}}\nabla f\left(x^{(k)}\right)$ 正定, 所以 $\left((\nabla f\left(x^{(k)}\right))^{\mathrm{T}}\nabla f\left(x^{(k)}\right)\right)^{-1}$ 是正定矩阵. 于是由

$$\nabla s(x)=2\sum_{i=1}^{m}[\nabla f_i(x) f_i(x)]=2\nabla f(x)\cdot f(x)$$

及 (9.4.5) 式可得

$$(\nabla s\left(x^{(k)}\right))^{\mathrm{T}} d_k<0.$$

因此, 高斯-牛顿方向是 $s(x)$ 在点 $x^{(k)}$ 处的下降方向.

同牛顿迭代法类似, 可以证明, 当初始点 $x^{(0)}$ 充分接近问题 (9.4.1) 的极小点 x^* 时, 高斯-牛顿法是二阶收敛的.

为了保证在初始点 x_0 远离问题 (9.4.1) 的极小点 x^* 时, 算法仍然收敛, 与阻尼牛顿法一样, 在求出 $x^{(k)}$ 和 $d^{(k)}$ 之后, 不直接用 $x^{(k)}+d^{(k)}$ 作为 $k+1$ 次近似, 而是从 $x^{(k)}$ 出发沿 $d^{(k)}$ 进行最优一维搜索

$$s\left(x^{(k)}+\lambda_k d^{(k)}\right)=\min_{\lambda\geqslant 0}\left(x^{(k)}+\lambda d^{(k)}\right),$$

并取 $x^{(k+1)}=x^{(k)}+\lambda_k d^{(k)}$ 作为第 $k+1$ 次近似, 得到阻尼高斯-牛顿法. 下面是阻尼高斯-牛顿法的算法步骤.

算法 9.4.1 阻尼高斯-牛顿法

Step 1: 选取初始数据. 选取初始点 $x^{(0)}$, 给定允许误差 $\varepsilon>0$, 令 $k=0$.

Step 2: 检查是否满足终止准则. 计算 $f\left(x^{(k)}\right)$ 及雅可比矩阵 $\nabla f\left(x^{(k)}\right)$. 若 $\|(\nabla f\left(x^{(k)}\right))^{\mathrm{T}} f\left(x^{(k)}\right)\| < \varepsilon$, 迭代终止, $x^{(k)}$ 为 (9.4.1) 的近似极小点; 否则, 转 Step 3.

Step 3: 构造高斯-牛顿方向

$$d^{(k)}=-\left(\nabla f\left(x^{(k)}\right)^{\mathrm{T}} \nabla f\left(x^{(k)}\right)\right)^{-1}(\nabla f\left(x^{(k)}\right))^{\mathrm{T}} f\left(x^{(k)}\right).$$

Step 4: 进行一维搜索. 求 λ_k, 使得

$$s\left(x^{(k)}+\lambda_k d^{(k)}\right)=\min_{\lambda \geqslant 0}\left(x^{(k)}+\lambda d^{(k)}\right).$$

Step 5: 计算 $x^{(k+1)}$. 令 $x^{(k+1)}=x^{(k)}+\lambda_k d^{(k)}$, $k:=k+1$, 返回 Step 2. ■

同阻尼牛顿法一样, 阻尼高斯-牛顿法具有全局收敛性.

在高斯-牛顿法中, 我们要求 $\nabla f\left(x_k\right)$ 是行满秩的. 但遗憾的是, 常常出现 $\nabla f\left(x^{(k)}\right)$ 不是行满秩的情形. 此时, 迭代将无法进行下去. 为此, 莱文伯格 (Levenberg) 和马夸特 (Marquardt) 对高斯-牛顿法作了如下修正: 把正定矩阵 $\alpha_k E_n$ 加到 $(\nabla f\left(x^{(k)}\right))^{\mathrm{T}} \nabla f\left(x^{(k)}\right)$ 上去 ($\alpha_k>0$ 为参数, E_n 为 n 阶单位矩阵), 使之成为正定矩阵, 然后令

$$d^{(k)}=-\left((\nabla f\left(x^{(k)}\right))^{\mathrm{T}} \nabla f\left(x^{(k)}\right)+\alpha_k E_n\right)^{-1}(\nabla f\left(x^{(k)}\right))^{\mathrm{T}} f\left(x^{(k)}\right), \tag{9.4.6}$$

$$x^{(k+1)}=x^{(k)}+d^{(k)}. \tag{9.4.7}$$

由 (9.4.6) 和 (9.4.7) 两式确定的迭代算法称为**莱文伯格-马夸特法**, 简称为 **LM 法**. 由 (9.4.6) 式确定的 $d^{(k)}$ 称为 **LM 方向**.

容易知道, 当 $\left((\nabla f\left(x^{(k)}\right))^{\mathrm{T}} \nabla f\left(x^{(k)}\right)+\alpha_k E_n\right)$ 为正定矩阵时, 由 (9.4.6) 式确定的 $d^{(k)}$ 是 $s(x)$ 在点 $x^{(k)}$ 处的下降方向.

定理 9.4.1 设 $\alpha_k>0, d^{(k)}$ 由 (9.4.6) 式确定, 则有

$$\left\|\nabla f\left(x^{(k)}\right) y+f\left(x^{(k)}\right)\right\|^2 \geqslant\left\|\nabla f\left(x^{(k)}\right) d^{(k)}+f\left(x^{(k)}\right)\right\|^2, \quad \forall\|y\|=\left\|d^{(k)}\right\|,$$

并且, 当 α_k 适当大时, 有

$$s\left(x^{(k)}+d^{(k)}\right)<s\left(x^{(k)}\right);$$

当 a_k 充分大时, 方向 $d^{(k)}$ 与方向 $-\nabla s\left(x^{(k)}\right)$ 充分接近.

我们知道, 高斯-牛顿方向是线性最小二乘问题

$$\min\left\|\nabla f\left(x^{(k)}\right) y+f\left(x^{(k)}\right)\right\|^2$$

的最优解, LM 方向 $d^{(k)}$ 虽然依赖于参数 α_k, 但 $d^{(k)}$ 也是相应的线性最小二乘问题在范数限制下的最优解.

在 LM 法中, 当 $\alpha_k=0$ 时, 由 (9.4.6) 式确定的 $d^{(k)}$ 就是高斯-牛顿方向. 随着 α_k 的增大, LM 方向逐步向 $-\nabla s\left(x^{(k)}\right)$ 偏移, 当 α_k 充分大时便充分接近 $s(x)$ 在点 $x^{(k)}$ 处的最速下降方向. 因此, 在 LM 法的迭代中要限制 α_k 值的增大, 否则, 会减慢算法的收敛速度. 另一方面, 如果 a_k 太小, 则不能保证在迭代过程中使目标函数值下降. 所以, 如何确定参数 α_k 是 LM 法的一个重要问题.

算法 9.4.2 莱文伯格-马夸特算法

Step 1: 选取初始数据. 选取初始点 $x^{(0)}$, 给定初始参数 $\alpha_0>0$, 放大因子 $\beta>1$ 及允许误差 $\varepsilon>0$.

Step 2: 求初始目标函数值. 计算 $f\left(x^{(0)}\right)$ 及 $s\left(x^{(0)}\right)$, 令 $k=0$.

Step 3: 求雅可比矩阵. 计算 $\nabla f\left(x^{(k)}\right)$.

Step 4: 检查是否满足终止准则. 若

$$\left\|(\nabla f\left(x^{(k)}\right))^{\mathrm{T}} f\left(x^{(k)}\right)\right\|<\varepsilon,$$

迭代终止, $x^{(k)}$ 为问题 (9.4.1) 的近似最优解; 否则, 转 Step 5 .

Step 5: 构造 LM 方向. 计算 $\left(\nabla f\left(x^{(k)}\right)^{\mathrm{T}} \nabla f\left(x^{(k)}\right)+\alpha_k E_n\right)^{-1}$, 令

$$d^{(k)}=-\left(\nabla f\left(x^{(k)}\right)^{\mathrm{T}} \nabla f\left(x^{(k)}\right)+\alpha_k E_n\right)^{-1} \nabla f\left(x^{(k)}\right)^{\mathrm{T}} f\left(x^{(k)}\right).$$

Step 6: 检查目标函数是否下降. 计算 $f\left(x^{(k)}+d^{(k)}\right)$ 及 $s\left(x^{(k)}+d^{(k)}\right)$, 若 $s\left(x^{(k)}+d^{(k)}\right)<s\left(x^{(k)}\right)$, 转 Step 8 ; 否则, 转 Step 7 .

Step 7: 放大参数. 令 $\alpha_k:=\beta\alpha_k$, 返回 Step 5.

Step 8: 缩小参数. 令 $d^{(k+1)}=x^{(k)}+d^{(k)}, \alpha_{k+1}=\alpha_k/\beta, k:=k+1$, 返回 Step 2.

■

初始参数 α_0 和放大因子 β 应取适当数值. 根据经验可取 $\alpha_0=0.01, \beta=10$.

习 题 9

习题 9.1 什么是非线性规划问题? 写出求解无约束优化问题的常用算法 (只要求写出方法的名称).

习题 9.2 用梯度法求 $f(x)=(x_1-1)^2+(x_2-1)^2$ 的极小点, 已知 $\varepsilon=0.1$.

习题 9.3 用最速下降法求解

$$\min f(x)=x_1^2+x_2^2+x_3^2,$$

初始点为 $x^{(0)}=(1,-2,2)^{\mathrm{T}}$. 做三次迭代, 并验证相邻两步的搜索方向正交.

习题 9.4 用牛顿迭代法求解

$$\max f(x)=\frac{1}{x_1^2+x_2^2+2},$$

初始点为 $x^{(0)}=(0,4)^{\mathrm{T}}$, 采用最佳步长进行, 然后采用固定步长 $\lambda=1$, 观察迭代情况, 并加以分析说明.

习题 9.5 分别用最速下降法、牛顿迭代法求解无约束极值问题

$$\min f(x)=2x_1^2+x_2^2+2x_1x_2+x_1-x_2,$$

并绘图表示使用上述各方法的寻优过程.

习题 9.6 用最速下降法求解问题:

$$\min\,(x_1-3)^2+(x_1-4x_2+1)^2,$$

取初始点 $x^{(0)}=(0,3)^{\mathrm{T}}$, 允许误差 $\varepsilon=0.1$.

习题 9.7 用牛顿法求解下列问题:

(1) $\min x_1^2+x_2^2+4x_1x_2+3x_1-5x_2$, 取初始点 $x^{(0)}=(0,0)^{\mathrm{T}}$;

(2) $\min 2x_1^2+(x_2-3)^4$, 取初始点 $x^{(0)}=(1,0)^{\mathrm{T}}$, 允许误差 $\varepsilon=0.2$.

习题 9.8 用阻尼牛顿法求解下列问题:

(1) $\min \dfrac{1}{(x_1^2+x_2^2+4)}$, 取初始点 $x^{(0)}=(4,0)^{\mathrm{T}}$, 允许误差 $\varepsilon=10^{-6}$;

(2) $\min\,(x_1-1)^4+(x_1-x_2)^2$, 取初始点 $x^{(0)}=(0,0)^{\mathrm{T}}$, 允许误差 $\varepsilon=10^{-6}$.

习题 9.9 用共轭梯度法求

$$\min f(x)=x_1^2+x_2^2+x_3^2,$$

初始点为 $x^{(0)}=(1,-2,2)^{\mathrm{T}}$. 做三次迭代, 并验证相邻两步的搜索方向正交.

习题 9.10 用共轭梯度法求解下列问题:

(1) $\min f(x)=x_1^2+2x_2^2-2x_1x_2+2x_2+2$, 取初始点 $x^{(0)}=(0,0)^{\mathrm{T}}$;

(2) $\min f(x)=(x_1-1)^4+(x_1-x_2)^2$, 取初始点 $x^{(0)}=(0,0)^{\mathrm{T}}$, 允许误差 $\varepsilon=0.1$.

习题 9.11 用牛顿迭代法求解问题: $\min f(x)=x_1^2+x_2^2+x_1x_2+2x_1-3x_2$, 取初始点 $x^{(0)}=(0,0)^{\mathrm{T}}$.

习题 9.12 把下列二次函数 $f(x)$ 写成

$$f(x)=\frac{1}{2}x^{\mathrm{T}}Qx+b^{\mathrm{T}}x+c$$

的形式, 并求无约束最优化问题 $\min f(x)$ 的最优解和最优值.

(1) $f(x_1, x_2) = x_1^2 + 4x_2^2 + x_1x_2$;

(2) $f(x_1, x_2, x_3) = 3x_1^2 + 4x_2^2 + 6x_3^2 - 2x_1x_2 + 2x_2x_3 - 6x_1 + 3x_3 + 10$.

习题 9.13　用 BFGS 算法求解例题 9.1.3 中的优化问题, 即求

$$\min f(x) = (1 - x_1)^2 + 2(x_2 - x_1^2)^2 \tag{9.4.8}$$

的解, 其中 $x = (x_1, x_2)^{\mathrm{T}}$.

(1) 取初始点 $x^{(0)} = (0, 0)^{\mathrm{T}}$, 允许误差 $\varepsilon = 0.01$.

(2) 编写 DFP 算法和 BFGS 算法的程序, 求问题的解. 取初始点 $x^{(0)} = (0.5, 1.5)^{\mathrm{T}}$, 允许误差 $\varepsilon = 1\mathrm{e} - 6$.

习题 9.14　用拟牛顿法求解: $\min f(x) = x_1^2 + 2x_2^2 - 2x_1x_2 - 4x_1, x \in \mathbb{R}^2$, 取初始点 $x^{(0)} = (1, 1)^{\mathrm{T}}$.

习题 9.15　设有非线性方程组

$$\begin{cases} x_1^2 + 2x_2^2 - 1 = 0, \\ 2x_1^2 + x_2 - 2 = 0. \end{cases}$$

(1) 列出这个方程组的最小二乘问题的数学模型;

(2) 写出高斯-牛顿方向;

(3) 取初始点 $x^{(0)} = (2, 2)^{\mathrm{T}}$, 用高斯-牛顿法迭代两次;

(4) 用最小二乘 LM 法求解最小二乘问题, 仍取初始点 $x^{(0)} = (2, 2)^{\mathrm{T}}$, 并取初始参数 $\alpha_0 = 0.01$, 放大因子 $\beta = 10$, 迭代两次.

第 10 章 约束优化问题的求解算法

CHAPTER

10.1 求解线性规划问题的单纯形法

线性规划问题的一般形式是

$$
\max\text{或}\min \quad z = c_1x_1 + c_2x_2 + \cdots + c_nx_n
$$

$$
\text{s.t.} \quad \begin{cases} a_{11}x_1 + a_{12}x_2 + \cdots + a_{1n}x_n \leqslant (=, \geqslant) b_1, \\ a_{21}x_1 + a_{22}x_2 + \cdots + a_{2n}x_n \leqslant (=, \geqslant) b_2, \\ \cdots\cdots \\ a_{m1}x_1 + a_{m2}x_2 + \cdots + a_{mn}x_n \leqslant (=, \geqslant) b_m, \\ x_1, x_2, \cdots, x_n \geqslant 0. \end{cases}
$$

为数学上统一处理, 规定它的标准形为

$$
\max \quad z = c_1x_1 + c_2x_2 + \cdots + c_nx_n \tag{10.1.1}
$$

$$
\text{s.t.} \quad \begin{cases} a_{11}x_1 + a_{12}x_2 + \cdots + a_{1n}x_n = b_1, \\ a_{21}x_1 + a_{22}x_2 + \cdots + a_{2n}x_n = b_2, \\ \cdots\cdots \\ a_{m1}x_1 + a_{m2}x_2 + \cdots + a_{mn}x_n = b_m, \\ x_1, x_2, \cdots, x_n \geqslant 0, \end{cases} \tag{10.1.2}
$$

其矩阵形式是

$$
\max \quad z = cx
$$

$$
\text{s.t.} \quad \begin{cases} Ax = b, \\ x \geqslant 0. \end{cases} \tag{10.1.3}
$$

下面介绍线性规划问题的一些有关概念.

满足约束条件 $Ax = b, x \geqslant 0$ 的解 $x = (x_1, x_2, \cdots, x_n)^{\mathrm{T}}$ 称为线性规划问题 (10.1.3) 的**可行解**; 所有可行解的集合称为**可行解集**或**可行域**.

可行解中使得目标函数 $z = cx$ 最大的解称为线性规划问题 (10.1.3) 的最优解.

假设 $A \in \mathbb{R}^{m\times n}$ 是约束方程组的系数矩阵, 其秩为 m. B 是矩阵 A 的列向量组的极大线性无关组构成的矩阵, 则称 B 是线性规划问题 (10.1.3) 的**基**. 假设:

$$B = \left(A_{*j_1}, A_{*j_2}, \cdots, A_{*j_m}\right),$$

其中 $A_{*j_k}(k = 1, 2, \cdots, m)$ 是 A 的第 j_k 列, 称 $x_{j_k}(k = 1, 2, \cdots, m)$ 为线性规划问题 (10.1.3) 对于基 B 的**基变量** (简称为基变量), 其他变量称为线性规划问题 (10.1.3) 对于基 B 的**非基变量** (简称为非基变量).

不失一般性, 可假设 $j_k = k(k = 1, 2, \cdots, m)$. 这时 A 可分块为 $A = (B, N)$, $Ax = b$ 可改写为

$$Bx_B + Nx_N = b, \tag{10.1.4}$$

即

$$\begin{pmatrix} a_{11} \\ \vdots \\ a_{m1} \end{pmatrix} x_1 + \cdots + \begin{pmatrix} a_{1m} \\ \vdots \\ a_{mm} \end{pmatrix} x_m = b - \begin{pmatrix} a_{1m+1} \\ \vdots \\ a_{mm+1} \end{pmatrix} x_{m+1} - \cdots - \begin{pmatrix} a_{1n} \\ \vdots \\ a_{mn} \end{pmatrix} x_n. \tag{10.1.5}$$

在方程 (10.1.4) 中, 若令非基变量 $x_N = \mathbf{0}$, 然后求出解 $X_B = B^{-1}b$, 得解 $\bar{x} = \begin{pmatrix} x_B \\ x_N \end{pmatrix} = \begin{pmatrix} B^{-1}b \\ \mathbf{0} \end{pmatrix}$, 称 $\bar{x}$ 为线性规划问题 (10.1.3) 对应于基 B 的**基解**.

满足非负条件 $x \geqslant 0$ 的基解称为线性规划问题 (10.1.3) 对于基 B 的**基可行解** (简称为基可行解). 对应于基可行解的基称为**可行基**.

例题 10.1.1

$$\max \quad z = 2x_1 + 6x_2 + 5x_3 - x_4 + x_5 + 14x_6$$

$$\text{s.t.} \quad \begin{cases} x_1 + 2x_2 - x_3 + 3x_4 + 4x_5 + 3x_6 = 26, \\ x_3 - 2x_4 + x_5 - 2x_6 = 10, \\ x_4 + 3x_5 + 2x_6 = 6, \\ x_1, x_2, x_3, x_4, x_5, x_6 \geqslant 0. \end{cases} \tag{10.1.6}$$

解 对于该线性规划问题, 其约束条件 $Ax=b$ 的系数矩阵

$$A=\begin{pmatrix} 1 & 2 & -1 & 3 & 4 & 3 \\ 0 & 0 & 1 & -2 & 1 & -2 \\ 0 & 0 & 0 & 1 & 3 & 2 \end{pmatrix}.$$

选取 $B=(A_1,A_3,A_4)$, 相应的基变量是 x_1,x_3,x_4, 非基变量是 x_2,x_5,x_6, 令非基变量 $x_2=x_5=x_6=0$, 则方程组 $x_1A_1+x_3A_3+x_4A_4=b$ 的唯一解是 $x_1=30,x_3=22,x_4=6$, 因此基 B 是线性规划问题 (10.1.6) 的可行基, $x=(30,0,22,6,0,0)^{\mathrm{T}}$ 是基可行解.

选取 $\tilde{B}=(A_1,A_2,A_3)$, 由于 $\det(\tilde{B})=0$, 因此 $\tilde{B}$ 不是线性规划问题 (10.1.6) 的基. ■

可以证明：如果线性规划问题有最优解, 那么在基可行解中一定找到最优解. 因此只要求出所有基可行解, 通过比较它们的目标函数值大小, 就可求出最优解. 由于基可行解可能有 C_n^m 个, 当 m,n 的数目相当大时, 这种办法实际上是行不通的.

Dantzig 提出的单纯形法把寻优的目标集中在所有基可行解中. 单纯形法的基本思路是: 根据问题的标准形, 从可行域中某个基可行解 (顶点) 开始, 转换到另一个基可行解 (顶点), 并使得每次的转换目标函数值均有所改善, 最终达到最大值时就得到最优解.

设 B 是可行基, 约束方程 $Ax=b$ 可写出 $Bx_B+Nx_N=b$, 基变量 x_B 可以用非基变量 x_N 表示成 $x_B=B^{-1}b-B^{-1}Nx_N$. 将它代入目标函数, 有

$$z=c_Bx_B+c_Nx_N=c_B(B^{-1}b-B^{-1}Nx_N)+c_Nx_N=c_BB^{-1}b+(c_N-c_BB^{-1}N)x_N, \tag{10.1.7}$$

在式 (10.1.7) 中的最后一个等号后面, 基变量的系数都是 0. 由此, 我们可以方便地得出下面结论.

(1) 如果非基变量的系数没有正数, 增大任意一个非基变量的取值都将使目标函数值减小. 注意到约束条件中变量有非负的限制, 而当前的基可行解中, 非基变量的取值已经是最小, 由此可得, 当前的基可行解是所求线性规划问题的最优解.

(2) 如果非基变量 x_k 的系数是正数, 增大 x_k 的取值将使目标函数值增大. 而当前的基可行解中, x_k 的取值为 0. 增大 x_k 的取值, 将使得目标函数值增大, 从而当前的基可行解不是所求线性规划问题最优解.

式 (10.1.7) 中非基变量的系数可以用于判别当前的基可行解是否是线性规划问题的最优解, 因此给出如下定义.

定义 10.1.1　对应于可行基 B, 称 $\sigma_N = c_N - c_B B^{-1} N$ 为非基变量 x_N 的检验向量, 称 $\sigma_j = c_j - c_B B^{-1} A_j$ 为变量 x_j 的检验数.

定理 10.1.1 (最优性准则)　对应于可行基 B, 如果所有变量的检验数都不大于 0, 即 $\sigma_N \leqslant \mathbf{0}$, 则对应于基 B 的基可行解就是线性规划问题的最优解.

定理 10.1.2 (无穷多最优解判别定理)　若基 B 是最优基, 即相应的 $\sigma_N \leqslant \mathbf{0}$. 如果 σ_N 中有 0 分量, 即存在非基变量, 它的检验数是 0, 则线性规划问题有无穷多最优解.

定理 10.1.3 (无最优解判别定理)　若基 B 是可行基, 相应的非基变量 x_j 的检验数 $\sigma_j > 0$, 而 $B^{-1}A_j \leqslant 0$ (即 $B^{-1}A_j$ 中没有正分量), 则线性规划问题无最优解 (最优目标函数值是无穷大).

为便于计算, 可以通过设计单纯形表来求解线性规划问题. 我们知道, 对应于可行基 B, 线性规划问题 (10.1.3) 与如下线性规划问题同解:

$$
\begin{aligned}
\max \quad & z = c_B B^{-1} b + (c_N - c_B B^{-1} N) x_N \\
\text{s.t.} \quad & \begin{cases} x_B + B^{-1} N x_N = B^{-1} b, \\ x \geqslant 0. \end{cases}
\end{aligned}
\tag{10.1.8}
$$

利用线性规划问题 (10.1.8) 列出的表格称为单纯形表.

设 $A = (A_1, A_2, \cdots, A_n)$, B 是基, 表 10.1 是线性规划问题对应于基 B 的单纯形表.

表 10.1　单纯形表

			c_1	c_2	c_3	$\cdots$	c_n
			x_1	x_2	x_3	$\cdots$	x_n
c_B	x_B	$B^{-1}b$	$B^{-1}A_1$	$B^{-1}A_2$	$B^{-1}A_3$	$\cdots$	$B^{-1}A_n$
			σ_1	σ_2	σ_3	$\cdots$	σ_n

对于例题 10.1.1 中的线性规划问题 (10.1.6), $B = (A_1, A_3, A_4)$ 是可行基, 对应于基 B 的单纯形表如下 (表 10.2):

表 10.2　线性规划问题 (10.1.6) 对应于基 $B = (A_1, A_3, A_4)$ 的单纯形表

			2	6	5	−1	1	14	
	基变量	常数项	x_1	x_2	x_3	x_4	x_5	x_6	θ
2	x_1	30	1	2	0	0	2	−1	
5	x_3	22	0	0	1	0	7	2	
−1	x_4	6	0	0	0	1	3	2	
	检验数		0	2	0	0	−35	8	

单纯形法计算步骤如下.

算法 10.1.1 单纯形法

Step 1: 找出初始可行基, 建立初始单纯形表.

Step 2: 检验各非基变量 x_j 的检验数 σ_j 是否全小于 0? 如果是, 则当前的基可行解是最优解, 停止计算. 否则转入 Step 3.

Step 3: 如果存在大于 0 的检验数 σ_k, 单纯形表中对应的列 $\tilde{A}_k \leqslant 0$, 则该线性规划问题无最优解 (最优目标函数值是无穷大), 停止计算. 否则, 转入 Step4.

Step 4: 根据 $\max\{\sigma_j > 0, i = 1, 2, \cdots, n\} = \sigma_k$, 确定 x_k 为换入变量. 转入 Step 5.

Step 5: 按 θ 规则计算

$$\theta = \min\left\{\frac{\tilde{b}_i}{\tilde{a}_{ik}}\middle|\tilde{a}_{ik} > 0\right\} = \frac{\tilde{b}_l}{\tilde{a}_{lk}},$$

确定表中第 l 行对应的基变量 $\tilde{x}_l$ 为换出变量, 转入 Step6.

Step 6: 以 $\tilde{a}_{lk}$ 为主元素 (称该项为轴心项), 用高斯消去法把 x_k 所对应的列向量

$$\tilde{A}_k = \begin{pmatrix} \tilde{a}_{1k} \\ \tilde{a}_{2k} \\ \vdots \\ \tilde{a}_{lk} \\ \vdots \\ \tilde{a}_{mk} \end{pmatrix} \text{变换为} \begin{pmatrix} 0 \\ 0 \\ \vdots \\ 1 \\ \vdots \\ 0 \end{pmatrix} \leftarrow \text{第}l\text{ 行}$$

(这过程称为旋转运算或旋转迭代), 将 x_B 中的 $\tilde{x}_l$ 换为 x_k, 得到新的单纯形表. 转 Step 2. ■

注 13 (1) 在 Step 4 中也可以选择检验数是正的变量为进基变量.

(2) Step 6 中的算法原理见例题 1.1.2 和习题 1.3.

例题 10.1.2 用单纯形法求解线性规划问题:

$$\max \quad z = 2x_1 + 6x_2 + 5x_3 - x_4 + x_5 + 14x_6$$

$$\text{s.t.} \quad \begin{cases} x_1 + 2x_2 - x_3 + 3x_4 + 4x_5 + 3x_6 = 26, \\ x_3 - 2x_4 + x_5 - 2x_6 = 10, \\ x_4 + 3x_5 + 2x_6 = 6, \\ x_1, x_2, x_3, x_4, x_5, x_6 \geqslant 0. \end{cases} \tag{10.1.9}$$

解 选取 $B=(A_1,A_3,A_4)$ 为初始可行基, 得初始单纯形表 10.3. 在表 10.3 中, 由于检验数 $\sigma_2=2>0,\sigma_6=8>0$, 因此当前的基解不是最优解. 选择 x_6 为进基变量, 并计算 θ 的值, 得到表 10.3.

表 10.3 线性规划问题 (10.1.9) 对应于基 $\boldsymbol{B}=(\boldsymbol{A}_1,\boldsymbol{A}_3,\boldsymbol{A}_4)$ 的单纯形表

			2	6	5	−1	1	14	
	基变量	常数项	x_1	x_2	x_3	x_4	x_5	x_6	θ
2	x_1	30	1	2	0	0	2	−1	—
5	x_3	22	0	0	1	0	7	2	11
−1	x_4	6	0	0	0	1	3	2	3
	检验数		0	2	0	0	−35	8	

θ 中非负的最小值为 3, 处在第 3 行, 因此对应变量 x_4 离基. 换基迭代后, 得到对应于基 $B=(A_1,A_3,A_6)$ 的如下单纯形表 (除 θ 值外), 如表 10.4. 在单纯形表 10.4 中, 由于检验数 $\sigma_2=2>0$, 因此当前的基解不是问题的最优解. 选择 x_2 为进基变量, 计算 θ 的值, 进而完成表 10.4.

表 10.4 线性规划问题 (10.1.9) 对应于基 $\boldsymbol{B}=(\boldsymbol{A}_1,\boldsymbol{A}_3,\boldsymbol{A}_6)$ 的单纯形表

			2	6	5	−1	1	14	
	基变量	常数项	x_1	x_2	x_3	x_4	x_5	x_6	θ
2	x_1	33	1	2	0	0.5	3.5	0	16.5
5	x_3	16	0	0	1	−1	4	0	—
14	x_6	3	0	0	0	0.5	1.5	1	—
	检验数		0	2	0	−4	−47	0	

θ 中非负的最小值为 16.5, 它处在第 1 行, 因此对应变量 x_1 离基. 换基迭代后, 得到对应于基 $B=(A_2,A_3,A_6)$ 的如下单纯形表 (除 θ 值外). 如表 10.5.

表 10.5 线性规划问题 (10.1.9) 对应于基 $\boldsymbol{B}=(\boldsymbol{A}_2,\boldsymbol{A}_3,\boldsymbol{A}_6)$ 的单纯形表

			2	6	5	−1	1	14	
	基变量	常数项	x_1	x_2	x_3	x_4	x_5	x_6	θ
6	x_2	16.5	0.5	1	0	0.25	1.75	0	
5	x_3	16	0	0	1	−1	4	0	
14	x_6	3	0	0	0	0.5	1.5	1	
	检验数		−1	0	0	−4.5	−50.5	0	

在单纯形表 10.5 中, 非基变量的检验数 $\sigma_1,\sigma_4,\sigma_5$ 都是负值, 因此当前的基解

$$x_1=0,\quad x_2=16.5,\quad x_3=16,\quad x_4=0,\quad x_5=0,\quad x_6=3$$

是线性规划问题 (10.1.9) 的唯一最优解. ■

注 14　(1) 在迭代过程中, 如果发现某一检验数 $\sigma_j > 0$, 而 $B^{-1}A_j$ 中没有正数, 此时, 由定理 10.1.3 可知, 问题没有有界的最优解. 例如在线性规划问题 (10.1.9) 中, 第一个约束条件改为

$$x_1 - 2x_2 - x_3 + 3x_4 + 4x_5 + 3x_6 = 26,$$

对应于基 $B = (A_1, A_3, A_4)$, $\sigma_2 = 2 > 0$, $B^{-1}A_2 = (-2, 0, 0)^{\mathrm{T}}$ 中没有正数, 此时, 相应的线性规划问题没有有界的最优解.

(2) 在例题 10.1.1 中, 可以方便地找到初始可行基 $B = (A_1, A_3, A_4)$. 一般情况下初始可行基 $B = (A_1, A_3, A_4)$ 不容易找, 此时, 可以使用大 M 法或两阶段法来进行求解. 由于篇幅有限, 这里不再展开. 感兴趣的读者可自行阅读有关文献.

10.2　求解非线性规划问题的可行方向法

可行方向法是求解非线性规划问题的一种算法. 此类方法可看作无约束下降算法的自然推广, 其基本思想是从可行点出发, 沿可行下降方向进行搜索, 求出使目标函数值下降的新的可行点. 算法包括选择搜索方向和确定搜索步长两个主要方面. 搜索方向的选择方式不同就形成不同的可行方向法. 如约坦代克 (Zoutendijk) 可行方向法、梯度投影法等. 这里我们仅介绍约坦代克可行方向法.

约坦代克可行方向法是约坦代克于 1960 年提出的, 它可以求解线性约束优化问题和非线性约束优化问题.

现考虑非线性规划问题:

$$\begin{aligned} &\min \quad f(x), \\ &\text{s.t.} \quad g_j(x) \geqslant 0, \quad j = 1, \cdots, l. \end{aligned}$$

设 $x^{(k)}$ 是它的一个可行解, 但不是极小点. 为了求它的极小点或近似极小点, 应在 $x^{(k)}$ 点的可行下降方向中选取某一方向 $d^{(k)}$, 并确定步长 λ_k, 使

$$\begin{cases} x^{(k+1)} = x^{(k)} + \lambda_k d^{(k)}, \\ f\left(x^{(k+1)}\right) < f\left(x^{(k)}\right). \end{cases}$$

若 $x^{(k+1)}$ 满足精度要求, 迭代停止, $x^{(k+1)}$ 就是所要的点. 否则, 从 $x^{(k+1)}$ 出发继续进行迭代, 直到满足要求为止. 上述这种方法称为可行方向法, 它具有下述特点: ① 迭代过程中所采用的搜索方向为可行方向; ② 所产生的迭代点列 $\left\{x^{(k)}\right\}$ 始终在可行域内; ③ 目标函数值单调下降.

设在 $x^{(k)}$ 点的起作用约束集 $I\left(x^{(k)}\right)$ 非空, 为求 $x^{(k)}$ 点的可行下降方向, 可由下述不等式组确定向量 d

$$\begin{cases} \left[\nabla f\left(x^{(k)}\right)\right]^{\mathrm{T}} d<0, \\ \left[\nabla g_j\left(x^{(k)}\right)\right]^{\mathrm{T}} d>0, \quad j \in J, \end{cases}$$

这等价于由下面的不等式组求向量 d 和实数 η

$$\begin{cases} \left[\nabla f\left(x^{(k)}\right)\right]^{\mathrm{T}} d \leqslant \eta, \\ -\left[\nabla g_j\left(x^{(k)}\right)\right]^{\mathrm{T}} d \leqslant \eta, \quad j \in J, \\ \eta<0, \end{cases}$$

当然我们希望 η 值越小越好. 因此可将上述选取搜索方向的工作, 转换为求解下述线性规划问题

$$\begin{cases} \min \eta \\ \left[\nabla f\left(x^{(k)}\right)\right]^{\mathrm{T}} d \leqslant \eta, \\ -\left[\nabla g_j\left(x^{(k)}\right)\right]^{\mathrm{T}} d \leqslant \eta, \quad j \in J\left(x^{(k)}\right), \\ -1 \leqslant d_i \leqslant 1, \quad i=1,2,\cdots,n, \end{cases}$$

式中 $d_i(i=1,2,\cdots,n)$ 为向量 d 的分量. 由于我们的目的在于寻找搜索方向 d, 只需知道 d 的各量的相对大小即可, 因此在式中加入最后一个限制条件, 使该线性规划有有限最优解.

将线性规划式的最优解记为 $\left(d^{(k)}, \eta_k\right)$, 如果求出的 $\eta_k=0$, 说明在 $x^{(k)}$ 点不存在可行下降方向, 在 $\nabla g_j\left(x^{(k)}\ \right)$(此处 $j \in I\left(x^{(k)}\right)$) 线性无关的条件下, $x^{(k)}$ 为 KT 点. 若解出的 $\eta_k<0$, 则得到可行下降方向 $d^{(k)}$, 这就是我们所要的搜索方向.

算法 10.2.1 可行方向法

Step 1: 确定允许误差 $\varepsilon_1>0$ 和 $\varepsilon_2>0$, 选初始近似点 $x^{(0)} \in \mathbb{R}$, 并令 $k=0$.

Step 2: 确定起作用约束指标集

$$I\left(x^{(k)}\right)=\left\{j \mid g_j\left(x^{(k)}\right)=0,1 \leqslant j \leqslant l\right\}.$$

(1) 若 $I\left(x^{(k)}\right)=\varnothing$, 而且 $\left\|\nabla f\left(x^{(k)}\right)\right\|^2 \leqslant \varepsilon_1$, 停止迭代, 得点 $x^{(k)}$.

(2) 若 $I\left(x^{(k)}\right)=\varnothing$, 但 $\left\|\nabla f\left(x^{(k)}\right)\right\|^2>\varepsilon_1$, 则取搜索方向 $d^{(k)}=-\nabla f\left(x^{(k)}\right)$, 然后转 Step 5.

(3) 若 $I\left(x^{(k)}\right) \neq \varnothing$, 转 Step 3.

Step 3: 求解线性规划

$$\begin{cases}\min \eta \\ \left[\nabla f\left(x^{(k)}\right)\right]^{\mathrm{T}} d \leqslant \eta, \\ -\left[\nabla g_j\left(x^{(k)}\right)\right]^{\mathrm{T}} d \leqslant \eta, \quad j \in J\left(x^{(k)}\right), \\ -1 \leqslant d_i \leqslant 1, \quad i=1,2,\cdots,n,\end{cases}$$

设它的最优解是 $\left(d^{(k)}, \eta_k\right)$.

Step 4: 检验是否满足

$$|\eta_k| \leqslant \varepsilon_2?$$

若满足则停止迭代, 得到点 $x^{(k)}$; 否则, 转 Step 5.

Step 5: 以 $d^{(k)}$ 为搜索方向, 求步长 λ_k. 即求解一维优化问题

$$\min_{0<\lambda\leqslant\bar{\lambda}} f\left(x^{(k)}+\lambda d^{(k)}\right),$$

其中

$$\bar{\lambda}=\max\left\{\lambda \mid g_j\left(x^{(k)}+\lambda d^{(k)}\right) \geqslant 0, \quad j=1,2,\cdots,l\right\}.$$

Step 6: 令 $x^{(k+1)}=x^{(k)}+\lambda_k d^{(k)}, k:=k+1$, 转 Step 2. ■

例题 10.2.1 用约坦代克法求解下列问题:

$$\begin{array}{ll}\min & x_1^2+x_2^2-2x_1-4x_2+6 \\ \text{s.t.} & \begin{cases}-2x_1+x_2+1 \geqslant 0, \\ -x_1-x_2+2 \geqslant 0, \\ x_1 \geqslant 0, \\ x_2 \geqslant 0,\end{cases}\end{array}$$

初始点为 $x^{(1)}=(0,0)^{\mathrm{T}}$.

解 第一次迭代: $\nabla f\left(x^{(1)}\right)=(-2,-4)^{\mathrm{T}}$, 在 $x^{(1)}$ 处, 起作用约束和不起作用约束的系数矩阵和右端向量分别为

$$A_1=\begin{pmatrix}1 & 0 \\ 0 & 1\end{pmatrix}, \quad A_2=\begin{pmatrix}-2 & 1 \\ -1 & -1\end{pmatrix}, \quad b_1=\begin{pmatrix}0 \\ 0\end{pmatrix}, \quad b_2=\begin{pmatrix}-1 \\ -2\end{pmatrix}.$$

先求在 $x^{(1)}$ 处的下降可行方向, 即求解如下 LP 问题:

$$\min\left(\nabla f(x^{(k)})\right)^{\mathrm{T}} d \qquad\qquad \min -2d_1-4d_2$$

$$\text{s.t.}\begin{cases} A_1 d \geqslant 0, \\ Ed=0, \\ -1 \leqslant d_j \leqslant 1, j=1,2 \end{cases} \Rightarrow \quad \text{s.t.}\begin{cases} d_1 \geqslant 0, \\ d_2 \geqslant 0, \\ -1 \leqslant d_j \leqslant 1, j=1,2. \end{cases}$$

用单纯形法求得最优解

$$d^{(1)}=(1,1)^{\mathrm{T}}.$$

再求步长 λ_1

$$\hat{d}=A_2 d^{(1)}=\begin{pmatrix} -2 & 1 \\ -1 & -1 \end{pmatrix}\begin{pmatrix} 1 \\ 1 \end{pmatrix}=\begin{pmatrix} -1 \\ -2 \end{pmatrix},$$

$$\hat{b}=b_2-A_2 x^{(1)}=\begin{pmatrix} -1 \\ -2 \end{pmatrix}-\begin{pmatrix} -2 & 1 \\ -1 & -1 \end{pmatrix}\begin{pmatrix} 0 \\ 0 \end{pmatrix}=\begin{pmatrix} -1 \\ -2 \end{pmatrix},$$

$$\lambda_{\max}=\min\left\{\frac{-1}{-1}, \frac{-2}{-2}\right\}=1.$$

进行一维搜索:

$$\min f\left(x^{(1)}+\lambda d^{(1)}\right)=2\lambda^2-6\lambda+6$$

$$\text{s.t.} \quad 0 \leqslant \lambda \leqslant 1,$$

得 $\lambda_1=1$. 令

$$x^{(2)}=x^{(1)}+\lambda_1 d^{(1)}=\begin{pmatrix} 1 \\ 1 \end{pmatrix}.$$

重复进行下去, 最后可得最优解 $x^*=(1/2,3/2)$. ■

10.3 求解非线性约束规划问题的罚函数法和广义乘子法

求解约束最优化问题的一种有效途径是利用问题的目标函数和约束函数构造新的目标函数——罚函数, 把约束最优化问题转化为相应的罚函数无约束最优化问题来求解. 广义乘子法是在改进罚函数法的过程中产生并发展起来、借助拉格朗日乘子来构造罚函数的一类约束优化问题的求解方法.

10.3.1 罚函数法

罚函数法求解非线性规划问题的思想是：利用问题中的约束函数作出适当的罚函数项，由此构造出带参数的增广目标函数，把问题转化为无约束非线性规划问题. 主要有两种形式，一种叫罚函数法 (外点法, 外点罚函数法)，另一种叫障碍函数法 (内点法, 内点罚函数法). 由于障碍函数法仅适用于有不等式约束的约束极值问题，而罚函数法适用于任何有约束极值问题. 因此，这里我们只介绍罚函数法.

罚函数法的思路是通过一系列罚因子构造罚函数，将问题转化为序列无约束极值问题，求罚函数的极小点来逼近原约束极值问题的最优解.

考虑约束问题

$$\min \quad f(x) \tag{10.3.1}$$

$$\text{s.t.} \quad \begin{cases} g_j(x) \geqslant 0, \quad j=1,\cdots,p, & (10.3.2)\\ h_i(x)=0, \quad i=1,\cdots,m, & (10.3.3) \end{cases}$$

其中 $f(x), g_j(x), h_i(x)$ 是连续函数.

利用目标函数和约束函数构造辅助函数：

$$F(x,M)=f(x)+M\left[\sum_{j=1}^{p}[\min(0,g_j(x))]^2+\sum_{i=1}^{m}h_i^2(x)\right]. \tag{10.3.4}$$

称函数 $F(x,M)$ 为罚函数，其中的第二项是惩罚项. $M>0$ 为罚因子. 随着罚因子 M 的增加，对在无约束的求解过程中企图违反约束的迭代点给予很大的目标函数值，迫使无约束问题的极小点或者无限地向可行域靠近，或者一直保持在可行域内移动，最终趋于所求非线性规划的最优解.

在实际中，罚因子的选择为一个趋向无穷大的严格递增正数列 $\{M_k\}$，从非可行点出发，逐个求解

$$\min F(x,M_k)=f(x)+M_k\left(\sum_{j=1}^{l}[\min(0,g_j(x))]^2+\sum_{i=1}^{m}h_i^2(x)\right)$$

得到一个极小点的序列 $x^{(k)}(M_k)$，在一定条件下，这个序列将收敛于原约束问题的最优解.

这种通过一系列无约束问题来获得约束问题最优解的方法称为**序列无约束极小化方法**，简称 **SUMT 方法**.

算法 10.3.1　SUMT 法

Step 1: 选取初始点 $x^{(0)}$, 初始罚因子 M_0, 允许误差 $\varepsilon > 0$, 及 $C > 1$, 令 $k = 0$.

Step 2: 以 $x^{(k)}$ 为初始点, 对罚函数进行无约束及极小化, 求 $\min F(x, M_k)$ 得最优解 $(x^{(k)}, (M_k))$.

Step 3: 若存在 $i(0 \leqslant i \leqslant m)$ 使得 $g_i\left(x^{(k)}\left(M_k\right)\right) > \varepsilon$, 取 $M_{k+1} = CM_k$ 并令 $k = k+1$, 返回 Step 2; 否则停止迭代, 并取 $x^* = x_k$. ■

罚函数法是利用罚函数 $F(x, M)$ 是在整个 $\mathbb{R}^n$ 空间内进行优化来求约束优化问题的解, 初始点可任意选择, 这给计算带来了很大方便. 而且外点法也可用于非凸规划的最优化.

例题 10.3.1　用罚函数法求解如下约束优化问题:

$$\begin{aligned} \min \quad & x_1^2 + 2x_2^2 \\ \text{s.t.} \quad & -x_1 - x_2 + 1 \leqslant 0. \end{aligned}$$

解　该问题只有不等式约束, 对应的罚函数为

$$\begin{aligned} F(x, M_k) &= x_1^2 + 2x_2^2 + M_k\left(\min\{x_1 + x_2 - 1, 0\}\right)^2 \\ &= \begin{cases} x_1^2 + 2x_2^2, & x_1 + x_2 \geqslant 1, \\ x_1^2 + 2x_2^2 + M_k\left(-x_1 - x_2 + 1\right)^2, & x_1 + x_2 < 1. \end{cases} \end{aligned}$$

用解析法求 $F(x, M_k)$ 的驻点, 令

$$0 = \frac{\partial F(x, M_k)}{\partial x_1} = \begin{cases} 2x_1, & x_1 + x_2 \geqslant 1, \\ 2x_1 + 2M_k(x_1 + x_2 - 1), & x_1 + x_2 < 1. \end{cases}$$

$$0 = \frac{\partial F(x, M_k)}{\partial x_2} = \begin{cases} 4x_2, & x_1 + x_2 \geqslant 1, \\ 4x_2 + 2M_k(x_1 + x_2 - 1), & x_1 + x_2 < 1. \end{cases}$$

当 $x_1 + x_2 \geqslant 1$ 时, $x_1 = 0 = x_2$, 舍去该点.

当 $x_1 + x_2 < 1$ 时, 由 $\dfrac{\partial F(x, M_k)}{\partial x_1} = \dfrac{\partial F(x, M_k)}{\partial x_2} = 0$, 得到

$$\begin{cases} 2x_1 + 2M_k(x_1 + x_2 - 1) = 0, \\ 4x_2 + 2M_k(x_1 + x_2 - 1) = 0, \end{cases}$$

解得 $x_1^{(k)} = \dfrac{2M_k}{2+3M_k}, x_2^{(k)} = \dfrac{M_k}{2+3M_k}$. 令 $M_k \to +\infty$, 得到

$$x^* = (2/3, 1/3)^{\mathrm{T}}.$$ ■

由于无约束优化问题的解法目前已经有许多很有效的算法, 如 DFP 算法、BFGS 法等, 所以在求解复杂的约束优化问题时, 工程技术人员一般乐于采用罚函数法.

为求解约束优化问题, 需要求解一系列的无约束优化问题, 计算量大, 且罚因子的选取方法对收敛速度的影响比较大. 另外罚因子的增大使得问题的求解变得很困难. 常常会使增广目标函数趋于病态. 这是罚函数法固有的弱点, 使其使用受到限制. 这正是乘子法所要解决的问题.

10.3.2 广义乘子法

乘子法是由鲍威尔 (Powell) 和海斯特内斯 (Hestenes) 于 1969 年彼此独立对求解等式约束的优化问题提出来的. 1973 年, 洛克菲勒 (Rockafellar) 将其推广到不等式约束的优化问题, 成为求解约束优化问题的一类重要而有效的方法. 后来, 伯特塞卡斯 (Bertsekas) 对乘子法做了系统的论述与理论分析.

乘子法基本思想：把外点罚函数与拉格朗日函数结合起来, 构造出更合适的新目标函数, 使得在罚因子适当大的情况下, 借助于拉格朗日乘子就能逐步求得原约束问题的最优解.

由于这种方法要借助于拉格朗日乘子的迭代进行求解而又区别于经典的拉格朗日乘子法, 故称为**广义乘子法**.

首先考虑等式约束问题：

$$\begin{aligned} \min \quad & f(x) \\ \text{s.t.} \quad & h_i(x) = 0, \quad i = 1, \cdots, m. \end{aligned} \tag{10.3.5}$$

记

$$h(x) = \begin{pmatrix} h_1(x) \\ \vdots \\ h_m(x) \end{pmatrix}, \quad v = \begin{pmatrix} v_1 \\ \vdots \\ v_m \end{pmatrix}.$$

定义乘子罚函数：

$$L(x, \sigma, v) = f(x) + \frac{\sigma}{2} \sum_{j=1}^{l} h_j^2(x) - \sum_{j=1}^{l} v_j h_j(x).$$

等式约束问题转化为求解一系列的无约束问题

$$\min L\left(x,\sigma_k,v^{(k)}\right)=f(x)+\frac{\sigma_k}{2}\sum_{j=1}^{l}h_j^2(x)-\sum_{j=1}^{l}v_j^{(k)}h_j(x), \tag{10.3.6}$$

其中 $v^{(k)}=\left(v_1^{(k)},v_2^{(k)},\cdots,v_l^{(k)}\right)^{\mathrm{T}}$ 是第 k 次迭代中采用的拉格朗日乘子.

等式约束下的增广乘子法的计算步骤如下.

算法 10.3.2 等式约束下的增广乘子法

Step 1: 选取初始数据. 选取初值 $x^{(0)}$ 初始乘子 $\lambda^{(0)}$, 初始罚因子 $\sigma_0>0$, 放大系数 $\alpha>1$, 允许误差 $\varepsilon>0$, 参数 $\omega\in(0,1)$, 令 $k=0$.

Step 2: 求解无约束问题 (10.3.6) . 设其最优解为 $\tilde{x}$.

Step 3: 检查是否满足终止准则. 若 $\|h(\tilde{x})\|<\varepsilon$, 则迭代终止, $\tilde{x}$ 为等式约束问题 (10.3.5) 的近似最优解; 否则, 转 Step 4.

Step 4: 进行乘子更新. 令 $v_j^{(k+1)}=v_j^{(k)}-\sigma_k h_j\left(x^{(k)}\right),j=1,2,\cdots,l$. 转 Step 5.

Step 5: 判断收敛快慢. 若 $\dfrac{\left\|h\left(x^{(k)}\right)\right\|}{\left\|h\left(x^{(k-1)}\right)\right\|}\geqslant\omega$, 则令 $\sigma_{k+1}=\alpha\sigma_k$; 否则令 $\sigma_{k+1}:=\sigma_k$. 转 Step 6;

Step 6: 令 $k:=k+1$,$x^{(k)}=\tilde{x}$. 转 Step2. ■

例题 10.3.2 选取初始乘子 $v^{(0)}=1$, 初始罚因子 $\sigma_0=0.5$, 放大系数 $\alpha=2$. 允许误差 $\varepsilon=1\mathrm{e}-6$, 参数 $\omega=0.1$. 用广义乘子法求解约束优化问题:

$$\begin{aligned}\min\quad & f(x)=2x_1^2+x_2^2-2x_1x_2\\ \text{s.t.}\quad & x_1+x_2=1.\end{aligned}$$

解 记 $h(x)=x_1+x_2-1$, 定义增广拉格朗日函数如下:

$$L(x,\sigma,v)=2x_1^2+x_2^2-2x_1x_2+\frac{\sigma}{2}(x_1+x_2-1)^2-v(x_1+x_2-1).$$

令

$$\frac{\partial L(x,\sigma,v)}{\partial x_1}=4x_1-2x_2+\sigma(x_1+x_2-1)-v=0,$$
$$\frac{\partial L(x,\sigma,v)}{\partial x_2}=2x_2-2x_1+\sigma(x_1+x_2-1)-v=0,$$

解得

$$x_1^{(v,\sigma)}=\frac{2v+2\sigma}{5\sigma+2},\quad x_2^{(v,\sigma)}=\frac{3v+3\sigma}{5\sigma+2}.$$

它是无约束优化问题 $\min L(x,\sigma,v)$ 的最优解.

第一次迭代. 由于选取的初始乘子 $v^{(0)}=1$, 初始罚因子 $\sigma_0=0.5$, 无约束优化问题 $\min L(x,1,2)$ 的最优解为

$$x_1^{(0)}=\frac{2\times 1+2\times 0.5}{5\times 0.5+2}=\frac{2}{3},\quad x_2^{(0)}=\frac{3\times 1+3\times 0.5}{5\times 0.5+2}=1.$$

由于 $|h(x^{(0)})|=2/3>1\mathrm{e}-6$, 因此, 需要继续迭代. 先进行乘子更新:

$$v^{(1)}=v^{(0)}-\sigma_0 h\left(x^{(0)}\right)=1-0.5\times\frac{2}{3}=\frac{2}{3}.$$

放大罚因子, $\sigma_1=\alpha\sigma_0=2\times 0.5=1$.

继续进行, 直到求得的解满足精度要求为止. 表 10.6 是求解过程的有关数据表. 从表中可知, 迭代 7 次后所得到的解满足精度要求, 问题的最优解为 $x_1^*=0.4, x_2^*=0.6$, 最优目标函数值是 0.2.

表 10.6 例题 10.3.2 求解过程的有关数据表

k	$x_1^{(k)}$	$x_2^{(k)}$	$h(x^{(k)})$	$v^{(k+1)}$	$h(x^{(k)})/h(x^{(k-1)})$	σ_{k+1}
0	0.666667	1.000000	0.666667	0.666667	—	1.000000
1	0.476190	0.714286	0.190476	0.476190	0.285714	2.000000
2	0.412698	0.619048	0.031746	0.412698	0.166667	4.000000
3	0.401154	0.601732	0.002886	0.401154	0.090909	4.000000
4	0.400105	0.600157	0.000262	0.400105	0.090909	4.000000
5	0.400010	0.600014	0.000024	0.400010	0.090909	4.000000
6	0.400001	0.600001	0.000002	0.400001	0.090909	4.000000
7	0.400000	0.600000	0.000000	0.400000	0.090909	4.000000

■

下面我们讨论不等式约束问题的广义乘子法. 考虑不等式约束问题:

$$\begin{aligned}\min\quad & f(x)\\ \text{s.t.}\quad & g_i(x)\geqslant 0,\quad i=1,\cdots,l.\end{aligned}$$

我们引入变量 y_i, 将不等式约束问题化为如下等式约束问题:

$$\begin{aligned}\min\quad & f(x)\\ \text{s.t.}\quad & g_i(x)-y_i^2=0,\quad i=1,\cdots,l.\end{aligned}$$

定义增广拉格朗日函数

$$\bar{L}\left(x,y,\sigma_k,v_k\right)=f(x)+\frac{\sigma_k}{2}\sum_{i=1}^{m}\left[g_i(x)+y_i^2\right]^2+\sum_{i=1}^{m}v_i^{(k)}\left[g_i(x)-y_i^2\right].$$

由于 y_i 是引入的变量, 可以证明, 为使 $\bar{L}$ 取得极小, y_i^2 的取值必满足

$$y_i^2=\frac{1}{\sigma}\left[\min\left(0,v_i+\sigma g_i(x)\right)\right],\quad i=1,2,\cdots,m.$$

代入增广的目标函数, 有

$$\bar{L}(x,v,\sigma)=f(x)+\frac{1}{2\sigma}\sum_{i=1}^{m}\left\{\left[\min\left(0,v_i+\sigma g_i(x)\right)\right]^2-v_i^2\right\}.$$

令

$$L\left(x,\sigma_k,v^{(k)}\right)=f(x)+\frac{1}{2\sigma_k}\sum_{i=1}^{m}\left\{\left[\min\left(0,v_i^{(k)}+\sigma_k g_i(x)\right)\right]^2-\left(v_i^{(k)}\right)^2\right\}.$$

极小化 $L\left(x,\sigma_k,v^{(k)}\right)$ 得到原问题的逼近最优解. 同时, 乘子的更新公式为

$$v_i^{(k+1)}=\min\left(0,v_i^{(k)}+\sigma g_i\left(x^k\right)\right),\quad i=1,2,\cdots,m.$$

不等式约束下的增广乘子法的算法步骤与等式约束的情形类似.

例题 10.3.3　用广义乘子法求解

$$\begin{aligned}&\min x_1^2+2x_2^2\\&\text{s.t.}\quad x_1+x_2\leqslant 1.\end{aligned}$$

解　引入乘子罚函数

$$L\left(x,\sigma,v^{(k)}\right)=x_1^2+2x_2^2+\frac{1}{2\sigma}\left\{\left[\max\left(0,v_k+\sigma\left(x_1+x_2-1\right)\right)\right]^2-v_k^2\right\}$$

$$=\begin{cases}x_1^2+2x_2^2+\dfrac{1}{2\sigma}\left\{\left[v_k+\sigma\left(x_1+x_2-1\right)\right]^2-v_k^2\right\}, & x_1+x_2-1\leqslant\dfrac{v_k}{\sigma},\\ x_1^2+2x_2^2+\dfrac{v_k^2}{2\sigma}, & x_1+x_2-1>\dfrac{v_k}{\sigma}.\end{cases}$$

则有

$$\frac{\partial L}{\partial x_1}=\begin{cases}2x_1+\left[v_k+\sigma\left(x_1+x_2-1\right)\right], & x_1+x_2-1\leqslant\dfrac{v_k}{\sigma},\\ 2x_1, & x_1+x_2-1>\dfrac{v_k}{\sigma},\end{cases}$$

$$\frac{\partial L}{\partial x_2}=\begin{cases}4x_2+\left[v_k+\sigma\left(x_1+x_2-1\right)\right], & x_1+x_2-1\leqslant\dfrac{v_k}{\sigma},\\ 4x_2 & x_1+x_2-1>\dfrac{v_k}{\sigma}.\end{cases}$$

令

$$\nabla L(x, \sigma, v_k) = 0,$$

得到无约束问题

$$\min_{x \in \mathbb{R}^n} L(x, \sigma, v_k)$$

的最优解 $x^{(k)} = \left(x_1^{(k)}, x_2^{(k)}\right)^{\mathrm{T}}$, 其中

$$x_1^{(k)} = \frac{2(v_k + \sigma)}{4 + 3\sigma}, \quad x_2^{(k)} = \frac{v_k + \sigma}{4 + 3\sigma}.$$

取 $\sigma = 2, v_1 = 1$, 有

$$x_1 = \left(x_1^{(1)}, x_2^{(1)}\right)^{\mathrm{T}} = \left(\frac{3}{5}, \frac{3}{10}\right)^{\mathrm{T}}.$$

再修正乘子 v_1, 令

$$v_2 = \max\left\{0, v_1 + \sigma\left(x_1^{(1)} + x_2^{(1)} - 1\right)\right\} = \frac{6}{5}$$

得到

$$x_2 = \left(x_1^{(2)}, x_2^{(2)}\right)^{\mathrm{T}} = \left(\frac{16}{25}, \frac{8}{25}\right)^{\mathrm{T}}.$$

以此类推, 设在第 k 次迭代中取乘子 v_k, 则得到无约束问题的最优解

$$x^{(k)} = \left(x_1^{(k)}, x_2^{(k)}\right)^{\mathrm{T}} = \left(\frac{1}{5}(2 + v_k), \frac{1}{10}(2 + v_k)\right)^{\mathrm{T}}.$$

再修正 v_k, 有

$$v_{k+1} = \max\left\{0, v_k + 2\left(x_1^{(k)} + x_2^{(k)} - 1\right)\right\} = \frac{1}{5}(2v_k + 4).$$

显然, 按上式迭代得到的乘子序列 $\{v_k\}$ 是收敛的, 且当 $k \to \infty$ 时, $v_k \to \dfrac{4}{3}, x_k \to \left(\dfrac{2}{3}, \dfrac{1}{3}\right)^{\mathrm{T}} = x^*$, 其中 x^* 是原不等式约束问题的最优解. ■

最后考虑一般约束情形的乘子法

$$\begin{aligned} \min \quad & f(x) \\ \text{s.t.} \quad & \begin{cases} g_i(x) \geqslant 0, & i = 1, 2, \cdots, m, \\ h_j(x) = 0, & j = 1, 2, \cdots, l. \end{cases} \end{aligned}$$

对于一般约束问题, 只要综合等式约束和不等式约束的情况写出增广目标函数来求解即可. 其算法称为 PHR 算法.

构造广义拉格朗日函数:

$$\psi(x,v,u,\sigma)=f(x)+\frac{1}{2\sigma}\sum_{i=1}^{m}\left\{\left[\min\left(0,v_i+\sigma g_i(x)\right)\right]^2-v_i^2\right\}$$
$$+\sum_{j=1}^{p}u_jh_j(x)+\frac{\sigma}{2}\sum_{j=1}^{p}h_j^2(x).$$

给定初始条件后, 求解

$$\min\psi\left(x,v^{(k)},u^{(k)},\sigma\right),$$

其中 $v^{(k)},u^{(k)}$ 按下面指定的公式修正:

$$v_i^{(k+1)}=\min\left(0,v_i^k+\sigma g_i\left(x^{(k)}\right)\right),\quad i=1,2,\cdots,m;$$
$$u_i^{(k+1)}=u_i^{(k)}+\sigma h_j\left(x^{(k)}\right),\quad j=1,2,\cdots,l.$$

算法 10.3.3　PHR 算法

Step 1: 选取初始值 $x^0,v^{(1)},u^{(1)},\sigma_1$ 及放大系数 $\alpha>1,\varepsilon>0$, 衡量标准 $\omega\in(0,1)$, 令 $k=1$.

Step 2: 以 $x^{(k-1)}$ 为初始点求无约束问题: $\min\psi\left(x,v^{(k)},u^{(k)},\sigma_k\right)$, 得 $x^{(k)}$.

Step 3: 若 $\left\|h\left(x^{(k)}\right)\right\|\leqslant\varepsilon$, 则 $x^*=x^{(k)}$, 停; 否则转 Step 4.

Step 4: 若 $\dfrac{\left\|h\left(x^{(k)}\right)\right\|}{\left\|h\left(x^{(k-1)}\right)\right\|}\leqslant\omega$, 转 Step5; 否则, 令 $\sigma_{k+1}=\alpha\sigma_k$, 转 Step 5.

Step 5: 令 $v^{k+1}=\min\left(0,v^{(k)}+\sigma_kg\left(x^{(k)}\right)\right),u^{(k+1)}=u^{(k)}+\sigma_kh\left(x^{(k)}\right)$, $k=k+1$, 转 Step 2.

■

习　题　10

习题 10.1　对线性规划问题

$$\begin{aligned}&\max\quad z=cx\\&\text{s.t.}\quad\begin{cases}Ax=b,\\x_1,x_2,x_3,x_4,x_5\geqslant 0,\end{cases}\end{aligned}$$

其中 $A=\begin{pmatrix}1&2&-1&4&2\\0&0&3&0&2\end{pmatrix},c=\begin{pmatrix}9,-2,5,4,8\end{pmatrix},b=\begin{pmatrix}18\\30\end{pmatrix}$.

(1) 找出它的全部可行基, 并求出相应的基解.

(2) 利用 (1) 的结论, 求出该线性规划问题的最优解.

习题 10.2 将下列线性规划问题变换成标准形, 并用单纯形法进行求解.

(1)

$$\max \quad z = x_1 + 5x_2$$
$$\text{s.t.} \quad \begin{cases} x_1 + 2x_2 \leqslant 10, \\ x_1 + x_2 \geqslant 1, \\ x_2 \leqslant 4, \\ x_1, x_2 \geqslant 0. \end{cases}$$

(2)

$$\min \quad z = 2x_1 + 3x_2$$
$$\text{s.t.} \quad \begin{cases} x_1 + 3x_2 \geqslant 4, \\ x_1 + x_2 \geqslant 2, \\ x_1, x_2 \geqslant 0. \end{cases}$$

(3)

$$\max \quad z = -5x_1 + 5x_2 + 13x_3$$
$$\text{s.t.} \quad \begin{cases} -x_1 + x_2 + 2x_3 \leqslant 20, \\ 3x_1 + 2x_2 + 5x_3 \leqslant 90, \\ x_1, x_2, x_3 \geqslant 0. \end{cases}$$

习题 10.3 求解线性规划问题

$$\max \quad z = cx$$
$$\text{s.t.} \quad \begin{cases} Ax = b, \\ x_1, x_2, \cdots, x_n \geqslant 0. \end{cases}$$

其中:

$$(1) A = \begin{pmatrix} 1 & 2 & -1 & 5 & 2 & 1 & 0 \\ 3 & -3 & 4 & 2 & -3 & 0 & 1 \end{pmatrix}, c = \begin{pmatrix} 5, -2, 3, 4, 2, 0, 0 \end{pmatrix}, b = \begin{pmatrix} 20 \\ 24 \end{pmatrix}.$$

$$(2) A = \begin{pmatrix} 1 & 2 & -1 & 5 & 2 & 1 & 0 \\ 3 & -3 & 4 & 2 & -3 & 0 & 1 \end{pmatrix}, c = \begin{pmatrix} 5, -2, 3, 4, 2, 2, 3 \end{pmatrix}, b = \begin{pmatrix} 20 \\ 24 \end{pmatrix}.$$

$$(3) A = \begin{pmatrix} 1 & 2 & -1 & 5 & 0 & 1 & 0 \\ 3 & -3 & 4 & 2 & 0 & 0 & 1 \\ 4 & 2 & -1 & 3 & 1 & 0 & 0 \end{pmatrix}, c = \begin{pmatrix} 9, -2, 3, 4, -1, 2, 3 \end{pmatrix}, b = \begin{pmatrix} 15 \\ 24 \\ 24 \end{pmatrix}.$$

(4) $A=\begin{pmatrix} 1 & 2 & -1 & 4 & 2 & 1 & 0 \\ 0 & 2 & 3 & 2 & 2 & -1 & 1 \\ 0 & 0 & 0 & 3 & 4 & 2 & 1 \end{pmatrix}, c=\left(9,-2,5,4,8,4,-2\right), b=\begin{pmatrix} 48 \\ 30 \\ 24 \end{pmatrix}$.

(5) $A=\begin{pmatrix} 1 & 0 & -1 & 0 & -1 & 1 & 0 \\ 0 & 1 & 3 & 0 & 2 & -4 & 1 \\ 0 & 0 & 0 & 1 & 2 & -2 & 1 \end{pmatrix}, c=\left(0,0,5,0,8,2,-2\right), b=\begin{pmatrix} 36 \\ 24 \\ 15 \end{pmatrix}$.

习题 10.4　完成例题 10.2.1的后续计算过程, 求出问题的最优解 $x^* = (1/2, 3/2)$.

习题 10.5　用可行方向法求解

$$\begin{aligned} \min \quad & f(x) = 2x_1^2 + 2x_2^2 - 2x_1x_2 - 4x_1 - 6x_2 \\ \text{s.t.} \quad & \begin{cases} x_1 + x_2 \leqslant 2, \\ x_1 + 5x_2 \leqslant 5, \\ x_1, x_2 \geqslant 0. \end{cases} \end{aligned}$$

习题 10.6　用罚函数法求解下列非线性规划问题:

(1)

$$\begin{aligned} \min \quad & z = (x_1+1)^2 + 12x_2 \\ \text{s.t.} \quad & \begin{cases} x_1 + 1 \geqslant 0, \\ x_2 \geqslant 0. \end{cases} \end{aligned}$$

(2)

$$\begin{aligned} \max \quad & z = x_1 \\ \text{s.t.} \quad & \begin{cases} (x_2 - 2) + (x_1 - 1)^3 \leqslant 0, \\ (x_1 - 1)^3 - (x_2 - 2) \leqslant 0, \\ x_1, x_2 \geqslant 0. \end{cases} \end{aligned}$$

习题 10.7　试用罚函数法求解约束非线性最优化问题, 要求选取 $\sigma_1 = 0.5$, $\alpha = 2, \varepsilon = 10^{-4}$:

$$\begin{aligned} \min \quad & x_1^2 + x_2^2; \\ \text{s.t.} \quad & x_1 + x_2 - 1 = 0. \end{aligned}$$

$$\begin{aligned} \min \quad & x_1^2 + 2x_2^2; \\ \text{s.t.} \quad & \begin{cases} 2x_1 + x_2 \leqslant 2, \\ x_1 \geqslant x_2^2 \\ x_1 \geqslant 1. \end{cases} \end{aligned}$$

习题 10.8 试用广义乘子法求解下列等式约束问题:

(1) $\begin{array}{ll} \min & x_1^2 + x_1x_2 + x_2^2 - 2x_2 \\ \text{s.t.} & x_1 + x_2 - 2 = 0 \end{array}$ (取 $v_1 = 0$).

(2) $\begin{array}{ll} \min & x_2^2 - 3x_1 \\ \text{s.t.} & \begin{cases} x_1 + x_2 = 1, \\ x_1 - x_2 = 0 \end{cases} \end{array}$ (取$v_1 = (0,0)^{\mathrm{T}}$) 要求取 $\sigma_0 = 1$, 并作 3 轮迭代.

第 11 章 数值微分与微分方程的数值解法

CHAPTER

大多数基本的科学定律可以通过微分方程的形式给出系统的状态变化. 如牛顿第二定律

$$\frac{\mathrm{d}v}{\mathrm{d}t}=\frac{F}{m},$$

其中 v 表示速度, F 表示力, m 表示质量. 波动方程

$$\frac{\partial^2 u}{\partial t^2}-a^2\frac{\partial^2 u}{\partial x^2}=0,$$

$u(x,t)$ 是振幅, a 是一个常数.

自然界中的很多现象也经常要用微分方程来描述. 比如, 考虑一个生物群体的指数增长, 假设 t 时刻群体的数目为 x, r 为增长率, 这个系统可以描述为一阶微分方程

$$\frac{\mathrm{d}x}{\mathrm{d}t}=rx.$$

又比如, 钟摆的运动由下面的方程描述:

$$\frac{\mathrm{d}^2 x}{\mathrm{d}t^2}+\frac{g}{L}\sin x=0,$$

式中, x 为钟摆偏离铅垂线的角度, g 是重力加速度, L 是钟摆的长度.

牛顿第二定律和生物群体指数增长模型的最高阶是一阶, 称为一阶微分方程. 而波动方程和钟摆的运动方程含有二阶导数, 称为二阶微分方程. 高阶微分方程可转化为一阶微分方程组. 只含有一个自变量的微分方程称为常微分方程, 含有两个或更多个自变量的微分方程称为偏微分方程. 本章我们主要讨论数值微分和微分方程初值问题的数值解法, 即在一些离散点上给出微分方程问题解的近似值.

11.1 数 值 微 分

当函数 $f(x)$ 是通过一些离散节点上的数值给出时, 通常用数值微分来近似代替导数 $f'(x)$. 数值微分就是用函数值的线性组合来近似函数在某一点的导数值.

11.1.1 利用差商求数值微分

按导数的定义, 在 x 处有

$$
\begin{aligned}
f'(x) &= \lim_{h\to 0}\frac{f(x+h)-f(x)}{h} = \lim_{h\to 0}\frac{f(x)-f(x-h)}{h} \\
&= \lim_{h\to 0}\frac{f(x+h)-f(x-h)}{2h}.
\end{aligned}
\tag{11.1.1}
$$

当 h 充分小时, 用差商近似导数, 可以得到几种数值微分公式:

$$
\begin{cases}
f'(x) \approx \dfrac{f(x+h)-f(x)}{h}, \\
f'(x) \approx \dfrac{f(x)-f(x-h)}{h}, \\
f'(x) \approx \dfrac{f(x+h)-f(x-h)}{2h}.
\end{cases}
\tag{11.1.2}
$$

其中 h 称为**步长**.

要利用一阶中心差商

$$
G(h) = \frac{f(a+h)-f(a-h)}{2h}
$$

近似代替导数 $f'(a)$, 需要进行误差分析. 将 $f(a\pm h)$ 在 $x=a$ 处做泰勒展开, 得到

$$
f(a+h) = f(a) + hf'(a) + \frac{h^2}{2}f''(a) + \frac{h^3}{6}f'''(\xi), \quad a \leqslant \xi \leqslant a+h.
$$

$$
f(a-h) = f(a) - hf'(a) + \frac{h^2}{2}f''(a) - \frac{h^3}{6}f'''(\eta), \quad a-h \leqslant \eta \leqslant a.
$$

代入上式得

$$
G(h) = f'(a) + \frac{h^2}{3!}f'''(\zeta),
$$

得到一阶中心差商公式的截断误差为

$$
R(a) = f'(a) - G(h) = -\frac{h^2}{6}f'''(\zeta) = O\left(h^2\right),
$$

其中 $a-h \leqslant \zeta \leqslant a+h$. 类似地, 利用泰勒展开也可以得到一阶向前差商和一阶向后差商的截断误差.

数值微分公式的误差来源于截断误差和计算舍入误差. 从截断误差的角度来看, 步长越小, 计算结果越准确, 且截断误差

$$|f'(a)-G(h)|\leqslant \frac{h^2}{6}M,\quad M=\max_{|x-a|\leqslant h}|f'''(x)|.$$

再看计算过程中的舍入误差. 当步长 h 很小时, $f(a+h)$ 和 $f(a-h)$ 很接近, 两相近数直接相减会造成有效数字损失. 假设 $f(a+h)$ 和 $f(a-h)$ 分别有舍入误差 ϵ_1 和 ϵ_2, 则计算 $f'(a)$ 的舍入误差上界为

$$|f'(a)-G(h)|\leqslant \frac{|\epsilon_1|+|\epsilon_2|}{2h}\leqslant \frac{\epsilon}{h},\quad \epsilon=\max\{|\epsilon_1|,|\epsilon_2|\},$$

这说明步长 h 越小, 舍入误差越大, 故它是病态的. 用一阶中心差商公式计算 $f'(a)$ 的误差上界为

$$E(h)=\frac{h^2}{6}M+\frac{\epsilon}{h}.$$

11.1.2 插值型求导公式

对于给定的函数表型的函数 $y=f(x)$, 可以建立插值多项式 $y=P_n(x)$ 作为它的近似. 由于多项式的求导比较容易, 我们取 $P_n'(x)$ 作为 $f'(x)$ 的近似值, 这样建立的数值公式

$$f'(x)\approx P_n'(x) \tag{11.1.3}$$

统称为**插值型求导公式**. 由插值余项定理, 在插值节点 x_j 上, 插值型求导公式的截断误差为

$$R(x_j)=\frac{f^{(n+1)}(\xi)}{(n+1)!}\prod_{\substack{k=0\\k\neq j}}^{n}(x_j-x_k),\quad \xi \text{ 在 } x_0 \text{ 和 } x_n \text{ 之间}. \tag{11.1.4}$$

为简化计算, 假定取的是等距节点.

例题 11.1.1 设已给定间距为 h 的等距节点 x_0,x_1,x_2 上的函数值, 试计算 $f'(x_0),f'(x_1),f'(x_2)$.

解 利用节点 $(x_i,f(x_i)),i=0,1,2$ 构造二次插值多项式

$$\begin{aligned}L_2(x)=&f(x_0)\frac{(x-x_1)(x-x_2)}{(x_0-x_1)(x_0-x_2)}+f(x_1)\frac{(x-x_0)(x-x_2)}{(x_1-x_0)(x_1-x_2)}\\&+f(x_2)\frac{(x-x_0)(x-x_1)}{(x_2-x_0)(x_2-x_1)}.\end{aligned} \tag{11.1.5}$$

令 $x=x_0+th$, 上式可表示为

$$L_2(x_0+th)=\frac{1}{2}(t-1)(t-2)f(x_0)-t(t-2)f(x_1)+\frac{1}{2}t(t-1)f(x_2).$$

两端对 t 求导, 有

$$L_2'(x_0+th)=\frac{1}{2h}\left[(2t-3)f(x_0)-(4t-4)f(x_1)+(2t-1)f(x_2)\right].$$

对上式分别取 $t=0,1,2$, 得到三种三点公式:

$$f'(x_0)\approx L_2'(x_0)=\frac{1}{2h}\left[-3f(x_0)+4f(x_1)-f(x_2)\right],$$

$$f'(x_1)\approx L_2'(x_1)=\frac{1}{2h}\left[-f(x_0)+f(x_2)\right],$$

$$f'(x_2)\approx L_2'(x_2)=\frac{1}{2h}\left[f(x_0)-4f(x_1)+3f(x_2)\right].$$

利用泰勒展开, 可得到三点公式的截断误差为 $O(h^2)$.

用插值多项式 $L_n(x)$ 作为 $f(x)$ 的近似函数, 还可以建立高阶的数值微分公式:

$$f^{(k)}(x)\approx L_n^{(k)}(x),\quad k=1,2,\cdots.$$

如二阶三点公式

$$f_2''(x_1)\approx L_2''(x_1)=\frac{1}{h^2}\left[f(x_0)-2f(x_1)+f(x_2)\right].$$

11.2 求解常微分方程初值问题的单步法

常见的一阶常微分方程初值问题 (IVP) 可写成

$$\begin{aligned}&Y'(x)=f(x,Y(x)),\quad a\leqslant x\leqslant b,\\&Y(a)=Y_0.\end{aligned}\tag{11.2.1}$$

为保证问题 (11.2.1) 的解存在且唯一, 并连续依赖于初值 Y_0, 通常要求 $f(x,Y)$ 在区域 $D=x\in[a,b],Y\in(-\infty,+\infty)$ 连续, 且满足利普希茨条件, 即存在正常数 L, 使得

$$|f(x,Y_1)-f(x,Y_2)|\leqslant L|Y_1-Y_2|\tag{11.2.2}$$

对所有 $x\in[a,b],Y_1,Y_2\in(-\infty,+\infty)$ 成立. 本章总假定 f 满足此条件.

11.2.1 欧拉法及其扩展：θ 法

欧拉法是求解初值问题 (11.2.1) 的最简单的单步法. 要在区间 $[a,b]$ 上求解初值问题 (11.2.1), 我们将区间 $[a,b]$ 划分成 N 等份, 网格节点记为 $x_n = x_0+nh, n = 0,\cdots,N$, 步长 $h=(b-a)/N$. 假设对于每一个 n, 我们寻找方程在 x_n 处的准确解 $Y(x_n)$ 的近似值 $y(x_n)$, 简记为 y_n. 已知初值 $Y_0 = y_0$, 假设已经通过计算得到近似值 y_n, $0 \leqslant n \leqslant N-1$, 我们定义

$$y_{n+1} = y_n + hf(x_n, y_n), \quad n = 0,\cdots,N-1. \tag{11.2.3}$$

连续取 $n = 0,1,\cdots,N-1$, 一次一步, 可以得到网格节点 x_n 处的近似值 y_n. 这种数值方法被称为**欧拉法**.

欧拉法的几何意义就是：从 P_0 出发作一斜率为 $f(x_0,y_0)$ 的直线交直线 $x = x_1$ 于 P_1, 这时 P_1 的纵坐标 y_1 就是 $y(x_1)$ 的近似值, 再从 P_1 作一斜率为 $f(x_1,y_1)$ 的直线交 $x = x_2$ 于点 $P_2(x_2,y_2)$, 以此类推可以得到一条折线, 这条折线就是解 $y=y(x)$ 的近似图形.

欧拉法可由以下三种方法导出.

(1) 泰勒展开法.

假设初值问题 (11.2.1) 的解 $Y(x) \in C^2[a,b]$, 将 $Y(x_{n+1}) = Y(x_n+h)$ 在 x_n 处进行泰勒展开, 得到

$$\begin{aligned} Y(x_{n+1}) &= Y(x_n) + hY'(x_n) + \frac{h^2}{2!}Y''(\xi) \\ &= Y(x_n) + hf(x_n, Y(x_n)) + \frac{h^2}{2}Y''(\xi), \quad \xi \in (x_n, x_{n+1}). \end{aligned} \tag{11.2.4}$$

将 $Y(x_n)$ 用数值解 y_n 代替, 且略去上式中关于 h 的二阶项 $\dfrac{h^2}{2}Y''(\xi)$, 则得

$$Y(x_{n+1}) \approx y_n + hf(x_n, y_n),$$

将上式左端记为 y_{n+1}, 得到计算 $Y(x_{n+1})$ 的近似值 y_{n+1} 的欧拉公式：

$$y_{n+1} = y_n + hf(x_n, y_n), \quad n = 0,1,\cdots,N-1.$$

(2) 差商代替导数.

利用向前差商近似导数

$$Y'(x_n) \approx \frac{Y(x_{n+1}) - Y(x_n)}{h}$$

得到

$$Y(x_{n+1}) \approx Y(x_n) + hY'(x_n).$$

用近似值 y_n 近似代替 $Y(x_n)$, 从而得到欧拉法的一般格式:

$$y_{n+1} = y_n + hf(x_n, y_n), \quad n = 0, 1, \cdots, N-1.$$

(3) 数值积分法.

对常微分方程在两个连续的网格点 x_n, x_{n+1} 上进行积分, 得到等价的积分形式:

$$Y(x_{n+1}) = Y(x_n) + \int_{x_n}^{x_{n+1}} f(x, Y(x))\mathrm{d}x, \quad n = 0, \cdots, N-1. \tag{11.2.5}$$

利用数值积分的左矩形公式

$$\int_{x_n}^{x_{n+1}} g(x)\mathrm{d}x \approx hg(x_n) \tag{11.2.6}$$

可以得到

$$Y(x_{n+1}) \approx Y(x_n) + hf(x_n, Y(x_n)), \quad n = 0, \cdots, N-1, \quad Y(x_0) = Y_0. \tag{11.2.7}$$

用 y_{n+1} 替代 $Y(x_{n+1})$, 可得到欧拉法的一般递推公式

$$y_{n+1} = y_n + hf(x_n, y_n), \quad n = 0, \cdots, N-1.$$

将 (11.2.6) 中的左矩形积分公式用一个含单变量 θ 的积分规则代替, 推广为

$$\int_{x_n}^{x_{n+1}} g(x)\mathrm{d}x \approx h\left[(1-\theta)g(x_n) + \theta g(x_{n+1})\right], \quad \theta \in [0,1]. \tag{11.2.8}$$

由此可近似得到

$$\begin{aligned} &Y(x_{n+1}) \approx Y(x_n) + h\left[(1-\theta)f(x_n, Y(x_n)) + \theta f(x_{n+1}, Y(x_{n+1}))\right], \\ &n = 0, \cdots, N-1. \end{aligned} \tag{11.2.9}$$

进一步可导出一族含单变量 θ 的单步法 (即 θ **法**).

$$\begin{aligned} &y_{n+1} = y_n + h\left[(1-\theta)f(x_n, y_n) + \theta f(x_{n+1}, y_{n+1})\right], \\ &n = 0, \cdots, N-1, \theta \in [0,1]. \end{aligned} \tag{11.2.10}$$

当 $\theta=0$ 时, 即为欧拉法. 当 $\theta=1$ 时, 我们得到**隐式欧拉格式**

$$y_{n+1}=y_n+hf\left(x_{n+1},y_{n+1}\right),\quad n=0,\cdots,N-1. \tag{11.2.11}$$

当 $\theta=1/2$ 时, 得到**梯形公式**

$$y_{n+1}=y_n+\frac{1}{2}h\left[f\left(x_n,y_n\right)+f\left(x_{n+1},y_{n+1}\right)\right],\quad n=0,\cdots,N-1. \tag{11.2.12}$$

当 $\theta=0$ 时, θ 法是显式方法; 当 $0<\theta\leqslant 1$ 时, 由于求解 y_{n+1} 需要求解一个隐式方程 (可用迭代法求解), 此时 θ 法是隐式方法.

为了考察选取不同的参数 $\theta\in[0,1]$ 时 θ 法的准确性, 我们对一个简单的模型问题给出数值试验.

例题 11.2.1 分别取 $\theta=0,\theta=1/2,\theta=1$, 求解常微分方程初值问题

$$\begin{cases}\dfrac{\mathrm{d}Y}{\mathrm{d}x}=-Y,\quad x\in[0,0.5],\\ Y(0)=1.\end{cases} \tag{11.2.13}$$

取步长 $h=0.1$.

解 $\theta=0$ 是显式欧拉格式, 可直接求解. $\theta=1/2,\theta=1$ 时是隐式格式, 需迭代求解非线性方程. 结果见表 11.1. 为验证数值解法的准确性, 我们同时给出方程的解析解 $Y(x)=\mathrm{e}^{-x}$ 在节点 $x_n=0.1n,n=0,1,\cdots,5$ 处的值.

表 11.1 初值问题 (11.2.13) 的数值解

k	x_k	$y_k,\ \theta=0$	$y_k,\theta=1/2$	$y_k,\ \theta=1$	$Y(x_k)$
0	0	1	1	1	1
1	0.1	0.9	0.90909	0.90476	0.90484
2	0.2	0.81	0.82647	0.81859	0.81873
3	0.3	0.729	0.75131	0.74063	0.74082
4	0.4	0.6561	0.68301	0.67010	0.67032
5	0.5	0.59049	0.62092	0.60628	0.60653

11.2.2 θ 法的误差分析

首先我们说明一下什么是**误差**. 初值问题 (11.2.1) 的准确解 $Y(x)$ 是关于 $x\in[a,b]$ 的连续函数, 而数值解 y_n 只定义在一些节点 $x_n,n=0,\cdots,N$ 上. 我们定义**整体误差**为微分方程初值问题准确解 $Y\left(x_n\right)$ 与近似解 y_n 之差

$$e_n=Y\left(x_n\right)-y_n,\quad n=0,\cdots,N. \tag{11.2.14}$$

假设初值问题 (11.2.1) 在区间 $[a,b]$ 上有唯一解 $Y(x)$, 且解 $Y(x)$ 的二阶导 $Y''(x)$ 在此区间上有界. 对 $Y\left(x_{n+1}\right)$ 在 x_n 进行泰勒展开, 即

$$Y\left(x_{n+1}\right)=Y\left(x_n\right)+hY'\left(x_n\right)+\frac{1}{2}h^2Y''\left(\xi_n\right), \quad x_n<\xi_n<x_{n+1}.$$

又

$$Y'(x)=f(x,Y(x)),$$

泰勒展开式可写为

$$Y\left(x_{n+1}\right)=Y\left(x_n\right)+hf\left(x_n,Y(x_n)\right)+\frac{1}{2}h^2Y''\left(\xi_n\right). \tag{11.2.15}$$

$$T_{n+1}=\frac{1}{2}h^2Y''\left(\xi_n\right) \tag{11.2.16}$$

称为欧拉法的**截断误差**.

为研究欧拉法的误差, 将欧拉格式 (11.2.3) 代入式 (11.2.15), 得到

$$Y\left(x_{n+1}\right)-y_{n+1}=Y\left(x_n\right)-y_n+h\left[f\left(x_n,Y\left(x_n\right)\right)-f\left(x_n,y_n\right)\right]+\frac{1}{2}h^2Y''\left(\xi_n\right). \tag{11.2.17}$$

近似解 y_{n+1} 的误差由两部分构成: ① 第 $n+1$ 步新产生的截断误差 T_{n+1}; ② 累积的传播误差

$$Y\left(x_n\right)-y_n+h\left[f\left(x_n,Y\left(x_n\right)\right)-f\left(x_n,y_n\right)\right].$$

对函数 $f(x,y)$ 利用微分中值定理, 可简化传播误差的计算

$$f\left(x_n,Y\left(x_n\right)\right)-f\left(x_n,y_n\right)=\frac{\partial f\left(x_n,\zeta_n\right)}{\partial y}\left[Y\left(x_n\right)-y_n\right], \tag{11.2.18}$$

ζ_n 位于 $Y(x_n)$ 和 y_n 之间. 由式 (11.2.14) 和 (11.2.18), 式 (11.2.17) 可写为

$$e_{n+1}=\left[1+h\frac{\partial f\left(x_n,\zeta_n\right)}{\partial y}\right]e_n+\frac{1}{2}h^2Y''\left(\xi_n\right). \tag{11.2.19}$$

为了对欧拉法的误差有更直观的理解, 我们考虑如下的一个特例. 用欧拉法求解微分方程初值问题

$$Y'(x)=2x, \quad Y(0)=0, \tag{11.2.20}$$

方程的准确解为 $y(x)=x^2$. 假设初始值 $y_0=Y(0)$, 由误差公式 (11.2.17), 得到

$$e_{n+1}=e_n+h^2, \quad e_0=0.$$

更进一步, $e_n = nh^2, n \geqslant 0$. 又 $nh = x_n$, 得到

$$e_n = hx_n.$$

对固定的 x_n, x_n 处的误差和 h 成正比. 截断误差 T_{n+1} 是 $O(h^2)$, 累积的整体误差和 h 成正比.

定理 11.2.1 设 $f(x,Y)$ 关于 $x \in [a,b], Y \in (-\infty,+\infty)$ 连续, 且满足利普希茨条件. 初值问题 (11.2.1) 的解 $Y(x)$ 在 $[a,b]$ 上有连续的二阶导数, 则由欧拉法得到的数值解 $\{y_h(x_n) \mid a \leqslant x_n \leqslant b\}$ 满足

$$\max_{x_n \leqslant x_n \leqslant b} |Y(x_n) - y_h(x_n)| \leqslant \mathrm{e}^{(b-a)L} |e_0| + \left[\frac{\mathrm{e}^{(b-a)L} - 1}{L}\right] \tau(h), \tag{11.2.21}$$

其中

$$\tau(h) = \frac{1}{2} h \|Y''\|_\infty = \frac{1}{2} h \max_{a \leqslant x \leqslant b} |Y''(x)| = \frac{1}{2} h M_2, \tag{11.2.22}$$

$e_0 = Y_0 - y_h(x_0)$.

更进一步, 若存在 $c_1 \geqslant 0$, 满足

$$|Y_0 - y_h(x_0)| \leqslant c_1 h, \quad h \to 0, \tag{11.2.23}$$

则存在常数 $B \geqslant 0$, 使得

$$\max_{a \leqslant x_n \leqslant b} |Y(x_n) - y_h(x_n)| \leqslant Bh \tag{11.2.24}$$

成立.

记 $e_n = Y(x_n) - y_h(x_n), n \geqslant 0$. $N \equiv N(h)$ 是满足 $t_N \leqslant b, t_{N+1} > b$ 的整数.

定义

$$\tau_n = \frac{1}{2} h Y''(\xi_n), \quad 0 \leqslant n \leqslant N(h) - 1.$$

由 (11.2.22) 易得

$$\max_{0 \leqslant n \leqslant N-1} |\tau_n| \leqslant \tau(h).$$

由 (11.2.17), 我们得到

$$e_{n+1} = e_n + h[f(x_n, Y(x_n)) - f(x_n, y_h(x_n))] + h\tau_n.$$

记 $Y_n \equiv Y(x_n)$, 又 f 满足利普希茨条件, 可得

$$\begin{aligned} &|e_{n+1}| \leqslant |e_n| + hL|Y_n - y_n| + h|\tau_n|, \\ &|e_{n+1}| \leqslant (1+hL)|e_n| + h\tau(h), \quad 0 \leqslant n \leqslant N(h)-1. \end{aligned} \tag{11.2.25}$$

重复利用上式, 得到

$$|e_n| \leqslant (1+hL)^n |e_0| + \left[1 + (1+hL) + \cdots + (1+hL)^{n-1}\right] h\tau(h).$$

由 $1 + r + r^2 + \cdots + r^{n-1} = \dfrac{r^n - 1}{r-1}, r \neq 1$, 可得

$$|e_n| \leqslant (1+hL)^n |e_0| + \left[\frac{(1+hL)^n - 1}{L}\right] \tau(h). \tag{11.2.26}$$

又 $(1+hL)^n \leqslant \mathrm{e}^{nhL} = \mathrm{e}^{(b-a)L}$, 代入式 (11.2.26), 得到式 (11.2.21). 选取常数 B 为如下形式:

$$B = c_1 \mathrm{e}^{(b-t_0)L} + \frac{1}{2}\left[\frac{\mathrm{e}^{(b-a)L} - 1}{L}\right] \|Y''\|_\infty$$

时, 得到式 (11.2.24).

对一般的 θ 法, 进行类似的证明, 可得到

$$\begin{aligned} |e_n| \leqslant\ & |e_0| \exp\left(L\frac{b-a}{1-\theta Lh}\right) \\ & + \frac{h}{L}\left\{\left|\frac{1}{2} - \theta\right| M_2 + \frac{1}{3}hM_3\right\}\left[\exp\left(L\frac{b-a}{1-\theta Lh}\right) - 1\right], \quad n = 0, \cdots, N. \end{aligned} \tag{11.2.27}$$

其中, $M_2 = \max\limits_{a \leqslant x \leqslant b} |Y''(x)|, M_3 = \max\limits_{a \leqslant x \leqslant b} |Y'''(x)|$.

若初始误差 $e_0 = Y(x_0) - y_0 = 0$, 由式 (11.2.27) 可得到: 当 $\theta = 1/2$ 时, $|e_n| = O(h^2)$; 当 $\theta = 0$ 或 $\theta = 1$, 实际上对任意的 $\theta \neq 1/2$, $|e_n| = O(h)$. 这和在表 11.1 中观察到的结果一致. 特殊地, 步长 h 减半时, 若 $\theta \neq 1/2$, 截断误差和整体误差减半; 若 $\theta = 1/2$, 截断误差和整体误差缩减 4 倍. 由于欧拉法的误差界是 $O(h)$, 我们称欧拉法是**一阶收敛**的. 更一般地, 如果存在常数 $p \geqslant 0$,

$$|Y(x_n) - y_h(x_n)| \leqslant ch^p, \quad a \leqslant x_n \leqslant b. \tag{11.2.28}$$

就称对应的数值方法是 p **阶收敛**的. 收敛阶数 p 越高, 收敛速度越快. 显然, 梯形法是**二阶收敛**的.

从截断误差的角度来说, 若某种算法的局部截断误差 $T_{n+1}=O(h^{p+1})$, 则称该算法有 p **阶精度**. 若局部截断误差

$$T_{n+1}=Y(x_{n+1})-y_{n+1}=\psi(x_n,y_n)h^{p+1}+O(h^{p+2}),$$

则称 $\psi(x_n,y_n)h^{p+1}$ 为**截断误差主项**, $\psi(x_n,y_n)$ 为**截断误差主项系数**. 由式 (11.2.16), 可知欧拉法的局部截断误差为 $O(h^2)$, 即欧拉法是 1 阶精度的, 其局部截断误差主项为 $\dfrac{h^2}{2}Y''(x_n)$. 从以上分析也可以看出, 局部截断误差比整体误差高一阶.

虽然梯形法比欧拉法更精确, 但从计算的角度来看, 计算 y_{n+1} 时需要在每个网格点 x_{n+1} 处求解隐式方程, 这一点不太方便. 一个折中的方法是使用显式欧拉方法来计算 $Y(x_{n+1})$ 的初始粗略近似, 然后在梯形内使用这个值来获得 $Y(x_{n+1})$ 的更精确的近似, 得到的数值方法即

$$\begin{aligned}&y_{n+1}=y_n+\frac{1}{2}h\left[f(x_n,y_n)+f(x_{n+1},y_n+hf(x_n,y_n))\right],\quad n=0,\cdots,N,\\&y_0\text{ 为给定值}.\end{aligned}\tag{11.2.29}$$

此方法被称为**改进的欧拉法**. 可以证明, 改进的欧拉法是二阶收敛的, 它的整体误差是 $O(h^2)$, 局部截断误差是 $O(h^3)$, 其局部截断误差主项是 $-\dfrac{1}{12}Y'''(x_n)h^3$. 尽管它比显式欧拉方法的形式更复杂, 它仍是一个显式的单步法. 下面我们考虑更一般的显式单步法.

11.2.3　一般的显式单步法

一般的显式单步法可写成如下形式:

$$y_{n+1}=y_n+h\Phi(x_n,y_n;h),\quad n=0,\cdots,N-1,\quad y_0=Y(x_0),\tag{11.2.30}$$

$\Phi(\cdot,\cdot;\cdot)$ 是关于它的自变量的连续函数. 例如, 对欧拉法, $\Phi(x_n,y_n;h)=f(x_n,y_n)$. 对于改进的欧拉格式,

$$\Phi(x_n,y_n;h)=\frac{1}{2}\left[f(x_n,y_n)+f(x_n+h,y_n+hf(x_n,y_n))\right].$$

为分析数值格式 (11.2.30) 的准确性, 定义**整体误差** $e_n=Y(x_n)-y_n$, **截断误差** T_n 为

$$T_n=Y(x_{n+1})-Y(x_n)-h\Phi(x_n,Y(x_n);h).\tag{11.2.31}$$

下面的定理给出整体误差的误差界.

定理 11.2.2 考虑一般形式的单步格式 (11.2.30), Φ 是连续函数, 且关于第二个变量满足利普希茨条件, 即存在正常数 L_Φ, 使得对 $0 \leqslant h \leqslant h_0$,

$$|\Phi(x,y;h)-\Phi(x,z;h)| \leqslant L_\Phi|y-z|, \tag{11.2.32}$$

则有

$$|e_n| \leqslant \mathrm{e}^{L_\Phi(x_n-x_0)}|e_0| + \left[\frac{\mathrm{e}^{L_\Phi(x_n-x_0)}-1}{hL_\Phi}\right]T, \quad n=0,\cdots,N, \tag{11.2.33}$$

其中 $T=\max\limits_{0\leqslant n\leqslant N-1}|T_n|$.

证明 (11.2.31) 减去 (11.2.30), 得到

$$e_{n+1}=e_n+h\left[\Phi\left(x_n,Y\left(x_n\right);h\right)-\Phi\left(x_n,Y_n;h\right)\right]+T_n. \tag{11.2.34}$$

利用利普希茨条件 (11.2.32), 进一步得到

$$\left|e_{n+1}\right| \leqslant \left|e_n\right|+hL_\Phi\left|e_n\right|+\left|T_n\right|=\left(1+hL_\Phi\right)\left|e_n\right|+\left|T_n\right|, \quad n=0,\cdots,N-1, \tag{11.2.35}$$

即

$$\begin{aligned}
&|e_1| \leqslant (1+hL_\Phi)|e_0|+T,\\
&|e_2| \leqslant (1+hL_\Phi)^2|e_0|+[1+(1+hL_\Phi)]T,\\
&|e_3| \leqslant (1+hL_\Phi)^3|e_0|+\left[1+(1+hL_\Phi)+(1+hL_\Phi)^2\right]T,\\
&\quad\cdots\cdots\\
&|e_n| \leqslant (1+hL_\Phi)^n|e_0|+[(1+hL_\Phi)^n-1]T/hL_\Phi.
\end{aligned}$$

又 $1+hL_\Phi \leqslant \exp(hL_\Phi)$, 得到 (11.2.33). ■

显然, 显式欧拉格式的误差界 (11.2.21) 是式 (11.2.33) 的特例.

定理 11.2.2 说明, 如果当 $h\to 0$ 时, 局部截断误差趋于零, 则整体误差也会趋于零 (要求 $h\to 0$ 时, $|e_0|\to 0$).

例题 11.2.2 试估计用显式欧拉格式求解初值问题 $Y'=\arctan Y, Y(0)=y_0$ 时的整体误差.

解 为估计整体误差, 我们需要用到 L 和 M_2 的值. 这里 $f(x,Y)=\arctan Y$, 由中值定理

$$|f(x,Y)-f(x,z)|=\left|\frac{\partial f(x,\eta)}{\partial Y}(Y-z)\right|,$$

其中 η 位于 Y 和 z 之间. 又 $\left|\dfrac{\partial f}{\partial Y}\right| = \left|\left(1+Y^2\right)^{-1}\right| \leqslant 1$, 故 $L=1$. 为得到 M_2, 我们需要找到 $|y''|$ 的上界. 微分方程初值问题两端同时对 x 求导:

$$Y'' = \frac{\mathrm{d}}{\mathrm{d}x}(\arctan Y) = \left(1+Y^2\right)^{-1}\frac{\mathrm{d}Y}{\mathrm{d}x} = \left(1+Y^2\right)^{-1}\arctan Y,$$

得到 $|Y''| \leqslant M_2 = \dfrac{\pi}{2}$. 将 L 和 M_2 的值代入 (11.2.21), 得到

$$|e_n| \leqslant \mathrm{e}^{x_n}|e_0| + \frac{1}{4}\pi\left(\mathrm{e}^{x_n}-1\right)h, \quad n=0,\cdots,N. \qquad \blacksquare$$

特殊地, 假设初始无误差 ($e_0=0$), 则

$$|e_n| \leqslant \frac{1}{4}\pi\left(\mathrm{e}^{x_n}-1\right)h, \quad n=0,\cdots,N.$$

假设给定允许的误差限为 ϵ, 则可以将步长 h 控制在范围 $h \leqslant \dfrac{4}{\pi}\left(\mathrm{e}^b-1\right)^{-1}\epsilon$ 内, 使得此时整体误差 $|e_n| = |Y(x_n)-y_n| \leqslant \epsilon, n=0,\cdots,N$. 因此, 至少在原则上, 我们可以通过选择足够小的步长来计算得到任意高的精度.

定义 11.2.1　数值格式 (11.2.30) 被称为和微分方程 $Y'=f(x,Y)$ 是**相容的**, 若局部截断误差 (11.2.31) 满足: 对任意的 $\epsilon>0$, 存在一个正数 $h(\epsilon)$, 使得对任意的 $0<h<h(\epsilon)$ 以及区域 D 上的解任意曲线上的任意两点 $(x_n, Y(x_n)), (x_{n+1}, Y(x_{n+1}))$ 有 $|T_n|<\epsilon$.

对一般的单步法, 我们已经假设函数 $\Phi(\cdot,\cdot;\cdot)$ 是连续的, Y' 也是 $[a,b]$ 上的连续函数, 因此

$$\lim_{h\to 0} T_n = hY'(x_n) - h\Phi(x_n, Y(x_n); 0).$$

由此可得到单步法 (11.2.30) 相容的充要条件是

$$\Phi(x,y;0) \equiv f(x,y). \tag{11.2.36}$$

下面我们给出一般单步法的收敛定理.

定理 11.2.3　*假设初值问题 (11.2.1) 的准确解和 $h \leqslant h_0$ 时由数值算法 (11.2.30) 得到的近似解都在区域 D 内. 假设函数 $\Phi(\cdot,\cdot;\cdot)$ 在 $D\times[0,h_0]$ 上一致连续, 且满足相容性条件 (11.2.36) 和利普希茨条件*

$$|\Phi(x,y;h)-\Phi(x,z;h)| \leqslant L_\Phi|y-z|, \quad y\in\mathbb{R}, z\in\mathbb{R}.$$

对由数值算法 (11.2.30) 得到的节点 $x_n = x_0 + nh, n = 1, 2, \cdots, N$($h$ 逐渐减小, $h \leqslant h_0$) 上的近似解序列 (y_n), 我们得到如下的收敛性:

$$|Y(x_n) - y_n| \to 0, \quad h \to 0, x_n \to x \in [a, b].$$

证明 设 $h = (b-a)/N$, 其中 N 是一个正整数. 我们假定 N 充分大使得 $h \leqslant h_0$. 因 $Y(x_0) = y_0$, 故 $e_0 = 0$, 定理 11.2.2 表明

$$|Y(x_n) - y_n| \leqslant \left[\frac{\mathrm{e}^{L_\Phi(b-a)} - 1}{hL_\Phi}\right] \max_{0 \leqslant m \leqslant n-1} |T_m|, \quad n = 1, 2, \cdots, N. \tag{11.2.37}$$

由相容性条件 (11.2.36), 我们得到

$$T_n = [Y(x_{n+1}) - Y(x_n) - hf(x_n, Y(x_n))] + h[\Phi(x_n, Y(x_n); 0) - \Phi(x_n, Y(x_n); h)].$$

根据微分中值定理, T_n 中第一项可写为 $h(Y'(\xi) - Y'(x_n))$, 其中 $\xi \in [x_n, x_{n+1}]$. 又 $Y'(\cdot) = f(\cdot, Y(\cdot)) = \Phi(\cdot, Y(\cdot); 0)$ 且 $\Phi(\cdot, \cdot; \cdot)$ 在 $D \times [0, h_0]$ 上一致连续, 因此 Y' 在 $[a, b]$ 上一致连续. 对任意的 $\epsilon > 0$, 存在 $h_1(\epsilon)$ 使得

$$|y'(\xi) - y'(x_n)| \leqslant \frac{1}{2}\epsilon, \quad h < h_1(\epsilon), n = 0, 1, \cdots, N-1.$$

同理, 根据函数 Φ 对第三个自变量的一致连续性, 存在 $h_2(\epsilon)$ 使得

$$|\Phi(x_n, Y(x_n); 0) - \Phi(x_n, Y(x_n); h)| \leqslant \frac{1}{2}\epsilon, \quad h < h_2(\epsilon), n = 0, 1, \cdots, N-1.$$

定义 $h(\epsilon) = \min(h_1(\epsilon), h_2(\epsilon))$, 得到

$$|T_n| \leqslant h\epsilon, \quad h < h(\epsilon), n = 0, 1, \cdots, N-1.$$

又

$$|Y(x) - y_n| \leqslant |Y(x) - Y(x_n)| + |Y(x_n) - y_n|,$$

由 y 在 $[a, b]$ 上的一致连续性, 右端第一项当 $h \to 0$ 时收敛到零. 代入 (11.2.37), 得到 $h \to 0$ 时 $|y(x_n) - y_n| \to 0$. ■

定义 11.2.2 数值算法 (11.2.30) 被称为是 p **阶精度**的, 如果它满足: 对初值问题 (11.2.1) 的任意足够光滑的解曲线 $(x, Y(x))$, 存在常数 K 和 h_0 使得

$$|T_n| \leqslant Kh^{p+1}, \quad 0 < h \leqslant h_0$$

对解曲线上的任意一对点 $(x_n, Y(x_n)), (x_{n+1}, Y(x_{n+1}))$ 都成立.

11.2.4 单步法的稳定性

关于收敛性的讨论有个前提, 即必须假定数值方法本身的计算是准确的. 但是实际情况中, 每步计算还会有舍入误差. 舍入误差的累积会不会恶性增长, 以致“淹没”方程的“真解”呢? 我们希望每步计算产生的误差, 在以后的计算中能够得到控制.

如果一种数值方法遇到小的扰动时, 能够保证在后续的计算中产生的误差不大于这个小的扰动, 则称这个数值方法是**稳定**的. 对一般微分方程

$$Y'(x) = f(x, Y(x)), \quad Y(x_0) = Y_0,$$

研究数值算法的稳定性较为复杂. 简单起见, 我们利用模型方程

$$Y'(x) = \lambda Y(x) + g(x), \quad Y(0) = Y_0 \tag{11.2.38}$$

来研究数值算法的稳定性. 模型方程的准确解为

$$Y(x) = \mathrm{e}^{\lambda x}\left[c + \int_{x_0}^{x} \mathrm{e}^{-\lambda s} g(s)\mathrm{d}s\right] = c\mathrm{e}^{\lambda x} + \int_{x_0}^{x} \mathrm{e}^{\lambda(x-s)} g(s)\mathrm{d}s. \tag{11.2.39}$$

设模型方程的准确解为 $Y(x)$, $Y_\epsilon(x)$ 是对应的有扰动的初始值 $Y_0+\epsilon$ 的解

$$Y_\epsilon'(x) = \lambda Y_\epsilon(x) + g(x), \quad Y_\epsilon(0) = Y_0 + \epsilon. \tag{11.2.40}$$

令 $\rho_\epsilon(x)$ 表示发生扰动后解的变化值

$$\rho_\epsilon(x) = Y_\epsilon(x) - Y(x).$$

式 (11.2.40) 减去式 (11.2.38), 得到

$$\rho_\epsilon'(x) = \lambda \rho_\epsilon(x), \quad \rho_\epsilon(0) = \epsilon.$$

它的解为

$$\rho_\epsilon(x) = \epsilon \mathrm{e}^{\lambda x}.$$

为保证方程本身的稳定性, 我们关注 λ 是负的实数或者实部为负的情况. 这种情况下, 当 $x \to \infty$ 时 $\rho_\epsilon(x)$ 趋于零, 当 t 很大时, 扰动 ϵ 的影响会逐渐消失.

用函数 $\rho_\epsilon(x)/\epsilon$ 来代替 $\rho_\epsilon(x)$, 得到如下的模型问题, 通常用此模型问题来分析数值算法的稳定性

$$\begin{aligned} &Y' = \lambda Y, \quad x > 0, \\ &Y(0) = 1. \end{aligned} \tag{11.2.41}$$

在后面的内容里, 当我们提到模型问题 (11.2.41) 时, 我们总是假设常数 $\lambda < 0$ 或者是复常数 λ 的实部 $\mathrm{Re}(\lambda) < 0$. (11.2.41) 的准确解 $Y(x) = \mathrm{e}^{\lambda x}$ 随 x 是指数衰减的.

用单步法 (11.2.30) 求解模型方程 (11.2.41), 如果对任意 h, 数值解满足 $x_n \to \infty$ 时, $y_h(x_n) \to 0$, 就称此数值算法是**绝对稳定**的. 满足 $n \to \infty$ 时, $y_n \to 0$ 的 $h\lambda$ 的集合 (复平面的子集), 称为是数值算法的**绝对稳定域**. 也可通过下述方式定义稳定性.

定义 11.2.3 用单步法 (11.2.30) 求解模型方程 (11.2.41), 若得到解 $y_{n+1} = E(h\lambda)y_n$, 满足 $|E(h\lambda)| < 1$, 则称方法 (11.2.30) 是**绝对稳定**的. 使 $|E(h\lambda)| < 1$ 的值 $h\lambda$ 的集合 (复平面的子集), 称为是数值算法的**绝对稳定域**, 它与实轴的交称为**绝对稳定区间**.

利用欧拉法来求解模型方程 (11.2.41), 得到

$$y_{n+1} = y_n + h\lambda y_n = (1 + h\lambda)y_n, \quad n \geqslant 0, \quad y_0 = 1.$$

通过归纳推导, 不难发现

$$y_n = (1 + h\lambda)^n, \quad n \geqslant 0. \tag{11.2.42}$$

对于固定的节点 $x_n = nh \equiv \bar{x}$, 当 $n \to \infty$ 时, 我们得到

$$y_n = \left(1 + \frac{\lambda \bar{x}}{n}\right)^n \to \mathrm{e}^{\lambda \bar{x}}.$$

由式 (11.2.42), 可以得到 $n \to \infty$ 时 $y_n \to 0$ 当且仅当

$$|1 + h\lambda| < 1.$$

当 λ 是负实数时, 即为

$$-2 < h\lambda < 0.$$

也就是说, 应用欧拉法求解模型方程时, 为保证欧拉法的稳定性, 步长需限制在 $0 < h < -2/\lambda$ 范围内.

下面我们来说明用隐式的欧拉公式 (11.2.11) 求解模型方程 (11.2.41), 对于任意的步长 h, $|E(h\lambda)| < 1$ 都成立. 将隐式欧拉格式代入 (11.2.41), 得到

$$y_{n+1} = y_n + h\lambda y_{n+1},$$

$$y_{n+1} = (1 - h\lambda)^{-1} y_n, \quad n \geqslant 0.$$

又 $y_0 = 1$, 得到

$$y_n = (1 - h\lambda)^{-n}.$$

对任意的步长 $h > 0$, 有 $|1 - h\lambda| > 1$, 且 $n \to \infty$ 时, $y_n \to 0$.

例题 11.2.3　设 $\lambda = -100$, 试用显式欧拉法和隐式欧拉法求解模型方程 (11.2.41).

解　根据欧拉法的稳定性条件, 步长 $h < 2 \times 100^{-1} = 0.02$. 选取不同的步长 h 进行求解, 结果见表 11.2 方程的准确值是 $Y(x) = \mathrm{e}^{-100x}$, $t = 0.2$ 时, $Y(x) = 2.061 \times 10^{-9}$.

表 11.2　$x = 0.2$ 时的欧拉数值解

h	显式 $y_h(0.2)$	隐式 $y_h(0.2)$
0.1	81	8.26e − 3
0.05	256	7.72e − 4
0.02	1	1.69e − 5
0.01	0	9.54e − 7
0.001	7.06e − 10	5.27e − 9

从表 11.2 可以看出, 求解模型方程时, 隐式欧拉格式的求解效果优于显式欧拉格式. 这两种方法的主要区别在于, 对于隐式欧拉法, 每一步我们需要解一个非线性代数方程 $y_{n+1} = y_n + hf(x_{n+1}, y_{n+1})$ 来得到 y_{n+1}. 必须通过解决寻根问题找到 y_{n+1} 的方法称为隐式方法, 因为 y_{n+1} 是隐式定义的. 相反, 直接给出 y_{n+1} 的方法被称为显式方法. 当函数 $f(t, z)$ 满足利普希茨条件时, 可以证明当 h 足够小时, 非线性代数方程 $y_{n+1} = y_n + hf(x_{n+1}, y_{n+1})$ 有唯一解.

例题 11.2.4　利用欧拉格式、隐式欧拉格式和梯形格式求解问题

$$Y'(x) = \lambda Y(x) + (1 - \lambda)\cos x - (1 + \lambda)\sin x, \quad Y(0) = 1. \tag{11.2.43}$$

解　初值问题 (11.2.43) 的准确解为 $Y(x) = \sin(x) + \cos(x)$, 可以看出并不依赖于 λ. 利用欧拉法得到

$$y_{n+1} = y_n + h\left[\lambda y_n + (1 - \lambda)\cos(x_n) - (1 + \lambda)\sin(x_n)\right].$$

结果见表 11.3.

表 11.3 欧拉法求解 (11.2.43) 的误差

λ	t	误差 $h=0.5$	误差 $h=0.1$	误差 $h=0.01$
	1	$-2.46e-1$	$-4.32e-2$	$-4.22e-3$
	2	$-2.55e-1$	$-4.64e-2$	$-4.55e-3$
-1	3	$-2.66e-2$	$-6.78e-3$	$-7.22e-4$
	4	$2.27e-1$	$3.91e-2$	$3.78e-3$
	5	$2.72e-1$	$4.91e-2$	$4.81e-3$
	1	$3.98e-1$	$-6.99e-3$	$-6.99e-4$
	2	$6.90e+0$	$-2.90e-3$	$-3.08e-4$
-10	3	$1.11e+2$	$3.86e-3$	$3.64e-4$
	4	$1.77e+3$	$7.07e-3$	$7.04e-4$
	5	$2.83e+4$	$3.78e-3$	$3.97e-4$
	1	$3.26e+0$	$1.06e+3$	$-1.39e-4$
	2	$1.88e+3$	$1.11e+9$	$-5.16e-5$
-50	3	$1.08e+6$	$1.17e+15$	$8.25e-5$
	4	$6.24e+8$	$1.23e+21$	$1.41e-4$
	5	$3.59e+11$	$1.28e+27$	$7.00e-5$

由隐式欧拉格式, $y_{n+1}=y_n+hf(x_{n+1},y_{n+1})$, 将 (11.2.43) 代入隐式欧拉格式得到

$$y_{n+1}=\frac{y_n+h\left[(1-\lambda)\cos(x_n)-(1+\lambda)\sin(x_n)\right]}{1-h\lambda}.$$

将 (11.2.43) 代入梯形公式, 得到

$$y_{n+1}=\frac{y_n+h\left[y_n+(1-\lambda)(\cos(x_n)+\cos(x_{n+1}))-(1+\lambda)(\sin(x_n+\sin(x_{n+1})))\right]}{1-\dfrac{h\lambda}{2}}.$$

计算结果见表 11.4. ■

表 11.4 隐式欧拉法和梯形法求解 (11.2.43) 的误差

t	误差 $\lambda=-1$	误差 $\lambda=-10$	误差 $\lambda=-50$	误差 $\lambda=-1$	误差 $\lambda=-10$	误差 $\lambda=-50$
2	$2.08e-1$	$1.97e-2$	$3.60e-3$	$-1.13e-2$	$-2.78e-3$	$-7.91e-4$
4	$-1.63e-1$	$-3.35e-2$	$-6.94e-3$	$-1.43e-2$	$-8.91e-5$	$-8.91e-5$
6	$-7.04e-2$	$8.19e-3$	$2.18e-3$	$2.02e-2$	$2.77e-3$	$4.72e-4$
8	$2.22e-1$	$2.67e-2$	$5.13e-3$	$-2.86e-3$	$-2.22e-3$	$-5.11e-4$
10	$-1.14e-1$	$-3.04e-2$	$-6.45e-3$	$-1.79e-2$	$-9.23e-4$	$-1.56e-4$

11.3　龙格-库塔方法

11.3.1　一般格式

单步法虽然形式简单, 但精度较低. 为提高计算精度, 通过重新估计点 $(x_n, Y(x_n))$ 和点 $(x_n, Y(x_n))$ 之间 $f(\cdot,\cdot)$ 的值, 学者们发展出了龙格-库塔 (Runge-Kutta) 方法. 一般的 R 级龙格-库塔方法的形式如下:

$$\begin{aligned} y_{n+1} &= y_n + h\Phi\left(x_n, y_n; h\right), \\ \Phi(x, y; h) &= \sum_{r=1}^{R} c_r k_r, \\ k_1 &= f(x, y), \\ k_r &= f\left(x + ha_r, y + h\sum_{s=1}^{r-1} b_{rs} k_s\right), \quad r = 2, \cdots, R, \\ a_r &= \sum_{s=1}^{r-1} b_{rs}, \quad r = 2, \cdots, R. \end{aligned} \tag{11.3.1}$$

1 级龙格-库塔方法　假设 $R=1$, 则对应的 1 级龙格-库塔方法即为显式欧拉法

$$y_{n+1} = y_n + hf\left(x_n, y_n\right). \tag{11.3.2}$$

2 级龙格-库塔方法　考虑 $R=2$, 相对应的 2 级龙格-库塔方法可设成

$$y_{n+1} = y_n + h\left(c_1 k_1 + c_2 k_2\right), \tag{11.3.3}$$

其中

$$\begin{aligned} k_1 &= f\left(x_n, y_n\right), \\ k_2 &= f\left(x_n + a_2 h, y_n + b_{21} h k_1\right), \end{aligned} \tag{11.3.4}$$

这里, 参数 c_1, c_2, a_2 和 b_{21} 待确定. 显然, 式 (11.3.3) 和 (11.3.4) 可改写成式 (11.2.30) 的形式. 根据相容性条件, 此时 2 级龙格-库塔方法是相容的当且仅当

$$c_1 + c_2 = 1.$$

为确定参数 a_2 和 b_{21}, 我们对式 (11.3.3) 的局部截断误差进行展开, 经过计算得到

$$\begin{aligned}T_n=&\frac{1}{2}h^2y''(x_n)+\frac{1}{6}h^3y'''(x_n)-c_2h^2\left[a_2f_x+b_{21}f_yf\right]\\&-c_2h^3\left[\frac{1}{2}a_2^2f_{xx}+a_2b_{21}f_{xy}f+\frac{1}{2}b_{21}^2f_{yy}f^2\right]+O\left(h^4\right).\end{aligned}$$

这里采用了记号 $f=f\left(x_n,Y\left(x_n\right)\right),f_x=\dfrac{\partial f}{\partial x}\left(x_n,Y\left(x_n\right)\right)$ 等. 又 $Y''=f_x+f_yf$, 因此对任意的 f, 若

$$a_2c_2=b_{21}c_2=\frac{1}{2},$$

则 $T_n=O\left(h^3\right)$. 即若 $b_{21}=a_2,c_2=1/\left(2a_2\right)$ 和 $c_1=1-1/\left(2a_2\right)$, 则上述算法是二阶精度的. 这里参数 a_2 仍然是未知的, 可以看出, 无论如何选取 a_2, 算法的精度都不会达到三阶精度. 两个典型的二阶龙格-库塔法的形式如下.

(a) 修正的欧拉格式: 取 $a_2=\dfrac{1}{2}$ 得到

$$y_{n+1}=y_n+hf\left(x_n+\frac{1}{2}h,y_n+\frac{1}{2}hf\left(x_n,y_n\right)\right).$$

(b) 改进的欧拉格式：取 $a_2=1$ 得到

$$y_{n+1}=y_n+\frac{1}{2}h\left[f\left(x_n,y_n\right)+f\left(x_n+h,y_n+hf\left(x_n,y_n\right)\right)\right].$$

对这两种算法, 通过泰勒展开, 我们很容易得到它们的截断误差分别是

$$T_n=\frac{1}{6}h^3\left[f_yF_1+\frac{1}{4}F_2\right]+O\left(h^3\right),$$

$$T_n=\frac{1}{6}h^3\left[f_yF_1-\frac{1}{2}F_2\right]+O\left(h^3\right),$$

其中 $F_1=f_x+ff_y$, $F_2=f_{xx}+2ff_{xy}+f^2f_{yy}$.

例题 11.3.1 α 是一个非零实数, $x_n=a+nh,n=0,\cdots,N$ 是区间 $[a,b]$ 上步长为 $h=(b-a)/N$ 的等距节点. 考虑初值问题 $y'=f(x,y),y(a)=y_0$ 的显式单步法

$$y_{n+1}=y_n+h(1-\alpha)f\left(x_n,y_n\right)+h\alpha f\left(x_n+\frac{h}{2\alpha},y_n+\frac{h}{2\alpha}f\left(x_n,y_n\right)\right).$$

证明此单步法是相容的, 且其截断误差可表示为

$$T_n(h,\alpha)=\frac{h^3}{8\alpha}\left[\left(\frac{4}{3}\alpha-1\right)y'''(x_n)+y''(x_n)\frac{\partial f}{\partial y}(x_n,y(x_n))\right]+O\left(h^4\right).$$

若用此方法求解初值问题 $y'=-y^p, y(0)=1$(p 为正整数), 试证明：当 $p=1$ 时, 对任意的非零实数 α, $T_n(h,\alpha)=O\left(h^3\right)$; 当 $p\geqslant 2$ 时, 存在非零实数 α_0, 使得 $T_n\left(h,\alpha_0\right)=O\left(h^4\right)$.

证明　定义

$$\Phi(x,y;h)=(1-\alpha)f(x,y)+\alpha f\left(x+\frac{h}{2\alpha},y+\frac{h}{2\alpha}f(x,y)\right).$$

则数值格式可写为

$$y_{n+1}=y_n+h\Phi\left(x_n,y_n;h\right).$$

又 $\Phi(x,y;0)=f(x,y)$, 所以此方法是相容的. 由定义, 截断误差可表示为

$$T_n(h,\alpha)=y\left(x_{n+1}\right)-y\left(x_n\right)-h\Phi\left(x_n,y\left(x_n\right);h\right).$$

对其进行泰勒展开, 得到

$$\begin{aligned}
T_n(h,\alpha)=&\,hy'(x_n)+\frac{h^2}{2}y''(x_n)+\frac{h^3}{6}y'''(x_n)\\
&-(1-\alpha)hy'(x_n)-\alpha hf\left(x_n+\frac{h}{2\alpha},y(x_n)+\frac{h}{2\alpha}y'(x_n)\right)+O\left(h^4\right)\\
=&\,hy'(x_n)+\frac{h^2}{2}y''(x_n)+\frac{h^3}{6}y'''(x_n)-h(1-\alpha)y'(x_n)\\
&-h\alpha\left[f(x_n,y(x_n))+\frac{h}{2\alpha}f_x(x_n,y(x_n))+\frac{h}{2\alpha}f_y(x_n,y(x_n))y'(x_n)\right]\\
&-h\frac{\alpha}{2}\left[\left(\frac{h}{2\alpha}\right)^2f_{xx}(x_n,y(x_n))+2\left(\frac{h}{2\alpha}\right)^2f_{xy}(x_n,y(x_n))y'(x_n)\right]\\
&-h\frac{\alpha}{2}\left[\left(\frac{h}{2\alpha}\right)^2f_{yy}(x_n,y(x_n))\left[y'(x_n)\right]^2\right]+O\left(h^4\right)\\
=&\,\frac{h^3}{6}y'''(x_n)-\frac{h^3}{8\alpha}\left[y'''(x_n)-y''(x_n)f_y(x_n,y(x_n))\right]+O\left(h^4\right)\\
=&\,\frac{h^3}{8\alpha}\left[\left(\frac{4}{3}\alpha-1\right)y'''(x_n)+y''(x_n)\frac{\partial f}{\partial y}(x_n,y(x_n))\right]+O\left(h^4\right),
\end{aligned}$$

将方法应用于求解 $y' = -y^p, p \geqslant 1$. 若 $p=1$, 则 $y''' = -y'' = y' = -y$, 得到

$$T_n(h,\alpha) = -\frac{h^3}{6} y(x_n) + O(h^4).$$

又 $y(x_n) = \mathrm{e}^{-x_n} \neq 0$, 得到对所有非零 α, $T_n(h,\alpha) = O(h^3)$. 最后, 假设 $p \geqslant 2$, 则

$$y'' = -py^{p-1}y' = py^{2p-1}y''' = p(2p-1)y^{2p-2}y' = -p(2p-1)y^{3p-2},$$

$$T_n(h,\alpha) = -\frac{h^3}{8\alpha}\left[\left(\frac{4}{3}\alpha - 1\right)p(2p-1) + p^2\right] y^{3p-2}(x_n) + O(h^4).$$

选取 α, 使得

$$\left(\frac{4}{3}\alpha - 1\right)p(2p-1) + p^2 = 0,$$

即 $\alpha = \alpha_0 = \dfrac{3p-3}{8p-4}$, 得到 $T_n(h,\alpha_0) = O(h^4)$. ■

3 级龙格-库塔方法 设 $R=3$, 考虑如下形式的方法:

$$y_{n+1} = y_n + h[c_1k_1 + c_2k_2 + c_3k_3],$$

其中

$$\begin{aligned}
&k_1 = f(x,y),\\
&k_2 = f(x + ha_2, y + hb_{21}k_1),\\
&k_3 = f(x + ha_3, y + hb_{31}k_1 + hb_{32}k_2),\\
&a_2 = b_{21}, \quad a_3 = b_{31} + b_{32},
\end{aligned}$$

k_2 和 k_3 中 $b_{21} = a_2$, $b_{31} = a_3 - b_{32}$, 将 k_2 和 k_3 在 (x,y) 进行泰勒展开, 得到

$$\begin{aligned}
k_2 &= f + ha_2(f_x + k_1f_y) + \frac{1}{2}h^2a_2^2(f_{xx} + 2k_1f_{xy} + k_1^2f_{yy}) + O(h^3)\\
&= f + ha_2(f_x + ff_y) + \frac{1}{2}h^2a_2^2(f_{xx} + 2ff_{xy} + f^2f_{yy}) + O(h^3)\\
&= f + ha_2F_1 + \frac{1}{2}h^2a_2^2F_2 + O(h^3),\\
k_3 &= f + h\{a_3f_x + [(a_3 - b_{32})k_1 + b_{32}k_2]f_y\}
\end{aligned}$$

$$
\begin{aligned}
&+\frac{1}{2}h^2\left\{a_3^2 f_{xx}+2a_3\left[\left(a_3-b_{32}\right)k_1+b_{32}k_2\right]f_{xy}\right.\\
&\left.+\left[\left(a_3-b_{32}\right)k_1+b_{32}k_2\right]^2 f_{yy}\right\}+O\left(h^3\right)\\
&=f+ha_3F_1+h^2\left(a_2b_{32}F_1f_y+\frac{1}{2}a_3^2F_2\right)+O\left(h^3\right),
\end{aligned}
$$

其中

$$
F_1=f_x+ff_y,\quad F_2=f_{xx}+2ff_{xy}+f^2f_{yy}.
$$

将 k_2 和 k_3 的展开式代入 (11.3.1) 得到

$$
\begin{aligned}
\Phi(x,y,h)=&\left(c_1+c_2+c_3\right)f+h\left(c_2a_2+c_3a_3\right)F_1\\
&+\frac{1}{2}h^2\left[2c_3a_2b_{32}F_1f_y+\left(c_2a_2^2+c_3a_3^2\right)F_2\right]+O\left(h^3\right).
\end{aligned}
$$

将其与泰勒展开式

$$
\begin{aligned}
\frac{y(x+h)-y(x)}{h}&=y'(x)+\frac{1}{2}hy''(x)+\frac{1}{6}h^2y'''(x)+O\left(h^3\right)\\
&=f+\frac{1}{2}hF_1+\frac{1}{6}h^2\left(F_1f_y+F_2\right)+O\left(h^3\right).
\end{aligned}
$$

进行对比, 得到

$$
\begin{aligned}
c_1+c_2+c_3&=1,\\
c_2a_2+c_3a_3&=\frac{1}{2},\\
c_2a_2^2+c_3a_3^2&=\frac{1}{3},\\
c_3a_2b_{32}&=\frac{1}{6}.
\end{aligned}
$$

求解上述关于 6 个未知量 $c_1,c_2,c_3,a_2,a_3,b_{32}$ 的四个方程, 可以得到一个两参数族的 3 级龙格-库塔方法. 常用的标准三阶龙格-库塔方法：选取

$$
c_1=\frac{1}{6},\quad c_2=\frac{2}{3},\quad c_3=\frac{1}{6},\quad a_2=\frac{1}{2},\quad a_3=1,\quad b_{32}=2,
$$

得到

$$
y_{n+1}=y_n+\frac{1}{6}h\left(k_1+4k_2+k_3\right),
$$

$$k_1 = f(x_n, y_n),$$

$$k_2 = f\left(x_n + \frac{1}{2}h, y_n + \frac{1}{2}hk_1\right),$$

$$k_3 = f(x_n + h, y_n - hk_1 + 2hk_2).$$

4 级龙格-库塔方法 $R=4$, 通过类似的分析可得到一个两参数的 4 级四阶龙格库塔方法. 常用的 4 级四阶龙格-库塔方法如下:

$$y_{n+1} = y_n + \frac{1}{6}h(k_1 + 2k_2 + 2k_3 + k_4),$$

其中

$$k_1 = f(x_n, y_n)$$

$$k_2 = f\left(x_n + \frac{1}{2}h, y_n + \frac{1}{2}hk_1\right),$$

$$k_3 = f\left(x_n + \frac{1}{2}h, y_n + \frac{1}{2}hk_2\right),$$

$$k_4 = f(x_n + h, y_n + hk_3).$$

这里, 我们构造了 $R=1,2,3,4$ 时具有 R 阶精度的 R 级龙格-库塔方法. 那么当 $R \geqslant 5$ 时, 对应的 R 级龙格-库塔方法是否是 R 阶精度的呢? 答案是否定的, 对于 $R=5,6,7,8,9$ 级龙格-库塔方法, 最大精度分别是 $4,5,6,6,7$, 对于 $R \geqslant 10$, 最高精度 $\leqslant R-2$.

考虑模型方程

$$Y' = \lambda Y, \quad Y(0) = y_0(\neq 0), \tag{11.3.5}$$

其中 λ 是负实数. 当 $x \to +\infty$ 时, 此初值问题的准确解 $Y(x) = y_0 \exp(\lambda x)$ 以指数速率趋于 0. 我们想要研究, 如何选取步长 h, 龙格-库塔方法求得的数值解会满足 $x_n \to +\infty$ 时, $y_h(x_n) \to 0$. 简单起见, 我们研究 $1 \leqslant R \leqslant 4$ 的 R 级 R 阶龙格-库塔方法.

$R=1$ 时, 1 级一阶龙格-库塔方法即为欧拉法, 将其代入求解 (11.3.5), 得到

$$y_{n+1} = (1+\bar{h})y_n, \quad n \geqslant 0,$$

其中 $\bar{h} = \lambda h$. 即

$$y_n = (1+\bar{h})^n y_0.$$

显然, 当且仅当 $|1+\bar{h}|<1$, 即 $\bar{h} \in (-2,0)$ 时, 序列 $\{y_n\}_{n=0}^{\infty}$ 趋于 0. 对这样的步长 h, 欧拉法称为**绝对稳定**的, 区间 $(-2,0)$ 称为此方法的**绝对稳定区间**.

考虑 $R=2$ 的情况, 对应的 2 级二阶龙格-库塔方法:

$$y_{n+1} = y_n + h\left(c_1 k_1 + c_2 k_2\right),$$

其中

$$k_1 = f\left(x_n, y_n\right), \quad k_2 = f\left(x_n + a_2 h, y_n + b_{21} h k_1\right),$$

$$c_1 + c_2 = 1, \quad a_2 c_2 = b_{21} c_2 = \frac{1}{2}.$$

将上式代入 (11.3.5) 得到

$$y_{n+1} = \left(1 + \bar{h} + \frac{1}{2}\bar{h}^2\right) y_n, \quad n \geqslant 0,$$

也即

$$y_n = \left(1 + \bar{h} + \frac{1}{2}\bar{h}^2\right)^n y_0.$$

因此 2 级二阶龙格-库塔方法绝对稳定当且仅当

$$\left|1 + \bar{h} + \frac{1}{2}\bar{h}^2\right| < 1,$$

也就是 $\bar{h} \in (-2,0)$.

当 $R=3$ 时, 通过类似的分析, 得到

$$y_{n+1} = \left(1 + \bar{h} + \frac{1}{2}\bar{h}^2 + \frac{1}{6}\bar{h}^3\right) y_n.$$

令

$$\left|1 + \bar{h} + \frac{1}{2}\bar{h}^2 + \frac{1}{6}\bar{h}^3\right| < 1,$$

得到绝对稳定区间 $\bar{h} \in (-2.51, 0)$.

当 $R=4$ 时,

$$y_{n+1} = \left(1 + \bar{h} + \frac{1}{2}\bar{h}^2 + \frac{1}{6}\bar{h}^3 + \frac{1}{24}\bar{h}^4\right) y_n,$$

对应的绝对稳定区间是 $\bar{h} \in (-2.78, 0)$.

11.3.2 线性多步法

用数值方法求解常微分方程初值问题的过程中，在计算节点 x_{n+1} 上的近似值 y_{n+1} 时，其前面节点上的近似值 $y_0, y_1, \cdots, y_n$ 已经求出，充分利用前面多步的信息来预测 y_{n+1} 的值，可望构造出更高精度的数值方法，这就是构造线性多步法的基本思想. 同前面一样，假设步长 $h>0$，节点 $x_n = x_0 + nh, n \geqslant 0$，多步法的一般形式为

$$y_{n+1} = \sum_{j=0}^{k} a_j y_{n-j} + h \sum_{j=-1}^{k} b_j f\left(t_{n-j}, y_{n-j}\right), \quad n \geqslant k, \tag{11.3.6}$$

系数 $a_0, \cdots, a_k, b_{-1}, b_0, \cdots, b_k$ 是常数且 $k \geqslant 0$. 假设 $|a_k| + |b_k| \neq 0$，则得到一个 $(k+1)$ 步的方法，计算时需先给出前面 $k+1$ 个近似值 $y_0, y_1, \cdots, y_k$(可由其他数值方法得到). 若 $b_{-1} = 0$，则 y_{n+1} 仅在式 (11.3.6) 的左端出现，这样的方法称为**显式多步法**. 若 $b_{-1} \neq 0$，此时称为**隐式多步法**. 对于隐式多步法，假设步长 h 充分小，y_{n+1} 可通过迭代求解得到

$$y_{n+1}^{(i+1)} = \sum_{j=0}^{p} a_j y_{n-j} + h \sum_{j=0}^{p} b_j f\left(t_{n-j}, y_{n-j}\right) + h b_{-1} f\left(t_{n+1}, y_{n+1}^{(i)}\right), \quad i = 0, 1, \cdots.$$

以下主要介绍利用数值积分来构造常用的两类线性多步法：**亚当斯-巴什福思 (Adams-Bashforth) 方法**和**亚当斯-莫尔顿 (Adams-Moulton) 方法**，它们分别简称为 AB 方法和 AM 方法.

对初值问题 (11.2.1) 的等价积分形式 (11.2.5)，利用数值积分格式进行估计，可得出不同的多步法. 为估计积分

$$\int_{x_n}^{x_{n+1}} g(x) \mathrm{d}x, \quad g(x) = Y'(x) = f(x, Y(x)).$$

我们利用多项式插值来近似 $g(x)$ 并用多项式的积分来代替对 $g(x)$ 的积分. 对于给定的非负整数 q，亚当斯-巴什福思方法利用节点 $\{x_n, x_{n-1}, \cdots, x_{n-q}\}$ 来构造 q 次插值多项式，亚当斯-莫尔顿方法利用节点 $\{x_{n+1}, x_n, x_{n-1}, \cdots, x_{n-q+1}\}$ 来构造 q 次插值多项式.

1. 亚当斯-巴什福思方法

我们以线性插值 $(q=1)$ 为例来说明构造如何构造 AB 方法. 取节点 $\{x_n, x_{n-1}\}$ 对 $g(x)$ 进行线性插值，得到

$$p_1(x) = \frac{1}{h}\left[\left(x_n - x\right) g\left(x_{n-1}\right) + \left(x - x_{n-1}\right) g\left(x_n\right)\right].$$

由多项式插值的误差公式,

$$g(x)-p_1(x)=\frac{1}{2}\left(x-x_n\right)\left(x-x_{n-1}\right)g''\left(\zeta_n\right),\quad x_{n-1}\leqslant\zeta_n\leqslant x_{n+1}.$$

在区间 $[x_n,x_{n+1}]$ 上对 $g(x)$ 进行积分,

$$\int_{x_n}^{x_{n+1}}g(x)\mathrm{d}x\approx\int_{x_n}^{x_{n+1}}p_1(x)\mathrm{d}xt=\frac{1}{2}h\left[3g\left(x_n\right)-g\left(x_{n-1}\right)\right].$$

积分的准确值为

$$\int_{x_n}^{x_{n+1}}g(x)\mathrm{d}x=\frac{1}{2}h\left[3g\left(x_n\right)-g\left(x_{n-1}\right)\right]+\frac{5}{12}h^3g''\left(\xi_n\right),\quad x_{n-1}\leqslant\xi_n\leqslant x_{n+1}.$$

将上式代入 (11.2.5), 得到

$$\begin{aligned}Y\left(x_{n+1}\right)=&Y\left(x_n\right)+\frac{1}{2}h\left[3f\left(x_n,Y\left(x_n\right)\right)-f\left(x_{n-1},Y\left(x_{n-1}\right)\right)\right]\\&+\frac{5}{12}h^3Y'''\left(\xi_n\right).\end{aligned}$$

忽略截断误差 $\frac{5}{12}h^3Y'''\left(\xi_n\right)$, 得到对应的数值算法

$$y_{n+1}=y_n+\frac{1}{2}h\left[3f\left(x_n,y_n\right)-f\left(x_{n-1},y_{n-1}\right)\right].\tag{11.3.7}$$

可以看出, 这是一个两步法, 计算 y_{n+1} 时需要用到 y_n 和 y_{n-1}, 若给定 $y_1\approx Y\left(x_1\right)$ 的误差是 $O\left(h^2\right)$, 则此两步法的整体误差是 $O\left(h^2\right)$,

$$\max_{a\leqslant x_n\leqslant b}\left|Y\left(x_n\right)-y_h\left(x_n\right)\right|\leqslant ch^2.$$

即此两步 AB 方法是一个二阶的方法.

更高阶的 AB 方法可以通过高次多项式插值的积分得到. 下面我们用二次插值来进行积分. 设 $p_2(x)$ 是 $g(x)$ 在节点 x_n,x_{n-1},x_{n-2} 上的插值函数, 则用

$$\int_{x_n}^{x_{n+1}}g(x)\mathrm{d}x\approx\int_{x_n}^{x_{n+1}}p_2(x)\mathrm{d}x.$$

具体地, $p_2(x)$ 可表示成

$$p_2(x)=g\left(x_n\right)\ell_0(x)+g\left(x_{n-1}\right)\ell_1(x)+g\left(x_{n-2}\right)\ell_2(x),$$

其中

$$\ell_0(x)=\frac{(x-x_{n-1})(x-x_{n-2})}{2h^2},$$

$$\ell_1(x)=-\frac{(x-x_n)(x-x_{n-2})}{h^2},$$

$$\ell_2(x)=\frac{(x-x_n)(x-x_{n-1})}{2h^2}.$$

插值误差为

$$g(x)-p_2(x)=\frac{1}{6}(x-x_n)(x-x_{n-1})(x-x_{n-2})g'''(\zeta_n),\quad x_{n-2}\leqslant\zeta_n\leqslant x_{n+1}.$$

求积分得到

$$\int_{x_n}^{x_{n+1}}g(x)\mathrm{d}x=\frac{1}{12}h\left[23g(x_n)-16g(x_{n-1})+5g(x_{n-2})\right]+\frac{3}{8}h^4g'''(\xi_n),$$

$$x_{n-2}\leqslant\xi_n\leqslant x_{n+1}.$$

代入 (11.2.5), 得到

$$Y(x_{n+1})=Y(x_n)+\frac{1}{12}h\left[23f(x_n,Y(x_n))-16f(x_{n-1},Y(x_{n-1}))\right.$$
$$\left.+5f(x_{n-2},Y(x_{n-2}))\right]+\frac{3}{8}h^4Y^{(4)}(\xi_n).$$

忽略截断误差, 得到三阶的 AB 方法

$$y_{n+1}=y_n+\frac{1}{12}h\left[23y'_n-16y'_{n-1}+5y'_{n-2}\right],\quad n\geqslant 2,\tag{11.3.8}$$

其中 $y'_k\equiv f(t_k,y_k),k\geqslant 0$. 这是一个三步法. 可以证明, 基于 q 次插值构造的 $q+1$ 步 AB 方法, 它的截断误差具有

$$T_{n+1}=c_qh^{q+2}Y^{(q+2)}(\xi_n),\quad x_{n-q}\leqslant\xi_n\leqslant x_{n+1}$$

的形式. 初值 $y_1,\cdots,y_q$ 可由其他数值方法得到. 若初始值的误差满足

$$Y(x_n)-y_h(x_n)=O\left(h^{q+1}\right),\quad n=1,2,\cdots,q,$$

则当准确解 Y 充分光滑时, $q+1$ 步 AB 方法的整体误差也为 $O(h^{q+1})$.

表 11.5 给出了一到四阶的 AB 方法及对应的截断误差. 一阶格式即为欧拉格式, 表中 $y_k' \equiv f(t_k, y_k)$.

表 11.5 AB 方法

q	阶	数值方法	截断误差
0	1	$y_{n+1} = y_n + h y_n'$	$\frac{1}{2} h^2 Y''(\xi_n)$
1	2	$y_{n+1} = y_n + \frac{h}{2}[3y_n' - y_{n-1}']$	$\frac{5}{12} h^3 Y'''(\xi_n)$
2	3	$y_{n+1} = y_n + \frac{h}{12}[23y_n' - 16y_{n-1}' + 5y_{n-2}' \vert$	$\frac{3}{8} h^4 Y^{(4)}(\xi_n)$
3	4	$y_{n+1} = y_n + \frac{h}{24}[55y_n' - 59y_{n-1}' + 37y_{n-2}' - 9y_{n-3}']$	$\frac{251}{720} h^5 Y^{(5)}(\xi_n)$

例题 11.3.2 利用二阶的 AB 方法 (11.3.7) 求解

$$Y'(x) = -Y(x) + 2\cos(x), \quad Y(0) = 1.$$

解 此初值问题的准确解是 $Y(x) = \sin(x) + \cos(x)$. 在数值计算过程中, 我们取 $y_1 = Y(t_1)$, 取步长 $h = 0.05$, 得到的数值结果见表 11.6. 从表中可以看出, 当步长减半时, 误差缩减为原来误差的 1/4, 与此数值格式是二阶的相一致. ■

表 11.6 二阶 AB 方法 (11.3.7) 求解误差

t	$y_h(x)$	$Y(x) - y_{2h}(x)$	$Y(x) - y_h(x)$	误差比
2	0.49259722	2.13e − 3	5.53e − 4	3.9
4	−1.41116963	2.98e − 3	7.24e − 4	4.1
6	0.68174279	−3.91e − 3	−9.88e − 4	4.0
8	0.84373678	3.68e − 4	1.21e − 4	3.0
10	−1.3R398254	3.61e − 3	8.90e − 4	4.1

2. 亚当斯-莫尔顿方法

同 AB 方法一样, 我们先从线性插值来构造 AM 方法. 记 $g(x)$ 在节点 x_n 和 x_{n+1} 上的线性插值函数为 $p_1(x)$

$$p_1(x) = \frac{1}{h}\left[(x_{n+1} - x) g(x_n) + (x - x_n) g(x_{n+1})\right].$$

利用此式来近似 (11.2.5) 中的被积函数, 我们得到梯形法则

$$Y(x_{n+1}) = Y(x_n) + \frac{1}{2} h \left[f(x_n, Y(x_n)) + f(x_{n+1}, Y(x_{n+1}))\right] - \frac{1}{12} h^3 Y'''(\xi_n).$$

忽略截断误差项, 得到 AM 方法

$$y_{n+1}=y_n+\frac{1}{2}h\left[f\left(t_n,y_n\right)+f\left(t_{n+1},y_{n+1}\right)\right],\quad n\geqslant 0,$$

即 11.2 节中的梯形公式. 这是一个二阶的方法, 整体误差为 $O\left(h^2\right)$, 且是绝对稳定的.

通过对在节点 $\{x_{n+1},t_n,\cdots,x_{n-q+1}\}$ 上构造 $g(x)$ 的 q 次插值多项式并进行积分, 可得到隐式的 $q+1$ 阶 AM 方法. 表 11.7 给出了一到四阶的隐式 AM 方法. 从表中可以看出, 一阶的 AM 方法即隐式欧拉法, 二阶 AM 方法是梯形法.

表 11.7　表 AM 方法

q	阶	数值方法	截断误差
0	1	$y_{n+1}=y_n+hy'_{n+1}$	$-\frac{1}{2}h^2Y''\left(\xi_n\right)$
1	2	$y_{n+1}=y_n+\frac{h}{2}\left[y'_{n+1}+y'_n\right]$	$-\frac{1}{12}h^3Y'''\left(\xi_n\right)$
2	3	$y_{n+1}=y_n+\frac{h}{12}\left[5y'_{n+1}+8y'_n-y'_{n-1}\right]$	$-\frac{1}{24}h^4Y^{(4)}\left(\xi_n\right)$
3	4	$y_{n+1}=y_n+\frac{h}{24}\left[9y'_{n+1}+19y'_n-5y'_{n-1}+y'_{n-2}\right]$	$-\frac{12}{720}h^5Y^{(5)}\left(\xi_n\right)$

线性多步法的精度比单步法高, 且隐式多步法的稳定性好, 但是隐式多步法每一步要迭代求解, 计算量较大. 实际应用时, 为减少计算量, 将隐式多步法和显式多步法配合使用, 一般用显式公式提供迭代初值, 再用同阶的隐式公式进行一步校正, 即为**预估-校正算法**. 例如用二阶的 AB 方法进行预测, 用二阶的 AM 方法进行校正得到

$$\begin{aligned}
y_{n+1}^{(0)}&=y_n+\frac{1}{2}h\left[3f\left(x_n,y_n\right)-f\left(x_{n-1},y_{n-1}\right)\right],\\
y_{n+1}^{(1)}&=y_n+\frac{1}{2}h\left[f\left(x_n,y_n\right)+f\left(x_{n+1},y_{n+1}^{(0)}\right)\right].
\end{aligned}$$

3. 截断误差与收敛性分析

对任意的可微函数 $Y(x)$, 定义 $Y'(x)$ 的截断误差为

$$T_n(Y)=Y\left(x_{n+1}\right)-\left[\sum_{j=0}^{p}a_jY\left(x_{n-j}\right)+h\sum_{j=-1}^{p}b_jY'\left(x_{n-j}\right)\right],\quad n\geqslant p.\tag{11.3.9}$$

定义 $\tau_n(Y)$

$$\tau_n(Y)=\frac{1}{h}T_n(Y).$$

为了证明多步法 (11.3.6) 得到的数值解 $\{y_n: a\leqslant x_n\leqslant b\}$ 对初值问题 (11.2.1) 的收敛性, 必须要求

$$\tau(h)\equiv\max_{a\leqslant x_n\leqslant b}|\tau_n(Y)|\to 0,\quad h\to 0. \tag{11.3.10}$$

(11.3.10) 是多步法 (11.3.6) 的相容性条件. 数值解序列 $\{y_n\}$ 收敛到准确解 $Y(x)$ 的速度依赖于 (11.3.10) 的收敛速度, 同时我们想知道什么情况下

$$\tau(h)=O\left(h^m\right),\quad m\geqslant 1. \tag{11.3.11}$$

关于以上问题有以下定理成立.

定理 11.3.1 设给定的整数 $m\geqslant 1$, 对所有连续可微的函数 $Y(x)$, 若它满足 (11.3.10), 即多步法 (11.3.6) 是相容的, 当且仅当

$$\begin{gathered}\sum_{j=0}^{p}a_j=1,\\ -\sum_{j=0}^{p}ja_j+\sum_{j=-1}^{p}b_j=1.\end{gathered} \tag{11.3.12}$$

进一步, 若对所有的 $m+1$ 阶连续可微的函数 $Y(x)$, (11.3.11) 成立的充要条件是 (11.3.12) 成立且

$$\sum_{j=0}^{p}(-j)^i a_j+i\sum_{j=-1}^{p}(-j)^{i-1}b_j=1,\quad i=2,\cdots,m. \tag{11.3.13}$$

使 (11.3.11) 成立的 m 的最大值称为多步法 (11.3.6) 的收敛阶.

下面我们给出多步法的收敛定理, 感兴趣的可以查阅相关证明.

定理 11.3.2 利用多步法 (11.3.6) 求解初值问题 (11.2.1). 假设导函数 $f(x,y)$ 连续且满足利普希茨条件

$$\left|f\left(t,y_1\right)-f\left(t,y_2\right)\right|\leqslant L\left|y_1-y_2\right|,$$

$-\infty<y_1,y_2<\infty, t_0\leqslant t\leqslant b$, L 是大于 0 的常数. 假设初始误差满足

$$\eta(h)\equiv\max_{0\leqslant i\leqslant p}\left|Y\left(x_i\right)-y_h\left(x_i\right)\right|\to 0,\quad h\to 0.$$

设初值问题的准确解 $Y(x)$ 连续可微且数值算法是相容的, 即满足式 (11.3.10), 且所有的系数 α_j 都是非负的, 则多步法 (11.3.6) 收敛且存在常数 c_1, c_2, 使得

$$\max_{t_0 \leqslant t_n \leqslant b} \left| Y\left(t_n\right) - y_h\left(t_n\right) \right| \leqslant c_1 \eta(h) + c_2 \tau(h).$$

若解 $Y(x)$ 是 $m+1$ 阶连续可微的, 则多步法 (11.3.6) 是 m 阶收敛的, 即其截断误差

$$T_n(Y) = O\left(h^{m+1}\right).$$

习 题 11

习题 11.1 用泰勒展开法求一阶向前差商

$$f'(x) \approx \frac{f(x+h) - f(x)}{h}$$

和一阶向后差商

$$f'(x) \approx \frac{f(x) - f(x-h)}{h}$$

的截断误差.

习题 11.2 已知零阶贝塞尔函数 $y = J_0(x)$ 的一部分函数值如下:

x	0.96	0.98	1.00	1.02	1.04
y	0.7825361	0.7739332	0.7651977	0.7563321	0.7473390

试用三点公式求 $y'(1.00)$ 及 $y''(1.00)$ 的近似值.

习题 11.3 用欧拉法求解初值问题

$$\begin{cases} y'(x) = y(x) + (1+x)y^2(x), & 1 < x < 1.5, \\ y(1) = -1. \end{cases}$$

取步长 $h = 0.1$, 并与准确解 $y(x) = \dfrac{1}{x}$ 比较.

习题 11.4 用改进的欧拉法和梯形法求解初值问题

$$\begin{cases} y'(x) = \dfrac{1}{x}\left(y(x) - y^2(x)\right), & 1 < x < 1.5, \\ y(1) = 0.5. \end{cases}$$

取步长 $h = 0.1$, 并与准确解 $y(x) = \dfrac{x}{1+x}$ 比较.

习题 11.5　试用欧拉公式计算积分 $\int_0^x \mathrm{e}^{t^3}\,\mathrm{d}t$ 在点 $x=0.5,1,1.5,2$ 的近似值.

习题 11.6　用欧拉法和梯形法求解初值问题

$$\begin{cases} y'(x)=xy+x^3, \quad 0<x<1, \\ y(0)=1. \end{cases}$$

取步长 $h=0.1$, 并与准确解 $y(x)=3\mathrm{e}^{\frac{x^2}{2}}-x^2-2$ 做比较.

习题 11.7　用四阶龙格-库塔公式求

$$\begin{cases} y'(x)=x+y(x), \quad 0<x<1, \\ y(0)=1 \end{cases}$$

的数值解, 取 $h=0.2$.

习题 11.8　对于初值问题

$$y'=-20(y-x^3)+x, \quad y(0)=1.$$

(1) 用欧拉法求解, 步长 h 在什么范围内, 才能使数值计算稳定?

(2) 用四阶龙格-库塔求解, 步长 h 在什么范围内, 才能使数值计算稳定?

(3) 用梯形法求解, 步长 h 有无限制?

习题 11.9　证明

$$\begin{cases} y_{i+1}=y_i+\dfrac{h}{9}\left(2K_1+3K_2+4K_3\right), \\ K_1=f\left(x_i,y_i\right), \\ K_2=f\left(x_i+\dfrac{h}{2},y_i+\dfrac{h}{2}K_1\right), \\ K_3=f\left(x_i+\dfrac{3}{4}h,y_i+\dfrac{3}{4}hK_2\right) \end{cases}$$

是四阶方法.

习题 11.10　试确定两步公式 $y_{n+1}=y_{n-1}+2hf\left(x_n,y_n\right)$ 的局部截断误差.

习题 11.11　确定系数 $a_i,b_i,i=0,1,2$, 使得多步法

$$y_{i+1}=a_0y_i+a_1y_{i-1}+a_2y_{i-2}+h\left(b_0y_i'+b_1y_{i-1}'+b_2y_{i-2}'\right)$$

是四阶的, 并求出局部截断误差.

习题 11.12 用 4 阶 AB 方法求初值问题

$$
\begin{cases}
y'(x) = \dfrac{\operatorname{sh}(0.5y(x)+x)}{1.5} + 0.5y(x), \quad 0 < x < 0.5, \\
y(0) = 0
\end{cases}
$$

的数值解, 取 $h = 0.05$.

第 12 章 应用案例

CHAPTER

12.1 基于改进欧拉法的电力系统暂态稳定性的研究

电力系统暂态稳定分析方法, 其基本思想是应用数值积分方法求出描述受扰动微分方程组的解, 然后根据各发电机转子之间的相对角度变化判断电力系统稳定性.

在正常稳态运行情况下, 电力系统中各发电机组输出的电磁转矩和原动机输入的机械转矩平衡, 因此所有发电机的转子速度保持恒定. 但是电力系统经常遭受一些大小扰动的冲击, 例如输电线路三相突然短路、原动机输入机械功率变化等. 电力系统正常运行的必要条件是所有发电机保持同步, 因此电力系统在大干扰下的稳定性分析, 就是分析发电机遭受扰动后维持同步运行的能力, 常称为电力系统的暂态稳定分析.

采用时域仿真法, 将电力系统的各元件模型根据元件之间的拓扑关系形成全系统模型, 然后以稳态工况或潮流解为初值, 求扰动下的数值解, 逐步求得系统状态量和代数量随时间的变化曲线, 并根据发电机转子摇摆曲线判断系统在扰动下能否保持同步运行的能力.

整个电力系统的模型在数学上可以统一描述成一般形式的微分-代数方程组:

$$\begin{cases} \dfrac{\mathrm{d}x}{\mathrm{d}t} = f(x, y), \\ g(x, y) = 0, \end{cases} \tag{12.1.1}$$

式中, x 表示微分方程组中描述系统动态特性的状态变量, y 表示代数方程组中描述系统的运行参量.

微分方程组主要包括:

(1) 描述各同步发电机暂态和次暂态电势变化规律的微分方程;

(2) 描述各同步发电机转子运动的摇摆方程;

(3) 描述各同步发电机组中励磁调节系统动态特性的微分方程;

(4) 描述各同步发电机中原动机及其调速系统的动态特性的微分方程;

(5) 描述电力系统各个负荷动态特性的微分方程;

(6) 描述电力系统其他装置动态特性的微分方程.

代数方程组主要包括:

(1) 电力网络方程, 即描述节点电压与节点注入电流之间的关系;

(2) 各同步发电机定子电压方程;

(3) 负荷静态方程等.

12.1.1 改进欧拉法的基本思路及求解步骤

1. 欧拉法

计算初始值:

$$\begin{cases} \dfrac{\mathrm{d}y}{\mathrm{d}x}=f(x,y), \\ y\left(x_0\right)=y_0. \end{cases}$$

将 $[x_0,x_0+b]$ 区间分为 n 等份, 令 $h=\dfrac{b}{n}, x_k=x_0+kh, k=1,2,\cdots,n$, y_k 为解. 欧拉法又称为**欧拉折线法**, 是一种最简单的数值解法.

由于 $y(x)$ 是可微函数, 可得

$$y\left(x_0+h\right)-y\left(x_0\right)=y'(\zeta)h,$$

式中, ζ 是介于 x_0 和 x_0+h 的一个值. 当 h 比较小时, $y'(\zeta)$ 和 $y'\left(x_0\right)$ 相差不大, 故用 x_0 代替上式中的 ζ, 就得到了近似值 y_1:

$$y_1=y_0+f\left(x_0,y_0\right)h,$$

当得到 y_1 后, 再用类似方法求 $y(x)$ 在点 x_k 的近似值 y_k. $y_k=y_{k-1}+f(x_{k-1},y_{k-1})h, k=1,2,\cdots,n$. 这样就得到了在点 $x_0,x_1,\cdots,x_n$ 处的近似解, 从几何上看, 欧拉折线法就是在局部范围内用切线上的值去替代解曲线上的值. 欧拉公式在实际计算时较少采用, 但由于它的结构简单且易于分析, 在理论上具有非常重要的意义.

2. 改进欧拉法

在应用欧拉法时, 由各时段起始点计算出的导数值 $\left.\dfrac{\mathrm{d}y}{\mathrm{d}x}\right|_n=f\left(y_n,x_n\right)$ 被用于 $[x_n,x_{n+1}]$ 的整段, 即代替积分曲线的各折线段的斜率仅由相应时段的起始点决定, 因而给计算造成很大的误差. 如果各折线段的斜率取为该时段起点导数值与终点导数值的平均值, 则可以得到比较精确的计算结果. 改进欧拉法就是根据这个原理提出的.

一般来说, 隐式格式比显式格式具有较好的数值稳定性. 但是, 由于在隐式格式里, y_{n+1} 满足的往往是一个非线性方程, 因而需要使用迭代法得到 y_{n+1} 的一个近似值, 然后代入隐式格式进行校正, 并将这个校正值作为 $y(x_{n+1})$ 的近似值. 一般地, 可以选择适当的显式格式计算预测值, 把这样的格式称为预估–校正公式. 预估–校正公式既便于计算又具有较好的数值稳定性. 例如, 对于梯形公式, 可用欧拉公式计算出的预测值, 再用梯形公式修正得到:

$$y_{n+1}^{(0)} = y_n + hf(x_n, y_n),$$

$$y_{n+1} = y_n + \frac{h}{2}\left[f(x_n, y_n) + f\left(x_{n+1}, y_{n+1}^{(0)}\right)\right].$$

上述公式称为改进的欧拉公式. 其总体截断误差为 $O(h^3)$, 在步长 h 取得足够长时, 用改进欧拉方法求得的数值与理论值非常接近.

12.1.2 用改进欧拉法求解两机系统微分方程

设 n 台发电机编号为 $i = 1, 2, \cdots, n$, 可得以下公式:

$$\begin{cases} \dot{\delta}_i = \omega_0(\omega_i - 1), \\ \dot{\omega}_i = \dfrac{1}{M_i}\left[P_{mi} - P_i - D_i(\omega_i - 1)\right], \\ \dot{E}_{qi} = \dfrac{1}{T_{d0i}}\left(-E_{qi} + E_{fd0i} + E_{fai}\right), \\ E_{fdi} = -\dfrac{1}{T_{Ai}}E_{fii} + \dfrac{K_{Ai}}{T_{Ai}}\left(V_{refgi} - V_{gi}\right). \end{cases} \qquad \begin{cases} V_{di} = X_{qi}I_{qi}, \\ V_{qi} = E_{qi} - X_{di}I_{di}, \\ P_i = V_{di}I_{di} + V_{qi}I_{qi}, \\ E_{qi} = E_{qi} + (X_{di} - X_{di})I_{di}, \\ V_{gi} = \sqrt{V_{di}^2 + V_{qi}{}^2}, \end{cases}$$

式中, 微分方程组的状态变量有 $\delta_i, \omega_i, E_{qi}, E_{fdi}$, 代数方程组的运行参量为 P_i, E_{qi}, V_{gi}, E_{fd0i}, I_{di}, I_{qi}, V_{di}. 通过求解网络方程可得 I_{di}, I_{qi}, V_{di}, V_{qi}, P_{i0}.

用改进欧拉法求解微分方程的步骤如下.

第一步, 通过求解电力网络方程, 求出 t_n 时刻代数方程中的各个量, t_n 时刻的状态量为稳态初值 δ_n , ω_n ,E_{qn}, E_{fan}.

第二步, 求出状态量在 t_n 时刻的导数 $\left.\dfrac{\mathrm{d}\delta}{\mathrm{d}t}\right|_{t_n}$, $\left.\dfrac{\mathrm{d}\omega}{\mathrm{d}t}\right|_{t_n}$, $\left.\dfrac{\mathrm{d}E'_q}{\mathrm{d}t}\right|_{t_n}$, $\left.\dfrac{\mathrm{d}\delta}{\mathrm{d}t}E'_{fii}\right|_{t_n}$.

第三步, 对 t_n 时刻状态量 $\delta_{n+1}, \omega_{n+1}, E_{qn+1}$, E_{fan+1} 进行预报.

第四步, 将状态量的预报值代入系统网络方程求解, 并求出代数量的预估值.

第五步, 将代数量预估值代入求出状态量在 t_n 时刻的导数: $\left.\dfrac{\mathrm{d}\delta}{\mathrm{d}t}\right|_{t_n}$, $\left.\dfrac{\mathrm{d}\omega}{\mathrm{d}t}\right|_{t_n}$,

$\left.\frac{\mathrm{d}EE_q}{\mathrm{d}t}\right|_{t_n}$, $\left.\frac{\mathrm{d}\delta}{\mathrm{d}t}E'_{fdi}\right|_{t_n}$.

第六步, 求出 t_{n+1} 时刻各状态量的值 δ_{n+1} , ω_{n+1}, E_{qn+1} ,E_{fan+1}.

在暂态稳定分析中, 改进欧拉法由于可以适应各种不同详细程度的元件数学模型, 且分析结果准确、可靠, 已得到广泛应用.

12.2 阿尔瓦拉多电力市场模型的李雅普诺夫稳定性

本节结合阿尔瓦拉多 (Alvarado) 提出的电力市场动态模型, 从理论上研究了电力市场的李雅普诺夫稳定性. 而后建立了阿尔瓦拉多电力市场区间模型, 并讨论了其区间稳定性. 利用这些稳定性判定条件, 可直接由初始数据判断电力市场模型的稳定性.

12.2.1 阿尔瓦拉多电力市场模型

假设发电机成本函数和消费者效用函数为二次函数. 当供电一方观察到电力市场价格 λ 高于生产成本 λ_{gi} 时, 则供应方会扩大生产直到生产成本等于价格, 扩大的比率与观察到的市场价格和实际生产成本之差成比例. 假设供应方 i 的电能输出为 P_{gi}, 其对于市场价格的响应速度是独立的, 用时间常数 τ_{gi} 表示. 阿尔瓦拉多在上述假设下, 导出如下描述电力市场动力学行为的模型:

$$\tau_{gi}P_{gi} = \lambda - b_{gi} - c_{gi}P_{gi}, \quad i = 1, 2, \cdots, m,$$

式中 P_{gi} 为电能供应量; τ_{gi} 为电力输出的响应速度; λ 为任意给定时刻的电力价格; $b_{gi} - c_{gi}P_{gi}$ 为供应方 i 的边际成本; c_{gi} 为供应方需求弹性; b_{gi} 为供应方的线性成本系数.

至于消费者, 其刻画模型为

$$\tau_{dj}P_{dj} = -\lambda + b_{dj} + c_{dj}P_{dj}, \quad j = 1, 2, \cdots, n$$

式中 P_{dj} 为电能需求量; τ_{dj} 为消费需求的膨胀速度, 其中 $b_{dj} + c_{dj}P_{dj}$ 为消费方 j 的边际收益; c_{dj} 为消费方需求弹性, b_{dj} 为消费方的线性成本系数. 另外 P_{dj} 和 P_{gj} 还满足

$$\sum_{j=1}^{m} P_{gj} = \sum_{j=1}^{n} P_{dj}.$$

考虑到电力市场的阻塞, 利用潮流分布因子, 单一阻塞条件可以表示为

$$s_{g1}P_{g1} + s_{g2}P_{g2} + \cdots + s_{gm}P_{gm} + s_{d1}P_{d1} + s_{d2}P_{d2} + \cdots + s_{dn}P_{dn} = s_1.$$

对于一般的情况, 具有 n_s 个阻塞条件, m 个供应方 n 个消费方的完整电力市场模型为

$$\begin{pmatrix} T & 0 \\ 0 & 0 \end{pmatrix}\begin{pmatrix} \dot{\tilde{P}} \\ \dot{\tilde{\Lambda}} \end{pmatrix} = \begin{pmatrix} C & S^{\mathrm{T}} \\ S & 0 \end{pmatrix}\begin{pmatrix} \tilde{P} \\ \tilde{\Lambda} \end{pmatrix} + \begin{pmatrix} b \\ s \end{pmatrix}, \tag{12.2.1}$$

其中

$$\tilde{P} = (P_{g1}, P_{g2}, \cdots, P_{gm}, P_{d1}, P_{d2}, \cdots, P_{dn})^{\mathrm{T}} \in \mathbb{R}^{m+n},$$

$$\tilde{\Lambda} = (\lambda,\ \mu_1,\ \mu_2,\ \cdots, \mu_{n_s}) \in \mathbb{R}^{n_s+1},$$

$$T = \mathrm{diag}(\tau_{g1}, \tau_{g2}, \cdots, \tau_{gm}, \tau_{d1}, \tau_{d2}, \cdots, \tau_{dn}) \quad (\tau_{gi} > 0, \tau_{dj} > 0),$$

$$C = \mathrm{diag}(-c_{g1}, -c_{g2}, \cdots, -c_{gm}, c_{d1}, c_{d2}, \cdots, c_{dn}),$$

$\mu_k(k = 1, 2, \cdots, n_s)$ 表示阻塞限制的拉格朗日乘子; S 为对应于阻塞敏感度的矩阵:

$$\begin{pmatrix} 1 & \cdots & 1 & -1 & \cdots & -1 \\ s_{11} & \cdots & s_{1m} & s_{1,m+1} & \cdots & s_{1,m+n} \\ \vdots & & \vdots & \vdots & & \vdots \\ s_{n_s1} & \cdots & s_{n_sm} & s_{n_s,m+1} & \cdots & s_{n_s,m+n} \end{pmatrix},$$

其中第 1 行为电力平衡条件; $b = (-b_{g1}, -b_{g2}, \cdots, -b_{gm},\ b_{d1},\ b_{d2}, \cdots, b_{dn})^{\mathrm{T}}$ 为线性系数成本向量; $s = (0,\ s_1,\ s_2,\ \cdots, s_{n_s})^{\mathrm{T}}$ 为常值向量, s_i 为阻塞方程中等号右边的值, $i = 1, 2, \cdots, n_s$.

由式 (12.2.1) 表示的系统至少有一个平衡点, 通过平移可以将系统 (12.2.1) 变换为

$$\begin{pmatrix} T & 0 \\ 0 & 0 \end{pmatrix}\begin{pmatrix} \dot{P} \\ \dot{\Lambda} \end{pmatrix} = \begin{pmatrix} C & S^{\mathrm{T}} \\ S & 0 \end{pmatrix}\begin{pmatrix} P \\ \Lambda \end{pmatrix}. \tag{12.2.2}$$

在一般情况下, 有 $m+n > n_s+1$, 此外不妨假设 $\mathrm{rank}(S) = n_s+1$. 设 $S = (S_1, S_2)$, 其中 S_1 为 S 的 $(n_s + 1) \times (n_s + 1)$ 非奇异子矩阵. 将 T 和 C 分解为如下形式:

$$T = \begin{pmatrix} T_1 & 0 \\ 0 & T_2 \end{pmatrix}, \quad C = \begin{pmatrix} C_1 & 0 \\ 0 & C_2 \end{pmatrix},$$

其中 T_1 和 C_1 为 $(n_s+1)\times(n_s+1)$ 对角矩阵; T_2 和 C_2 为 $q\times q$ 对角矩阵, $q=(m+n)-(n_s+1)$. 从而式 (12.2.2) 可以变换为

$$\begin{pmatrix} T_1 & 0 & 0 \\ 0 & T_2 & 0 \\ 0 & 0 & 0 \end{pmatrix}\begin{pmatrix} \dot{P}_1 \\ \dot{P}_2 \\ \dot{\Lambda} \end{pmatrix}=\begin{pmatrix} C_1 & 0 & S_1^{\mathrm{T}} \\ 0 & C_2 & S_2^T \\ S_1 & S_2 & 0 \end{pmatrix}\begin{pmatrix} P_1 \\ P_2 \\ \Lambda \end{pmatrix}. \tag{12.2.3}$$

由于 S_1 非奇异, 可以通过式 (12.2.3) 的代数方程解出 P_1, 而后代入式 (12.2.3) 的微分部分得

$$-T_1S_1^{-1}S_2\dot{P}_2=-C_1S_1^{-1}S_2P_2+S_1^{\mathrm{T}}\Lambda,$$

解出 Λ, 再代入微分部分的第二组方程有

$$(T_2+S_3^{\mathrm{T}}T_1S_3)\dot{P}_2=(C_2+S_3^{\mathrm{T}}C_1S_3)P_2, \tag{12.2.4}$$

式中 $S_3=S_1^{-1}S_1$. 令 $T_3=T_2+S_3^{\mathrm{T}}T_1S_3$, $C_3=C_2+S_3^{\mathrm{T}}C_1S_3$, 则 (12.2.4) 式可记为

$$T_3\dot{P}_2=C_3P_2. \tag{12.2.5}$$

系统 (12.2.5) 即为具有 n_s 个阻塞条件, m 个供应方和 n 个消费方的电力市场模型 (Lu et al., 2006).

12.2.2 阿尔瓦拉多电力市场模型的稳定性

在李雅普诺夫稳定或渐近稳定的意义下, 考虑阿尔瓦拉多电力市场动态模型 (12.2.5) 的稳定性. 利用线性代数的简单理论可以推知: 电力市场模型稳定性在非奇异线性变换作用下保持不变.

定理 12.2.1 (1) 系统 (12.2.5) 是稳定的充要条件为 C_3 的所有特征值均有非正实部, 且其具有零实部的特征值为其最小多项式的单根, 即在矩阵 C_3 的若尔当标准形中与 C_3 的零实部特征值相关联的若尔当块均为一阶的.

(2) 系统 (12.2.5) 是渐近稳定的充要条件为 C_3 的所有特征值均有负实部. 特别地, 当 C_2 的对角分量元素为负且 C_1 的对角分量元素非正时, 系统 (12.2.5) 是渐近稳定的.

定理 12.2.2 设 $C_1=\mathrm{diag}(\lambda_1,\cdots,\lambda_{n_s+1})$, $C_2=\mathrm{diag}(\mu_1,\cdots,\mu_q)$, 则

(1) 若 $\lambda_j>0$, $j=1,\cdots,n_s+1$, 且至少有一个 $\mu_i>0$, $i\in\{1,\cdots,q\}$, 则系统 (12.2.5) 不稳定, 从而不渐近稳定.

(2) 若 $\lambda_j\geqslant 0$, $j=1,\cdots,n_s+1$, 且至少有一个 $\mu_i\geqslant 0$, $i\in\{1,\cdots,q\}$, 则系统 (12.2.5) 不渐近稳定.

(3) 若 $\mu_i\geqslant 0$, $i=1,\cdots,q$, 且至少有一个 $\lambda_j\geqslant 0$, $i\in\{1,\cdots,n_s+1\}$, 则系统 (12.2.5) 不稳定, 从而不渐近稳定.

定理 12.2.3 设 $C_1 = \mathrm{diag}(\lambda_1, \cdots, \lambda_{n_s+1})$, $C_2 = \mathrm{diag}(\mu_1, \cdots, \mu_q)$, 且矩阵 S_2 非奇异, 则

(1) 若 $\lambda_j > 0$, $j = 1, \cdots, n_s + 1$, 且至少有一个 $\mu_i \geqslant 0$, $i \in \{1, \cdots, q\}$, 则系统 (12.2.5) 不稳定, 从而不渐近稳定.

(2) 若 $\mu_i \geqslant 0$, $i = 1, \cdots, q$, 且至少有一个 $\lambda_j \geqslant 0$, $i \in \{1, \cdots, n_s + 1\}$, 则系统 (12.2.5) 不稳定, 从而不渐近稳定.

(3) 若 $\lambda_j \geqslant 0$, $j = 1, \cdots, n_s + 1$, 且至少有一个 $\mu_i \geqslant 0$, $i \in \{1, \cdots, q\}$, 则系统 (12.2.5) 不渐近稳定.

(4) 若 $\mu_i \geqslant 0$, $i = 1, \cdots, q$, 且至少有一个 $\lambda_i \geqslant 0$, $i \in \{1, \cdots, n_s + 1\}$, 则系统 (12.2.5) 不稳定, 从而不渐近稳定.

对于一般情况下系统 (12.2.5), 可借助以下方法来讨论参数对其稳定性的影响. 由 C_3 为实对称矩阵, 故其特征值均为实数. 我们有

定理 12.2.4 设 C_3 的特征多项式 $f(\lambda) = \det(\lambda E - C_3)$ 的系数均连续依赖于实参数 μ, 令

$$\hat{\mu} = \min\{|\mu - \mu_0| : \det(C_3) = 0\}. \tag{12.2.6}$$

(1) 若参数取值为 μ_0 时, C_3 的特征值均小于零, 则当 $\mu \in (\mu_0 - \hat{\mu},\ \mu_0 + \hat{\mu})$ 时系统 (12.2.5) 是渐近稳定的.

(2) 若参数取值为 μ_0 时, C_3 的特征值均小于等于零, 则当 $\mu \in (\mu_0 - \hat{\mu},\ \mu_0 + \hat{\mu})$ 时系统 (12.2.5) 是稳定的.

下面利用以上得到的稳定性判断条件分析文献 (易丹辉, 2001) 中具有阻塞条件的电力市场 (12.2.5).

例题 12.2.1 考虑 3 个供应方、2 个消费方的电力市场模型. 由于

$$C_1 = \mathrm{diag}(-0.30, -0.50), \quad C_2 = \mathrm{diag}(-0.20, -0.50, -0.60),$$

由数据知 C_1 和 C_2 都为负定矩阵, 根据定理 12.2.1 知该模型是渐近稳定的, 它与阻塞条件数目 n_s 无关.

例题 12.2.2 考虑当 $n_s = 0$ 时,

$$C_1 = 0.05, \quad C_2 = \mathrm{diag}(0.02, -0.5, -0.5, -0.6)$$

的奇异电力市场模型的稳定性. 根据定理 12.2.2 知该模型是不稳定的, 从而不渐近稳定.

例题 12.2.3 考虑当 $n_s = 0$ 时,

$$C_1 = 0.05, \quad C_2 = \mathrm{diag}(0.02, -0.5, -0.5, -0.6)$$

的电力市场模型稳定性. 根据定理 12.2.2 知该模型不渐近稳定.

例题 12.2.4 考虑当 $n_s = 1$ 时,

$$C_1 = \mathrm{diag}(0.05, 0.02), \quad C_2 = \mathrm{diag}(-0.5, -0.5, -0.6),$$

$$S_1 = \begin{pmatrix} 1 & 1 \\ 0.1 & -0.1 \end{pmatrix}, \quad S_2 = \begin{pmatrix} 1 & -1 & -1 \\ 0 & 0.1 & -0.1 \end{pmatrix}$$

的电力市场模型稳定性, 由计算可知该模型的特征值为 $-1.05, -2.45, -0.96$, 从而市场模型是稳定的. 下面利用定理 12.2.4 来分析该模型的稳定性.

不妨假设该模型中矩阵 C_1 的第一个对角元素在电力市场变化中起主要作用, 故以第一个对角元素为参数, 即考虑

$$C_1 = \mathrm{diag}(\mu, 0.02)$$

来分析参数 μ 的变化对电力市场模型稳定性的影响.

由于 C_3 的特征多项式

$$\begin{aligned} f(\lambda) &= \det(\lambda E - C_3) \\ &= \lambda^3 + (1.5750 - 1.2500\mu)\lambda^2 + (0.8225 - 1.2450\mu)\lambda + 0.1425 - 0.3095\mu, \end{aligned}$$

其系数显然连续依赖于参数 μ, 故由定理 12.2.4, 令 $\det(C_3) = 0.1425 - 0.3095\mu = 0$, 得 $\mu = 0.4604$. 由定理 12.2.4 知

$$\hat{\mu} = \min\{|\mu - \mu_0| : \det(C_3) = 0\} = |0.4604 - 0.05| = 0.4104.$$

当 $\mu \in (-0.3604, 0.4604)$ 时该模型渐近稳定, 当 $\mu \in [-0.3604, 0.4604]$ 时该模型稳定.

本节结合阿尔瓦拉多提出的电力市场动态模型, 从理论上研究了电力市场的稳定性, 并且给出了判断电力市场稳定和渐近稳定的充要条件, 以及判断电力市场不稳定和不渐近稳定的充分条件. 利用这些稳定性结论, 可直接由初始数据判断电力市场模型的稳定性.

12.2.3 阿尔瓦拉多电力市场模型的区间稳定性

1. 阿尔瓦拉多电力市场区间模型的建立

在阿尔瓦拉多电力市场模型 (12.2.5) 中, 由于供应方的需求弹性受装机容量、发电量的增长速度的影响, 消费方的需求弹性受用电量增长速度的影响, 供应方和消费方的需求弹性会在一定范围内变化. 为了更准确地描述电力市场运行情况, 有必要建立一类带有供应方和消费方需求弹性区间的电力市场模型.

考虑如下形式的系统:

$$\mathrm{d}X(t) = AX(t)\mathrm{d}t, \tag{12.2.7}$$

其中 A 为常数矩阵.

当系统 (12.2.7) 中某些参数值无法准确得到只能确定其取值范围时, 可以采用区间矩阵的形式描述系统. 在区间动力系统理论中, 区间矩阵的定义如下：对于任意 $1 \leqslant i \leqslant m$ 和 $1 \leqslant j \leqslant n$, $m \times n$ 矩阵 $\underline{A} = (u_{ij})_{m\times n}$, $\bar{A} = (v_{ij})_{m\times n}$ 满足 $u_{ij} \leqslant v_{ij}$, 定义 $m \times n$ 区间矩阵为

$$[\underline{A}, \bar{A}] = \{A = (a_{ij})_{m\times n} : u_{ij} \leqslant a_{ij} \leqslant v_{ij}\}.$$

于是含不确定参数的系统可以表述为如下区间系统模型:

$$\mathrm{d}X(t) = A_I X(t)\mathrm{d}t, \quad A_I \in [\underline{A}, \bar{A}], \tag{12.2.8}$$

微分算子 L 为

$$L = \frac{\partial}{\partial t} + \sum_{i=1}^{n} f_i(X,t)\frac{\partial}{\partial x_i},$$

其中 $f(X,t) = A_I X(t)$. 令 $A = \dfrac{1}{2}(\underline{A} + \bar{A})$, $\tilde{A} = \dfrac{1}{2}(\bar{A} - \underline{A})$, $A_I = A + \Delta A$, 显然 $\tilde{A}$ 的所有元素均为非负值, $\Delta A \in [-\tilde{A}, \tilde{A}]$. 于是系统 (12.2.8) 可以写作

$$\mathrm{d}X(t) = (A + \Delta A)X(t)\mathrm{d}t. \tag{12.2.9}$$

在系统 (12.2.5) 中, 供应方和消费方的需求弹性是在一定范围内变化的不确定值, 因此系数矩阵 C 是对角矩阵和区间矩阵. 不妨设系数矩阵 C 中各元素的变化范围如下：$\underline{c}_{gi} < c_{gi} < \bar{c}_{gi}$, $\underline{c}_{di} < c_{di} < \bar{c}_{di}$. 从而

$$\underline{C} = \mathrm{diag}\{-\bar{c}_{g1}, -\bar{c}_{g2} \cdots, -\bar{c}_{gn}, \underline{c}_{d1}, \underline{c}_{d2}, \cdots, \underline{c}_{dn}\}.$$

于是电力市场模型 (12.2.5) 可以表述为如下区间动力系统模型:

$$\begin{pmatrix} T & 0 \\ 0 & 0 \end{pmatrix}\begin{pmatrix} \dot{P} \\ \dot{\Lambda} \end{pmatrix} = \begin{pmatrix} C_I & S^{\mathrm{T}} \\ S & 0 \end{pmatrix}\begin{pmatrix} P \\ \Lambda \end{pmatrix}, \tag{12.2.10}$$

这里 C_I 是形如 $[\underline{C}, \bar{C}]$ 的区间矩阵, 且 $C \in C_I$.

对于模型 (12.2.5), 在一般情况下有 $m + n > n_s + 1$, 此外不妨假设 $r(S) = n_s + 1$. 设 $S = (S_1, S_2)$, 其中 S_1 为 S 的 $(n_s + 1) \times (n_s + 1)$ 非奇异子矩阵. 将 T 和 C_I 分解为如下形式:

$$T = \begin{pmatrix} T_1 & 0 \\ 0 & T_2 \end{pmatrix}, \quad C = \begin{pmatrix} C_1 & 0 \\ 0 & C_2 \end{pmatrix},$$

其中 T_1 和 C_{1I} 为 $(n_s+1)\times(n_s+1)$ 对角阵; T_2 和 C_{2I} 为 $q\times q$ 对角阵, $q=(m+n)-(n_s+1)$. 类似 C_I 的定义可得, C_{1I} 和 C_{2I} 分别是形如 $[\underline{C}_1,\bar{C}_1]$ 和 $[\underline{C}_2,\bar{C}_2]$ 的区间矩阵, 且 $C_1\in C_{1I},C_2\in C_{2I}$.

从而式 (12.2.10) 可以变形为

$$\begin{pmatrix} T_1 & 0 & 0 \\ 0 & T_2 & 0 \\ 0 & 0 & 0 \end{pmatrix}\begin{pmatrix} \dot{P}_1 \\ \dot{P}_2 \\ \dot{\Lambda} \end{pmatrix}=\begin{pmatrix} C_{1I} & 0 & S_1^{\mathrm{T}} \\ 0 & C_{2I} & S_2^{\mathrm{T}} \\ S_1 & S_2 & 0 \end{pmatrix}\begin{pmatrix} P_1 \\ P_2 \\ \Lambda \end{pmatrix}. \tag{12.2.11}$$

由于 S_1 非奇异, 可以通过式 (12.2.11) 的代数方程解出 P_1, 而后代入式 (12.2.11) 的微分部分得

$$-T_1S_1^{-1}S_2\dot{P}_2=-C_{1I}S_1^{-1}S_2P_2+S_1^{\mathrm{T}}\Lambda, \tag{12.2.12}$$

解出 Λ, 令 $S_3=S_1^{-1}S_1$, 再代入微分部分的第二组方程有

$$(T_2+S_3^{\mathrm{T}}T_1S_3)\dot{P}_2=(C_{2I}+S_3^{\mathrm{T}}C_{1I}S_3)P_2. \tag{12.2.13}$$

令 $T_3=T_2+S_3^{\mathrm{T}}T_1S_3$, 由式 (12.2.12) 可得如下电力市场区间模型:

$$T_3\mathrm{d}P_2(t)=(C_{2I}+S_3^{\mathrm{T}}C_{1I}S_3)P_2(t)\mathrm{d}t. \tag{12.2.14}$$

2. 电力市场模型的区间稳定性

首先给出系统区间稳定的定义.

定义 12.2.1 如果对于任意 $A_I\in[\underline{A},\bar{A}]$, 系统 (12.2.8) 的零解都是渐近稳定的, 则称系统 (12.2.8) 是区间稳定的.

下面研究电力市场的区间动力系统 (12.2.14) 的稳定性. 为了给出系统 (12.2.14) 区间稳定性定理, 先介绍下面几个引理.

引理 12.2.1 *对于系统 (12.2.7), 如果 $V(t,x)$ 是 $I\times\mathbb{R}^n$ 上的正定函数, 有无穷小上界和无穷大下界, 则系统是渐近稳定的.*

由 $T=\mathrm{diag}(\tau_{g1},\cdots,\tau_{gn},\tau_{d1},\cdots,\tau_{dn})=\mathrm{diag}(T_1,T_2)$,$\tau_{gi}>0,\tau_{di}>0$, 易知 T,T_1,T_2 均为正定矩阵, 因此 $S_3^{\mathrm{T}}C_1S_3$ 是正定矩阵, $T_3=T_2+S_3^{\mathrm{T}}T_1S_3$ 是 n 阶正定对称阵且可逆.

式 (12.2.14) 可表示为一般区间线性系统

$$\mathrm{d}P_2(t)=T_3^{-1}(C_{2I}+S_3^{\mathrm{T}}C_{1I}S_3)P_2(t)\mathrm{d}t. \tag{12.2.15}$$

因为 T_3 是正定对称阵, 必存在可逆矩阵 T_{33}, 使得 $T_3=(T_{33}^{-1})^{\mathrm{T}}T_{33}^{-1}$, 代入式 (12.2.14) 得

$$(T_{33}^{-1})^{\mathrm{T}}T_{33}^{-1}\mathrm{d}P_2(t)=[C_3+(\Delta C_2+S_3^{\mathrm{T}}\Delta C_1S_3)]P_2(t)\mathrm{d}t, \tag{12.2.16}$$

等式 (12.2.16) 两边左乘 T_{33}^{T} 可得

$$T_{33}^{-1}\mathrm{d}P_2(t)=T_{33}^{\mathrm{T}}[C_3+(\Delta C_2+S_3^{\mathrm{T}}\Delta C_1S_3)]T_{33}T_{33}^{-1}P_2(t)\mathrm{d}t. \tag{12.2.17}$$

记 $X(t)=T_{33}^{-1}P_2(t)$, 则 $\mathrm{d}X(t)=T_{33}^{-1}\mathrm{d}P_2(t)$. 则 (12.2.17) 可化为

$$\mathrm{d}X(t)=T_{33}^{\mathrm{T}}[C_3+(\Delta C_2+S_3^{\mathrm{T}}\Delta C_1S_3)]T_{33}X(t)\mathrm{d}t \tag{12.2.18}$$

记 $\tilde{C}_1=\dfrac{1}{2}(\bar{C}_1-\underline{C}_1)$, $\tilde{C}_2=\dfrac{1}{2}(\bar{C}_2-\underline{C}_2)$, 显然 $\tilde{C}_1$ 和 $\tilde{C}_2$ 的所有元素均为非负值, 记 $C_3=C_2+S_3^{\mathrm{T}}C_1S_3$, $C_{1I}=C_1+\Delta C_1$, $C_{2I}=C_2+\Delta C_2$, 则有

$$\Delta C_1\in[-\tilde{C}_1,\tilde{C}_1],\quad \Delta C_2\in[-\tilde{C}_2,\tilde{C}_2].$$

由微分算子 L 的定义可知, 系统 (12.2.14) 满足

$$L=\frac{\partial}{\partial t}+\sum_{i=1}^{n}f_i(X,t)\frac{\partial}{\partial x_i},$$

其中 $f(X,t)=(C_{2I}+S_3^{\mathrm{T}}C_{1I}S_3)X(t)$.

下面给出系统 (12.2.14) 的区间稳定性定理.

定理 12.2.5 (Wang et al., 2014)　对于电力市场区间模型 (12.2.14), 若存在实对称正定阵 Q, 使

$$h_1|T_{33}^{-1}P_2|^2\leqslant(T_{33}^{-1}P_2)^{\mathrm{T}}QT_{33}^{-1}P_2\leqslant h_2|T_{33}^{-1}P_2|^2,$$

其中 h_1,h_2 为正常数, 且有不等式

$$\begin{aligned}&\lambda_{\max}(Q^{1/2}T_{33}^{\mathrm{T}}C_3T_{33}Q^{-1/2}+Q^{-1/2}T_{33}^{\mathrm{T}}C_3T_{33}Q^{1/2})\\&+2||T_{33}||^2(||\tilde{C}_2||+||\tilde{C}_1||\cdot||S_3||^2)\cdot\sqrt{||Q||/h_1}<0\end{aligned}$$

成立, 则系统 (12.2.14) 是区间稳定的.

推论 12.2.1　对于电力市场区间动力系统 (12.2.14), 若

$$\lambda_{\max}(T_{33}^{\mathrm{T}}C_3T_{33})+(||\tilde{C}_2||+||\tilde{C}_1||\cdot||S_3||^2)||T_{33}||^2<0$$

成立, 则系统 (12.2.14) 是区间稳定的.

推论 12.2.1针对电力市场区间模型给出了系统稳定的简明判别条件. 该判定条件表明, 由供应方和需求方需求弹性的变化范围可以构造出系统的区间矩阵, 然后利用需求弹性的取值区间能够分析系统的稳定情况.

3. 电力市场区间模型分析

本节将利用电力市场区间稳定定理对电力市场区间模型进行分析, 验证区间稳定定理的有效性. 由于线性系统 (12.2.15) 是电力市场区间模型 (12.2.14) 的等价变形, 为了便于对电力市场区间模型进行数据分析和数值仿真, 下面对线性系统 (12.2.15) 进行算例分析.

考虑到供求方的需求弹性会在一定范围内变化, 利用推论计算可得

$$\begin{aligned}&\lambda_{\max}(T_{33}^{\mathrm{T}}C_3T_{33})+(||\tilde{C}_2||+||\tilde{C}_1||\cdot||S_3||^2)||T_{33}||^2\\=&-2+2.412(||\tilde{C}_2||+4||\tilde{C}_1||)<0,\end{aligned}$$

只需 $||\tilde{C}_2||+4||\tilde{C}_1||<0.83$, 取 $\tilde{C}_1=\mathrm{diag}(0.23,0.21,0.23)$, $\tilde{C}_2=\mathrm{diag}(0.35,0.361)$, 则满足推论 12.2.1 的条件, 则有 $\underline{C}_1=\mathrm{diag}(-0.53,-0.71,-0.43)$, $\underline{C}_2=\mathrm{diag}(-0.85,-0.961)$, $\bar{C}_1=\mathrm{diag}(-0.07,-0.29,0.03)$, $\bar{C}_2=\mathrm{diag}(-0.15,-0.239)$.

代入推论 12.2.1 计算可得 $\lambda_{\max}T_{33}^{\mathrm{T}}C_3T_{33}+(||\tilde{C}_2||+||\tilde{C}_1||\cdot||S_3||^2)||T_{33}||^2=-0.0113<0$, 满足条件, 系统 (12.2.15) 是区间稳定的, 并可得供应方和消费方需求弹性的具体变化范围如下:

$$0.07\leqslant c_{g1}\leqslant 0.53,\quad 0.29\leqslant c_{g2}\leqslant 0.71,\quad -0.03\leqslant c_{g3}\leqslant 0.43,$$

$$-0.85\leqslant c_{d1}\leqslant -0.15,\quad -0.961\leqslant c_{d2}\leqslant -0.239,$$

即只要系统供应方与消费方的需求弹性在给定范围内, 系统 (12.2.15) 都是稳定的.

为了验证理论分析的有效性, 选取 4 组不同的供应方与消费方的需求弹性, 利用 MATLAB 软件计算系统 (12.2.15) 系数矩阵的特征值, 这些需求弹性的选取包含了区间的端点、内点和外点, 具有代表性, 结果见表 12.1. 计算结果表明, 在供求方需求弹性的取值区间内任取不同值, 系统 (12.2.15) 系数矩阵的特征值均为负数, 说明电力市场随机模型在该区间内是稳定的. 仿真与理论所得结果一致, 验证了定理 12.2.5 和推论 12.2.1 的有效性.

表 12.1 不同需求弹性下系数矩阵的特征值

c_{g1}	c_{g2}	c_{g3}	c_{d1}	c_{d2}	系数矩阵	λ_1	λ_2
0.07	0.29	−0.03	−0.85	−0.961	$\begin{pmatrix}-0.737 & -0.139\\-0.123 & -0.763\end{pmatrix}$	−0.881	−0.618
0.3	0.5	0.2	−0.5	−0.6	$\begin{pmatrix}-0.200 & -0.025\\0.000 & -2.422\end{pmatrix}$	−2.422	−2
0.13	0.63	−0.01	−0.75	−0.32	$\begin{pmatrix}-2.630 & -0.258\\-0.307 & -1.193\end{pmatrix}$	−2.683	−1.14
0.07	0.29	−0.03	−0.15	0.15	$\begin{pmatrix}-0.737 & -0.091\\-0.123 & -0.058\end{pmatrix}$	−0.75	0.072

供应方与消费方的需求弹性变化区间分别为

$$\Delta C_1 = \mathrm{diag}(0.23, 0.21, 0.23), \quad \Delta C_2 = \mathrm{diag}(-0.35, -0.36);$$

$$\Delta C_1 = \mathrm{diag}(0, 0, 0), \quad \Delta C_2 = \mathrm{diag}(0, 0);$$

$$\Delta C_1 = \mathrm{diag}(0.17, 0.13, 0.21), \quad \Delta C_2 = \mathrm{diag}(-0.25, 0.28);$$

$$\Delta C_1 = \mathrm{diag}(-0.23, -0.21, -0.23), \quad \Delta C_2 = \mathrm{diag}(0.35, 0.75).$$

前三组数据在给定区间之内, 包括端点和内点, 当供应方与消费方的需求弹性在区间内变化时, 随时间变化电能需求量趋于稳态值, 系统是渐近稳定的. 第四组数据不在有效区间内, 可见系统是不稳定的, 算例结果验证了结论的有效性.

12.3 一种基于范数的小扰动稳定性判别方法

随着大容量远距离输电系统的建设和大型电力系统的互联, 电力系统的规模在不断扩大, 其本质目的是提高发电和输电的经济性和可靠性. 但由于多个地区电网之间的多重互联, 又诱发出许多新的电力系统稳定问题, 使系统失去稳定的可能性增大. 同时电力系统中诸如快速励磁系统、超高压直流输电、远距离输电线的串联电容补偿, 以及新能源发电等新技术的采用, 使电力系统的随机性和复杂性越来越大. 因此, 小扰动稳定问题的分析研究也因其在电力系统稳定中具有的特殊重要地位而为大家所关心.

小扰动稳定分析方法, 就是把描述电力系统动态行为的非线性微分方程组和代数方程组在运行点处线性化, 形成状态方程, 通过判定线性系统状态矩阵的特征值是否都在复平面的左半平面 (即特征根实部是否小于零) 来判断该系统的稳定性, 它是分析电力系统动态稳定性的严格方法.

计算矩阵全部特征值的 QR 法曾经是研究电力系统小干扰稳定性的一种十分有效的方法, 但是随着系统维数的增加, 其局限性日益显露出来. 对于电力系统稳定性问题, QR 法的不足之处在于大规模系统所需要的计算时间达到难以接受的程度, 另外在维数甚高的情况下, 有时会发生“向前不稳定性”, 即所谓的“病态”问题, 从而无法求得特征值.

从 20 世纪 80 年代起, 许多部分特征值分析方法开始用于电力系统小干扰稳定性分析, 这些方法只计算系统的部分主特征值, 即实部最大的一些特征值, 以减少计算量. 对于高阶矩阵, 求它的特征值是麻烦的事情. 下面给出一种基于范数的小扰动稳定新判别方法, 即通过 S 矩阵的幂的范数 $\left\|S^{2^m}\right\|_1$ 判别系统稳定性.

1. 小干扰稳定性分析的数学模型

电力系统小干扰稳定性分析的数学模型可以描述为如下线性微分–代数方程组:

$$\begin{pmatrix} \Delta\dot{x} \\ 0 \end{pmatrix} = \begin{pmatrix} \tilde{A} & \tilde{B} \\ \tilde{C} & \tilde{D} \end{pmatrix} \begin{pmatrix} \Delta x \\ \Delta y \end{pmatrix}. \tag{12.3.1}$$

设网络节点总数为 m, 状态变量总数为 n, 则有

$$\tilde{A} \in \mathbb{R}^{n\times n}, \quad \tilde{B} \in \mathbb{R}^{n\times 2m}, \quad \tilde{C} \in \mathbb{R}^{2m\times n}, \quad \tilde{D} \in \mathbb{R}^{2m\times 2m}.$$

在式 (12.3.1) 中消去运行参数向量 Δy, 得到

$$\Delta\dot{x} = A\Delta x, \tag{12.3.2}$$

其中

$$A = \tilde{A} - \tilde{B}\tilde{D}^{-1}\tilde{C}.$$

2. 基于矩阵范数的稳定性判据

定义如下矩阵变换:

$$S = (sE + A)(sE - A)^{-1}. \tag{12.3.3}$$

定理 12.3.1 如果 λ_0 是矩阵 A 的特征值, α 是 A 的对应于 λ_0 的特征向量, 则 $\dfrac{\lambda_0 + s}{s - \lambda_0}$ 是 S 的特征值, α 是 S 的对应于 $\dfrac{\lambda_0 + s}{s - \lambda_0}$ 的特征向量.

设 S 的特征值为 $\lambda_{s,1}, \lambda_{s,2}, \cdots, \lambda_{s,n}$. 不妨假设 $|\lambda_{s,1}| \geqslant |\lambda_{s,2}| \geqslant \cdots \geqslant |\lambda_{s,n}|$.

定理 12.3.2 (1) $\mathrm{Re}(\lambda) = 1$ 充分必要条件是 $\rho(S) = 1$.

(2) 0 是 A 的特征值充分必要条件是 1 是 S 的特征值.

定理 12.3.3 设矩阵 A 的特征值实部都为负值的充要条件是对任意 $s > 0$ 的 $sE - A$ 非奇异, 且矩阵 S 的谱半径 $\rho(S) < 1$.

由定理 12.3.3 可知, 要判别系统是否稳定, 只需验证矩阵 S 的谱半径是否小于 1, 即矩阵 S 模最大的特征值模长 $|\lambda_{S,\max}|$ 是否是 1. 如果 $|\lambda_{S,\max}| < 1$, 系统是小干扰稳定的; 如果 $|\lambda_{S,\max}| = 1$, 系统处于临界状态; 如果 $|\lambda_{S,\max}| > 1$, 系统是小干扰不稳定.

定理 12.3.4 任意矩阵范数 $\|\cdot\|$, 存在与 S 无关的常数 μ 使得 $\rho(S) \leqslant \|S\| \leqslant \mu\rho(S)$.

如果 $||S|| < 1$, 则 $\rho(S) < 1$. 如果 $||S|| > 1$, 则 $\rho(S) < 1$ 不一定成立?

对任意的正整数 k,

(1) $\rho(S)<1$ 充分必要条件是 $\rho(S^k)<1$;

(2) $\rho(S)>1$ 充分必要条件是 $\rho(S^k)>1$;

(3) $\rho(S)=1$ 充分必要条件是 $\rho(S^k)=1$.

$\rho(S^k)=(\rho(S))^k$, 记

$$S_0=S,\quad S_m=S_{m-1}\cdot S_{m-1}=S^{2^m},$$

$$(\rho(S))^{2^m}\leqslant\left\|S^{2^m}\right\|\leqslant\mu(\rho(S))^{2^m}.$$

注意到 $\rho\left(S^{2^m}\right)=(\rho(S))^{2^m}$, 由定理 12.3.1、定理 12.3.4 易见, 当 $\rho(S)<1$ 时, $\left\|S^{2^m}\right\|_1$ 将快速地趋于 0, 而当 $\rho(S)>1$ 时, $\left\|S^{2^m}\right\|_1$ 将快速地趋于 ∞ . 由此, 有如下基于范数的小扰动稳定判别方法.

(1) 取定足够大的数 M. $k=0, S_0=S$.

(2) 求 $S_{m+1}=S_m\cdot S_m$ 并计算 $\|S_{m+1}\|_1$.

(3) 如果 $\|S_{m+1}\|_1<1$, 则系统小干扰稳定, 算法结束; 否则转 (2). 如果 $\|S_{m+1}\|_1>M$, 则系统小干扰不稳定, 算法结束; 否则转 (2).

利用本方法, 可方便地判别两区域四机系统和 IEEE 次同步谐振第一标准测试系统是否小干扰稳定.

12.4 矩阵论在线性常微分方程求解中的应用

12.4.1 一阶线性常微分方程组的初值问题的求解

在数学或工程技术中, 经常要研究一阶线性常微分方程组

$$\begin{cases}\dfrac{\mathrm{d}x_1(t)}{\mathrm{d}t}=a_{11}x_1(t)+a_{12}x_2(t)+\cdots+a_{1n}x_n(t)+f_1(t),\\ \dfrac{\mathrm{d}x_2(t)}{\mathrm{d}t}=a_{21}x_1(t)+a_{22}x_2(t)+\cdots+a_{2n}x_n(t)+f_2(t),\\ \qquad\cdots\cdots\\ \dfrac{\mathrm{d}x_n(t)}{\mathrm{d}t}=a_{n1}x_1(t)+a_{n2}x_2(t)+\cdots+a_{nn}x_n(t)+f_n(t)\end{cases}\tag{12.4.1}$$

满足初始条件

$$x_i(t_0)=c_i,\quad i=1,2,\cdots,n\tag{12.4.2}$$

的解.

如果记 $A=(a_{ij})_{n\times n}$, $c=(c_1,c_2,\cdots,c_n)^{\mathrm{T}}$,

$$x(t)=(x_1(t),x_2(t),\cdots,x_n(t))^{\mathrm{T}},\quad f(t)=(f_1(t),f_2(t),\cdots,f_n(t))^{\mathrm{T}},$$

则上述问题可写成

$$\begin{cases} \dfrac{\mathrm{d}x(t)}{\mathrm{d}t} = Ax(t) + f(t), \\ x(t_0) = c. \end{cases} \tag{12.4.3}$$

由于 A 是常值矩阵, 因此

$$\frac{\mathrm{d}}{\mathrm{d}t}(\mathrm{e}^{-At}x(t)) = \mathrm{e}^{-At}(-A)x(t) + \mathrm{e}^{-At}\frac{\mathrm{d}}{\mathrm{d}t}x(t) = \mathrm{e}^{-At}\left[\frac{\mathrm{d}x(t)}{\mathrm{d}t} - Ax(t)\right] = \mathrm{e}^{-At}f(t).$$

将上式两边在 $[t_0, t]$ 上积分, 得到

$$\mathrm{e}^{-At}x(t) - \mathrm{e}^{-At_0}x(t_0) = \int_{t_0}^{t} \mathrm{e}^{-At}f(t)\mathrm{d}t,$$

因此微分方程组的初值问题的解为

$$x(t) = \mathrm{e}^{A(t-t_0)}c + \mathrm{e}^{At}\int_{t_0}^{t} \mathrm{e}^{-At}f(t)\mathrm{d}t. \tag{12.4.4}$$

例题 12.4.1 设 $A = \begin{pmatrix} 2 & 0 & 0 \\ 1 & 1 & 1 \\ 1 & -1 & 3 \end{pmatrix}$, 求如下初值问题的解:

$$\begin{cases} \dfrac{\mathrm{d}x(t)}{\mathrm{d}t} = Ax(t) + (1, 0, -1)^{\mathrm{T}}, \\ x(0) = (1, 1, 1)^{\mathrm{T}}. \end{cases}$$

解

$$\det(\lambda E - A) = \begin{vmatrix} \lambda - 2 & 0 & 0 \\ -1 & \lambda - 1 & -1 \\ -1 & 1 & \lambda - 3 \end{vmatrix} = (\lambda - 2)^3.$$

由于 $A - 2E = \begin{pmatrix} 0 & 0 & 0 \\ 1 & -1 & 1 \\ 1 & -1 & 1 \end{pmatrix}$ 的秩 $\mathrm{rank}(A - 2E) = 1$, 因此 A 的最小多项式是 $(\lambda - 2)^2$. 令 $r(z) = a_0 + a_1 z$, 由

$$\begin{cases} a_0 + 2a_1 = \mathrm{e}^{2t}, \\ a_1 = t\mathrm{e}^{2t}, \end{cases}$$

得 $a_1 = te^{2t}, a_0 = (1-2t)e^{2t}$, 因此

$$e^{At} = (1-2t)e^{2t}E + te^{2t}A = e^{2t}\begin{pmatrix} 1 & 0 & 0 \\ t & 1-t & t \\ t & -t & t+1 \end{pmatrix}.$$

因为

$$e^{-At}f(t) = e^{-2t}\begin{pmatrix} 1 & 0 & 0 \\ -t & 1+t & -t \\ -t & t & 1-t \end{pmatrix}\begin{pmatrix} 1 \\ 0 \\ -1 \end{pmatrix} = e^{-2t}\begin{pmatrix} 1 \\ 0 \\ -1 \end{pmatrix},$$

$$\int_0^t e^{-At}f(t)dt = \int_0^t \begin{pmatrix} e^{-2t} \\ 0 \\ -e^{-2t} \end{pmatrix} dt = \frac{1}{2}\begin{pmatrix} 1-e^{-2t} \\ 0 \\ e^{-2t}-1 \end{pmatrix}.$$

由公式 (12.4.4),

$$x(t) = e^{2t}\begin{pmatrix} 1 & 0 & 0 \\ t & 1-t & t \\ t & -t & 1+t \end{pmatrix}\begin{pmatrix} 1 \\ 1 \\ 1 \end{pmatrix} + \frac{1}{2}e^{2t}\begin{pmatrix} 1 & 0 & 0 \\ t & 1-t & t \\ t & -t & 1+t \end{pmatrix}\begin{pmatrix} 1-e^{-2t} \\ 0 \\ e^{-2t}-1 \end{pmatrix}$$

$$= \frac{e^{2t}}{2}\begin{pmatrix} 3-e^{-2t} \\ 2t+2 \\ 2t+1+e^{-2t} \end{pmatrix}. \qquad \blacksquare$$

应用矩阵函数的基本公式, 来求解二阶线性电路的暂态响应较为方便, 避免了传统方法繁琐的数学求解过程 (如求逆阵、变换矩阵等), 该方法尤其对求解高阶系统的暂态响应, 比传统方法具有更大的优越性.

12.4.2 n 阶线性常微分方程的初值问题的求解

设 $a_1, a_2, \cdots, a_n$ 是常数, $u(t)$ 为已知函数, 称

$$y^{(n)} + a_1 y^{(n-1)} + a_2 y^{(n-2)} + \cdots + a_{n-1}y' + a_n y = u(t) \tag{12.4.5}$$

为 n 阶线性常微分方程.

由于已经得到线性常微分方程组的矩阵形式解, 因此, 我们可以利用如下方式将 n 阶常微分方程转化为线性常微分方程组, 进而求出它的解.

令

$$x_i(t) = y^{(i-1)}(t), \quad i = 1, 2, \cdots, n,$$

则有

$$\begin{cases} x_1' = x_2, \\ x_2' = x_3, \\ \cdots\cdots \\ x_{n-1}' = x_n, \\ x_n' = -a_n x_1 - a_{n-1} x_2 - \cdots - a_1 x_n + u(t). \end{cases} \tag{12.4.6}$$

若记

$$A = \begin{pmatrix} 0 & 1 & 0 & \cdots & 0 \\ 0 & 0 & 1 & \cdots & 0 \\ \vdots & \vdots & \vdots & & \vdots \\ 0 & 0 & 0 & \cdots & 1 \\ -a_n & -a_{n-1} & -a_{n-2} & \cdots & -a_1 \end{pmatrix}, \quad \begin{cases} x(t) = (x_1(t), x_2(t), \cdots, x_n(t))^{\mathrm{T}}, \\ f(t) = (0, 0, \cdots, 0, u(t))^{\mathrm{T}}, \\ c = (c_1, c_2, \cdots, c_n)^{\mathrm{T}}, \end{cases}$$

则有

$$\frac{\mathrm{d}x(t)}{\mathrm{d}t} = Ax(t) + f(t).$$

由 (12.4.4), n 阶线性常微分方程的初值问题 (12.4.5) 的解是

$$y(t) = (1, 0, 0, \cdots, 0)\left(\mathrm{e}^{At}c + \mathrm{e}^{At}\int_{t_0}^{t} \mathrm{e}^{-At} f(t)\mathrm{d}t\right). \tag{12.4.7}$$

例题 12.4.2 求如下常微分方程的定解问题的解:

$$\begin{cases} y''' + 7y'' + 14y' + 8y = 1, \\ y''(0) = y'(0) = y(0) = 0. \end{cases}$$

解 令

$$\begin{cases} x_1 = y, \\ x_2 = y', \\ x_3 = y'', \end{cases} \quad A = \begin{pmatrix} 0 & 1 & 0 \\ 0 & 0 & 1 \\ -8 & -14 & -7 \end{pmatrix}, \quad f = \begin{pmatrix} 0 \\ 0 \\ 1 \end{pmatrix}.$$

由于

$$|\lambda E - A| = (\lambda + 1)(\lambda + 2)(\lambda + 4),$$

由求矩阵函数的待定矩阵法可得

$$
\begin{aligned}
\mathrm{e}^{tA} =& \frac{\mathrm{e}^{-t}}{3}\begin{pmatrix} 8 & 6 & 1 \\ -8 & -6 & -1 \\ 8 & 6 & 1 \end{pmatrix} + \frac{\mathrm{e}^{-2t}}{2}\begin{pmatrix} -4 & -5 & -1 \\ 8 & 10 & 2 \\ -16 & -20 & 4 \end{pmatrix} \\
&+ \frac{\mathrm{e}^{-4t}}{6}\begin{pmatrix} 2 & 3 & 1 \\ -8 & -12 & -4 \\ 32 & 48 & 16 \end{pmatrix},
\end{aligned}
$$

因此

$$
\int_0^t \mathrm{e}^{-At}\begin{pmatrix} 0 \\ 0 \\ 1 \end{pmatrix}\mathrm{d}t = \frac{\mathrm{e}^t - 1}{3}\begin{pmatrix} 1 \\ -1 \\ 1 \end{pmatrix} + \frac{\mathrm{e}^{2t} - 1}{4}\begin{pmatrix} -1 \\ 2 \\ 4 \end{pmatrix} + \frac{\mathrm{e}^{4t} - 1}{24}\begin{pmatrix} 1 \\ -4 \\ 16 \end{pmatrix}.
$$

由 (12.4.7), 所求线性常微分方程组的初值问题的解是

$$
y(t) = (1,0,0)\mathrm{e}^{At}\int_0^t \mathrm{e}^{-At}f(t)\mathrm{d}t = \frac{\mathrm{e}^t - 1}{3} - \frac{\mathrm{e}^{2t} - 1}{4} + \frac{\mathrm{e}^{4t} - 1}{24}. \qquad \blacksquare
$$

12.5 电路变换及其应用

在交流电机等电路分析中, 常用的坐标变换是三相静止 abc 坐标系、任意速度旋转两相 $dq0$ 坐标系、瞬时值复数分量 120 坐标系、前进-后退 FB0 坐标系, 以及它们对应的特殊坐标系的变量之间的相互转换. 电路方程坐标变换的主要目的是使电压、电流、磁链方程系数矩阵对角化和非时变化, 从而简化数学模型, 使分析和控制变得简单、准确、易行. 还有一类电路方程变换, 其目的是用旧变量表示出新变量, 例如变压器中由原边变量利用变比变换而来的副边变量, 把这类电路方程变换称为变压器变换. 不论是坐标变换, 还是变压器变换, 都可看作是电路方程矩阵系数的线性变换.

12.5.1 电路方程线性变换的基本理论

对于线性电路, 其电路方程一般可表示为

$$
y = Ax, \tag{12.5.1}
$$

其中, 向量 $x, y \in F^{n\times 1}$, 表示电压、电流或磁链等物理量; 矩阵 $A \in F^{n\times n}$, F 为实数域或复数域. 因为电路为线性的, 所以矩阵 A 中各元素与 x 无关, 它们可以是常数、时间函数和微分算子.

设电路方程式 (12.5.1) 的线性变换关系为

$$\tilde{y} = P_y y, \tag{12.5.2}$$

$$x = P_x \tilde{x}, \tag{12.5.3}$$

因此

$$\tilde{y} = \tilde{A}\tilde{x}, \tag{12.5.4}$$

其中

$$\tilde{A} = P_y A P_x, \tag{12.5.5}$$

式 (12.5.4) 就是用新变量 $\tilde{y}$ 和 $\tilde{x}$ 表示的电路方程.

如果 $P_x = P_y^{\mathrm{H}}$, 则

$$\tilde{x}^{\mathrm{H}}\tilde{y} = x^{\mathrm{H}}y. \tag{12.5.6}$$

此时, 变换前后功率守恒.

如果 P_y 可逆, 且满足 $P_x = P_y^{-1}$, 则

$$\tilde{y} = P_y y, \quad \tilde{x} = P_y x.$$

进行坐标变换的目的就是简化计算和分析过程, 具体体现在对式 (12.5.1) 求解的简化. 即通过坐标变换, 使得矩阵的阶数减小、解耦 (对角化) 以及各元素与时间无关. 一般而言, 使矩阵对角化是对式 (12.5.1) 最主要的简化. 要对矩阵 A 对角化, 就是求矩阵 A 和一个对角阵的相似变换, 即

$$P^{-1}AP = \Lambda, \tag{12.5.7}$$

其中, P 是相似变换矩阵, Λ 为对角阵.

12.5.2 多相电路中的一个特殊的线性变换

多相电路从自然坐标系到旋转坐标系的转换矩阵 (简记为 $C(\theta)$) 定义为式 (12.5.8).

当 n 是偶数时, $m = \dfrac{n}{2} - 1$:

$$C(\theta)=\sqrt{\frac{2}{n}}$$

$$\cdot\begin{pmatrix}\cos\theta & \cos(\theta-2\pi/n) & \cdots & \cos(\theta-2k\pi/n) & \cdots & \cos(\theta-2(n-1)\pi/n)\\ -\sin\theta & \sin(\theta-2\pi/n) & \cdots & -\sin(\theta-2k\pi/n) & \cdots & -\sin(\theta-2(n-1)\pi/n)\\ \vdots & \vdots & & \vdots & & \vdots\\ \cos(\theta) & \cos(\theta-2i\pi/n) & \cdots & \cos(\theta-2ik\pi/n) & \cdots & \cos(\theta-2i(n-1)\pi/n)\\ -\sin\theta & -\sin(\theta-2i\pi/n) & \cdots & -\sin(\theta-2ik\pi/n) & \cdots & -\sin(\theta-2i(n-1)\pi/n)\\ \vdots & \vdots & & \vdots & & \vdots\\ \cos\theta & \cos(\theta-2m\pi/n) & \cdots & \cos(\theta-2km\pi/n) & \cdots & \cos(\theta-2m(n-1)\pi/n)\\ \sin\theta & -\sin(\theta-2m\pi/n) & \cdots & -\sin(\theta-2km\pi/n) & \cdots & -\sin(\theta-2m(n-1)\pi/n)\\ 1/\sqrt{2} & 1/\sqrt{2} & \cdots & 1/\sqrt{2} & \cdots & 1/\sqrt{2}\\ 1/\sqrt{2} & -1/\sqrt{2} & \cdots & (-1)^{k+1}/\sqrt{2} & \cdots & -1/\sqrt{2}\end{pmatrix}, \tag{12.5.8}$$

当 n 是奇数时, $m=(n-1)/2$, 并没有最后一行.

若一个 n 相电路的状态量在自然坐标系下表示为 $x=(x_1,x_2,\cdots,x_n)^{\mathrm{T}}$, 在转换后的旋转坐标系中, 相应的信号表示为 $y=(y_1,y_2,\cdots,y_n)^{\mathrm{T}}$, 则有 $y=Cx$. 下面给出该变换的重要性质.

变换矩阵 $C(\theta)$ 是单位正交阵, 它说明变换 (12.5.8) 满足瞬时功率不变的制约条件. 基频正序信号经过变换后是常数. 如果原信号为

$$x=(\cos(\theta+\alpha),\cos(\theta+\alpha-2\pi/n),\cdots,\cos(\theta+\alpha-2(n-1)\pi/n)^{\mathrm{T}}),$$

则变换后的信号为

$$y=\frac{n}{2}(\cos\alpha,\sin\alpha,0,\cdots,n)^{\mathrm{T}}, \tag{12.5.9}$$

其中 α 是常数.

电力系统中, 发电机是同步旋转电机. 在理想情况下, 自然坐标系中的状态量, 如电压、电流、磁链等量都是正弦对称的时变信号. 若将这些时变信号表示成向量形式, 则呈现为在单位圆内对称分布, 且以同步速逆时针旋转的 n 个相量. 这种理想信号经过变换后, 在 $\alpha\neq 0$ 的情况下, 只有两个分量不为 0. 当 $n=3$ 时, 这两个非零分量正好对应于三相电路 $dq0$ 变换中的 dq 轴分量. 这表明该变换是三相电路 $dq0$ 变换在 n 相电路中的一般性推广. 与三相电路 $dq0$ 变换相似, 该变换不但适合于分析对称的暂态过程, 还可用于多相电路谐波检测.

电力系统中的信号一般都是周期信号, 故其在时间上满足对称性. 以下的研究表明, 时间上的对称性通过变换作用将导致空间上的对称性. 这一性质对分析电路问题具有重要意义.

当 n 是偶数时, $m=\dfrac{n}{2}-1$, 变换公式 (12.5.8)

$$C=(e_{d1},e_{q1},\cdots,e_{dm},e_{qm},e_{01},e_{02}),$$

其中

$$e_{dk}=\left(\cos(\theta),\cos\left(\theta-\frac{2k\pi}{n}\right),\cdots,\cos\left(\theta-\frac{2k(n-1)\pi}{n}\right)\right),$$

$$e_{qk}=\left(\sin(\theta),\sin\left(\theta-\frac{2k\pi}{n}\right),\cdots,\sin\left(\theta-\frac{2k(n-1)\pi}{n}\right)\right),$$

$$e_{01}=(1,1,\cdots,1,\cdots,1)^{\mathrm{T}}/\sqrt{2},$$

$$e_{02}=(1,-1,\cdots,(-1)^{k+1},\cdots,1)^{\mathrm{T}}/\sqrt{2},$$

因此

$$\mathbb{R}^n=V_1\oplus V_2\oplus\cdots\oplus V_m\oplus V_0,$$

$$V_k=\mathrm{Span}\{e_{dk},e_{qk},k=1,2,\cdots,m\}$$

$$V_0=\begin{cases}\mathrm{Span}\{e_{01},e_{02}\}, & n\text{ 是偶数},\\ \mathrm{Span}\{e_{01}\}, & n\text{ 是奇数}.\end{cases}$$

每个 V_k 是 $\mathbb{R}^n$ 中的一个平面, e_{dk},e_{qk} 则构成平面上的一组旋转正交坐标系, 它沿逆时针方向以同步速 ω 旋转. 当 n 为偶数时, V_0 由 e_{01},e_{02} 张成, 为静止坐标系, 当 n 为奇数时, V_0 由 e_{01}, 维数变为 1 维, 它与所有的 $V_k(k=1,2,\cdots,m)$ 正交. 通过变换矩阵 C, 我们可以将 $\mathbb{R}^n$ 中的信号投影到由 e_{dk},e_{qk} 张成的平面上来进行研究.

在自然坐标系下, 假设只含有正序分量的 n 相信号 $x_+=(x_{1+},x_{2+},\cdots,x_{n+})^{\mathrm{T}}$, 其各相信号相位差为 $j(2\pi/n),j=1,2,\cdots,m$, 即

$$x_{i+}=\sqrt{2}I_j\cos\left(\theta-j(i-1)\cdot\frac{2\pi}{n}+\varphi_j\right),\quad i=1,2,\cdots,n,$$

旋转坐标系下信号 $y_+(t)$ 的相量表达式为

$$y_+(t)=\sqrt{n}I_j(0,\cdots,0,\cos\varphi_j,\sin\varphi_j,0,\cdots,0)^{\mathrm{T}},$$

显然, $y_+(t)$ 只在 V_j 平面上有投影, 且投影为常量, 即 $y_+=Cx_+=V_jx_+$.

对负序信号 $x_- = (x_{1-}, x_{2-}, \cdots, x_{n-})^{\mathrm{T}}$, 其中

$$x_{i-} = \sqrt{2}\sum_{k=1}^{+\infty} I_{jk}\cos\left(k\theta - j(i-1)\cdot\frac{2\pi}{n} + \varphi_{jk}\right), \quad i = 1, 2, \cdots, n,$$

x_- 变换后为

$$y_-(t) = Cx_- = \sqrt{2}I_j(0, \cdots, 0, \cos(2\theta - \varphi_j), \sin(2\theta - \varphi_j), 0, \cdots, 0)^{\mathrm{T}},$$

y_- 只在 V_j 平面上有投影, 该投影以 2 倍同步速逆时针旋转.

对零序分 $x_0 = (I_0, I_0, \cdots, I_0)^{\mathrm{T}}$, 当 n 为偶数时, 零序分量可变换为

$$y_0 = Cx_0 = V_0x_0 = (0, 0, \cdots, I_0/\sqrt{n}, 0)^{\mathrm{T}},$$

当 n 为奇数时, 零序分量可变换为

$$y_0 = Cx_0 = V_0x_0 = (0, 0, \cdots, I_0/\sqrt{n})^{\mathrm{T}},$$

可见, 零序分量只在 V_0 平面上产生投影.

对含有谐波的 n 相对称电路信号 $x = (x_1, x_2, \cdots, x_n)^{\mathrm{T}}$, 其各相信号相位差为 $j\cdot\dfrac{2\pi}{n}, j = 1, 2, \cdots, m$, 即

$$x_i = \sqrt{2}\sum_{k=1}^{+\infty} I_{jk}\cos\left(k\theta - j(i-1)\cdot\frac{2\pi}{n} - \varphi_{jk}\right), \quad i = 1, 2, \cdots, n.$$

将 $x(t)$ 分解为基波信号和谐波信号两部分, 有 $x(t) = x_+(t) + x_h$, 其中

$$x_h = (x_{1h}, x_{2h}, \cdots, x_{nh})^{\mathrm{T}},$$

$$x_{ih} = \sqrt{2}\sum_{k=2}^{+\infty} I_{jk}\cos\left(k\theta - j(i-1)\cdot\frac{2\pi}{n} - \varphi_{jk}\right), \quad i = 1, 2, \cdots, n. \qquad (12.5.10)$$

经变换后由上式可见用式 (12.5.10) 描述的谐波信号经过变换后也只在 V_j 平面有投影, 其投影由平面上与谐波同频率旋转的矢量合成.

综上所述, 可得到下列多相电路坐标变换规律:

(1) 空间上相差 $j\cdot 2\pi/n(0 \leqslant j \leqslant m)$ 的对称分量, 只会在第 j 个子空间平面上有投影, 在其他平面上投影为零;

(2) 若对称分量只含有正序分量, 则其在对应子空间平面上的投影是恒定矢量;

(3) 若对称信号含有广义谐波分量 (除基波正序以外的所有信号分量), 则在对应的子空间平面上投影的矢量含有旋转分量, 其旋转速度依赖于对应的谐波信号的频率;

(4) 不对称的信号在各个平面上都会有投影, 且投影也含有旋转分量.

以上规律表明: 具有对称性的信号可以简化到低维平面上来研究; 而不具有对称性的信号无法用一个平面上的垂直坐标系来完全描述, 它需要用多个平面上的投影来合成. 这对多相电路谐波检测具有重要的指导意义. 此外, 将信号空间投影到一簇正交子空间 (平面) 上进行研究, 可以将空间矢量分析以及电机的矢量控制直接推广到高维情况.

12.5.3 线性变换在三相异步电机解耦中的应用

在三相异步电机中, 定子三相电流在定子绕组中形成磁链时的电感矩阵为

$$L_{ss}=\begin{pmatrix} L_{ms}+L_{1s} & -L_{ms}/2 & -L_{ms}/2 \\ -L_{ms}/2 & L_{ms}+L_{1s} & -L_{ms}/2 \\ -L_{ms}/2 & -L_{ms}/2 & L_{ms}+L_{1s} \end{pmatrix},$$

对 L_{ss} 对角化的本质是对下式矩阵对角化:

$$A=\begin{pmatrix} 1 & -1/2 & -1/2 \\ -1/2 & 1 & -1/2 \\ -1/2 & -1/2 & 1 \end{pmatrix}. \tag{12.5.11}$$

容易知道, A 的 3 个特征值为 $\lambda_1=\lambda_2=3/2, \lambda_3=0$, 对应这 3 个特征值的 3 组特征向量的相似变换矩阵可以分别如式 (12.5.12), (12.5.13), (12.5.14) 所示:

$$P_1=\sqrt{\frac{2}{3}}\begin{pmatrix} \cos\theta & -\sin\theta & 1/\sqrt{2} \\ \cos\left(\theta-\dfrac{2\pi}{3}\right) & -\sin\left(\theta-\dfrac{2\pi}{3}\right) & 1/\sqrt{2} \\ \cos\left(\theta+\dfrac{2\pi}{3}\right) & -\sin\left(\theta+\dfrac{2\pi}{3}\right) & \sqrt{2} \end{pmatrix}, \tag{12.5.12}$$

$$P_2=\sqrt{\frac{1}{3}}\begin{pmatrix} 1 & 1 & 1 \\ \alpha^2 & \alpha & 1 \\ \alpha & \alpha^2 & 1 \end{pmatrix}, \tag{12.5.13}$$

$$P_3=\sqrt{\frac{1}{3}}\begin{pmatrix} \mathrm{e}^{-j\gamma} & \mathrm{e}^{j\gamma} & 1 \\ \alpha^2\mathrm{e}^{-j\gamma} & \alpha\mathrm{e}^{j\gamma} & 1 \\ \alpha\mathrm{e}^{-j\gamma} & \alpha^2\mathrm{e}^{j\gamma} & 1 \end{pmatrix}. \tag{12.5.14}$$

容易验证, $P_1^{-1}=P_1^{\mathrm{T}}, P_2^{-1}=P_2^{\mathrm{H}}, P_3^{-1}=P_3^{\mathrm{H}}$, 将它们代入 (12.5.7), 都可得

$$\Lambda=\operatorname{diag}(3/2,3/2,0).$$

式 (12.5.12) 的正交变换矩阵 P_1 是电机学中有关任意速度旋转坐标系 $dq0$ 到三相坐标系 abc 的变换矩阵, P_1^{-1} 则是三相坐标系 abc 到任意速度旋转坐标系 $dq0$ 的变换矩阵. 式 (12.5.12) 中, θ 为 d 轴超前 a 轴的角度.

式 (12.5.13) 的酉变换矩阵 P_2 是瞬时值复数分量 120 坐标系到三相坐标系 abc 的变换矩阵, P_2^{-1} 是三相坐标系 abc 到瞬时值复数分量 120 坐标系的变换矩阵. 式 (12.5.13) 中, $\alpha=\mathrm{e}^{j120^0}$. 式 (12.5.14) 的酉变换矩阵 P_3 是前进-后退坐标系 FB0 到三相坐标系 abc 的变换矩阵, P_3^{-1} 是三相坐标系 abc 到前进-后退坐标系 FB0 的变换矩阵. 式 (12.5.14) 中, $\alpha=\mathrm{e}^{2\pi j/3}$, γ 为 F 轴超前 a 轴的角度.

从上面的例子可以看出, 在交流电机等电路分析中, 常用的三相静止 abc 坐标系、任意速度旋转两相 $dq0$ 坐标系、瞬时值复数分量 120 坐标系、前进-后退 FB0 坐标系之间的变换本质上都是求取式 (12.5.1) 矩阵的对角相似矩阵, 变换后的新变量 $\tilde{x}$ 和 $\tilde{y}$ 实现了解耦, 从而简化了方程及其分析过程. 这就是电路分析中坐标变换的根本目的.

12.6 最小二乘法的应用

12.6.1 最小二乘法在系统辨识中的应用

在系统辨识中, 最小二乘法是参数估计的最基本的方法. 假设事先根据对受控系统的了解, 选定描述受控系统的数学模型为 MA 模型. 确定之后, 还要确定模型的阶. 设 MA 模型的阶为 n, 可写成

$$y(k)=b_0u(k)+b_1u(k-1)+\cdots+b_nu(k-n), \tag{12.6.1}$$

$\{y(k)\}$ 以及 $\{u(k)\}$ 都由测量得到, 而参数 $b_0,b_1,\cdots,b_n$ 总共有 $n+1$ 个参数要确定. 问题归结为如何从测量得到的数据序列

$$\{y(k),u(k),k=1,2,\cdots,n,\cdots,N+n\}$$

来确定参数

$$b_0,b_1,\cdots,n.$$

将测量数据代入模型 (12.6.1) 中, 可得如下方程组:

$$
\begin{cases}
y(n+1) = b_0u(n+1) + b_1u(n) + \cdots + b_nu(1), \\
y(n+2) = b_0u(n+2) + b_1u(n+1) + \cdots + b_nu(2), \\
\qquad\qquad\qquad\cdots\cdots \\
y(n+N) = b_0u(n+N) + b_1u(n+N-1) + \cdots + b_nu(N),
\end{cases}
\tag{12.6.2}
$$

写成矩阵形式为

$$
Y = Ub, \tag{12.6.3}
$$

其中

$$
Y = (y(n+1), y(n+2), \cdots, y(n+N))^{\mathrm{T}}
$$

称为输出向量,

$$
U = \begin{pmatrix}
u(n+1) & u(n) & \cdots & u(1) \\
u(n+2) & u(n+1) & \cdots & u(2) \\
\vdots & \vdots & & \vdots \\
u(n+N) & u(n+N-1) & \cdots & u(N)
\end{pmatrix}
$$

称为观测矩阵.

如果所选定的模型结构和阶是正确的, 测量所得到的数据又不包含任何噪声, 问题便简单了：选取 $N = n+1$, 问题归结为 $n+1$ 元一次确定性方程组的求解问题. 这只要进行 $n+1$ 次测量, 当 $\mathrm{rank}(U) = \mathrm{rank}([U, b]) = n+1$ 时, 方程组 $Y = Ub$ 有唯一解 $b = U^{-1}Y$.

事实上, 情况要比上面的复杂：式 (12.6.1) 所表示的模型仅仅是一个近似的而不是一个精确的模型. 究其原因, 主要有两个. 第一, 影响输出 y 的因素, 式 (12.6.1) 假定为 n 个时刻的输入, 实际上可能不止 n 个, 尽管这 n 个可能是主要的, 但会引起误差; 第二, 即使只有 n 个因素影响输出, 但测量数据中难免混杂噪声, 把误差引入方程. 可以得到如下方程组:

$$
\begin{cases}
y(n+1) = b_0u(n+1) + b_1u(n) + \cdots + b_nu(1) + e(n+1), \\
y(n+2) = b_0u(n+2) + b_1u(n+1) + \cdots + b_nu(2) + e(n+2), \\
\qquad\qquad\qquad\cdots\cdots \\
y(n+N) = b_0u(n+N) + b_1u(n+m-1) + \cdots + b_nu(N) + e(N),
\end{cases}
\tag{12.6.4}
$$

它无法求得通常意义下的解. 这时常用的方法就是求

$$\begin{cases} y(n+1) = b_0u(n+1) + b_1u(n) + \cdots + b_nu(1), \\ y(n+2) = b_0u(n+2) + b_1u(n+1) + \cdots + b_nu(2), \\ \qquad \cdots\cdots \\ y(n+m) = b_0u(n+m) + b_1u(n+m-1) + \cdots + b_nu(m-1) \end{cases} \tag{12.6.5}$$

的最小二乘解.

如果受控系统的数学模型要用如下 ARMA 模型来描述:

$$y(k) = \sum_{i=1}^{n} a_iy(i) + \sum_{i=0}^{n} b_iu(i) + e(k), \tag{12.6.6}$$

现在的问题归结为怎样由测得的输入序列 $\{y(k)\}$ 和输出序列 $\{u(k)\}$ 估计 ARMA 模型的参数

$$a_1, a_2, \cdots, a_n, b_0, b_1, \cdots, b_n.$$

和 MA 模型比较, ARMA 模型有两点不同: 第一, 多了 n 个参数 $a_1, a_2, \cdots, a_n$; 第二, 观测向量当中既包含了输入的信息 u, 也包含了输出信息的过去值. 一般认为, 输入信号可以精确测定, 而噪声只包含在输出 u 中. 尽管有两点不同, 式 (12.6.6) 在形式上和式 (12.6.4) 相似, 对未知参数 $a_1, a_2, \cdots, a_n$ 和 $b_1, \cdots, b_n$ 来说方程是线性的, 因此同样可以应用最小二乘算法.

仍然假定测量 $N+n$ 次, 在式 (12.6.4) 中令 $k = n+1, n+2, \cdots, n+N$ 可列出 N 个 $2n+1$ 元一次方程组,

$$\begin{cases} y(n+1) = -a_1y(n) - \cdots - a_ny(1) + b_0u(n+1) + b_1u(n) + \cdots \\ \qquad\qquad +b_nu(1) + e(n+1), \\ y(n+2) = -a_1y(n+1) - \cdots - a_ny(2) + b_0u(n+2) + b_1u(n+1) + \cdots \\ \qquad\qquad +b_nu(2) + e(n+2), \\ \qquad \cdots\cdots \\ y(N+n) = -a_1y(N+n-1) - \cdots - a_ny(N) + b_0u(n+m) \\ \qquad\qquad +b_1u(n+m-1) + \cdots + b_nu(N) + e(n+N), \end{cases} \tag{12.6.7}$$

这时, 我们求

$$\begin{cases} y(n+1)= & -a_1y(n)-\cdots-a_ny(1)+b_0u(n+1)+b_1u(n)+\cdots+b_nu(1), \\ y(n+2)= & -a_1y(n+1)-\cdots-a_ny(2)+b_0u(n+2)+b_1u(n+1)+\cdots \\ & +b_nu(2), \\ & \cdots\cdots \\ y(N+n)= & -a_1y(N+n-1)-\cdots-a_ny(N)+b_0u(n+m) \\ & +b_1u(n+m-1)+\cdots+b_nu(N) \end{cases} \tag{12.6.8}$$

的最小二乘解, 求出模型参数 $a_1, a_2, \cdots, a_n, b_0, b_1, \cdots, b_n$.

关于最小二乘法在系统辨识中的应用的进一步讨论, 大家可阅读有关文献.

12.6.2 最小二乘法在回归分析中的应用

在许多实际问题中, 常常会遇到要研究一个随机变量与多个变量之间的相关关系的情况, 研究这种一个随机变量同其他多个变量之间的关系的主要方法是运用多元回归分析.

设影响因变量 Y 的自变量个数为 p, 并分别记为 $x_1, x_2, \cdots, x_p$.

多元线性回归模型描述如下:

$$Y=\beta_0+\beta_1x_1+\beta_2x_2+\cdots+\beta_px_p+\varepsilon, \tag{12.6.9}$$

其中 $\beta_0, \beta_1, \beta_2, \cdots, \beta_p$, 是待定常数, $\varepsilon \sim N(0, \sigma^2)$.

表达式 (12.6.9) 说明对于给定的自变量数值 $x_1, x_2, \cdots, x_p$, 因变量 Y 的期望值是 $\beta_0, \beta_1, \beta_2, \cdots, \beta_p$ 的线性函数 $\beta_0+\beta_1x_1+\beta_2x_2+\cdots+\beta_px_p$. 此外, 因变量 Y 的标准离差是 σ, Y 的期望值取决于自变量 $\beta_0, \beta_1, \beta_2, \cdots, \beta_p$ 的数值, 但是 Y 的标准离差并不取决于自变量 $\beta_0, \beta_1, \beta_2, \cdots, \beta_p$ 的数值.

记 n 组样本分别是 $(x_{i1}, x_{i2}, \cdots, x_{ip}, y_i)$, 则有

$$\begin{cases} y_1=\beta_0+\beta_1x_{11}+\beta_2x_{12}+\cdots+\beta_px_{1p}+\varepsilon_1, \\ y_2=\beta_0+\beta_1x_{21}+\beta_2x_{22}+\cdots+\beta_px_{2p}+\varepsilon_2, \\ \cdots\cdots \\ y_n=\beta_0+\beta_1x_{n1}+\beta_2x_{n2}+\cdots+\beta_px_{np}+\varepsilon_n, \end{cases} \tag{12.6.10}$$

其中 $\varepsilon_1, \varepsilon_2, \cdots, \varepsilon_n$ 相互独立, 且 $\varepsilon_i \sim N(0, \sigma^2)$, $i=1,2,\cdots,n$, 这个模型称为多元线性回归的数学模型. 令

$$Y=\begin{pmatrix} y_1 \\ y_2 \\ \vdots \\ y_n \end{pmatrix}, \quad X=\begin{pmatrix} 1 & x_{11} & x_{12} & \cdots & x_{1p} \\ 1 & x_{21} & x_{22} & \cdots & x_{2p} \\ \vdots & \vdots & \vdots & & \vdots \\ 1 & x_{n1} & x_{n2} & \cdots & x_{np} \end{pmatrix}, \quad \varepsilon=\begin{pmatrix} \varepsilon_1 \\ \varepsilon_2 \\ \vdots \\ \varepsilon_n \end{pmatrix}.$$

则上述数学模型可用矩阵形式表示为

$$Y = X\beta + \varepsilon, \tag{12.6.11}$$

其中 ε 是 n 维随机向量, 它的分量相互独立. 与在系统辨识中求模型参数一样, 我们采用最小二乘法估计参数 $Q(\beta_0, \beta_1, \cdots, \beta_p)$.

$$\hat{\beta} = (X^{\mathrm{T}}X)^{-1}X^{\mathrm{T}}Y, \tag{12.6.12}$$

$\hat{\beta}$ 就是 β 的最小二乘估计, 即 $\hat{\beta}$ 为回归方程

$$\hat{y} = \hat{\beta}_0 + \hat{\beta}_1 x_1 + \hat{\beta}_2 x_2 + \cdots + \hat{\beta}_p x_p \tag{12.6.13}$$

的回归系数.

根据表 12.2 中的消费人口 X_1、蔬菜年平均价格 X_2、副食年均消费量 X_3 有关数据, 建立蔬菜销售量 Y 的三元线性回归模型.

表 12.2　建立回归模型实例的数据

	蔬菜销售量 Y	消费人口 X_1	蔬菜年平均价格 X_2	副食年人均消费量 X_3
	亿千克	万人	元/千克	千克
1965	7.45	425.5	8.12	17.8
1966	7.605	422.3	8.32	19.51
1967	7.855	418	8.36	18.93
1968	7.805	419.2	8.2	19.05
1969	6.9	384.2	8.86	19.57
1970	7.47	372.5	7.7	19.95
1971	7.385	372.9	8.46	20.89
1972	7.225	380.8	8.88	23.27
1973	8.13	401.7	9	26.06
1974	8.72	406.5	8.8	28.55
1975	9.145	410.5	9.26	30.12
1976	10.105	447	8.62	32.78
1977	10.17	452.8	8.44	32.21
1978	10.54	467.1	9.66	33.57
1979	10.635	495.2	9.68	34.86
1980	10.455	500	11.32	36.6
1981	10.995	525	12.3	40.35
1982	12.38	550	12.88	45
1983	11.77	561	14.02	49.87

采用最小二乘法, 经计算得到, 预测模型为

$$\hat{Y} = 1.8427 + 0.0158X_1 - 0.4645X_2 + 0.1628X_3.$$

模型中：回归系数 $b_1 = 0.0158$, 表明当蔬菜年平均价格和副食年人均消费额不变的情况下, 消费人口每增加 1 万人, 蔬菜年销量平均增加 158 万千克; $b_2 = -0.4645$ 表明在消费人口和副食年人均消费量不变时, 蔬菜价格每千克增加 1 元钱, 年蔬菜销售量平均减少 4725 万千克; $b_3 = 0.1628$ 表明, 在消费人口和蔬菜价格不变时, 副食年人均消费量每增加 1 千克, 蔬菜销量平均增加 1628 万千克.

线性回归方程 (12.6.13) 是否有实用价值, 首先要根据有关专业知识和实践来判断, 其次还要根据实际观察得到的数据通过估计标准误差、判别系数等指标来评价模型的拟合效果.

回归系数 $b_i(j = 1, 2, \cdots, n)$ 估计值的符号和大小与其所代表的实际意义是否相符, 是评价预测模型的一条经济准则. 只有回归系数估计值的符号和大小与客观实际基本一致, 且这种结构关系在预测期不会有大的改变时, 所建立的回归模型才适用于预测. 如果回归系数的估计值符号与客观实际变化相反, 应考虑可能有以下情况存在：一是某些自变量的取值范围太窄; 二是模型中遗漏了某些重要因素; 二是模型中的自变量之间有较强的线性关系. 参数估计后出现回归系数符号与实际情况相反, 模型不能用于预测, 要分析其原因并采取适当措施加以纠正. 如何通过估计标准误差、判别系数等指标来评价模型的拟合效果, 大家可阅读有关回归分析中的相关内容.

12.7 基于改进单纯形法的杆塔优化规划

12.7.1 直线塔档距规划的数学模型

直线塔档距规划的目的, 即目标函数, 是在给定了规划 k 个塔型的条件下, 通过优化, 调整设计水平档距和垂直档距 $(l_{h1}, l_{v1} \sim l_{hk}, l_{vk})$, 尽量减少以大代小使用杆塔的情况, 从而使得线路杆塔总耗钢量的数学期望值 Z 最低, 这一档距组合即实际工程条件下的经济档距组合, 通过最小化下面的目标函数求得

$$\begin{aligned}\min Z = {} & MF\left(l_{h1}, l_v\right) W\left(l_{h1}, l_{v1}\right) \\ & + M\left[\, F\left(l_{h2}, l_{v2}\right) - F\left(l_{h1}, l_{v1}\right)\right] W\left(l_{h2}, l_{v2}\right) + \cdots \\ & + \ M\left[\, F\left(l_{h(k-1)}\right), l_{v(k-1)}\right) - F\left(l_{h(k-2)}\right), l_{v(k-2)}\right)\right] \\ & \times W\left(l_{h(k-1)}\right), l_{v(k-1)}\right) + M\left[F\left(l_{hk}, l_{vk}\right)\right. \\ & \left. - \ F\left(l_{h(k-1)}, l_{v(k-1)}\right)\right] W\left(l_{hk}, l_{vk}\right)\end{aligned}$$

$$\text{s.t.} \quad \begin{cases} 0 < l_{h(i-1)} < l_{hi} < l_{hk}, \\ 0 < l_{v(i-1)} < l_{vi} < l_{vk}, \\ l_{hi} < l_{vi}, \end{cases}$$

式中 M 为杆塔总数; l_{hi}, l_{vi} 为决策变量, 分别表示第 i 种直线塔的设计水平档距和垂直档距, $1 \leqslant i < k$; l_{hi} 为第 i 种直线塔水平档距; l_{vi} 为第 i 种直线塔垂直档距; $W(l_{hi}, l_{vi})$ 为水平档距为 l_{hi} 且垂直档距为 l_{vi} 的杆塔的重量函数, 简记作 W_i; $F(l_{hi}, l_{vi})$ 为水平档距小于 l_{hi} 且垂直档距小于 l_{vi} 的塔的累积概率. 稍加整理, 目标函数可以写为如下的等价形式:

$$\min Z' = C + \sum_{i=1}^{k-1} F_i (W_i - W_{i+1}),$$

其中, $Z' = Z/M$. 直线塔型总数 k 应根据设计需要给定, 作为输入条件. l_{hk}, l_{vk} 也应根据预排位结果结合地形条件给定, 并且必须能够满足全线最大档距的使用要求, 故有 $F_k = 1$. 因此 $C = F_k W_k = W_k$ 是一个固定常数, 即最大塔型的重量. 其余的 $k-1$ 对档距则作为决策变量待求解.

目标函数中 W_i 一般有回归分析和力矩公式两种表达形式. 因改进单纯形法对目标函数的连续性和可导性无要求, 两种表达式均可采用, 本文采用回归分析表达式, 如下所示:

$$W(l_h, l_v) = (a_0 + a_1 N g_4 l_h + a_2 N g_3 l_v)\, \mathrm{e}^{b(H-h)},$$

式中 $W(l_h, l_v)$ 为杆塔重量; N 为导线分裂根数; g_4 为大风时导线单位水平荷重; g_3 为覆冰时导线单位垂直荷重; H 为杆塔高度; h 为标准塔高; a_0, a_1, a_2, b 为常数. 档距作为统计量, 可通过对无约束优化排位结果或同类工程的样本进行统计而得到, 一般在平丘地区服从二维正态分布, 在山地服从二维对数正态分布. 水平档距和垂直档距相关系数较高, 平丘地区概率密度函数表达式如下:

$$\begin{aligned} f(l_h, l_v) = & \frac{1}{2\pi\sigma_1\sigma_2\sqrt{1-\rho^2}} \exp\left\{ \frac{-1}{2(1-\rho^2)} \right. \\ & \left. \times \left[\frac{(l_h - \mu_1)^2}{\sigma_1^2} - \frac{2\rho(l_h - \mu_1)(l_v - \mu_2)}{\sigma_1\sigma_2} + \frac{(l_v - \mu_2)^2}{\sigma_2^2} \right] \right\}, \end{aligned}$$

则有

$$F(l_h, l_v) = \int_0^{l_h} \int_0^{l_v} f(x, y) \mathrm{d}y \mathrm{d}x.$$

12.7.2 模型的建立和算法求解

1. 改进单纯形法及其流程

目标函数中 $F(l_h, l_v)$ 虽然连续且可导, 但形式通常比较复杂, 很难通过解方程组 $\mathrm{d}W = 0$ 求得最优解. 以往常用试凑法、穷举法或黄金分割法等, 不仅效率低而且难以保证解的最优性. 杆塔优化规划是一个多维非线性的最优化问题, 根据工程经验, 可以判断其最优解的大致范围, 因此非常适合采用改进单纯形法来求解.

2. 初始单纯形构造

由于改进单纯形法不具备全局寻优能力, 因此初始解应尽量靠近最优解. 好在杆塔规划问题最优解的大致范围根据工程经验比较容易判定, 只要以合理的初始解为重心, 选择适当的棱长构造一个初始正规单纯形, 一般能收敛到最优解. 根据工程经验判断给出的初始解向量为 L_0, 则需要构造一个以 L_0 为重心, 棱长为 a, 具有 $2k-1$ 个顶点的正规单纯形. 设此单纯形第一个顶点为 L_1, 则其他顶点依次为 $L_2, L_3, \cdots, L_{2k-1}$, 即

$$\begin{cases} L_1 = (l_1, l_2, l_3, \cdots, l_{2k-2})^{\mathrm{T}}, \\ L_2 = (l_1 + p, l_2 + q, l_3 + q, \cdots, l_{2k-2} + q)^{\mathrm{T}}, \\ L_3 = (l_1 + q, l_2 + p, l_3 + q, \cdots, l_{2k-2} + q)^{\mathrm{T}}, \\ \qquad\qquad \cdots\cdots \\ L_{2k-1} = (l_1 + q, l_2 + q, l_3 + q, \cdots, l_{2k-2} + p)^{\mathrm{T}}, \end{cases}$$

其中

$$p = \frac{\sqrt{2k-1} + 2k - 3}{\sqrt{2} \times (2k-2)} a,$$

$$q = \frac{\sqrt{2k-1} - 1}{\sqrt{2} \times (2k-2)} a.$$

L_1—L_{2k-1} 即构成一个棱长为 a, 具有 $2k-1$ 个顶点的正规单纯形. 其重心为

$$L_{zx} = \frac{1}{2k-1} \sum_{i=1}^{2k-1} L_i.$$

令 $L_{zx} = L_0$ 即可解得初始单纯形的各顶点坐标. 根据排位情况, 可直接给定最大的直线塔水平档距和垂直档距分别为 700 m 和 900 m, 以直线塔 3 塔系列的规划为例, 需求解的决策变量 $L = (l_{h1}, l_{v1},\ l_{h2}, l_{v2})$ 是一个 4 维空间里的向量,

则其对应的单纯型应具有 5 个顶点, 取棱长 200 m, 结合工程经验给定初始重心 $L_0 = (400, 500, 550, 700)$, 列方程求解:

$$\begin{cases} 400 = (5l_1 + p + 3q)/(2k-1), \\ 500 = (5l_2 + p + 3q)/(2k-1), \\ 550 = (5l_3 + p + 3q)/(2k-1), \\ 700 = (5l_4 + p + 3q)/(2k-1), \end{cases}$$

其中 $k = 3, a = 200$, 则 $p = 185.1, q = 43.7$. 计算可得

$$\begin{cases} l_1 = 336.7, \\ l_2 = 436.7, \\ l_3 = 486.7, \\ l_4 = 636.7. \end{cases}$$

则构造初始单纯形, 各顶点如下:

$$\begin{cases} L_1 = (336.7, 436.7, 486.7, 636.7), \\ L_2 = (521.9, 480.5, 530.5, 680.5), \\ L_3 = (380.5, 621.9, 530.5, 680.5), \\ L_4 = (380.5, 480.5, 671.9, 680.5), \\ L_5 = (380.5, 480.5, 530.5, 821.9). \end{cases}$$

可见由于给定的棱长较大, 初始顶点中 L_2 实际上已违反约束条件, 这种情况可以通过减小棱长来避免, 由于采用外点法罚函数将约束条件都纳入了增广目标函数中, 故 L_2 仍可作为初始单纯形的一个顶点, 只不过在求解的初始阶段单纯形的变形次数会略有增加.

12.8　基于广义逆和函数变换的优化算法与应用

对于非线性方程组

$$f(x) = 0,$$

式中 $x = (x_1, \cdots, x_n), f(x) = (f_1(x), \cdots, f_n(x))$. 运用牛顿-拉弗森法求解, 将其线性化展开:

$$f(x + \Delta x) = f(x) + \frac{\partial f}{\partial x}\Delta x + \cdots,$$

忽略二次及以上高次项, 可得线性的修正方程组:

$$\frac{\partial f}{\partial x}\Delta x = -f(x),$$

式中 $\Delta x = (\Delta x_1, \cdots, \Delta x_n)$, $\frac{\partial f}{\partial x} = \begin{pmatrix} \frac{\partial f_1}{\partial x_1} & \cdots & \frac{\partial f_1}{\partial x_n} \\ \vdots & & \vdots \\ \frac{\partial f_n}{\partial x_1} & \cdots & \frac{\partial f_n}{\partial x_n} \end{pmatrix}$. 由修正方程组可求得修正量 Δx, 将修正后的 x 代入检查是否满足收敛条件, 如不满足再计算修正量, 如此反复迭代, 直至满足收敛条件. 对于非线性不定方程组或矛盾方程组, 实际上也可以运用上述方法求解, 但此时线性化展开后得到的修正方程组为不定方程组或矛盾方程组, 可用广义逆方法求解. 实际应用表明, 由于运用广义逆 A^+ 得到的解是最小范数解, 即每一步得到的修正量是"长度"最小的修正量, 有利于解收敛到与初值邻近的区域内. 结合函数变换, 还可应用于求解包含不等式方程的代数方程问题. 假定前 l 个方程为不等式方程:

$$f_i(x) \leqslant 0 \quad (i = 1, \cdots, l),$$

引入松弛变量 $y_i, (i = 1, \cdots, l)$, 可将其变换为

$$f_i(x) + y_i^2 = 0 \quad (i = 1, \cdots, l).$$

可见通过变换仅增加变量数, 变换后仍可使用上述求解方法. 对于目标函数 $f(x)$, 存在实数 F 满足以下条件:

$$f(x) \leqslant F,$$

即

$$f(x) - F + y^2 = 0.$$

求优过程步骤如下: 给定 F 的初值, 用上述方法求解不定方程式; 不断收缩 F, 继续求解直到方程无解, 如果求解算法足够可靠, 即如果方程有解就能够获得其解, 则可认为在方程无解之前得到的 F 就是目标函数 $f(x)$ 的极小值. 通过上述方法, 将求解最优化问题变换为一系列相对简单的求解方程的过程, 不断收缩 F 的过程实际上是一维优化搜索过程. 显然, 求解方程的收敛特性成为优化算法是否实用有效的关键. 对此, 采取如下策略收缩 F, 即

$$F' = F - d, \quad d' = d/n,$$

式中 F' 为 F 的更新值; d 为收缩量 ; d' 为 d 的更新值; n 取 2—10, 可避免 d 过小会影响计算速度, 过大又可能影响收敛性. 计算过程中, 对 d 先取较大值, 不收敛时退回原处, 改用较小值, 直到达到事先规定的最小值 $d_{\min}$, 可使收敛性和计算速度满足计算要求.

下面是一个典型算例, 求

$$V\left(x_1, x_2\right)=c\left(x_1^2+x_2^2+2 x_1 x_2-a x_1+a x_2\right)^2+\left(1-b x_1-b x_2\right)^2$$

的极小值. 在很多教材中, 都用这个例题对不同的优化方法进行计算比较, 可以验证, 当 c 为正时, 在满足

$$\left(x_1+x_2\right)^2>a\left(x_1-x_2-\frac{b^2}{2 a c}\right)$$

的区域, 函数 V 是凸的; 而不满足上述条件的区域, 函数 V 是非凸的, 且函数 V 有唯一极小值点在 (0.1328, 0.1172) 处, 极小值为零.

当 $a=4, b=4, c=10$, 且取 $n=2$, $d_{\min}=10^{-6}$ 以及 d 的初值 $d_0=10^3, V$ 的初值为 $(1,-1)$ 时的迭代过程是有约束优化问题:

$$\begin{aligned}
&\min \quad f(x) \\
&\text{s.t.} \quad \begin{cases}g_i(x)=0, & i=1, \cdots, m, \\ h_i(x) \leqslant 0, & i=1, \cdots, l,\end{cases}
\end{aligned}$$

式中 $x=\left(x_1, \cdots, x_n\right)$, 对于不等式约束式, 可根据问题的特点运用函数变换来模拟, 即通过某种函数变换关系:

$$x=\varphi(y).$$

把整个实数集映射到对应允许范围的子集上, 使得自变量 x 只能在由不等式约束式限定的范围内变化, 由此可消去不等式约束或将其变换为等式约束. 综合运用上述方法, 可将有约束优化问题变换为

$$\begin{aligned}
& f(x)-a+y^2=0, \\
& g(x)=0,
\end{aligned}$$

式中 $x=\left(x_1, \cdots, x_{n'}\right), g(x)=\left(g_1(x), \cdots, g_m(x)\right) ; f(x)$ 为目标函数.

求优过程步骤如下: 给定 a 的初值, 求解方程组; 不断收缩 a, 继续求解直到方程组无解. 如果求解算法足够可靠, 即如果方程组有解, 就能够获得其解, 则可认为在方程组无解之前得到的 a 就是目标函数 $f(x)$ 的极小值. 通过上述方法将

求解最优化问题变换为一系列相对简单的求解方程组的过程, 不断收缩 a 的过程, 实际上是一维优化搜索过程. 下面判断所得解是否为最优解. 如上所述, 运用函数变换法, 可消去不等式约束或将其变换为等式约束, 故直接考察等式约束的最优化问题:

$$\begin{aligned} \min \quad & f(x) \\ \text{s.t.} \quad & g(x) = 0, \end{aligned}$$

构造拉格朗日函数:

$$L(x,\lambda) = f(x) + \lambda^{\mathrm{T}} g(x),$$

式中 λ 为拉格朗日乘子, 最优解存在的必要条件是: 拉格朗日函数对于所有变量及拉格朗日乘子的偏导数为零, 即

$$\frac{\partial L}{\partial x} = \frac{\partial f(x)}{\partial x} + \lambda^{\mathrm{T}} \frac{\partial g(x)}{\partial x},$$

$$\frac{\partial L}{\partial \lambda} = g(x) = 0.$$

可以直接求解方程组, 求得最优解 x_0 与 λ_0, 但实际计算表明, 直接求解对变量初值敏感, 且收敛性不好. 为此, 可先用前述方法求得最优解 x_0, 再将 x_0 代入, 运用广义逆方法求得 λ_0, 将求得的 x_0 与 λ_0 直接代入方程, 即可判断其是否满足驻点条件.

12.9 火力发电厂配煤问题

电厂配煤是根据工业锅炉对煤质的特定要求, 把几种不同性质、不同种类的煤按一定比例掺配加工而成的燃料. 通过配煤使燃料的主要技术指标适应炉型要求, 保证工业锅炉出力稳定, 热效率高. 大型火力发电厂大部分使用煤粉锅炉, 而锅炉技术特性是根据给定燃煤质量设计的, 只有在燃煤质量符合锅炉设计要求时, 锅炉才能保持最佳运行状态.

某火力发电厂, 日用燃煤量为 1 万吨, 电厂用煤质量要求如表 12.3.

表 12.3 电厂用煤质量要求

指标	粒度	灰分	硫分	挥发分	发热量	水分	灰熔点
单位	mm	%	%	%	kJ/kg	%	℃
要求	小于	小于	小于	大于	大于	小于	大于
数值	13	24	1	27	17325.4	6	1350

对火力发电厂而言，发电煤耗是最主要的成本指标，所以合理的配煤方案不仅能提高发电厂的生产能力和发电效率，而且还能够降低发电成本. 该厂可选 1、2、3、4 号矿井的煤炭产品进行动力配煤作为煤粉锅炉的燃料，各矿井煤炭产品的产量、煤质及购价 (包括运费) 见表 12.4.

表 12.4　煤炭产品的产量、煤质及购价

指标	单位	1 号矿井	2 号矿井	3 号矿井	4 号矿井
粒度	mm	13	13	13	13
灰分	%	23	22	25	23
硫分	%	0.7	0.9	1	1.4
水分	%	5	7	5	7
挥发分	%	26.04	30.2	25	35
发热量	kJ/kg	16730	18815	16625	17022
灰熔点	℃	1360	1400	1355	1390
产量	t	9000	7000	4000	2000
购价	元/t	705.5	748	687	690

求成本最低的配煤方案.

对于该火力发电厂的配煤问题，设 x_i 是使用 i 号矿井煤的使用比例，为满足燃料煤的质量要求，必须满足如下条件：

灰分要求: $23x_1+22x_2+25x_3+23x_4\leqslant 24$.

硫分要求: $0.7x_1+0.9x_2+x_3+1.4x_4\leqslant 1$.

挥发分要求: $26.04x_1+30.2x_2+25x_3+35x_4\geqslant 27$.

发热量要求: $16730x_1+18815x_2+16625x_3+17022x_4\geqslant 17325.4$.

水分要求: $5x_1+7x_2+5x_3+7x_4\leqslant 6$.

灰熔点要求: $1360x_1+1400x_2+1355x_3+1390x_4\geqslant 1350$.

由于各号矿井的生产能力有一定限制，因此还必须满足如下条件.

1 号矿井的生产能力限制: $10000x_1\leqslant 9000$.

2 号矿井的生产能力限制: $10000x_2\leqslant 7000$.

3 号矿井的生产能力限制: $10000x_3\leqslant 4000$.

4 号矿井的生产能力限制: $10000x_4\leqslant 2000$.

自然限制条件:

$$x_1+x_2+x_3+x_4=1,$$

$$x_1,x_2,x_3,x_4\geqslant 0.$$

发电用煤的单位成本为

$$z=705.5x_1+748x_2+687x_3+690x_4.$$

综上分析, 该火力发电厂的配煤问题的数学模型为

$$\min z = 705.5x_1 + 748x_2 + 687x_3 + 690x_4$$

$$\text{s.t.} \begin{cases} 23x_1 + 22x_2 + 25x_3 + 23x_4 \leqslant 24, \\ 0.7x_1 + 0.9x_2 + x_3 + 1.4x_4 \leqslant 1, \\ 26.04x_1 + 30.2x_2 + 25x_3 + 35x_4 \geqslant 27, \\ 16730x_1 + 18815x_2 + 16625x_3 + 17022x_4 \geqslant 17325.4, \\ 5x_1 + 7x_2 + 5x_3 + 7x_4 \leqslant 6, \\ 1360x_1 + 1400x_2 + 1355x_3 + 1390x_4 \geqslant 1350, \\ 10000x_1 \leqslant 9000, \\ 10000x_2 \leqslant 7000, \\ 10000x_3 \leqslant 4000, \\ 10000x_4 \leqslant 2000, \\ x_1 + x_2 + x_3 + x_4 = 1, \\ x_i \geqslant 0 \quad (i = 1, 2, 3, 4). \end{cases} \tag{12.9.1}$$

利用 Excel 软件的规划求解功能, 可得如下求解结果 (表 12.5):

表 12.5 火力发电厂配煤问题的求解结果表

指标	单位	1 号矿井	2 号矿井	3 号矿井	4 号矿井	混合煤	质量要求	
使用比例		x_1	x_2	x_3	x_4			
		0.142188	0.280936	0.4	0.176875			
粒度	mm	13	13	13	13	13	小于	13
灰分	%	23	22	25	23	23.51906	小于	24
硫分	%	0.7	0.9	1	1.4	1	小于	1
水分	%	5	7	5	7	5.915623	小于	6
挥发分	%	26.04	30.2	25	35	28.3775	大于	27
发热量	kJ/kg	16730	18815	16625	17022	17325.4	大于	17325.4
灰熔点	℃	1360	1400	1355	1390	1374.544	大于	1350
比例约束系数		1	1	1	1	1	等于	1
使用量	t	1421.883	2809.364	4000	1768.753	10000		
产量	t	9000	7000	4000	2000			
购价	元/t	705.5	748	687	690	707.2982		7072982.3

从表 12.5可知, 该火力发电厂最优配煤方案如下:

1 号矿井生产的煤的使用比例 14.21883%, 使用量为 1421.883t;

2 号矿井生产的煤的使用比例 28.09364%, 使用量为 2809.364t;

3 号矿井生产的煤的使用比例 40%, 使用量为 4000t;

4 号矿井生产的煤的使用比例 17.68753%, 使用量为 1768.753t;

混合煤单价为 707.29823 元, 总成本是 7072982.3 元.

12.10 最优投资组合问题

最优投资组合问题是非线性优化模型中一个重要且非常有用的应用. 大型投资组合的管理者面对的是如何构造投资资产组合的任务, 以便最有效地满足投资者们的需要.

张三是 A 公司的一名投资组合经理. 李四 B 公司的经理. 李四目前正好有 100 万元的流动资金闲置, 想将这些资金投资于股市. 李四正在考虑投资的股票包括贵州茅台、五粮液、长江电力. 李四向张三咨询, 如何确定这三只股票的投资比例, 希望达到两个主要目标:

(1) 使投资组合收益率的期望值最大化;

(2) 使与投资组合有关的风险最小化.

张三根据已经收集的数据, 估计了有关这些股票的收益率的期望值, 以及有关这些股票的标准离差和相关系数信息. 这些数据概括在表 12.6(表中数据是随机取的数) 中.

表 12.6 基础数据表

资产名称	年预期收益率/%	收益率的标准离差/%	相关系数		
			贵州茅台	五粮液	长江电力
贵州茅台	11	4	1	0.36	−0.295
五粮液	14	5.6	0.36	1	0.067
长江电力	12.3	4.5	−0.295	0.067	1

一般来说, 一名管理者想要优化构造一组有风险的资产的投资组合, 希望达到两个主要目标:

(1) 使投资组合收益率的期望值最大化;

(2) 使与投资组合有关的风险最小化.

设李四投资于贵州茅台的投资比例为 A, 投资于五粮液的投资比例为 B, 投资于长江电力的投资比例为 C, 则它们必须满足下列约束:

$$A+B+C=1.$$

若用 R_A, R_B 和 R_C 分别表示贵州茅台、五粮液、长江电力的年收益率, 则投资收益

$$R=A\times R_A+B\times R_B+C\times R_C\ .$$

期望收益率为

$$E(R)=E\left(A\times R_A+B\times R_B+C\times R_C\right)$$

$$= A \times E\left(R_A\right) + B \times E\left(R_B\right) + C \times E\left(R_C\right).$$

由表 12.6 有

$$E(R) = 11A + 14B + 12.3C.$$

金融管理中投资组合的风险用投资组合收益的标准离差 σ_R 来衡量. 因为

$$R = A \times R_A + B \times R_G + C \times R_D.$$

利用随机变量加权和的方差的公式

$$\sigma_R^2 = A^2\sigma_A^2 + B^2\sigma_B^2 + C^2\sigma_C^2 + 2BC\sigma_B\sigma_C \operatorname{CORR}\left(R_B, R_C\right),$$

$$2AB\sigma_A\sigma_B \operatorname{CORR}\left(R_A, R_B\right) + 2AC\sigma_A\sigma_C \operatorname{CORR}\left(R_A, R_C\right)^4$$

和表 12.6 的数据可得

$$\sigma_R^2 = 16A^2 + 31.36B^2 + 20.25C^2 + 3.3768BC + 16.128AB - 10.62AC,$$

故投资组合的标准离差表示如下:

$$\sigma_R = \sqrt{16A^2 + 31.36B^2 + 20.25C^2 + 3.3768BC + 16.128AB - 10.62AC}.$$

因此, 问题的数学模型为

$$\max z = 11A + 14B + 12.3C,$$

$$\min \sigma_R = \sqrt{16A^2 + 31.36B^2 + 20.25C^2 + 3.3768BC + 16.128AB - 10.62AC}.$$

约束条件是

$$\begin{cases} A + B + C = 1, \\ A, B, C \geqslant 0. \end{cases}$$

在实际遇到的每种情况中, 这两个目标一般都是相互抵触的. 也就是说, 一般情况下, 高风险伴随高收益, 低风险伴随低收益.

投资中一般考虑如下两个问题:

(1) 指定收益率不低于目标值 z_0, 使组合风险最小;

(2) 指定组合风险不高于设定值 σ_0, 使收益率最大.

针对问题 (1), 数学模型为

$$\min \sigma_R = \sqrt{16A^2 + 31.36B^2 + 20.25C^2 + 3.3768BC + 16.128AB - 10.62AC}$$

$$\text{s.t.} \begin{cases} 11A + 14B + 12.3C \geqslant z_0, \\ A + B + C = 1, \\ A, B, C \geqslant 0. \end{cases}$$

如取 $z_0 = 12\%$, 则风险最小的投资组合为

贵州茅台: 41.88%; 五粮液: 14.38%; 长江电力: 43.74%.

针对问题 (2), 数学模型为

$$\max z = 11A + 14B + 12.3C$$

$$\text{s.t.} \begin{cases} \sqrt{16A^2 + 31.36B^2 + 20.25C^2 + 3.3768BC + 16.128AB - 10.62AC} \leqslant \sigma_0, \\ A + B + C = 1, \\ A, B, C \geqslant 0. \end{cases}$$

如取 $\sigma_0 = 5\%$, 则投资收益率最大的投资组合为

贵州茅台: 0.00%; 五粮液: 88.14%, 长江电力: 11.86%.

12.11 火电系统有功负荷的经济调度

假定某火电系统有 n 个火电厂, 第 i 个电厂的燃料费为

$$f_i(P_i), \quad i = 1, 2, \cdots, n.$$

式中 P_i 为第 i 个电厂的出力. 我们的目的是在满足一定条件的情况下使系统的总燃料费最省. 通常必须考虑的约束条件是功率平衡和各电厂的出力 P_i 的上、下限限制, 因此总负荷 P_D 在 n 个电厂间进行最优负荷分配的数学模型为

$$\min f(P) = \sum_{i=1}^{n} f_i(P_i)$$

$$\text{s.t.} \begin{cases} \sum\limits_{i=1}^{n} P_i - P_D - P_L = 0, \\ P_{i\min} \leqslant P_i \leqslant P_{i\max}, \quad i = 1, 2, \cdots, n, \end{cases}$$

式中, P_L 为系统的有功网损, 采用 B 系数计算时, 有

$$P_L = P^{\mathrm{T}} B_{GG} P + P^{\mathrm{T}} B_{G0} + B_{00}$$

上式中, $P = (P_1, P_2, \cdots, P_m)^{\mathrm{T}}$, B_{GG}, B_{G0}, B_{00} 分别为网损系数的矩阵、列向量和常数项.

如果 $n=3$, 有关数据如表 12.7.

表 12.7 火电系统有功负荷的经济调度问题的有关数据

	出力 /MW	燃料费用/万元	功率下限 /MW	功率上限 /MW
电厂 1	P_1	$0.002215P_1^2+3.1P_1$	300	600
电厂 2	P_2	$0.0033P_2^2+3.4P_2$	200	500
电厂 3	P_3	$0.00216P_3^2+5.4P_3$	150	700

计算网损的 B 系数为

$$B_{GG}=\begin{pmatrix} 0.2215\times10^{-3} & 0.4\times10^{-6} & 0.248\times10^{-4} \\ & 0.901\times10^{-4} & 0.187\times10^{-4} \\ & & 0.1049\times10^{-3} \end{pmatrix},$$

$$B_{G0}=\left(-6.48\times10^{-2},-1.885\times10^{-2},-3.637\times10^{-2}\right),$$

$$B_{00}=20.428,$$

当负荷 $P_D=1000\text{MW}$ 时的有功经济负荷分配及最小总燃料费如表 12.8.

表 12.8 火电系统有功负荷的经济调度问题的最优经济调度

	出力 /MW	燃料费用/万元
电厂 1	497.820	2092.174
电厂 2	390.727	1832.276
电厂 3	164.378	946.004

系统的有功网损是 52.925MW, 总燃料费用是 4870.454 万元.

12.12 养老保险问题

养老保险是保险中的一类重要险种, 保险公司将提供不同的保险方案以供选择, 分析保险品种的实际投资价值. 也就是说, 如果已知所交保费和保险收入, 则按年或按月计算实际的利率是多少, 或者说, 保险公司需要用你的保费至少获得多少利润才能保证兑现你的保险收益?

假设每月交费 200 元至 60 岁开始领取养老金, 某男子 25 岁起投保, 届时养老金每月 2282 元; 如果其 35 岁起投保, 届时养老金每月 1056 元, 试求出保险公司为了兑现保险责任, 每月至少应有多少投资收益率? 这也就是投保人的实际收益率.

这是一个过程分析模型问题, 过程的结果在条件一定时是确定的. 整个过程可以按月进行划分, 因为交费是按月进行的. 假设投保人到第 k 月为止, 所交保费及收益的累计总额为 F_k, 每月收益率为 r, 用 p, q 表示 60 岁之前每月所交的费用和 60 岁之后每月所领取的费用, N 表示停交保险费的月份, M 表示停领养老金的月份.

在整个过程中, 离散变量 F_k 的变化规律满足

$$F_{k+1} = F_k(1+r) + p, \quad k = 0, 1, \cdots, N-1,$$

$$F_{k+1} = F_k(1-r) - q, \quad k = N, N+1, \cdots, M-1,$$

其中 $F_0 = 0$, F_k 表示从保险人开始交纳保险费以后, 保险人账户上的资金数值. 我们关心的是 F_M 的符号. 如果为正, 表明保险公司获得收益; 若为负, 则表明保险公司出现亏损.

求解上式, 我们得到

$$F_k = \frac{p}{r}[(1+r)^k - 1], \quad k = 0, 1, 2, \cdots, N,$$

$$F_k = F_N(1+r)^{k-N} - \frac{q}{r}[(1+r)^{k-N} - 1], \quad k = N+1, N+2, \cdots, M.$$

利用 $F_M = 0$ 可以得到

$$(1+r)^M - \left[1 + \frac{q}{p}(1+r)\right]^{M-N} + \frac{q}{p} = 0.$$

这是一个非线性方程, 一般不能直接进行求解, 因此需要研究用数值方法求得满足一定精度要求的代数方程的近似解.

这里我们可以利用牛顿迭代法, 以 25 岁起保为例, 假设男性平均寿命为 75 岁, 则 $p = 200, q = 2282; N = 420, M = 600$. 可以利用迭代公式:

$$r_{k+1} = r_k - \frac{f(r_k)}{f'(r_k)},$$

其中 $f(r) = (1+r)^{600} - 12.41(1+r)^{180} + 11.41$. 令初值 $r_0 = 0$, 迭代最大次数为 10000, 可以求出方程的根为: $r = 0.00485$.

类似地, 对 35 岁和 45 岁起保可以求得其月利率分别为

$$r = 0.00461, \quad r = 0.00413.$$

参考文献

REFERENCE

曹志浩. 1982. 无约束最优化方法. 北京: 科学出版社.

陈菊明, 刘锋, 梅生伟, 等. 2006. 多相电路坐标变换的一般理论. 电工电能新技术, 25(1): 44-48.

戴华. 2001. 矩阵论. 北京: 科学出版社.

段大鹏, 江秀臣, 孙才新, 等. 2008. 基于正交分解的 MOA 泄漏电流有功分量提取算法. 电工技术学报, 23(7): 56-61.

方道元, 薛儒英. 2008. 常微分方程. 杭州: 浙江大学出版社.

冯良贵, 胡庆军. 2010. 矩阵分析. 长沙: 国防科技大学出版社.

冯平, 王尔智, 王维俊. 2010. 基于范数的唯一稳态消谐法及在消除中性点接地电力系统铁磁谐振中的应用. 河南工程学院学报 (自然科学版), 22(4): 19-22.

葛照强. 1991. 矩阵理论及其在工程技术中的应用. 西安: 陕西科学技术出版社.

李青. 2021. 基于改进 Euler 法的电力系统暂态稳定性的非线性仿真研究. 信息与电脑, 15: 41-43.

李庆扬. 2001. 数值分析基础教程. 北京: 高等教育出版社.

李庆杨, 王能超, 易大义. 2008. 数值分析. 5 版. 北京: 清华大学出版社.

李允, 吴海燕. 2011. 经济应用数学基础 (二): 线性代数. 哈尔滨: 哈尔滨工业大学出版社.

邱启荣. 2008. 矩阵理论及其应用. 北京: 中国电力出版社.

邱启荣. 2013. 矩阵论与数值分析——理论及其工程应用. 北京: 清华大学出版社.

邱文千. 2010. 基于广义逆和函数变换的优化算法与应用. 中国电力, 43(1): 30-33.

任玉杰. 2007. 数值分析及其 MATLAB 实现. 北京: 清华大学出版社.

孙志忠等. 2002. 数值分析. 2 版. 南京: 东南大学出版社.

田铭兴, 王果, 任恩恩. 2011. 电路方程的线性变换. 电力自动化设备, 31(1): 11-14.

同济大学数学系. 2014. 高等数学 (上册). 7 版. 北京: 高等教育出版社.

王锡凡, 方万良, 杜正春. 2003. 现代电力系统分析. 北京: 科学出版社.

《现代应用数学手册》编委会. 2005. 现代应用数学手册: 计算与数值分析卷. 北京: 清华大学出版社.

熊杰锋, 王柏林, 孙艳. 2009. 奇异值与特征值分解在谐波源定阶中的等价性. 电测与仪表, 46(7): 6-8.

杨万开, 肖湘宁. 1998. 基于瞬时无功功率理论高次谐波及基波无功电流的精确检测. 电工电能新技术, 17(2): 61-64.

易丹辉. 2001. 统计预测: 方法与应用. 北京: 中国统计出版社.

于寅. 2012. 高等工程数学. 4 版. 武汉: 华中科技大学出版社.

袁亚湘, 孙文瑜. 1997. 最优化理论与方法. 北京: 科学出版社.

《运筹学》教材编写组. 2005. 运筹学. 北京: 清华大学出版社.
张光澄. 2005. 实用数值分析. 成都: 四川大学出版社.
张光澄. 2005. 非线性最优化计算方法. 北京: 高等教育出版社.
张明. 2012. 应用数值分析. 4 版. 北京: 石油工业出版社.
赵新宇, 贾振宏, 张瑞永, 等. 2019. 基于改进单纯形法的杆塔优化规划. 电力工程技术, 38(1): 126-131.
郑翔. 2011. 次同步振荡抑制装置及其控制策略研究. 杭州: 浙江大学出版社.
郑洲顺, 张鸿雁, 王国富. 2019. 高等工程数学. 北京: 机械工业出版社.
钟尔杰, 黄廷祝. 1996. 数值分析. 北京: 高等教育出版社.
周杰. 2008. 矩阵分析及应用. 成都: 四川大学出版社.
Allen M. 2019. Numerical Analysis for Applied Science. New Jersey: Wiley.
Angelidis G, Semlyen A. 1995. Efficient calculation of critical eigenvalue clusters in the small signal stability analysis of large power systems. IEEE Trans. on PWRS, 10(1): 427-432.
Atkinson K. 2003. Elementary Numerical Analysis. New Jersey: John Wiley.
Atkinson K. 2009. Numerical Solution of Ordinary Differential Equations. New Jersey: John Wiley.
Byerly R T, Bennon R J, Sherman D E. 1982. Eigenvalue analysis of synchronizing power flow oscillations in large electric power systems. IEEE Trans. on PAS, 101(1): 235-243.
Cauchy. 1847. A method generale pour la resolution des systems d'equations simultanees. Comp. Rend. Sci. Paris, 25: 536-538.
Forsythe G E, Motzkin T S. 1951. Asymptotic properties of the optimum gradient method. Bull. Am. Math. Soc., 57: 183.
IEEE Subsynchronous Resonance Task Force of the Dynamic System Performance Working Group Power System Engineering Committee. 1977. First benchmark model for computer simulation of subsynchronous resonace.IEEE Transactions on Power Apparatus and Systems, (5): PAS-96.
Kundur P. 1994.Power System Stability and Control. New York: McGraw-Hill.
Liu X P, Lu S R, Guo Q, et al. 1988. A Multiple cayley transformation method for analysing partial eigenvalues of power system small-signal stability. Automation of Electric Power Systems, 22(9): 38-42.
Lu Z H, Li G Y, Zhou M. 2006. Study of electricity market stability model. Proceedings of the 7th IET International Conference on Advances in Power System Control, Operation and Management, Hong Kong.
Lu Z H, Wang W J, Li G Y, et al. 2014. Electricity market stochastic dynamic model and its mean stability analysis. Mathematical Problems in Engineering, 2014: 207474.
Nocedal J, Wright S J. 2006. Numerical Optimization(数值最优化). 北京: 科学出版社.
Sauer T. 2017. Numerical Analysis. 3rd ed. New Jersey: Pearson Education (US).
Uchida N, Nagao T. 1988. A new eigen-analysis method of steady-state stability studies

for large power systems: S-matrix method. IEEE Trans. on PWRS, 3(2): 706-714.

Wang W J, Lu Z H, Zhu Q X. 2014. The interval stability of an electricity market model. Mathematical Problems in Engineering, 2014: 547485.

Watkins D S. 1995. Forward stability and transmission of shifts in the QR algorithm. SIAM, 16(2): 469-487.

Zhu H X, Raghuveer M R. 1999. Influence of harmonics in system voltage on metal oxide surge arrester diagnostics. 1999 Conferences on Electrical Insulation and Dielectric Phenomena, Atlanta, USA. 2: 542-545.

Zhu H X, Raghuveer M R. 2001. Influence of representation model and voltage harmonics on metal oxide surge arrester diagnostics. IEEE Trans. on Power Dilivery, 16(4): 599-603.

索 引

NDEX

H

J

K

L

M

N

O

P

Q

R

S

T

W

X

Y

Z

其他